CPEC

国家级实验教学示范中心联席会

计算机学科组规划教材

U0645964

Android移动应用开发技术基础项目化教程

冯笑媚 蔡娟 主编

清华大学出版社

北京

内 容 简 介

本书共9章,分别是认识 Android 应用程序项目结构、熟悉 Android 项目中的资源、Android 应用程序页面的组织者、Android 页面内容和功能的承载者、Android 页面交互的控制者、Android 中的数据存储、数据的共享者、广播接收者和服务。本书以 Android Studio 4.0 为开发工具撰写教学案例,能够让学生快速熟悉开发工具的使用,各章节内容由浅入深地讲解了 Android 项目的开发过程,能够很好地帮助 Android 初学者快速入门。

本书适合普通高等院校及职业本科计算机类相关专业的学生以及从事 Android 移动应用开发工作的技术人员阅读。

版权所有,侵权必究。举报:010-62782989,beiqinquan@tup.tsinghua.edu.cn。

图书在版编目(CIP)数据

Android 移动应用开发技术基础项目化教程 / 冯笑媚,蔡娟主编. -- 北京:清华大学出版社,2025.8.
(国家级实验教学示范中心联席会计算机学科组规划教材). -- ISBN 978-7-302-69740-4

Ⅰ. TN929.53

中国国家版本馆 CIP 数据核字第 2025U38Y87 号

责任编辑:贾　斌
封面设计:刘　键
责任校对:郝美丽
责任印制:宋　林

出版发行:清华大学出版社
　　网　　址:https://www.tup.com.cn,https://www.wqxuetang.com
　　地　　址:北京清华大学学研大厦 A 座　　邮　编:100084
　　社 总 机:010-83470000　　邮　购:010-62786544
　　投稿与读者服务:010-62776969,c-service@tup.tsinghua.edu.cn
　　质量反馈:010-62772015,zhiliang@tup.tsinghua.edu.cn
　　课件下载:https://www.tup.com.cn,010-83470236
印 装 者:三河市人民印务有限公司
经　　销:全国新华书店
开　　本:185mm×260mm　　印　张:23　　字　数:559 千字
版　　次:2025 年 8 月第 1 版　　印　次:2025 年 8 月第 1 次印刷
印　　数:1～1500
定　　价:79.00 元

产品编号:106672-01

前　言

随着移动互联网技术的飞速发展，Android 操作系统已成为全球最受欢迎的移动操作系统之一，其强大的功能、开放的平台以及广泛的应用场景，使得 Android 移动应用开发成为当今信息技术领域的热门话题。为了满足社会对 Android 移动应用开发人才的需求，我们编写了这本《Android 移动应用开发技术基础项目化教程》。

本教程以项目化教学为核心理念，旨在通过一系列实际项目的开发实践，帮助读者系统地掌握 Android 移动应用开发的基础知识和核心技能。我们深知，理论知识的学习固然重要，但将知识应用于实践才是掌握技能的关键。因此，本教程在内容编排上，特别注重理论与实践的结合，通过项目的逐步推进，引导读者从零基础开始，逐步掌握 Android 移动应用开发的精髓。

在教程的内容设计上，我们力求全面而深入。从 Android 开发环境的搭建、基本控件的使用，到数据存储与访问，再到网络通信与多媒体处理，本教程都进行了详尽的讲解。同时，为了增强读者的实践能力，我们还特别设计了多个具有代表性和实用性的项目案例，如登录注册、应用程序主页面框架、音乐播放器和视频播放器等，让读者在实践中不断巩固和深化所学知识。

值得一提的是，本教程在编写过程中，充分考虑了初学者的学习特点和需求。我们力求语言简洁明了，讲解通俗易懂，同时提供了丰富的代码示例和注释，帮助读者快速上手并理解代码背后的逻辑和原理。此外，我们还特意依据课前、课中、课后三个学习阶段来安排教材内容，让学生清楚在每个阶段自己所需完成的学习内容。

本书由冯笑媚、蔡娟主编。广州科技职业技术大学卢爱芬、广州市白云工商技师学院康菁发、珠海市技师学院叶水生参与了本书编写，在此表示感谢。

　　我们相信,通过本教程的学习,读者不仅能够掌握 Android 移动应用开发的基础知识和核心技能,还能够培养解决实际问题的能力,为未来的职业发展打下坚实的基础。最后,我们衷心希望本教程能够成为您学习 Android 移动应用开发的得力助手,助您在移动开发领域取得更加辉煌的成就!

编　者

2025 年 6 月

目 录

第1章

认识Android应用程序项目结构

CHAPTER *1*

学习目标：

了解 Android 的成长历程，了解时下流行或通用的 SDK 版本之间的差异。

熟练掌握 Android 项目开发环境的搭建步骤。

掌握创建简单 Android 项目的步骤，并了解 Android 程序的结构。

熟练掌握使用 Android Studio 进行 Android 项目的开发。

熟练掌握使用 Android Studio 相关的工具对 Android 项目进行调试。

课程思政育人目标：

指导学生学习环境、适应环境、利用环境，更好地发挥自己的所长，培养自己的特长，学会与环境和谐相处，唤醒学生的自省能力。

学习导读：

为了更好地掌握本章的内容，请同学们按照以下导读进行学习。

首先，在进行课堂学习之前，请先完成课前学习任务，了解 Android 的发展历程，并在自己的计算机里搭建好 Android 项目的开发环境，学会在 Android Studio 中创建简单的 Android 项目。

其次，在课堂上熟悉开发工具和 Android 应用程序的项目结构，并能使用 Android Studio 中的相关工具对 Android 应用程序进行调试。

最后，在课后独立设计一个至少包含 5 个页面功能的 Android 应用程序，并使用所学的知识实现自己设计的 Android 应用程序。

1.1 课前学习任务：初识 Android

安卓（Android）是一种基于 Linux 内核的自由及开放源代码的操作系统。主要使用于移动设备，如智能手机和平板电脑，由美国 Google 公司和开放手机联盟领导及开发。Android 操作系统最初由安迪·鲁宾开发，主要支持手机。2005 年 8 月由 Google 收购注资。2007 年 11 月，Google 与 84 家硬件制造商、软件开发商及电信营运商组建开放手机联盟共同研发改良 Android 系统。随后，Google 以 Apache 开源许可证的授权方式，发布了 Android 的源代码。第一部 Android 智能手机发布于 2008 年 10 月。Android 逐渐扩展到平板电脑及其他领域，如电视、数码相机、游戏机、智能手表等。2011 年第一季度，Android 在全球的市场份额首次超过塞班系统，跃居全球第一。2013 年第四季度，Android 平台手机的全球市场份额已经达到 78.1%。2013 年 9 月 24 日，Google 开发的操作系统 Android 迎来了 5 岁生日，全世界采用这款系统的设备数量已经达到 10 亿台。Android 从诞生到不断发展，这是什么原因呢？

1.1.1 Android 的成长历程

Android 从没有到成为世界上移动应用设备使用率排名第一的系统，是因为一群锲而不舍、不达目的不罢休的技术控们对 Android 系统不断地研究与改善。让 Android 系统从原来不受青睐的"翻版系统"，转变成为用户认可的主流系统。其发展阶段可以分为诞生阶段、Android 系统的初步发展、Android 系统的完善、Android 系统的升级。

1. Android 的诞生

Android 的诞生并不是偶然的，而是因为一群有相同理念和梦想的人不断地探索和研究。Android 诞生的过程中所发生过的重要事项如表 1-1 所示。

表 1-1　Android 诞生的过程

时　间	人　物	事　件	作　用
1886 年	法国作家维里耶德利尔·亚当（Auguste Villiers de l'Isle-Adam）	小说《未来的夏娃》L'ève future 中出现机器人 Android	
1969 年	贝尔实验室(Ken Thompson)	发明 UNIX 操作系统	奠定了 Android 系统的基础
1983 年 9 月 27 日	理查德·斯托曼（Richard Stallman）	发起成立 GNU 计划	自由软件诞生，为开源的 Android 系统做好准备
1991 年 10 月 5 日	林纳斯·本尼迪克·托瓦尔兹（Linus Benedict Torvalds）	在 UNIX 和 GNU 基础上发明 Linux 操作系统	更加接近 Android 系统的框架
1995 年 5 月 23 日	Sun 公司	发布 Java	为 Android 系统及其应用开发提供了开发语言基础

续表

时　间	人　物	事　件	作　用
1997 年 2 月 18 日	Sun 公司	发布 JDK 1.1	
1998 年 9 月 4 日	Google 公司	成立	
1998 年 12 月 8 日	Sun 公司	发布 Java 1.2,分为 J2SE、J2EE 和 J2ME 三大版本	
1999 年 4 月	OTI 和 IBM 两家公司的 IDE 产品	开发组创建 Eclipse 项目	
2000 年 5 月 8 日	Sun 公司	发布 Java 1.3	
2000 年 5 月 29 日	Sun 公司	发布 Java 1.4	
2001 年 12 月	IBM	宣布 Eclipse 开源	
2002 年初	安迪·鲁宾(Andy Rubin)	在斯坦福大学的工程课上做了一次讲座,Google 的两位创始人 Larry Page 和 Sergey Brin 也是听众	
2003 年 10 月	安迪·鲁宾(Andy Rubin) 等人	创建 Android Inc 公司	
2004 年 4 月 1 日		Gmail 测试版上线	
2004 年 8 月 19 日	Google	在纳斯达克上市	
2004 年 9 月 30 日	Sun 公司	发布 Java 5.0,三大版本更名为 Java SE、Java EE 和 Java ME	
2005 年 7 月 11 日	Google	以 5000 万美元收购 Android Inc 公司	
2005 年 7 月 19 日	Google	在中国设立研发中心,李开复为大中华区总裁	
2006 年 4 月 12 日	Google	宣布中文名为谷歌	
2006 年 10 月 9 日	Google	以 16.5 亿美元收购 YouTube	
2006 年 12 月 13 日	Sun 公司	发布 Java 6.0	
2007 年 2 月 14 日		发布 Gmail	
2007 年 10 月 29 日	Google	以 2000 万美元购买 g.cn	

2．Android 系统初步发展

有了前一阶段技术人员锲而不舍的研究和突破,Android 系统已具雏形,系统的质量属性达到发布使用的级别。Android 系统初步发展的历程如表 1-2 所示。

表 1-2　Android 系统初步发展过程

时　间	系统版本	API	主要设备	事　件
2007 年 11 月 5 日	Android Beta			与 84 家硬件制造商、软件开发商及电信运营商成立 OHA
2008 年 5 月 23 日				收购 265 导航
2008 年 8 月 28 日				发布 Android Market
2008 年 9 月 2 日				发布 Chrome 浏览器

续表

时　间	系统版本	API	主　要　设　备	事　件
2008 年 9 月 7 日				发射 Google 卫星
2008 年 9 月 23 日	Android 1.0	1	T-Mobile G1(HTC Dream)	
2009 年 4 月 27 日	Android 1.5 Cupcake	3		开始用甜品命名
2009 年 4 月 20 日				Oracle 以 74 亿美元收购 Sun 公司
2009 年 9 月 15 日	Android 1.6 Donut	4		
2009 年 10 月 26 日	Android 2.0 Éclair	5～7		
2009 年 11 月 19 日				发布 Chrome OS
2010 年 1 月 6 日			Google Nexus One (HTC G5)发布	
2010 年 1 月 13 日				Google 停止关键词过滤
2010 年 2 月 4 日				Android 被 Linux 除名
2010 年 5 月 20 日	Android 2.2 Froyo	8	Google TV	
2010 年 10 月 25 日				Android Market 官方认证 App 达到 10 万个
2010 年 12 月 6 日	Android 2.3 Gingerbread	9～10	Nexus S(三星代工)	发布 Chrome Web Store
2011 年 2 月 11 日				Android Market 网页版发布
2011 年 2 月 22 日	Android 3.0 Honeycomb	11～13		
2011 年 5 月 10 日				Google Music Beta 发布
2011 年 7 月 28 日				Oracle 发布 Java 7.0
2011 年 8 月 15 日				Google 以 125 亿美元收购摩托罗拉移动
2011 年 10 月 18 日	Android 4.0 Ice Cream Sandwich	14～15	Nexus Prime(三星 Galaxy Nexus)	
2012 年 3 月 6 日				Android Market 更名为 Google Play
2012 年 7 月 9 日	Android 4.1 Jelly Bean-4.3.1	16～18	Nexus7(华硕代工的 7 英寸平板电脑)、Google Glass、Nexus Q	
2012 年 10 月 30 日			Nexus10(三星代工的 10 英寸平板电脑)	
2012 年 11 月 13 日			Nexus4(LG 代工)	
2013 年 1 月 6 日				Google Play Books 发布
2013 年 3 月 14 日				安迪·鲁宾(Andy Rubin)辞去 Android 主管一职，Chrome 被应用高级副总裁桑达尔·皮查伊(Sundar Pichai)接管 Android

3．Android 系统的完善与升级

随着用户需求的不断提高，Android 系统开发人员也在不断地提高自己的技术，开发出更高级别的系统，以适应用户不断变化的需求，其中也包括升级技术人员的开发环境，这是在 Android 系统的完善与升级阶段比较重要的内容，在这个阶段中，近五年 Android 的发展过程如表 1-3 所示。

表 1-3　近五年 Android 系统的完善与升级过程

时　间	Android 系统版本	API 版本	设　备	Android studio 版本	事　件
2020 年 5 月				Android Studio 4.0	
2020 年 9 月	Android 11.0 (Android R)	30			新增链接 KPI，并支持瀑布屏、折叠屏、双屏，带来新的链接 API，以支持 5G 网络
2020 年 10 月				Android Studio 4.1	
2021 年 5 月				Android Studio 4.2	
2021 年 10 月	Android 12.0 (Android S)	31		Dolphin (2021.3.1)	自定义调色板和重新设计的小工具来完全个性化自己的手机
2022 年 2 月	Android 13	33		Giraffe (2022.3.1)	支持在锁屏界面添加 QR 扫描器，更方便地扫描二维码
2023 年 8 月	Android 14	34	Google Pixel 手机	Jellyfish (2023.3.1)	让用户能够撤销应用的全屏权限
2024 年 2 月	Android 15 (Vanilla Ice Cream)	34		Koala (2024.1.1)	通过配对的 Pixel Watch 智能手表，可以控制手机的媒体输出
2024 年 11 月	Android 16			Ladybug (2024.1.3)	

1.1.2　Android 系统的特征

由 Android 系统的发展史，可以看出 Android 系统具有很强的适应性和灵活性，这是由 Android 系统的特征决定的。Android 系统具有以下的特征。

1．系统开源

Android 最底层使用 Linux 内核，使用的是 GPL 许可证，这意味着相关的代码必须是

开源的。而 Google 以 Apache 开源许可证的授权方式,发布 Android 的源代码,供其他手机厂商直接使用现有操作系统,并允许各厂商按照自己的目的进行个性化定制。

2. 跨平台特性

Android 由 Java 语言编写,继承了 Java 跨平台的特点。任何 Android 应用几乎无须做任何处理就能运行于所有的 Android 设备。这意味着各运营商可自由使用多形式的硬件设备,不拘泥于手机、平板等传统移动设备,电视和各种智能家居均可使用 Android 系统。

3. 丰富的应用

Android 系统的开源性吸引了众多开发者为其平台开发各式各样的应用软件,广泛的应用来源让它的使用者较为方便地获取自己想要的应用,坚实的消费者基础让开发者有动力开发更多更好的应用软件。

Android 系统为什么会有以上的特点,这是它的结构所决定的。

1.1.3　Android 系统的体系结构

Android 体系结构和其他操作系统一样,采用了分层的架构。从架构图看,Android 分为四个层,从高层到低层分别是应用程序层、应用程序框架层、系统运行库层和 Linux 核心层。图 1-1 是一张公开的 Android 体系结构图,从上往下共四层,第一层和第二层代表 Java 应用程序,第三层右上方部分为运行 Android 应用程序的虚拟机,第三层左边部分为 C/C++语言编写的程序库,第四层即最底下一层是 Linux 内核和 Driver 内核代码。

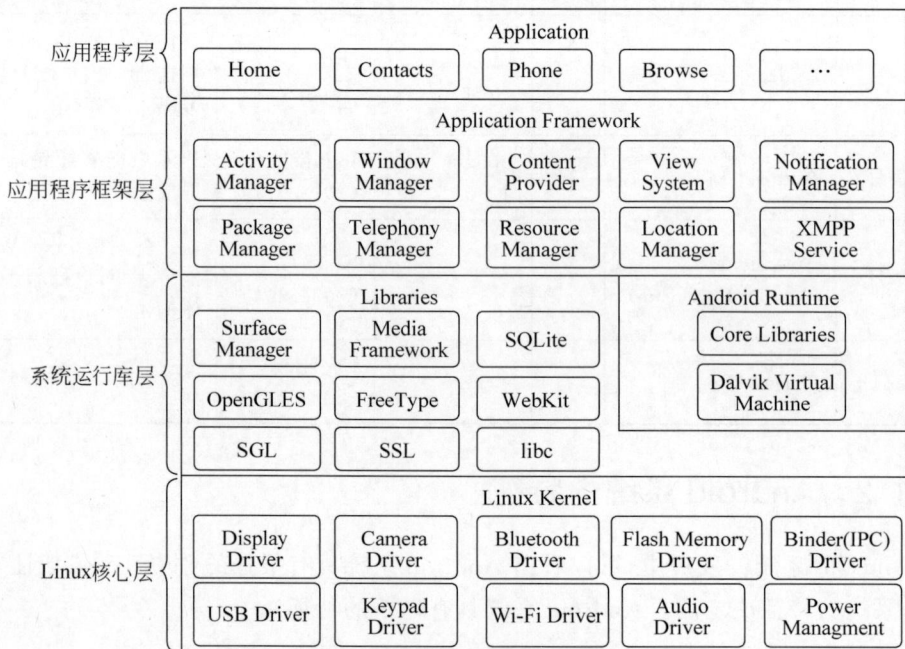

图 1-1　Android 体系结构图

1.1.4　Android 应用程序开发环境的搭建

常言道，"工欲善其事，必先利其器"，要进行 Android 应用程序开发，先要学会搭建和熟悉掌握 Android 应用程序的开发环境。Android 应用程序开发环境主要有两种，第一种是 Eclipse＋ADT＋SDK，第二种是 Android Studio＋SDK，但随着 Google 在 2015 年年底停止更新 Eclipse 支持的 ADT 后，Eclipse 的开发环境也慢慢减少使用，因此本教程主要的开发环境以 Android Studio 4.0 为主。讲解 Android 应用程序开发环境搭建之前，需要先准备好 JDK 和 Android Studio 4.0 安装软件，下面介绍一下开发环境的搭建过程。

1. JDK 的下载、安装和配置

由于本教程的逻辑功能实现的开发语言采用 Java 语言编写，因此需要先在计算机里安装好 JDK，方便对 Java 应用程序进行编译、解释和运行。

1）获取 JDK 安装软件

JDK 可以在官网下载，其官网下载地址如下：

https://www.oracle.com/java/technologies/downloads/#java11

打开官网之后，下拉滚动到图 1-2 所示的内容，选择 JDK 的版本，然后选择操作系统，最后根据操作系统的版本下载相应的 JDK 应用程序进行安装，需要注意，Android Studio 会推荐一个与当前版本兼容的 JDK 版本，Android Studio 4.0 及更高版本通常推荐 JDK 11。

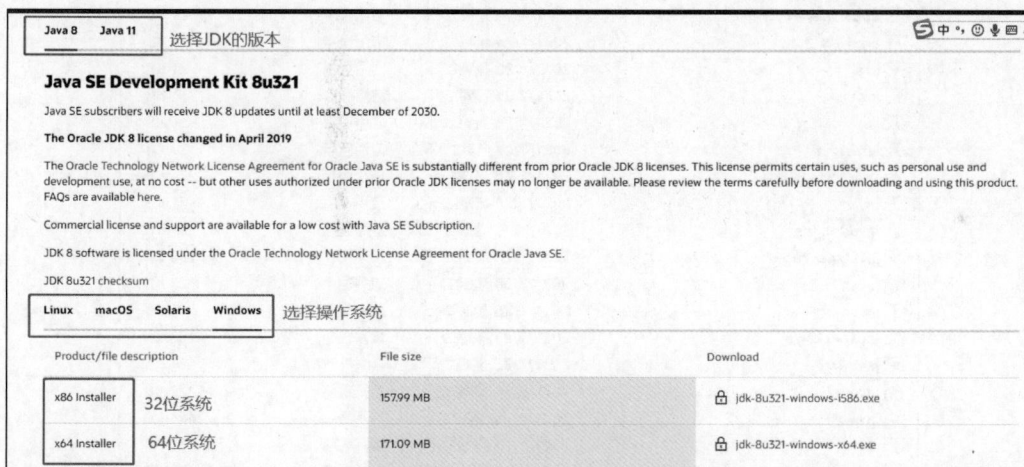

图 1-2　JDK 下载网页

2）安装及配置

下载完成后，直接双击运行，按照提示进行安装即可。安装完成后，找到 JDK 的安装目录进行环境路径配置，JDK 默认安装在 C:\Program Files\Java，该目录内的结构如图 1-3 所示。

该目录有两个文件夹，一个是 jdk，另一个是 jre，开发程

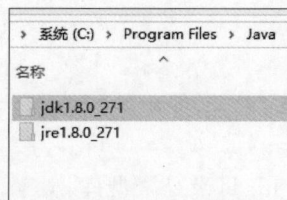

图 1-3　JDK 安装目录结构

序需要用到 JDK 目录,下面了解一下 JDK 目录中的结构,如图 1-4 所示。在 JDK 中比较重要的目录是 bin 目录和 lib 目录,bin 目录中主要提供 JDK 的工具程序,包括 javac、java、javadoc、appletviewer 等,如图 1-5 所示,为了更方便使用这些工具,一般会将该目录路径设置在计算机的系统路径 path 变量中,如图 1-6 所示。

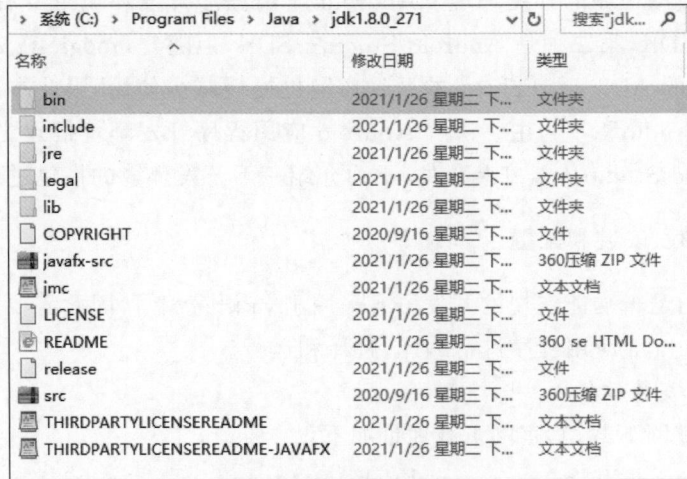

图 1-4　jdk 的目录结构

图 1-5　bin 目录的结构

lib 目录是资源库,其目录结构如图 1-7 所示,Java 虚拟机会默认到该目录寻找字节码资源,可以通过配置系统变量来改变 Java 虚拟机查找资源的路径,如图 1-8 所示。

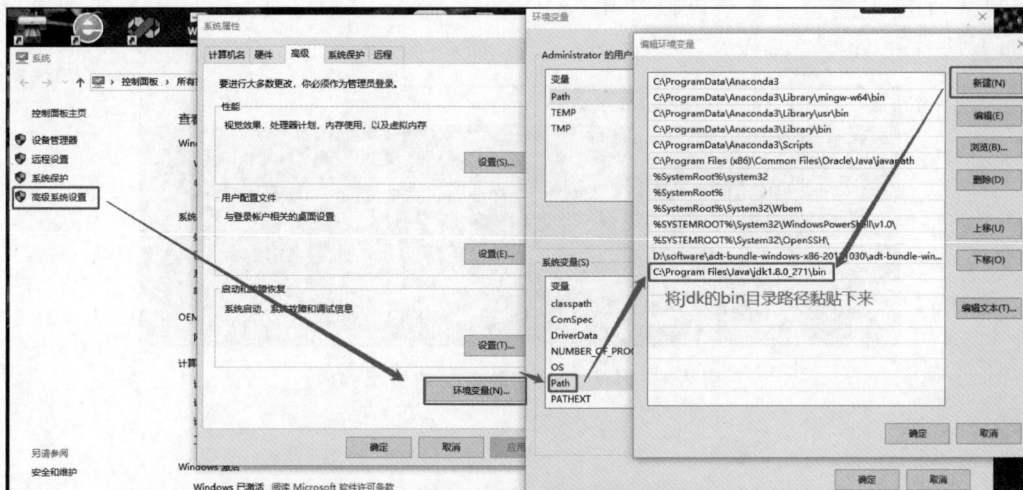

图 1-6　bin 目录添加到系统变量 path 的过程

图 1-7　lib 目录结构

图 1-8　lib 目录添加到系统变量 classpath 的过程

测试 JDK 安装是否成功可以打开 CMD 空口，输入 java -version 命令，显示图 1-9 所示，即表示 JDK 软件安装成功。

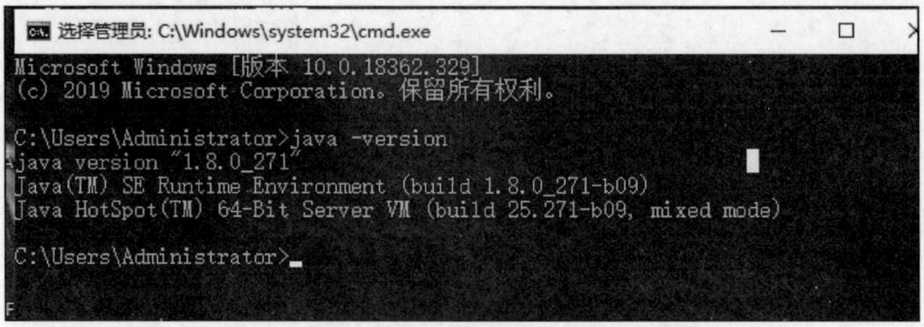

图 1-9   测试 JDK 安装成功的显示效果

2. Android Studio 下载

1）支持 Android Studio 4.0 的操作系统要求

不同的操作系统支持的 Android Studio 版本也有所不同，本书主要以 Android Studio 4.0 为主要的开发工具，所用操作系统为 Windows 10，具体操作系统要求如图 1-10 所示。其他操作系统支持的 Android Studio 的版本，请自行到网络上进行检索安装。

图 1-10   Android Studio 4.0 对 Windows 操作系统的要求

2）下载 Android Studio 安装软件

在 2015 年之前，Android 项目一般都使用 Eclipse 来开发，但是从 2013 年 Android Studio 诞生以来，功能日渐趋于完善和强大，2015 年年底 Google 停止更新 Eclipse 插件 ADT，Android 项目的开发也逐渐迁移到 Android Studio 上。目前最新版本为 Android Studio 2024.3.2，但由于广东省职业院校移动应用开发竞赛的比赛环境使用的是 4.0 以上版本，因此本书的内容会尽量与竞赛相融合。如需下载最新的 Android Studio 软件，可在网址 https://developer.android.google.cn/studio/直接下载，如图 1-11 所示，也可查找相应版本进行下载，如图 1-12 所示。

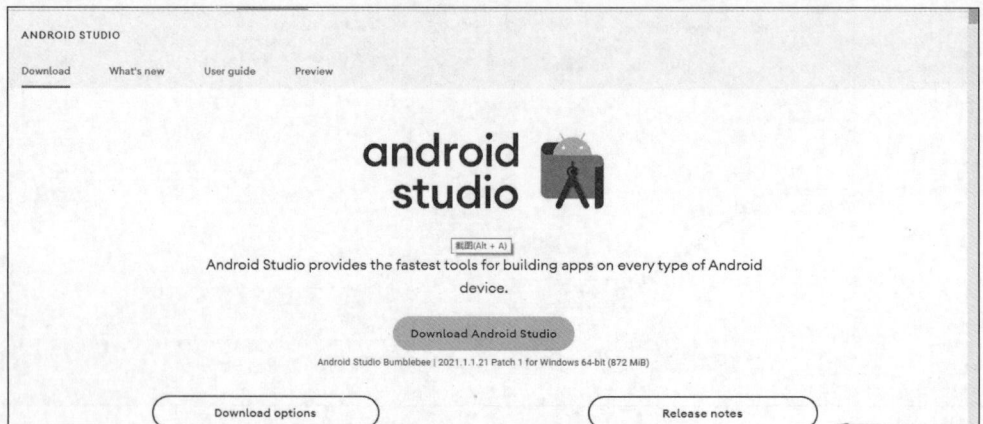

图 1-11   Android Studio 下载页面

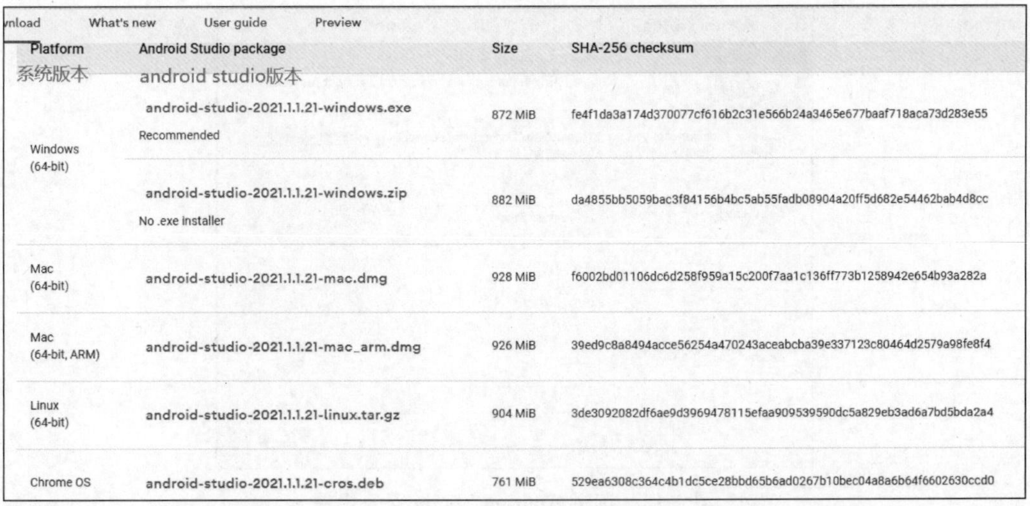

Platform 系统版本	Android Studio package android studio版本	Size	SHA-256 checksum
Windows (64-bit)	android-studio-2021.1.1.21-windows.exe Recommended	872 MiB	fe4f1da3a174d370077cf616b2c31e566b24a3465e677baaf718aca73d283e55
	android-studio-2021.1.1.21-windows.zip No .exe installer	882 MiB	da4855bb5059bac3f84156b4bc5ab55fadb08904a20ff5d682e54462bab4d8cc
Mac (64-bit)	android-studio-2021.1.1.21-mac.dmg	928 MiB	f6002bd01106dc6d258f959a15c200f7aa1c136ff773b1258942e654b93a282a
Mac (64-bit, ARM)	android-studio-2021.1.1.21-mac_arm.dmg	926 MiB	39ed9c8a8494acce56254a470243aceabcba39e337123c80464d2579a98fe8f4
Linux (64-bit)	android-studio-2021.1.1.21-linux.tar.gz	904 MiB	3de3092082df6ae9d3969478115efaa909539590dc5a829eb3ad6a7bd5bda2a4
Chrome OS	android-studio-2021.1.1.21-cros.deb	761 MiB	529ea6308c364c4b1dc5ce28bbd65b6ad0267b10bec04a8a6b64f6602630ccd0

图 1-12　根据操作系统版本选择 Android Studio 版本下载页面

如需要与书本的版本一致,可以到百度网盘中下载,扫描二维码即可进行下载,如图 1-13 所示。

3．安装 Android Studio

下载完 Android Studio 后双击运行,如图 1-14 所示,就可以按照提示安装 Android Studio 软件的过程。

图 1-13　百度网盘 Android Studio 4.0 下载链接

图 1-14　双击运行 Android Studio 安装软件

然后单击 Next 按钮,进入下一步选择安装的组件,如图 1-15 所示,安装 Android Studio 软件的相关组件。

选择 Android Studio 安装组件后,单击 Next 按钮,进入下一步选择安装路径,一般选择默认路径就可以了,如图 1-16 所示。

安装路径选择完后,继续单击 Next 按钮,进入下一步,设置开始菜单文件夹,一般保持默认设置,如图 1-17 所示。

图 1-15　选择 Android Studio 安装组件

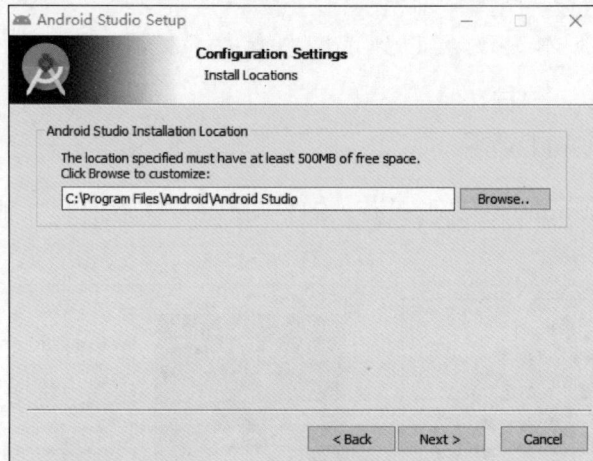

图 1-16　选择安装路径

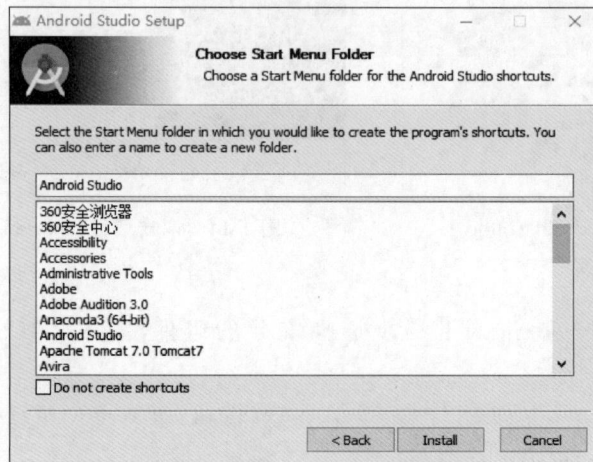

图 1-17　设置 Android Studio 开始菜单文件夹

设置完 Android Studio 开始菜单文件夹后,单击"Install"按钮进行安装,如图 1-18 所示。

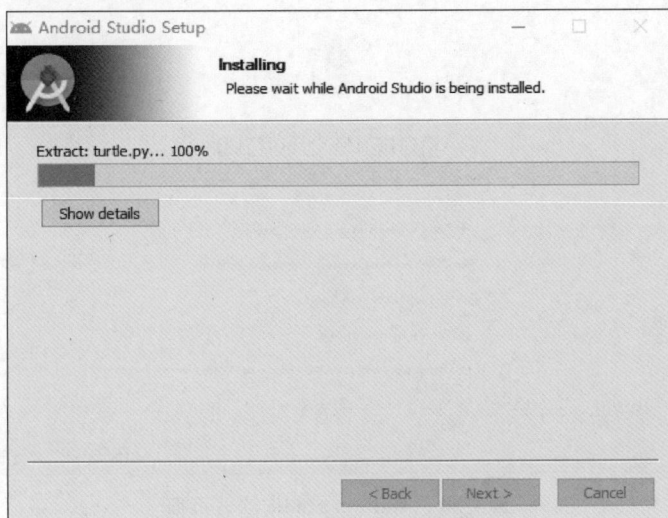

图 1-18　Android Studio 安装进度

等待 Android Studio 安装进度完成后,单击"Next"按钮进入下一步,如图 1-19 所示,最后单击"Finish"按钮完成 Android Studio 的安装,并打开 Android Studio。

图 1-19　完成 Android Studio 的安装

打开 Android Studio 软件后,会弹出 Android Studio 的欢迎页面,效果如图 1-20 所示。到这一步 Android Studio 的安装基本完成,下面检测开发环境是否已经成功搭建。

Android Studio 软件安装成功,并不意味着开发环境已经搭建成功,直到所创建的 Android 项目运行到手机模拟器上,才能说明 Android 开发环境搭建成功。下面通过 Android 应用程序的创建和运行过程来检测、配置和完善 Android 的开发环境。

1.1.5　Android 应用程序项目的创建

学习任何编程语言,编写的第一个程序都是 Hello World,Android 应用程序也一样,

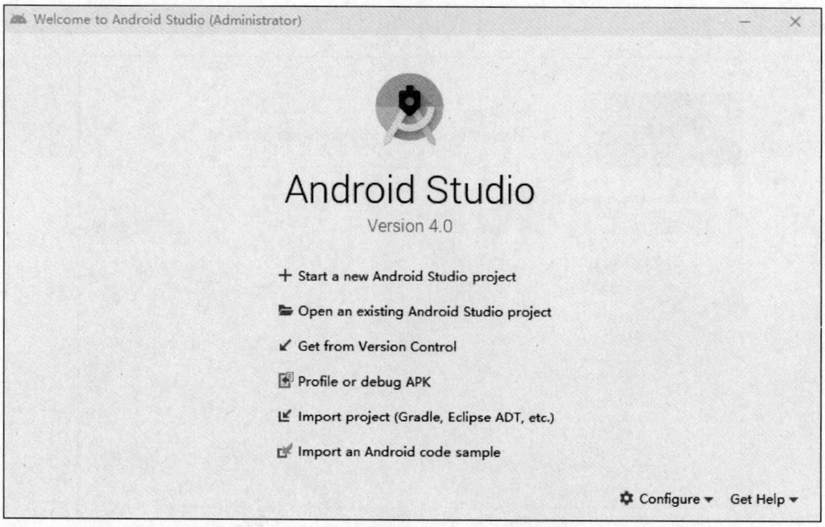

图 1-20　Android Studio 欢迎页面

接着在 Android Studio 软件中创建一个 Hello World 项目。

1. Android 项目的创建步骤

第一步,在欢迎界面中选择 Start a new Android Studio project,进入下一步选择项目的模板,如图 1-21 所示。

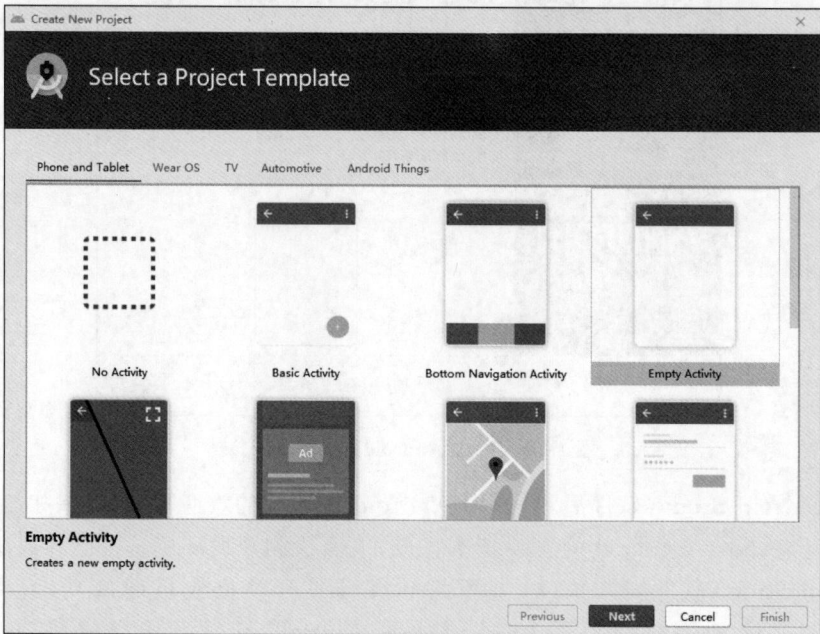

图 1-21　选择项目模板

第二步,选择项目模板时,需要根据项目的实际需求,先选择设备,如图 1-21 所示选择 Phone and Tablet 选项卡,然后再选择项目模板,如果不清楚项目需要哪种模板,则选择 Empty Activity,选择项目的模板后,单击"Next"按钮进入下一步,填写项目信息,如图 1-22 所示。

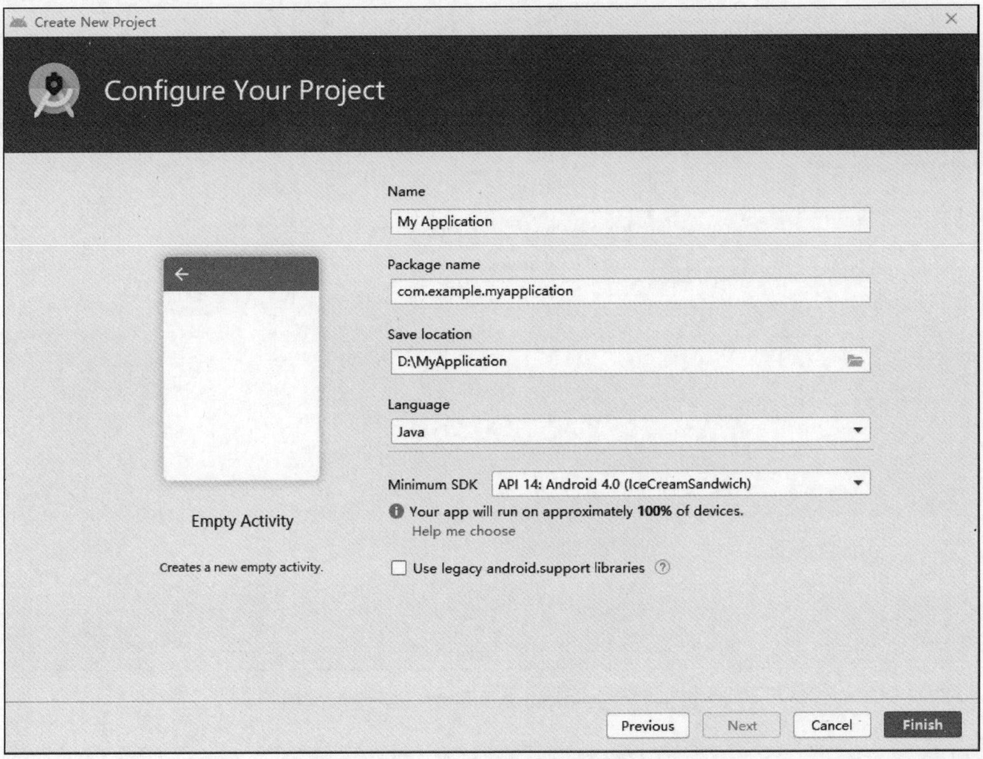

图 1-22　填写项目信息页面

填写项目信息时主要填写的是项目名(Name),选择项目保存的路径(Save location),然后选择开发语言(Language)。本书主要使用 Java 语言来进行开发,所以 Language 选择 Java。接着选择最小兼容的 SDK 版本,如图 1-22 所示,选择 API 16(Android 4.1)的 SDK 版本可以兼容 100% 的设备,因此建议后面创建的项目的最小兼容 SDK 版本选择 API 16。

最后单击"Finish"按钮,进入 Android Studio 的项目编辑页面,如图 1-23 所示。到此步 Android 项目已经创建完成。

2. 创建手机模拟器的步骤

创建完 Android 项目后可以单击"运行"按钮,如图 1-24 所示,会提示 Error running 'app':No target device found 错误,因为 Android 项目需要运行在手机模拟器上,Android Studio 中默认情况下是没有手机模拟器的,接下来学习在 Android Studio 中创建手机模拟器的过程。

1) SDK 的下载步骤

SDK(Software Development Kit)即软件开发工具包,是一些被软件工程师用于为特定的软件包、软件框架、硬件平台、操作系统等创建应用软件的开发工具的集合。它可以简单地为某种程序设计语言提供应用程序编程接口(Application Programming Interface,API)的一些文件,但也可能包括能与某种嵌入式系统通信的复杂硬件。SDK 还经常包括示例代码、支持性的技术注解或者其他为基本参考资料澄清疑点的支持文档。

Android SDK 即安卓软件开发工具包,在 Android 平台上开发 Android App,必须从官网

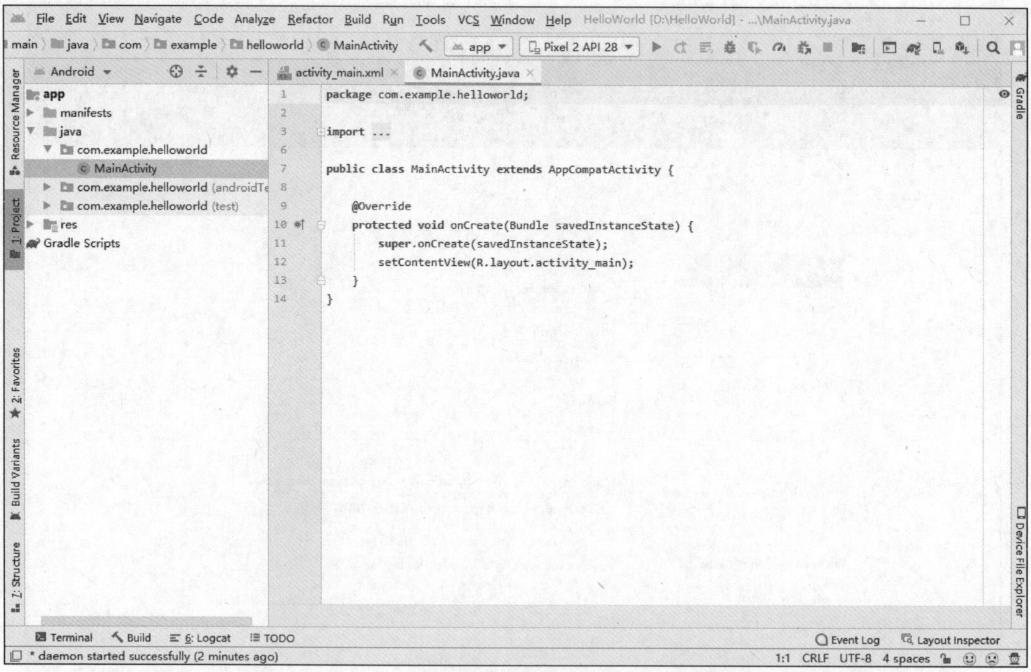

图 1-23　Android Studio 的项目编辑页面

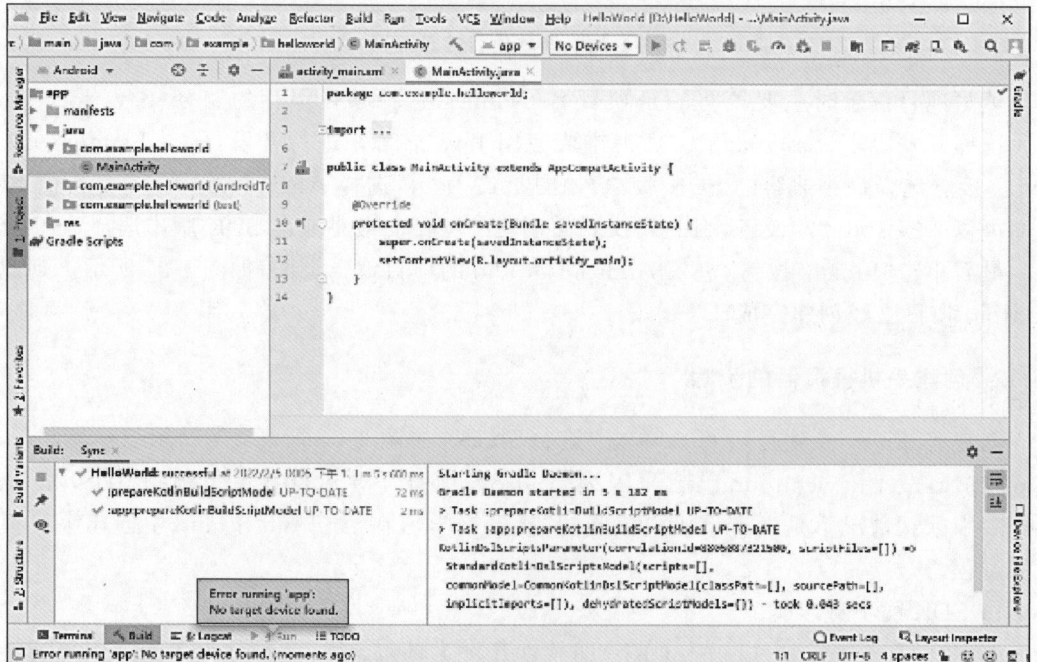

图 1-24　运行错误信息提示

下载 Android SDK,然后利用这套 SDK 提供的 API 来调用系统功能,例如通过 Android SDK 来调用系统屏幕一直"常亮"的功能,如果没有这个工具箱提供的工具,那就无法实现这个功能。没有 SDK 就无法创建手机模拟器,下面学习下载 Android SDK 的步骤。

步骤 1,打开 SDK 管理器,可以单击工具栏的 SDK 管理器按钮,如图 1-25 所示,也可以在菜单栏中选择 Tools,接着选择 SDK Manager,打开 SDK 管理器页面,如图 1-26 所示。

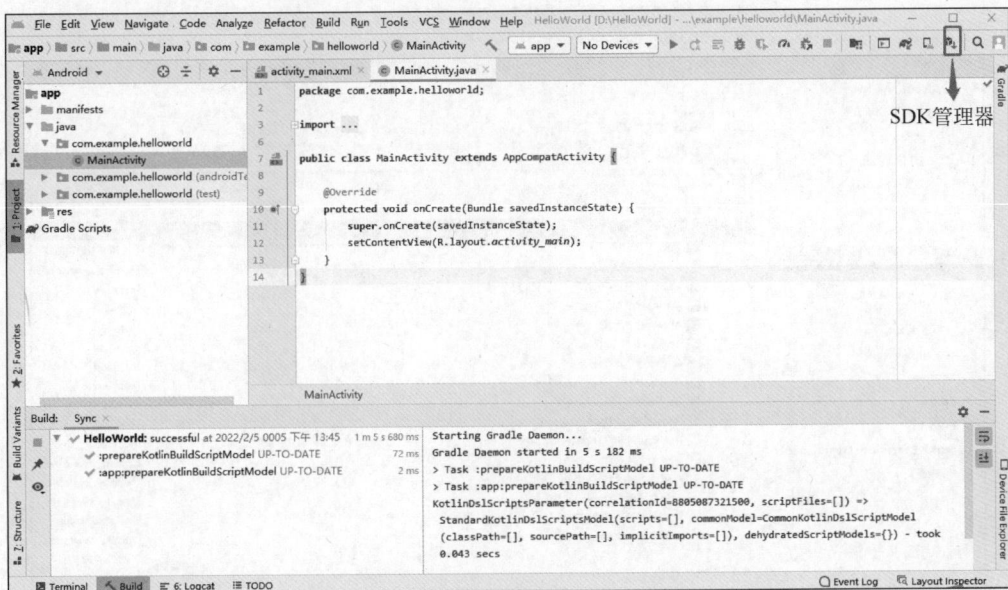

图 1-25　SDK 管理器按钮

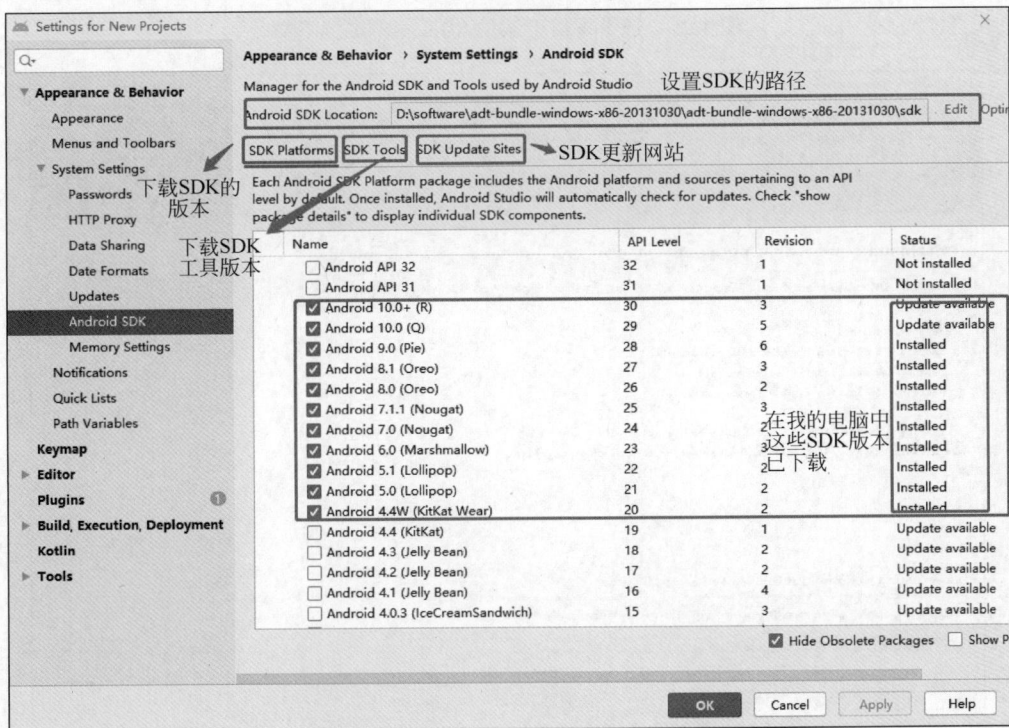

图 1-26　SDK 管理器

步骤 2,选中需要的 SDK 版本,如图 1-27 所示,然后单击"Apply"按钮,进入 SDK 下载页面,等待下载安装完成,效果如图 1-28 所示。

SDK 下载时如果网速低,可能会终止,这时需要重新进入下载安装组件的页面,如

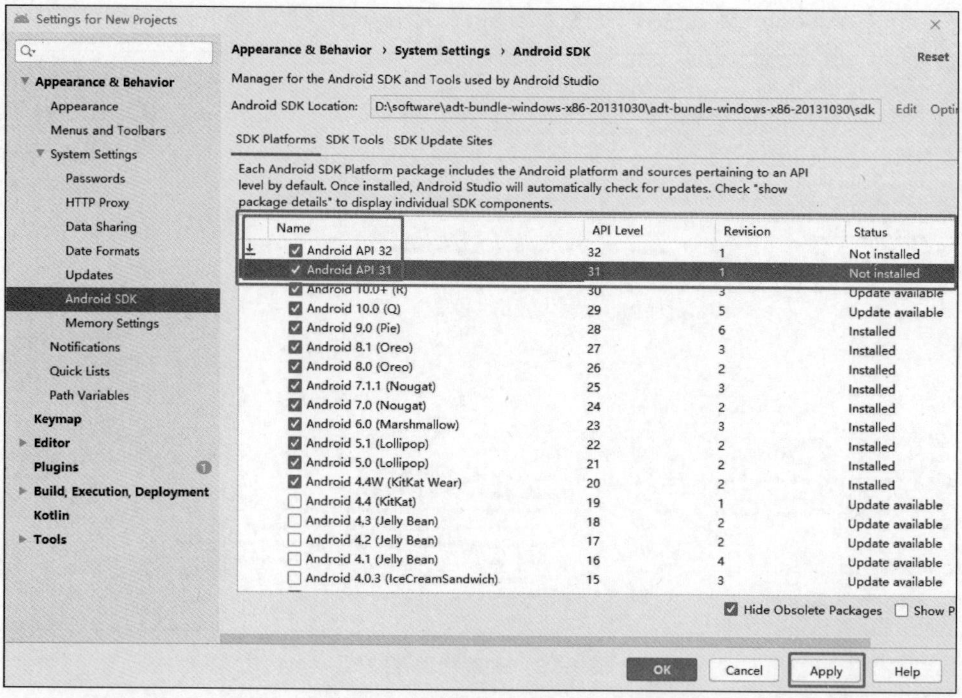

图 1-27 选中需要下载的 SDK 版本进行下载

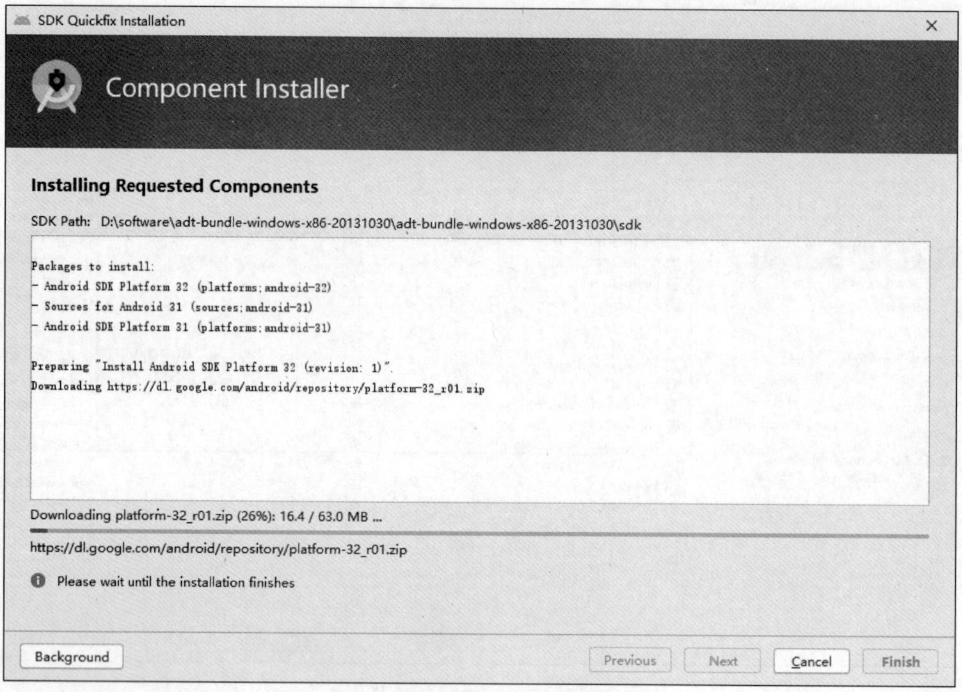

图 1-28 下载安装 SDK 相应组件

图 1-28 所示,会自动继续下载安装的进度,直到如图 1-29 所示的页面效果,SDK 才下载安装完成,然后单击"Finish"按钮,就会回到 SDK 管理器界面。

SDK 下载完后,在相应的目录下会有 SDK 的目录,SDK 的目录结构如图 1-30 所示。

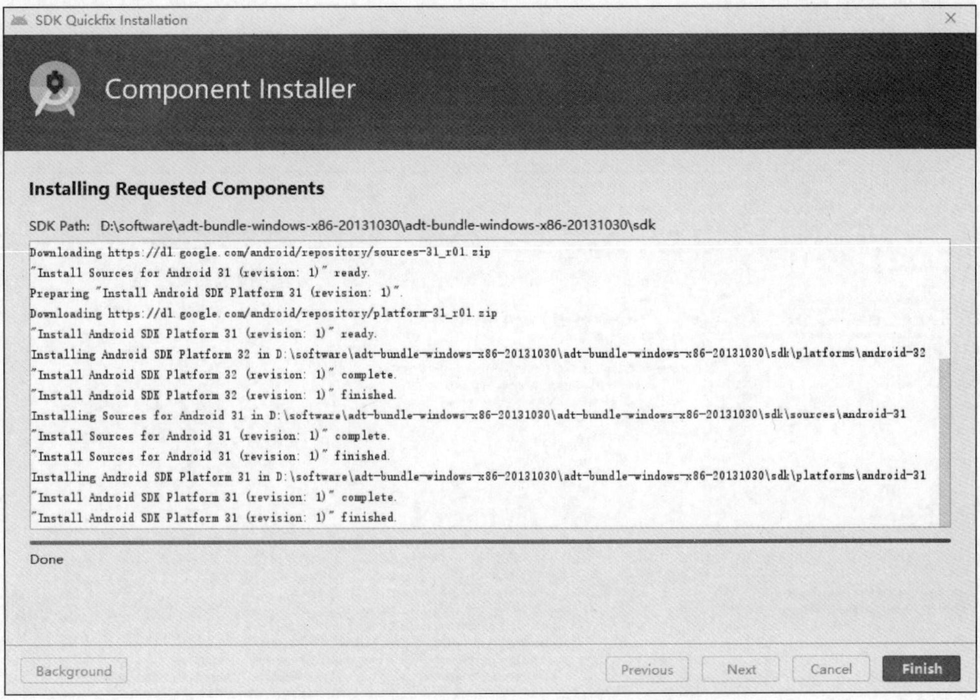

图 1-29　SDK 下载安装完成提示界面

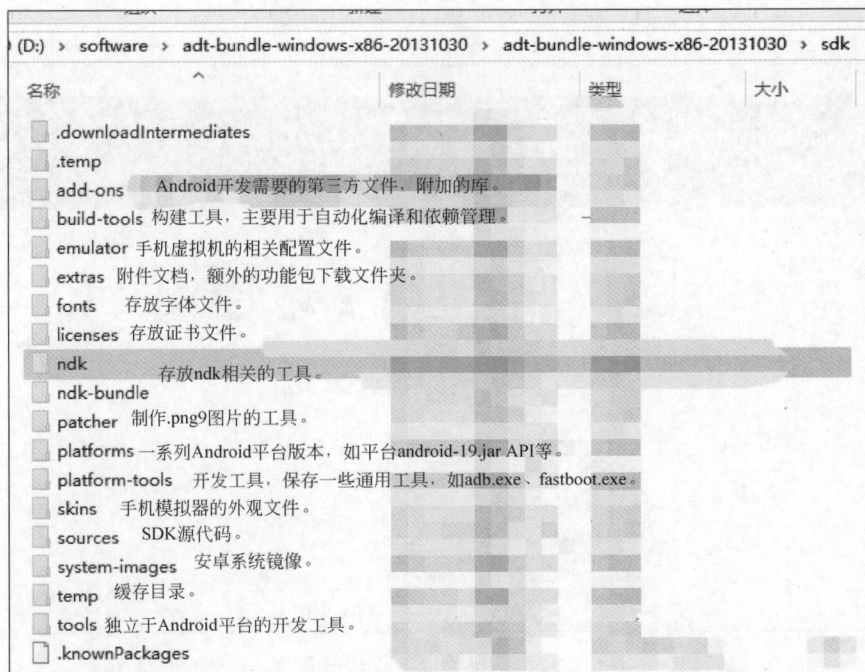

图 1-30　SDK 目录结构

如需进一步了解 SDK 目录中的工具，可自行查阅相关的帮助文档和使用搜索引擎进行检索查阅，SDK 下载完成后就可以创建模拟器。

2）模拟器创建的步骤

第一步，打开手机模拟器管理器，如图 1-31 所示，单击选择手机模拟器管理器按钮，也可以在菜单栏中选择 Tools，接着选择 AVD Manager，打开手机模拟器管理器，其界面如图 1-32 所示。

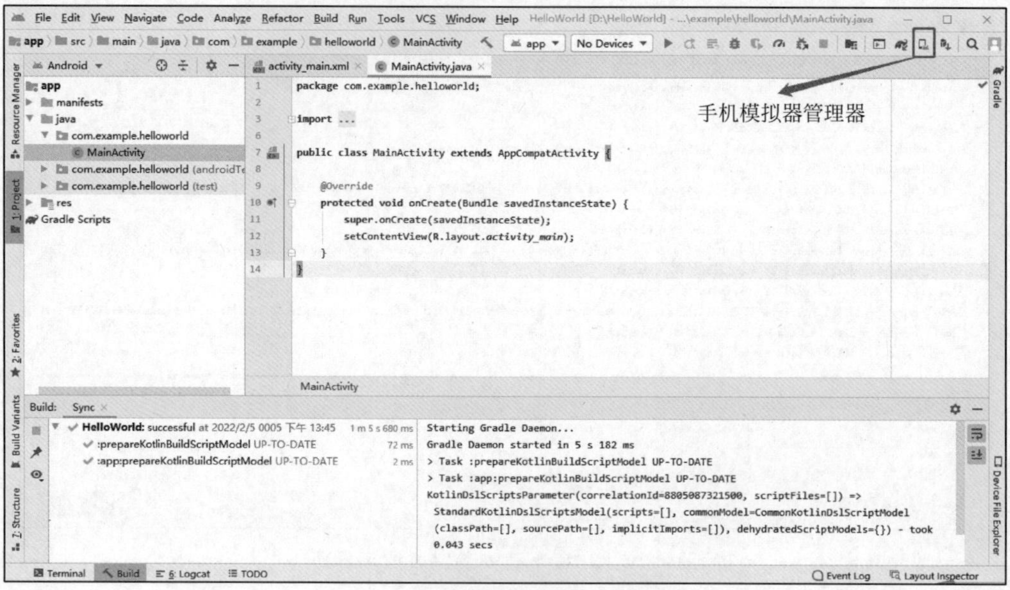

图 1-31　手机模拟器管理器按钮

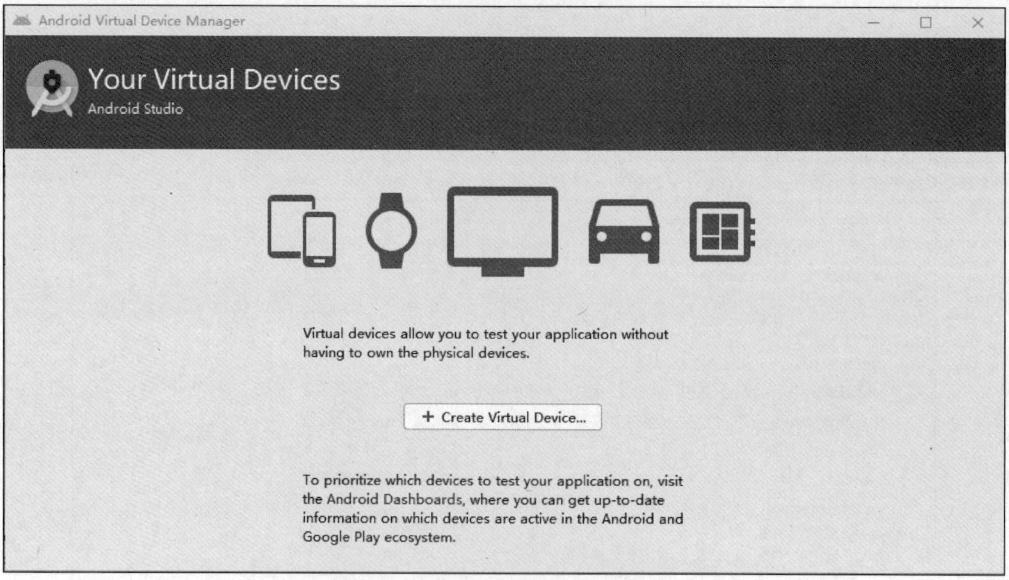

图 1-32　手机模拟器管理器页面

第二步，在手机模拟器管理器页面单击"Create Virtual Device…"按钮，进入下一步，如图 1-33 所示。

第三步，选择设备操作系统版本，如果 SDK 没有下载，则需要先下载，再根据项目需求，选择操作系统的版本。需要注意的是，设置操作系统的版本不能低于项目可兼容 SDK 的最

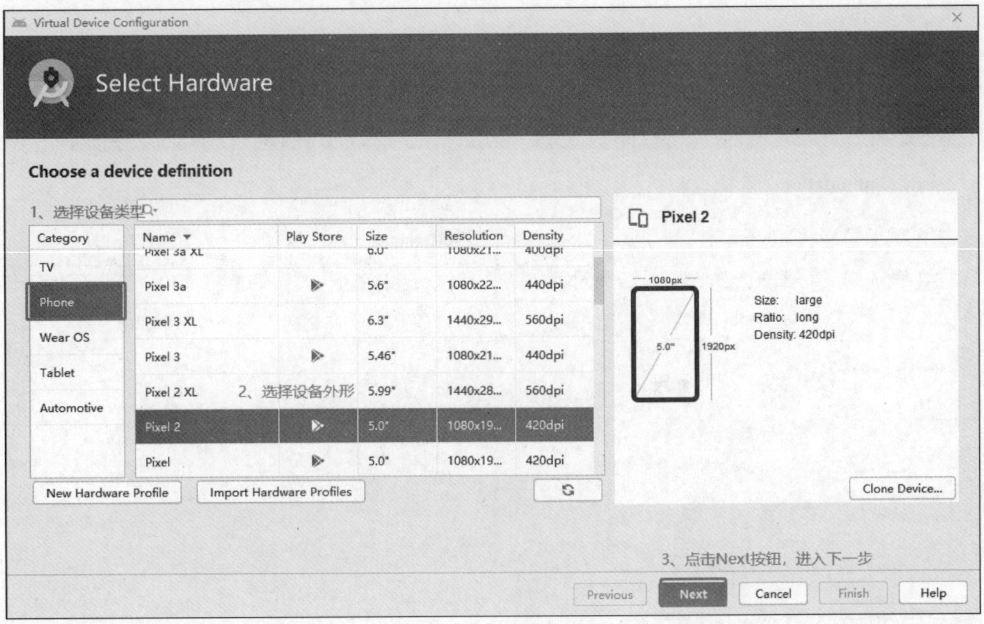

图 1-33　选择设备

低版本，否则项目不能在该设备中运行，如图 1-34 所示，选择完设备操作系统版本后单击
Next 按钮进入下一步。

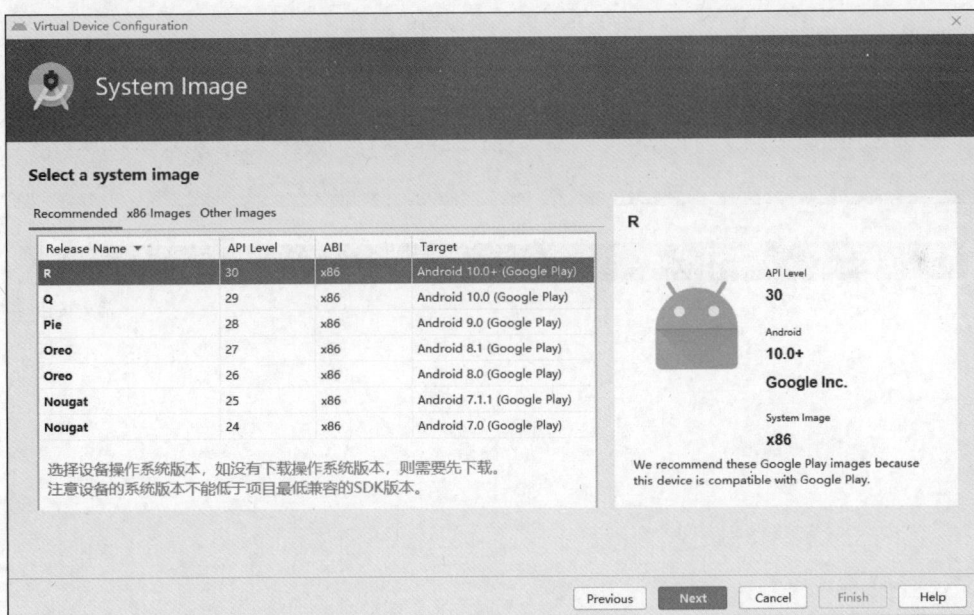

图 1-34　选择设备操作系统

　　第四步，确认模拟器的信息，如图 1-35 所示。在确认模拟器信息时可以填写模拟器的
名称，也可以修改设备的基本信息和操作系统版本信息等。最后单击 Finish 按钮完成模拟
器的创建，返回到模拟器管理页面，可以单击"播放"按钮，运行手机模拟器，如图 1-36 所示。
然后关闭模拟器管理页面返回到项目编辑窗口。

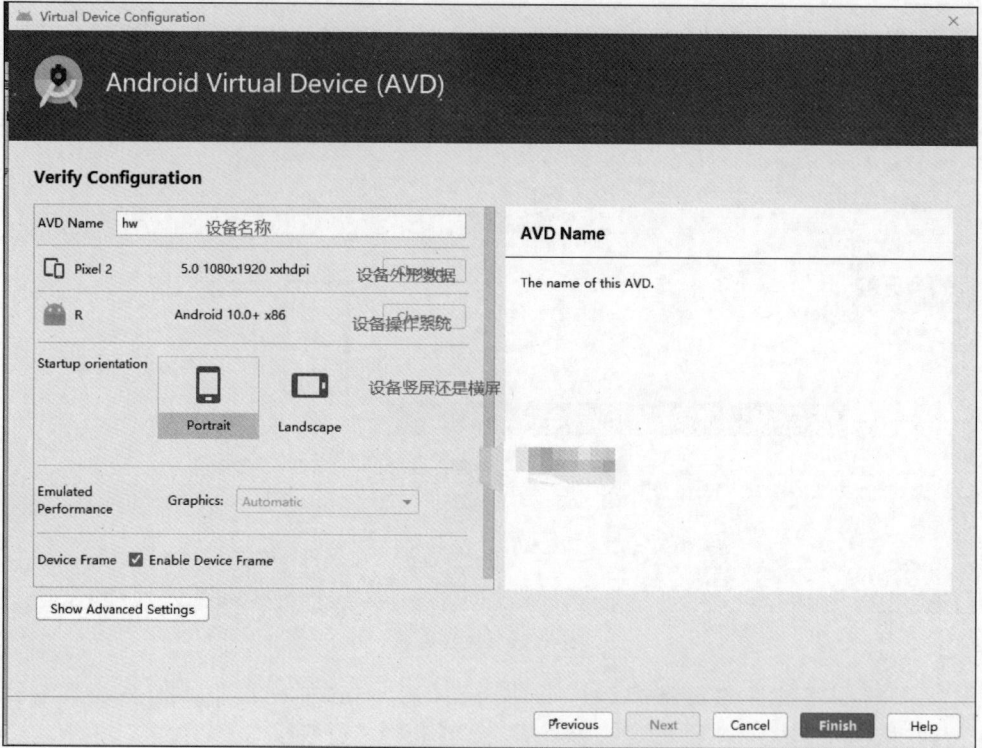

图 1-35　确认模拟器的信息

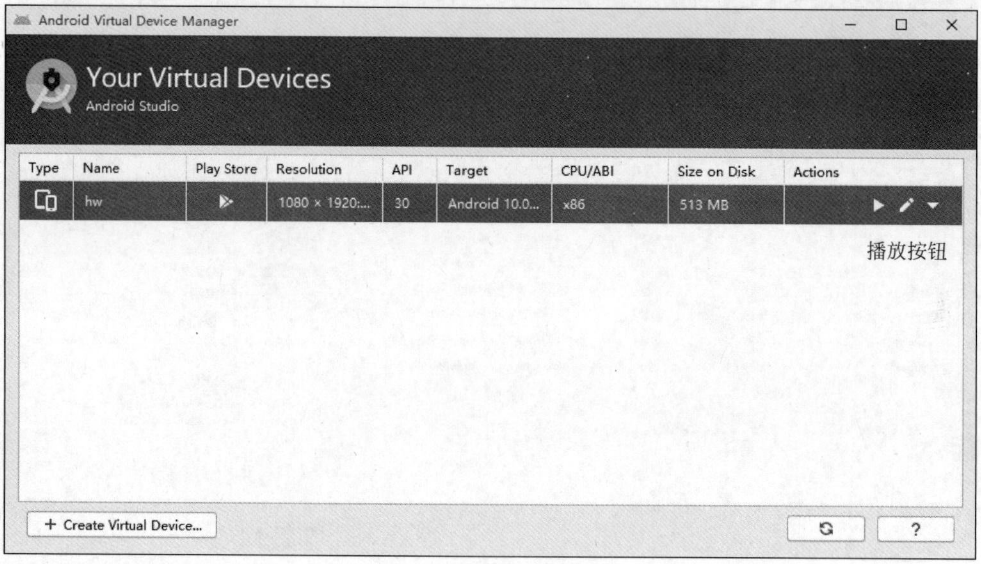

图 1-36　模拟器管理器页面

3．运行项目，检测 Android 开发环境是否搭建成功

　　模拟器创建完成后，就可以将创建的 Android 项目运行到手机模拟器上，怎么运行呢？如图 1-37 所示，一般情况下，Android 项目编译成功后，运行模式选项栏会自动显示为

App，不需要手动设置，如果创建的虚拟机不止一台，可以手动选择运行的目标设备，然后，就可以单击"运行"按钮，将项目运行到目标设备上。

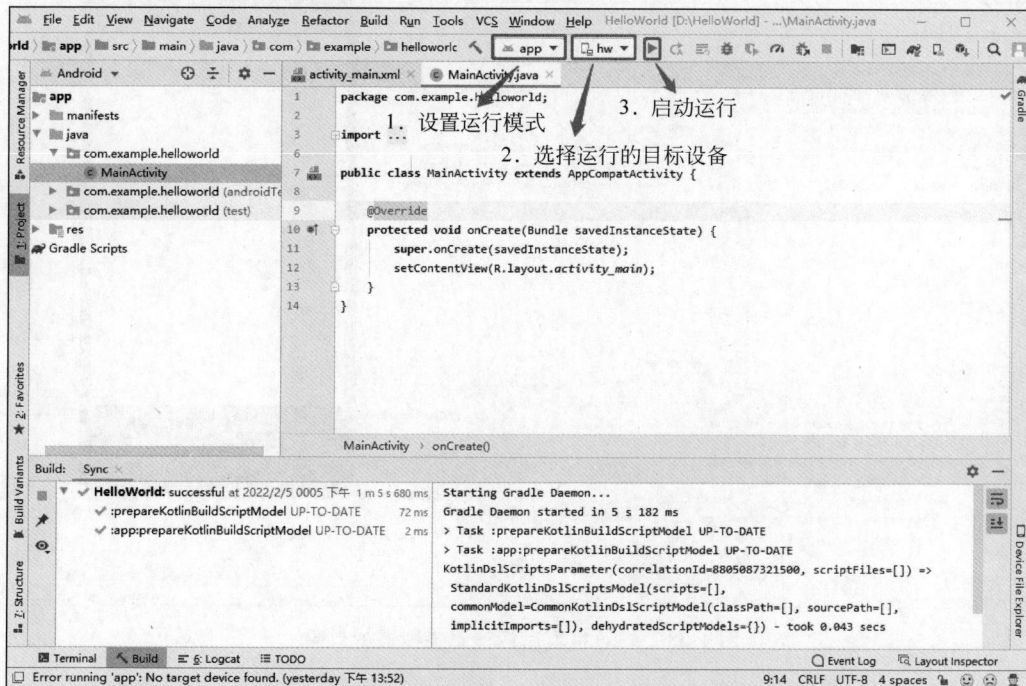

图 1-37　配置运行信息后运行项目

第一次运行时，由于项目需要编译和下载相应的配置文件，模拟器开机及加载资源等待的时间稍长，大家注意耐心等待。等待时间过长会导致应用程序安装失败，这时等待模拟器开机完成后，再次单击"运行"按钮即可将应用程序运行到模拟器上，效果如图 1-38 所示，到此 Android 开发环境搭建成功。

4．搭建 Android 开发环境时常遇到的问题及其解决办法

安装 Android Studio 时，部分读者可能不会一安装就成功，因为计算机操作系统的环境或者硬件的不同会出现不同的问题，下面讲解搭建 Android 项目开发环境过程中经常遇见的问题。

1）JDK 的版本与 Android Studio 版本不兼容

由于 JDK 与 Android Studio 的版本不断地进行升级更新，各位读者有可能在学习 Android 之前就安装好了 JDK，但是 JDK 的版本可能比较低，与最新版本的 Android Studio 不能兼容，在编译项目时就会提示 JDK 版本与 Android Studio 版本不兼容的问题，造成这个情况有两种原因，因此有两种解决方法。

第一个原因是 JDK 没有安装，若没有安装 JDK，运行 Android Studio 时会提示没有 JDK，这时需要根据提示安装相应版本的 JDK。

第二个原因是所安装的 JDK 与 Android Studio 的版本不一致，若安装的 JDK 是 32 位版本，而 Android Studio 是 64 位，则打开 Android Studio 时会提示"没有 64 位的 JDK"，这时候的解决方法就是安装一个 64 位的 JDK。

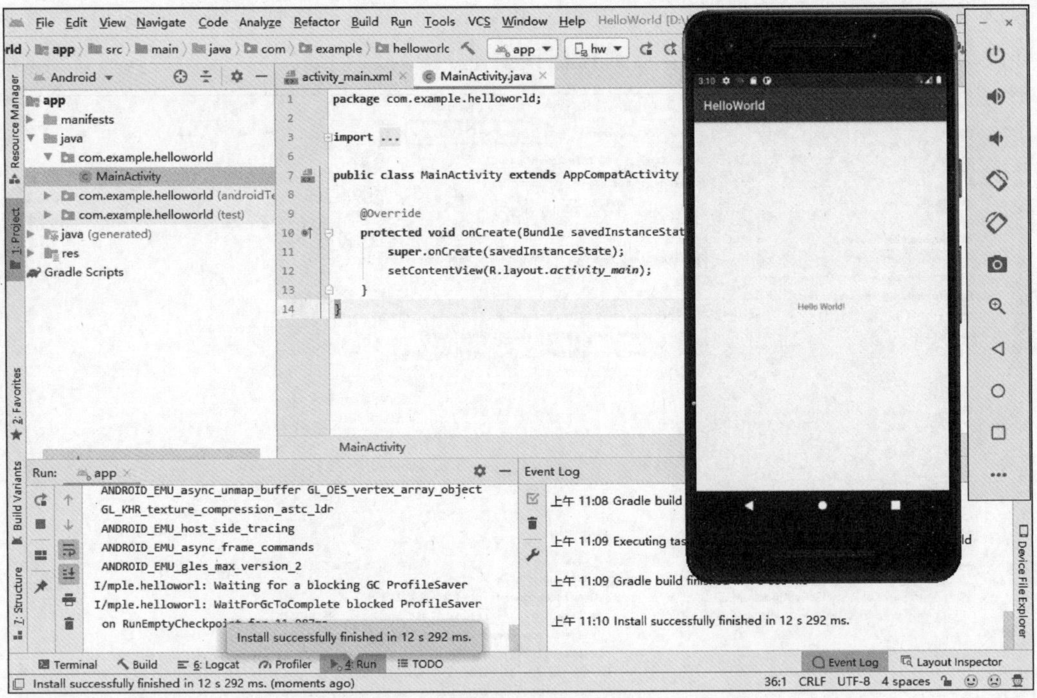

图 1-38　成功将项目运行到模拟器的效果

2）Android Studio 配置文件出错

配置文件出错的问题也是经常会出现的，目前读者经常遇到以下几类问题。

第一个问题是个别操作系统在安装 Android Studio 成功后，打开 Android Studio 时遇到 Internal Error 错误，这时可以尝试以下步骤解决这个问题。

步骤 1，找到 Android Studio 安装路径，打开 bin 文件夹下的 idea. properties。

步骤 2，在文件最后添加一句命令：disable. android. first. run＝true，保存并关闭。

步骤 3，重启 Android Studio 就可以了。

第二个问题是下载 SDK 时出现 android intel x86 atom system image…的提示，出现这个问题时，可以尝试打开 C:\Windows\System32\drivers\etc 修改 hosts 文件，添加如下一行代码，重启 ADT 及 SDK Manager，问题即可解决。

```
#download android sdk from google fuck cn 74.125.237.1 dl-ssl.google.com
```

另外在修改 hosts 文件时发现修改后保存不了，解决方法：选择 hosts 文件，右击选择"属性"选项，选择"安全"选项，单击"高级"按钮，选择"更改权限"选项，设置好权限，单击"确定"按钮后，就可以修改 hosts 文件并保存了。

网络慢，SDK 下载会中断，可以先单击 Finish 按钮，然后再单击 download 按钮重新下载，直到下载安装完成为止。

3）手机模拟器不能打开

目前还有很多读者在搭建完 Android 项目开发环境之后手机模拟器打不开，不能将 Android 应用程序运行到手机模拟器中，这类常见的两个问题如下。

第一个问题是 Android Studio 中运行项目出现 Unable to run 'adb'：null 的问题，遇到

这个问题可以尝试下面的步骤解决此问题。

步骤 1,打开任务管理器,结束 adb 程序。

步骤 2,将 adb 的路径添加到环境变量 path 里,adb 的路径在 SDK 的 platform-tools 目录里。

步骤 3,重新启动运行 Android Studio。

第二个问题是手机虚拟机打不开,如果 Android Studio 安装完成,运行项目时,手机模拟器打不开,可以先检查 SDK 等组件是否下载安装完成,然后根据出现的错误提示,在网络上检索相应的解决办法,例如出现 VT-x is disabled in BIOS 问题,则需要进入自己的 BIOS 系统里开启虚拟机技术,开启后重新打开 Android Studio 运行项目即可。

1.1.6　课前学习测试

(1) 请找出目前市场占有率最高的 Android 系统版本,哪个 Android 系统版本能够兼容所有的 Android 设备?

(2) 请记录搭建 Android 软件开发环境过程中遇到的问题,记录格式如下。

错误提示:

错误原因:

错误解决的方法及步骤:

(3) 创建一个 Android 应用程序,能在页面上显示"XXX 的第一个 Android 应用程序"。

1.2　课堂学习任务:熟悉 Android 应用程序的项目结构

课堂学习任务的主要目标是让读者熟悉 Android 应用程序的项目结构,为后续开发 Android 应用程序打下扎实的基础。进入课堂学习前请完成以下课前学习测试题。

(1) 在安装完 JDK 后需要分别配置哪两个文件夹的路径? 需要将这两个路径配置到哪两个计算机系统环境变量中?

(2) 请写出 JDK 和 SDK 在 Android 应用程序开发中的作用。

(3) 请在 Android Studio 中创建一个项目名为 Helloworld 的 Android 应用程序,并将页面上显示的"Hello World"修改为自己的名称。

1.2.1　熟悉开发工具 Android Studio

为了提高后续的学习速度和效果,读者们先要花一点时间来熟悉 Android Studio 软件中常用的操作,例如打开已存在的 Android 项目、熟悉 Android Studio 各个工作区间的使用等。学习打开已存在的 Android 项目的步骤。

1. 打开已存在的 Android 项目步骤

步骤 1,打开 Android Studio,如果上一次没有关闭项目,会直接打开上一次的 Android 项目的编辑窗口,如果已经关闭项目,并且没有正在编辑的 Android 项目,打开 Android

Studio 时就会打开 Android Studio 的欢迎界面,如图 1-39 所示。

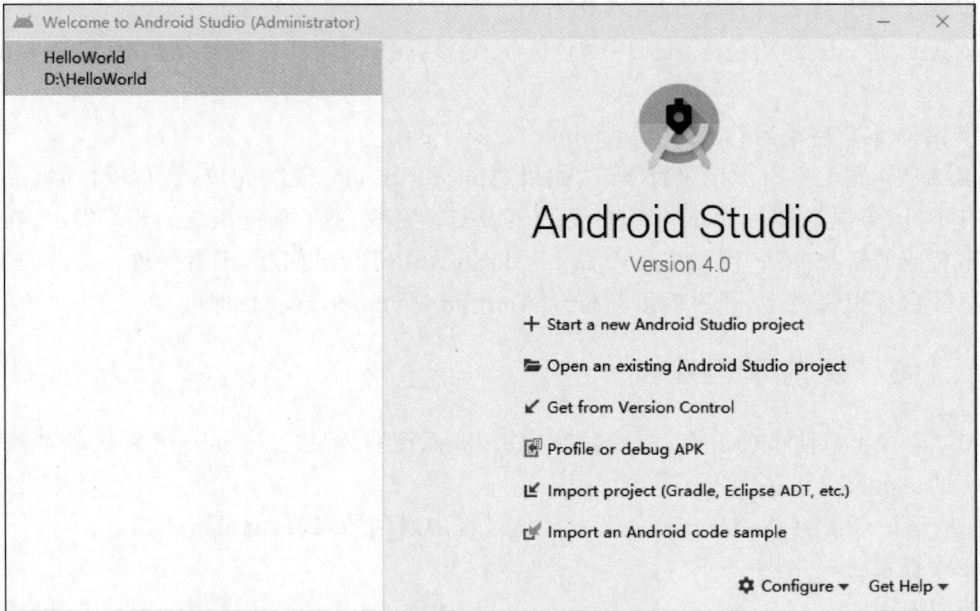

图 1-39　Android Studio 的欢迎界面

步骤 2,如果打开的是 Android Studio 的欢迎界面,那么可以从左侧的最近项目列表中单击选择要打开的项目,如果项目不在最近项目列表,可以在右侧菜单栏中选择 Open an existing Android Studio project,然后选择要打开的项目即可,如图 1-40 所示。

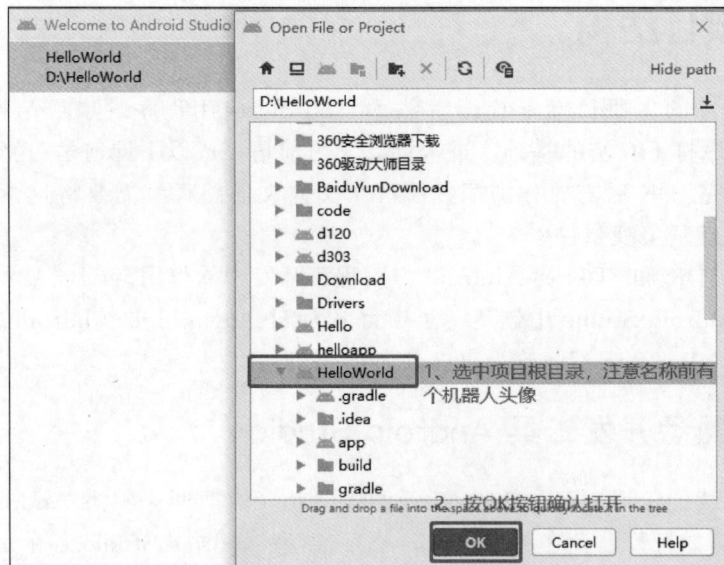

图 1-40　选择已有的 Android 项目

在第一步打开 Android Studio 时,大部分情况下打开的是 Android 应用程序的编辑窗口,如图 1-41 所示。然后可以通过在主菜单栏中选择 File 选项,接着选择 Open 选项,然后根据图 1-40 所示,选择要打开的 Android 项目,在单击 OK 按钮时会弹出提示窗口如图 1-42

所示,可以选择是在当前窗口打开还是在新的窗口打开,如果只想打开一个项目,则在当前窗口打开,否则选择在新的窗口打开。

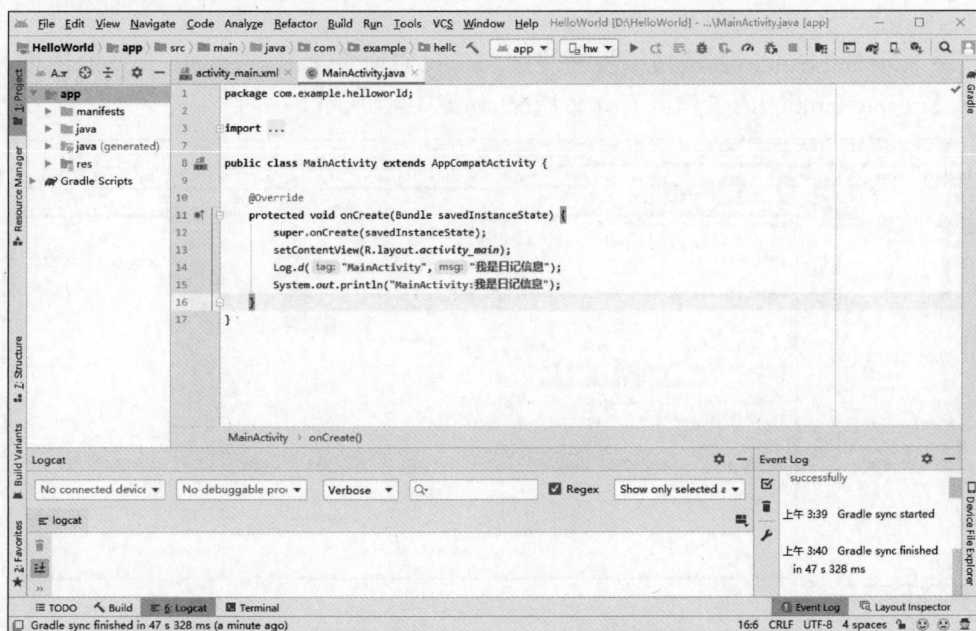

图 1-41　Android 应用程序的编辑窗口

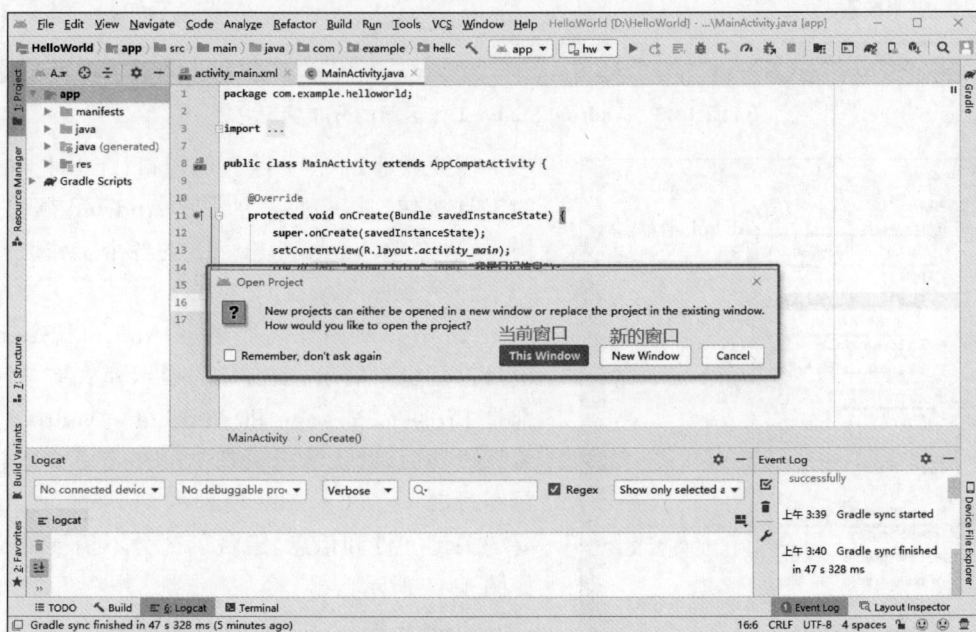

图 1-42　选择是否在当前窗口打开已存在的项目

打开已存在的 HelloWorld 项目后,就可以熟悉一下 Android Studio 的工作区间。

2. 熟悉 Android Studio 的工作区间

很多初学者都很畏惧英文版的开发工具,其实也不用担心,熟能生巧。在学习 Android

开发的初期,只会使用到 Android Studio 中常用的开发功能,因此只需要记住常见的菜单英文单词的含义就可以。接着学习 Android Studio 的工作区间。

1) Android Studio 的集成开发环境

熟悉 Android Studio 的集成开发环境有利于我们加快学习 Android 开发的进度,先来看一下 Android Studio 的工作区间分布情况,如图 1-43 所示。

图 1-43   Android Studio 工作区间的分布情况

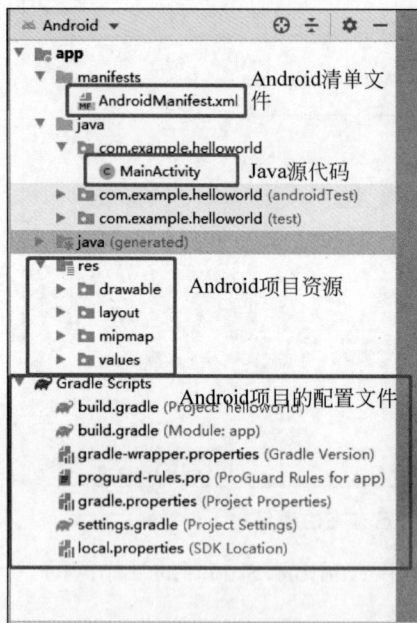

图 1-44   Android 模式下项目结构

需要熟悉的是项目工具窗口、工具栏和部分的工具按钮,接下来一边学习 Android 项目的结构,一边熟悉 Android Studio 的各个工作区间。

2) Android 项目的结构

Android 项目结构主要在 Android Studio 的项目工具窗口展示,该窗口的展示模式有三种,分别是 Project、Package 和 Android。Android 项目编译成功后,默认情况下是 Android 模式,该模式是经过 Android Studio 处理的,只展示项目中必要的关键文件和信息,隐藏了部分不需要的文件,如图 1-44 所示。

Project 模式会展示项目中所有的包、目录和文件,如图 1-45 所示。该模式下 Android 项目的所有物理文件都显示出来,但是有些复杂,当 Android 项目编译不成功时,想要查看 Android 项目的文件,可以切换到该模式。

Package 模式会按照 Android 项目的资源类型展示 Android 项目的结构,具体如图 1-46 所示。在存储 Android 项目的各种资源时可以切换到该模式,方便我们操作项目的资源。

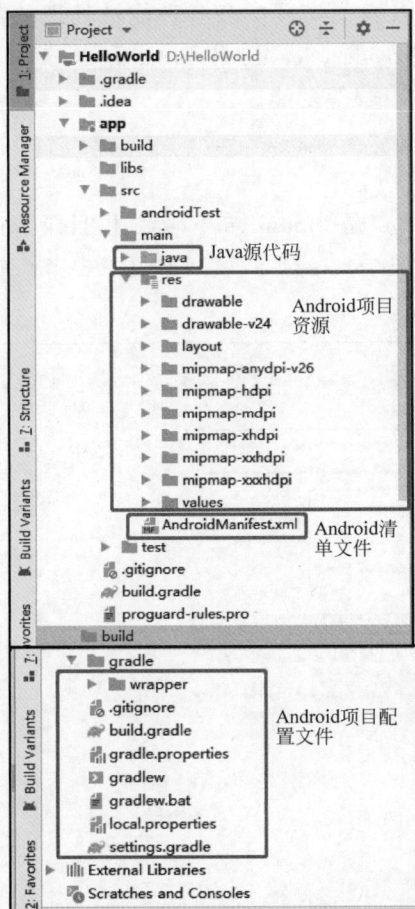

图 1-45　Project 模式下 Android 项目结构

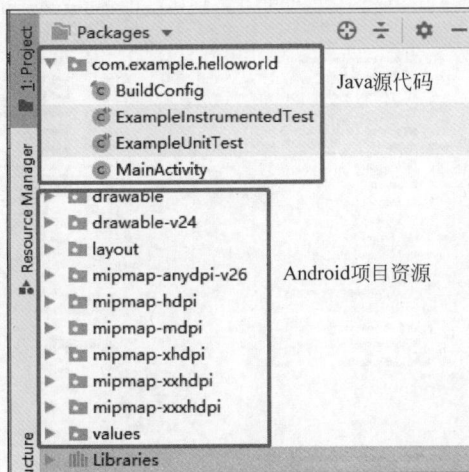

图 1-46　Package 模式下 Android 项目结构

开发人员一定要熟悉三种模式下 Android 项目的结构,根据 Android 项目开发时所遇到的问题,选择不同的模式来管理项目,可以在一定程度上提高开发效率。接着学习 Android 模式下的 Android 项目结构中的重要文件。

1.2.2　清单文件 AndroidManifest.xml

Android 清单文件 AndroidManifest.xml 是每个 Android 程序中必需的文件,它位于整个项目的根标签,是整个应用的入口。我们进行 Android 项目开发时经常使用这个文件,在里面配置程序运行所要的组件、权限以及一些相关信息。但是对于这个文件,大部分读者了解的却不多,还只是停留在简单的配置,而没有弄明白其中的具体含义和配置的原因。本节将详细讲解该文件里各项参数的具体含义,有助于初学者更加深入地理解 Android 应用程序的结构。

1. Android 清单文件的作用

Android 清单文件 AndroidManifest. xml 是 Android 应用程序的入口文件,它描述了Package 中暴露的组件(Activities、Services 等)、它们各自的实现类和各种能被处理的数据和启动位置。除了能声明程序中的 Activity、ContentProvider、Service 和 BroadcastReceiver,还能指定 Permissions 和 Instrumentation(安全控制和测试)等功能。

2. Android 清单文件的结构

Android 清单文件的结构是固定的,第一层目录节点是< manifest >,第二层目录节点是< application >,第三层目录节点是相应的组件标签,如< activity >,第四层目录根节点描述组件的数据、行为、策略等内容,具体如图 1-47 所示。

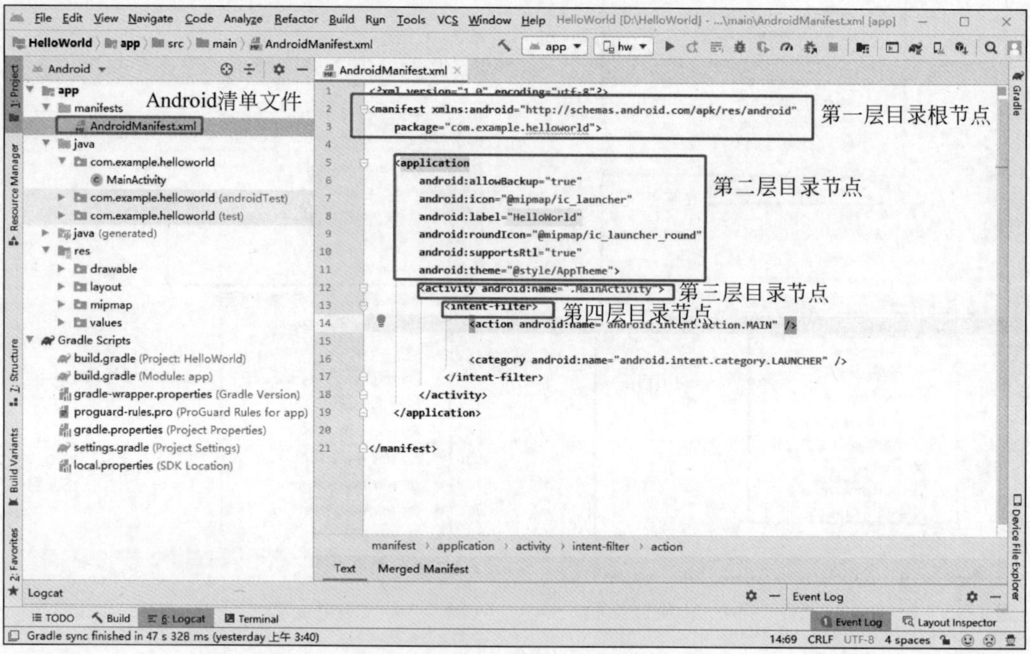

图 1-47　Android 清单文件的结构

3. manifest 节点属性详解

图 1-47 展示了默认的 Android 清单文件的 manifest 节点中只有两个属性,分别是xmlns 和 package,这两个属性是必要的,还有 4 个可选属性,下面一起来学习 manifest 节点的 2 个必要属性,可选属性可以查询本书的配套资源。

1) xmlns 属性

xmlns 属性定义 XML 文件所使用的命名空间,如果需要指定特殊的命名空间,可以手动编写代码,基本格式如下:

xmlns:<命名空间标识> = "http://schemas.android.com/apk/res/<完整的包名>"

注意:代码中的<内容>部分可以自己修改,是必须填写的部分,不能遗漏。

Android Studio 中创建的 Android 项目中产生的清单文件中的 xmlns 属性的结构如图 1-48 所示。

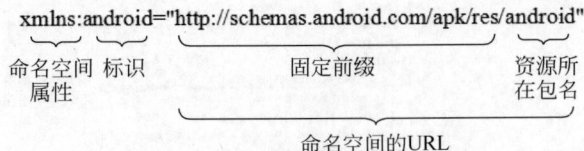

图 1-48　xmlns 属性的结构

如果"标识"不匹配,就会产生如图 1-49 所示的错误,我们可以将命名空间标识改回 android 或者将图 1-49 里的 android 改为 android1,如图 1-50 所示,重新编译后成功修复错误。"资源所在包名"是一个必须存在的 Java 包名,如果不存在,同样也会出错。

通过图 1-49 和图 1-50 两张图片的展示,相信大家对 xmlns 这个属性的使用已经初步掌握了,那么在使用 xmlns 属性时,要注意标识和资源包名等一定要统一,不能随意写,否则无法编译成功,也无法继续编写程序,应用程序也无法运行。

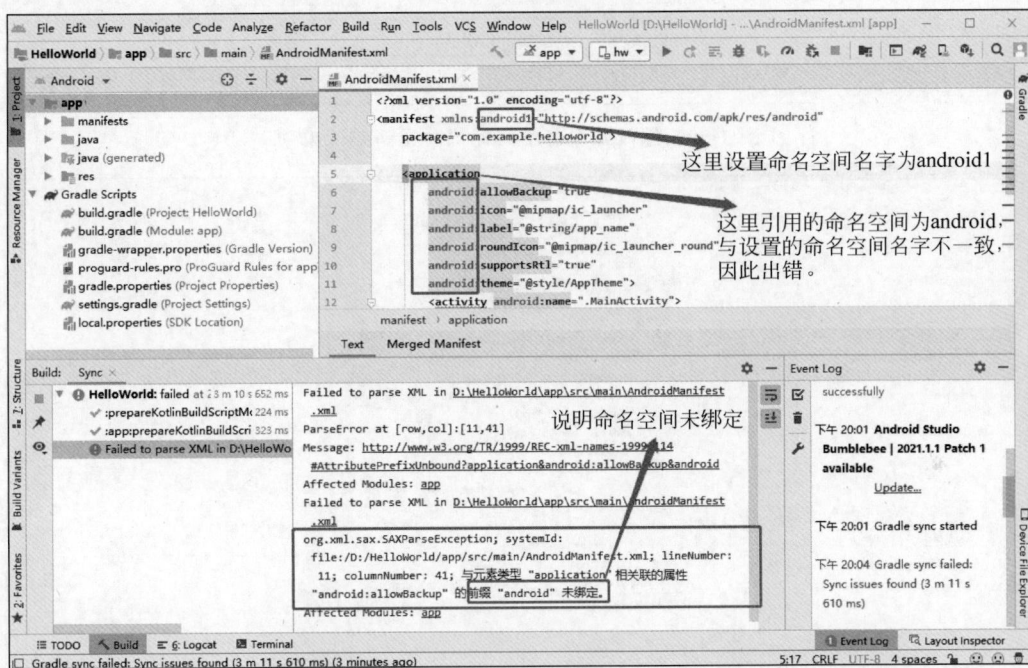

图 1-49　命名空间标识不匹配产生的错误信息

2）package 属性

package 属性是应用程序的身份证,是应用程序的唯一标识,也是应用程序进程的默认名字,同时也是应用程序中每个 Activity 的默认任务(taskAffinity)。一般情况下,该属性在完成创建应用程序时就有默认值。这个值从哪来的呢? 这个包名就是在创建项目时所填写的包名,如图 1-51 所示。运行项目时会在手机模拟器中启动相应的应用程序,如图 1-52 所示。

如果两个程序的 package 属性值相同,先后安装在同一个手机上则会出现"Failure INSTALL_FAILED_ALREADY_EXSIST"错误,由此可知除非特殊需要,package 属性值一般不建议再修改,因为 package 是唯一标识应用程序的属性,如果你试图改变它的值,那

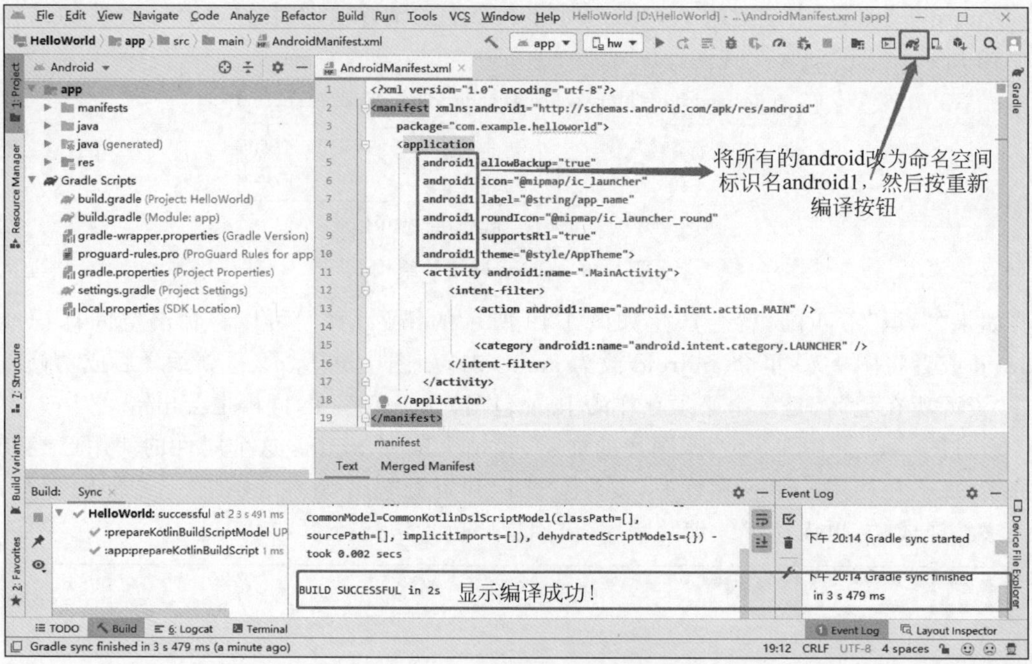

图 1-50　修改好命名空间标识后重新编译成功

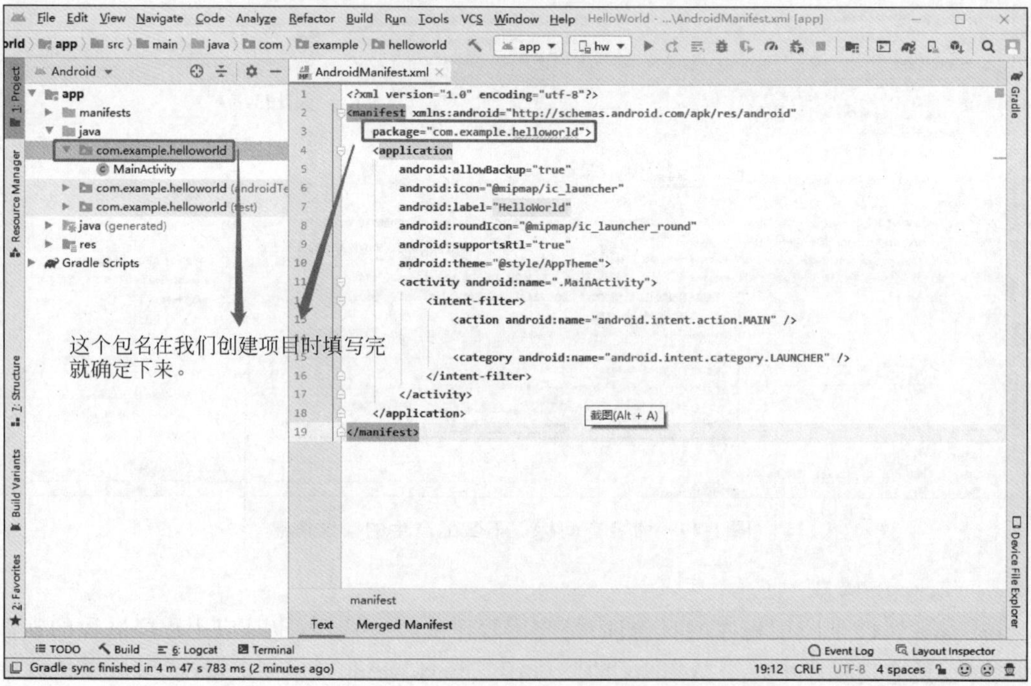

图 1-51　package 属性值的由来

么系统通常会认为这是一个新的应用程序，会导致用户无法更新原有的应用程序。

4. application 节点

AndroidManifest.xml 中必须包含一个 application 标签，这个标签声明了每一个应用程序

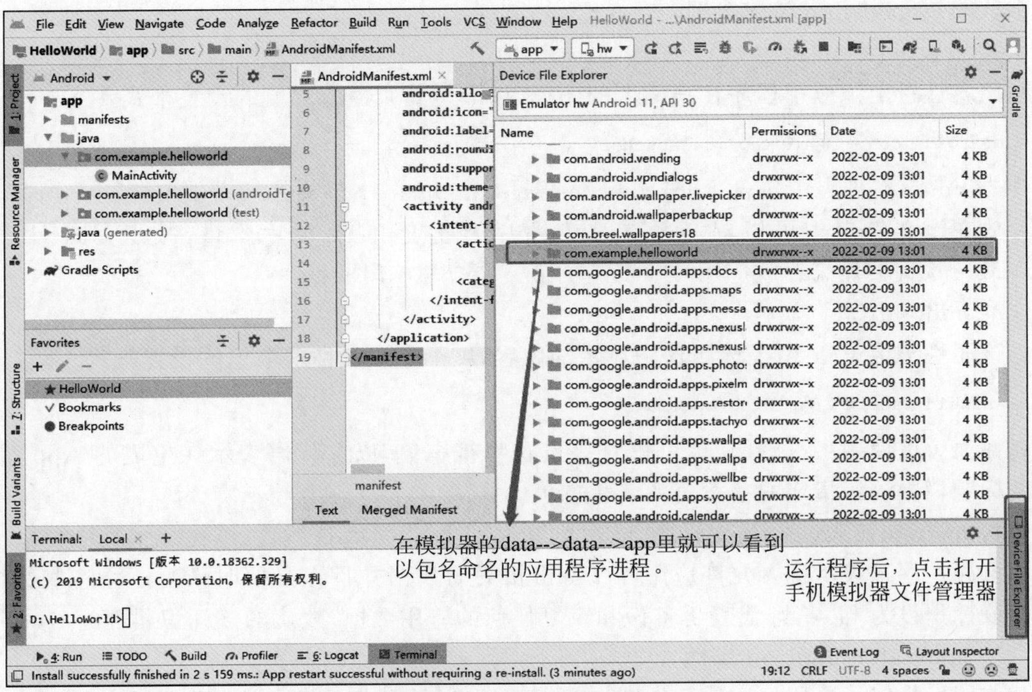

图 1-52　在手机模拟器中查看应用程序进程

的组件及其属性（如 icon、label、permission 等），其结构如图 1-53 所示。application 节点所包含的属性有很多，如图 1-53 所示，由于篇幅有限，本节抽取常用的几个属性值来进行说明。

图 1-53　application 节点相关属性及其取值说明

1）android：name 属性

该属性用完整的 Java 类名赋值，该类名是一个 Application 子类。当应用程序进程被启动时，这个类在其他应用程序组件实例化之前初始化。属性值取值的设置格式为 android：name＝". UserApplication"，表示使用 UserApplication 类来表示应用程序。在程序运行时，该类首先被实例化。UserApplication 类是 BaseApplication 的派生类，BaseApplication 类是 Application 类的派生类。如果没有指定该属性，则 Android 系统会使用默认的 Application 类的实例。

2）android:icon 属性

该属性指定了应用程序在桌面上的图标，以下是其属性值取值的设置格式。

```
android:icon = "@mipmap/ic_launcher"
```

其中 mipmap 文件夹中包含了 ic_launcher 图片，mipmap 文件夹一般存放 launcher 图标，把图片放在该文件夹中可以提高系统渲染图片的速度，提高图片质量，减少 GPU 压力。drawable 文件夹用来存放应用程序其他的 png、jpg 和 gif 图片。

3）android:label 属性

该属性指定了在 App 标题栏中显示的内容，以下是该属性值取值的设置格式。

```
android:label = "@string/app_name"
```

该属性值可以使用字符资源，也可以直接设置字符串值，以上代码表示在生成的 App 左上角的标题栏中显示指定的字符资源名称的值。

4）android:allowBackup 属性

该属性用来表示是否允许应用程序备份相关的数据并且在必要时恢复还原这些数据，如果该标识设为 false，则代表不备份和恢复任何的应用数据，默认的该标识属性为 true。

5）android:roundIcon 属性

该属性指定了应用程序使用的圆形桌面图标，以下是其属性值的设置格式。

```
android:roundIcon = "@mipmap/ic_launcher_round"
```

android:roundIcon 属性是在 Android 7.1 版本（对应 API 的级别是 level 25）之后才加入的一个新属性。在导入已存在的项目时，可能会显示编译错误信息，信息如下：

```
Error:No resource identifier found for attribute 'roundIcon' in package 'Android'
```

主要原因就是当前使用的 Android Studio 不支持 API level 25，解决的方法是下载 API level 25 及更高版本的 SDK，或者将该属性删除。

6）android:supportsRtl 属性

该属性表示应用程序是否支持控件从右到左排列，true 表示支持该排列方式，false 表示不支持该排列方式。android:supportsRtl 是在 Android 4.2 之后才有的，其对应的 API 版本是 level 17，该属性的默认值是 false。

7）android:theme 属性

该属性指定了应用程序界面的主题风格，以下是其取值的设置格式。

```
android:theme = "@style/appTheme"
```

以上代码指定了活动的主题风格是 style/appTheme 指定的风格。在 styles.xml 中可以找到 style/appTheme 的定义。

8）application 中的子节点

application 节点中可以包含< activity >、< activity-alias >、< service >、< receiver >、< provider >和< meta-data >等子节点。

5. activity 节点

activity 节点主要用于注册应用程序的活动，该节点具有很多属性，如图 1-54 所示。在注册 Activity 时,没有特殊功能要求时,只需要填写 android:name 属性,下面讲解部分常用的属性及其功能,其他的属性感兴趣的同学可以自行查阅相应的材料。

```
<activity android:allowTaskReparenting=["true" | "false"]
          android:alwaysRetainTaskState=["true" | "false"]
          android:clearTaskOnLaunch=["true" | "false"]
          android:configChanges=["mcc", "mnc", "locale",
                                 "touchscreen", "keyboard", "keyboardHidden",
                                 "navigation", "orientation", "screenLayout",
                                 "fontScale", "uiMode"]
          android:enabled=["true" | "false"]
          android:excludeFromRecents=["true" | "false"]
          android:exported=["true" | "false"]
          android:finishOnTaskLaunch=["true" | "false"]
          android:icon="drawable resource"
          android:label="string resource"
          android:launchMode=["multiple" | "singleTop" |
                              "singleTask" | "singleInstance"]
          android:multiprocess=["true" | "false"]
          android:name="string"
          android:noHistory=["true" | "false"]
          android:permission="string"
          android:process="string"
          android:screenOrientation=["unspecified" | "user" | "behind" |
                                     "landscape" | "portrait" |
                                     "sensor" | "nosensor"]
          android:stateNotNeeded=["true" | "false"]
          android:taskAffinity="string"
          android:theme="resource or theme"
          android:windowSoftInputMode=["stateUnspecified",
                                       "stateUnchanged", "stateHidden",
                                       "stateAlwaysHidden", "stateVisible",
                                       "stateAlwaysVisible", "adjustUnspecified",
                                       "adjustResize", "adjustPan"] >
</activity>
```

图 1-54　activity 节点属性及其取值情况

1) android:name 属性

该属性在 activity 节点是一个必填属性,是应用程序所实现的 Activity 子类的全类名。若该类(例如 MainActivity 类)是在 package 根标签下声明的,则可以直接声明为 android:name=".MainActivity"。如果该类是在 package 下面的子包中声明,就必须声明为全类名,其格式为 android:name="package 名.子包名.MainActivity"。

2) android:launchMode 属性

该属性描述了 Activity 的加载模式,在多个 Activity 的程序中,需要实现界面之间的跳转或者应用程序间页面的跳转,会希望跳转到原来某个 Activity 页面的实例,而不是产生大量重复的 Activity。这时需要为 Activity 配置特定的加载模式,而不是使用默认的加载模式。Activity 具有 4 种模式,4 种模式的含义说明如表 1-4 所示,默认的情况下 Activity 的启动模式为 standard。

表 1-4　launchMode 属性可选值的取值说明

模 式 名 称	描　　述
standard	就是 Intent 将发送给新的实例,所以每次跳转都会生成新的 Activity
singleTop	也是发送新的实例,但不同于 standard 的一点是,在请求的 Activity 正好位于栈顶时(配置成 singleTop 的 Activity),不会构造新的实例

续表

模 式 名 称	描　述
singleTask	和后面的 singleInstance 都只创建一个实例,当 Intent 到来,需要创建设置为 singleTask 的 Activity 时,系统会检查栈里面是否已经有该 Activity 的实例。如果有直接将 Intent 发送给它
singleInstance	首先说明一下 Task 这个概念,Task 可以认为是一个栈,可放入多个 Activity。例如启动一个应用,那么 Android 就创建了一个 Task,然后启动这个应用的入口 Activity,那在它的界面上调用其他的 Activity 也只是在这个 Task 里面。如果在多个 Task 中共享一个 Activity 的话怎么办呢。举例来说,如果开启一个导游服务类的应用程序,里面有个 Activity 是开启 Google 地图的,当按下 HOME 键退回到主菜单又启动 Google 地图的应用时,显示的就是刚才的地图,实际上是同一个 Activity,这就引入了 singleInstance。singleInstance 模式就是将该 Activity 单独放入一个栈中,这样这个栈中只有这一个 Activity,不同应用的 Intent 都由这个 Activity 接收和展示,这样就做到了共享。当然前提是这些应用都没有被销毁,刚才是按下了 HOME 键,如果按下了返回键,则无效

3) android:screenOrientation 属性

该属性描述了 Activity 页面展示的屏幕方向,即规定打开的页面是横屏还是竖屏等显示模式。该属性的取值说明如表 1-5 所示,默认值是 unspecified。

表 1-5　**Activity** 显示模式的取值说明

属 性 值	显 示 模 式	描　述
unspecified	默认	由系统自动判断显示方向
landscape	横屏模式	宽度比高度大
portrait	竖屏模式	高度比宽度大
user	用户模式	用户当前首选的方向
behind	向后模式	和该 Activity 下面的那个 Activity 的方向一致(在 Activity 堆栈中的)
sensor	感应器模式	由物理的感应器来决定。如果用户旋转设备这屏幕会横竖屏切换
nosensor	非感应器模式	忽略物理感应器,这样就不会随着用户旋转设备而更改了

6. service 节点

service 节点用于注册服务,service 与 activity 同级,与 activity 不同的是,它不能自己启动,是运行在后台的程序。当应用退出时,Service 进程并没有结束,它仍然在后台运行。例如听音乐,网络下载数据等,都是由 Service 运行的。Service 在生命周期中继承 onCreate、onStart、onDestroy 三个方法。第一次启动 Service 时,先后调用了 onCreate、onStart 这两个方法,当停止 Service 时,则执行 onDestroy()方法。如果 Service 已经启动了,当我们再次启动 Service 时,不会再执行 onCreate()方法,而是直接执行 onStart()方法。在 Service 与 Activity 进行通信时,Service 后端的数据最终还是要呈现在前端 Activity 之上,因为启动 Service 时,系统会重新开启一个新的进程,这就涉及不同进程间通信的问题,Activity 与 Service 间的通信主要由 IBinder 实现。该节点的相关属性及其取值情况如图 1-55 所示。其属性与 activity 节点

```
<service android:enabled=["true" | "false"]

    android:exported=["true" | "false"]

    android:icon="drawable resource"

    android:label="string resource"

    android:name="string"

    android:permission="string"

    android:process="string">

</service>
```

图 1-55　service 节点的相关属性

的类似,不再详细说明。

7. receiver 节点

receiver 节点用于注册广播接收器,注册时结构与 service 节点类似,其属性与 service、activity 类似。该节点的属性及其取值情况如图 1-56 所示,下面对部分重要的属性进行说明。

1) android:exported 属性

此属性用于描述广播是否接收其他应用程序发出的广播,默认值由 receiver 节点内部是否有 intent-filter 节点来决定,如果有则为 true,否则为 false。

2) android:name 属性

该属性值是实现广播接收器的类,该类继承了 BroadcastReceiver 类。

3) android:permission 属性

该属性规定广播接收者只能接收具有指定权限的广播。

4) android:process 属性

该属性用于指定广播接收器运行所处的进程,默认为本应用程序的进程,也可以单独指定独立的进程,Android 的四大组件都可以通过该属性指定独立的进程。

8. provider 节点

provider 节点用于注册内容提供者,其包含的属性及其取值情况如图 1-57 所示,下面对部分重要属性进行说明。

图 1-56　receiver 节点属性及其取值范围

图 1-57　provider 节点的属性及其取值情况

1) android:authorities 属性

该属性标识内容提供者数据 URI 授权列表的范围,有多个授权时,要用分号来分离每个授权。为了避免冲突,授权名建议使用 Java 样式的命名规则(如:com. example. provider. cartoonprovider)。通常,用 ContentProvider 子类名称来设定这个属性。这个属性没有默认值,至少要指定一个授权。

2) android:enabled 属性

该属性用于指定内容提供者是否能够被系统安装,如果设置为 true,则可以安装;否则不能安装,默认值是 true。< application >元素有自己的 enabled 属性,这个属性会对应用程序的所有组件生效,包括内容提供者。< application >和< provider >的 enabled 属性都必须设置为 true(它们的默认值都是 true)。如果其中一个设置为 false,那么内容提供者将被禁止安装。

3) android:exported 属性

该属性用于指定内容提供者是否能够被其他的应用程序组件使用,默认值是 true。如果设置为 true,则可以被使用,否则不能被使用。如果设置为 false,该内容提供者只对同名的应用程序或有相同用户 ID 的应用程序有效。虽然能够使用这个属性来公开内容提供者,但是还要用 permission 属性来限制对它的访问。

4) android:name 属性

该属性用于定义实现内容提供者的类名称,它是 ContentProvider 的一个子类。该属性建议使用全类名来设定(如：com. example. project. TransportationProvider),但也可以使用相对的格式(如：. TransporttationProvider),这时系统会使用< manifest >元素中指定的包名与这个简写名称的组合来识别内容提供者。这个属性没有默认值,必须要给它设定一个名称。

5) android:permission 属性

该属性用于设定客户端在读写内容提供者数据时必须授予的权限名称,该属性为同时授予读写权限提供了一种便利的方法。但是 readPermission 和 writePermission 属性的优先级要比这个属性高。如果 readPermission 属性也被设置了,那么它就会控制对内容提供者的查询访问。如果 writePermission 属性被设置,它就会控制对内容提供者数据的修改访问。

6) android:process 属性

该属性用于定义内容提供者运行所处的进程名称,通常应用程序的所有组件都运行在应用程序创建的默认进程中,进程与应用程序包同名。< application >元素的 process 属性能够给其所有的组件设置一个不同的默认进程。但是每个组件都能够用自己的 process 属性来覆盖这个默认设置,从而允许把应用程序分离到不同的多个进程中。如果这个属性值是用":"开头的,那么在需要这个内容提供者的时候,系统就会给这个应用程序创建一个新的私有进程,并且对应的 Activity 也要运行在这个私有进程中。如果用小写字母开头,那么 Activity 则会运行在一个用这个属性值命名的全局进程中,它提供了对内容提供者的访问权限。这样就允许不同应用程序的组件能够共享这个进程,从而减少对系统资源的使用。

9. intent-filter 节点

intent-filter 用来注册 Activity 、Service 和 Broadcast Receiver 具有能在某种数据上执行一个动作的能力。使用 intent-filter 应用程序组件告诉 Android,它们能为其他程序的组件的动作请求提供服务,包括同一个程序的组件、本地的或第三方的应用程序。为了注册一个应用程序组件为 Intent 处理者,在组件的 manifest 节点添加一个 intent-filter 标签。在 intent-filter 节点里使用动作< action >、种类< category >和数据< data >等关联属性指定组件支持策略,具体如何指定会在后续的章节里详细讲解。

10. uses-permission 节点

uses-permission 是 AndroidManifest. xml 中最常用的一项配置,它用来声明一个 App 在运行时所需要的权限。这里声明的权限在应用安装时会提醒用户,用户可以选择同意安装或拒绝安装。在 Android 6.0 之前,如果用户同意安装,即表示同意 App 使用在 AndroidManifest. xml 中声明的所有权限。在 Android 6.0 之后,将应用的权限分成了两类,一类是 Normal Permissions,另一类是 Dangerous Permissions。对 AndroidManifest. xml 中声明的 Normal Permissions 和之前版本一样,用户同意安装应用就会被授予这些权限。对 AndroidManifest. xml 中声明的 Dangerous Permissions,只表示应用需要用到这些权限,用户同意安装并不会自动授予这类权限,当应用运行用到这些权限时,需要在代码中申请权限,只有用户同意了,才会被授予。用户同意后也可以随时在系统设置中取消对这类权限的授权,该节点属性有以下两个。

1) android:name 属性

需要使用的权限的名字,可以是系统自带的权限,也可以是自定义的权限。Android 系统提供了 100 多个权限。这些权限的名称大部分都是以 android. permission. 为前缀,但也有一小部分是 com. android. 为前缀,需要注意区分,常用的权限见表 1-6。

表 1-6 常用权限名

权 限 名 称	权 限 说 明
android. permission. ACCESS_NETWORK_STATE	允许程序访问有关 GSM 网络信息
android. permission. ACCESS_WIFI_STATE	允许程序访问 Wi-Fi 网络状态信息
android. permission. ADD_SYSTEM_SERVICE	允许程序发布系统级服务
android. permission. BATTERY_STATS	允许程序更新手机电池统计信息
android. permission. BLUETOOTH	允许程序连接到已配对的蓝牙设备
android. permission. BLUETOOTH_ADMIN	允许程序发现和配对蓝牙设备
android. permission. CALL_PHONE	允许一个程序初始化一个电话拨号,不需通过拨号用户界面需要用户确认
android. permission. CALL_PRIVILEGED	允许一个程序拨打任何号码,包含紧急号码无须通过拨号用户界面需要用户确认
android. permission. CAMERA	请求访问使用照相设备
android. permission. CHANGE_NETWORK_STATE	允许程序改变网络连接状态
android. permission. INTERNET	允许程序打开网络套接字
android. permission. MODIFY_PHONE_STATE	允许修改话机状态,如电源、人机接口等
android. permission. READ_CALENDAR	允许程序读取用户日历数据
android. permission. READ_CONTACTS	允许程序读取用户联系人数据
android. permission. WRITE_CONTACTS	允许程序写入但不读取用户联系人数据
android. permission. READ_SMS	允许程序读取短消息
android. permission. RECEIVE_MMS	允许一个程序监控将收到 MMS 彩信,记录或处理
android. permission. RECEIVE_SMS	允许程序监控一个将收到短消息,记录或处理
android. permission. SEND_SMS	允许程序发送 SMS 短信
android. permission. WRITE_SMS	允许程序写短信

2) android：maxSdkVersion 属性

表示需要此项权限的最高系统 API 版本，例如设置 android：maxSdkVersion 为 21，它表示这项权限只在 API Level 21（Android 5.0）及以下的系统中需要使用。在 API Level 21 以上的系统中不需要使用这项权限。比较常见的一项和 android：maxSdkVersion 属性一起使用的权限是 android. permission. WRITE_EXTERNAL_STORAGE，当一个 App 安装到系统后，Android 系统会为其分配一块外部存储空间供其使用（在应用中通过 getExternalFilesDir()和 getExternalCacheDir()获得），在 Android 4.4（API level 19）之前的系统中，要向这部分存储空间中写入文件，需要获取 android. permission. WRITE_EXTERNAL_STORAGE 权限，但是从 Android 4.4 开始，对这部分存储空间的读写已经不需要任何权限了。所以如果需要读取这部分存储空间存储文件，可以在 AndroidManifest. xml 里像以下代码这样来声明这个权限。

```
< uses - permission android:name = "android.permission.WRITE_EXTERNAL_STORAGE"
android:maxSdkVersion = "18"/>
```

但是需要注意以下两点：

（1）uses-permission 中没有 android：minSdkVersion 属性。

（2）同一个 AndroidManifest. xml 中，允许有重复的 uses-permission 配置。即允许 android：name 和 android：maxSdkVersion 都相同的配置，但不允许 android：name 相同，android：maxSdkVersion 不同的配置。

经过上面的说明，相信大家对清单文件的使用已经明白了，接下来继续学习 Android 项目的源代码区。

1.2.3 Android 应用程序的源代码区

很多初学 Android 开发的同学，刚开始都不知道在哪里编写 Android 项目的源代码，现在学习在哪里找到 Android 项目的源代码。

先把项目结构区的模式设置为 Android 模式，然后在项目目录中展开 Java 目录，可以看到有三个包，如图 1-58 所示。第一个包用来存放项目的功能源代码，第二个包用于保存 Android 项目集成测试的代码，第三个包用于保存 Android 项目单元测试的代码。第二、第三个包的代码是不会被打包到 apk 里的。

图 1-58 Android 模式下，Android 项目的源代码区

如果是 Project 模式,打开 app 目录,接着展开 src 目录,再展开 main 目录,然后展开 java 目录,紧接着打开相应的包,选中并双击打开相应的源代码文件,就可以在编辑区里进行代码的编辑,如图 1-59 所示。

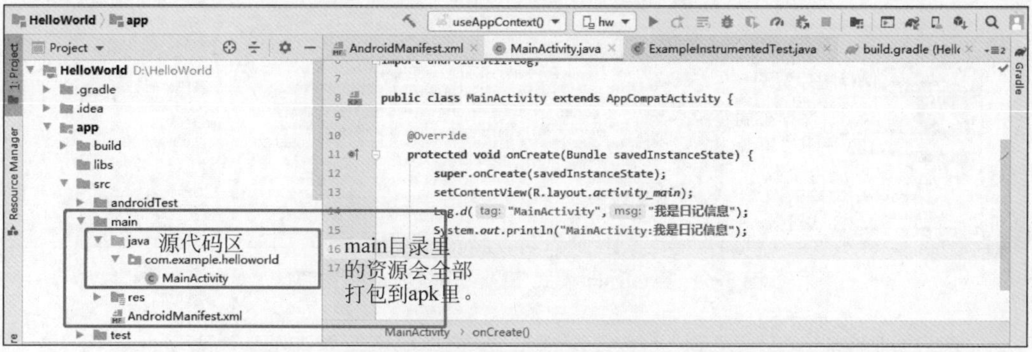

图 1-59　Project 模式下,Android 项目的源代码区

最后切换到 Package 模式,我们可以快速地找到项目的源代码区,打开第一个包就可以看到项目的源代码了,如图 1-60 所示。

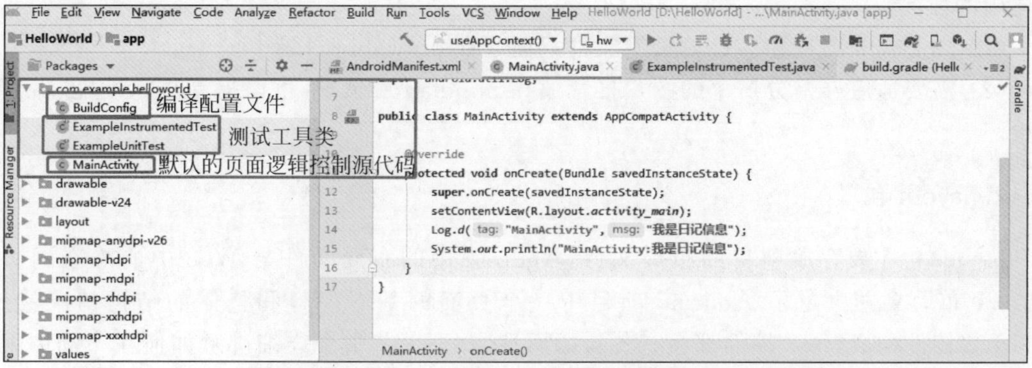

图 1-60　Package 模式下,Android 项目的源代码区

现在读者们应该清楚 Android 项目源代码的存放位置了。一般情况下,在编写代码前,需要先构建好项目的架构,即先计划好哪些类放在哪个包里,一般情况下可以参照 MVC 的开发模式,将代码分别放入 model、view、controller 三个包中,model 包存放的是实体类,view 包存放的是 UI 相关的类,controller 包存放的是边界类和控制类。各位读者在进行项目开发的时候一定要先规划好项目结构再开始编写代码,否则项目的结构会很凌乱,后期维护起来会比较困难。

1.2.4　Android 应用程序的资源区

Android 项目的资源区主要存放项目的图片、字符资源、颜色资源和样式资源等内容,下面来讲解三种模式下项目资源的结构情况。

首先来看 Android 模式下的 Android 项目资源区,如图 1-61 所示。Android 项目资源区默认情况下有 drawable、layout、mipmap、values 四个包,下面讲解这四个包中的资源情况。

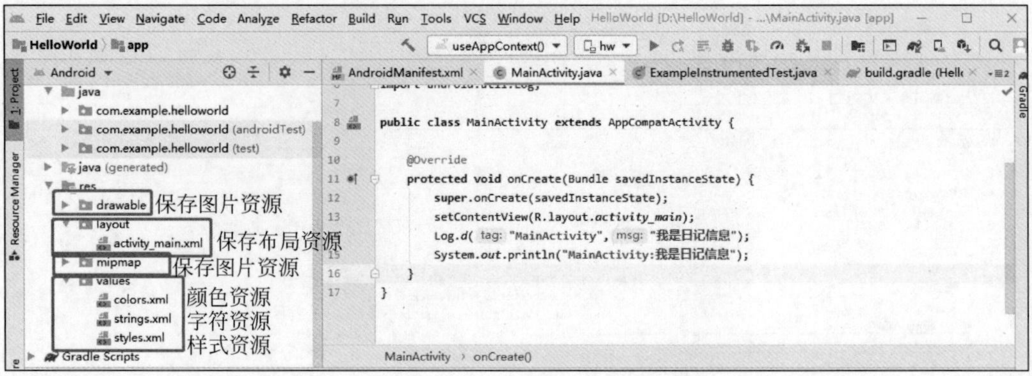

图 1-61　Android 模式下 Android 项目的资源区

1. drawable 和 mipmap 包

drawable 和 mipmap 两个包都可以存放项目的图片资源,使用的方法也相似,但是mipmap 里存放的图片会做相应的优化,所占用的内存相对较少。接着总结一下两个包分别适用的情况。

(1) .9-Patch 图片和 Shape 资源文件只能放在 drawable 目录中。

(2) 需要适应屏幕分辨率的图片推荐放在 mipmap 目录中,可以提高显示性能、占用内存少。

2. layout 包

layout 包主要存放项目的布局文件,Android 中的布局文件与 Web 中的静态网页类似,一个布局文件决定了 Android 项目中一个页面的基本内容和整体的结构情况,它由Android 控件构成,每个控件都会有各自的属性,在下一节中会详细讲解如何在布局中编写控件。

一个 Android 应用程序会有多个界面,因此布局文件也会有很多,为了方便管理和查找页面,可以将布局文件进行分类存放,即可以建立 layout 的分包,其步骤如下。

(1) 选中 layout 包,右击,选择 Refactor,选择 Rename,将 layout 的包名改为 layouts。

(2) 在 layouts 下建立文件夹 activity 和 item。

(3) 在 activity 和 item 文件夹下分别建立 layout 文件夹。

(4) 这个时候,真正的 layout 文件夹建立完毕,可以在 layout 文件下建立布局文件,文件格式为 xml。

(5) 在 app 目录的 build.gradle(Module:app)中的 Android 节点中,加入如图 1-62 所示的节点内容。

(6) 重新编译即可。

3. values 包

values 包中默认包含了三个文件,分别是 colors.xml、strings.xml、styles.xml。colors.xml 文件保存的是项目的颜色资源,可以将项目用到的颜色资源保存在该文件里,使

```
1   sourceSets {
2       main {
3
4           //资源文件
5           res.srcDirs = [
6                   'src/main/res',
7                   'src/main/res/layouts',
8                   'src/main/res/layouts/activity',
9                   'src/main/res/layouts/item'
10
11                  ]
12          //资源文件
13      }
14  }
```

图 1-62　在 app 的 build. gradle(Module：app)中的 Android 节点中加入的节点内容

用时直接使用资源的名称即可。具体的定义和使用在下一章中进行讲解。strings. xml 文件用于保存项目的字符资源,可以把项目中所用到的字符资源统一保存在这个文件中,方便做国际化和使用。styles. xml 文件用于保存项目的样式资源,通过样式资源可以统一项目中控件的外观和风格。

　　Project 模式下的 Android 项目资源区的结构如图 1-63 所示。该模式下 Android 项目资源区的结构比 Android 模式下的详细些,图片资源 mipmap 包按照分辨率分成了 6 个包,drawable 包也分成了 2 个包。其他的与 Android 模式下相同。该模式下打开资源区的步骤为打开 app 目录,接着展开 src 目录,然后展开 res 目录。

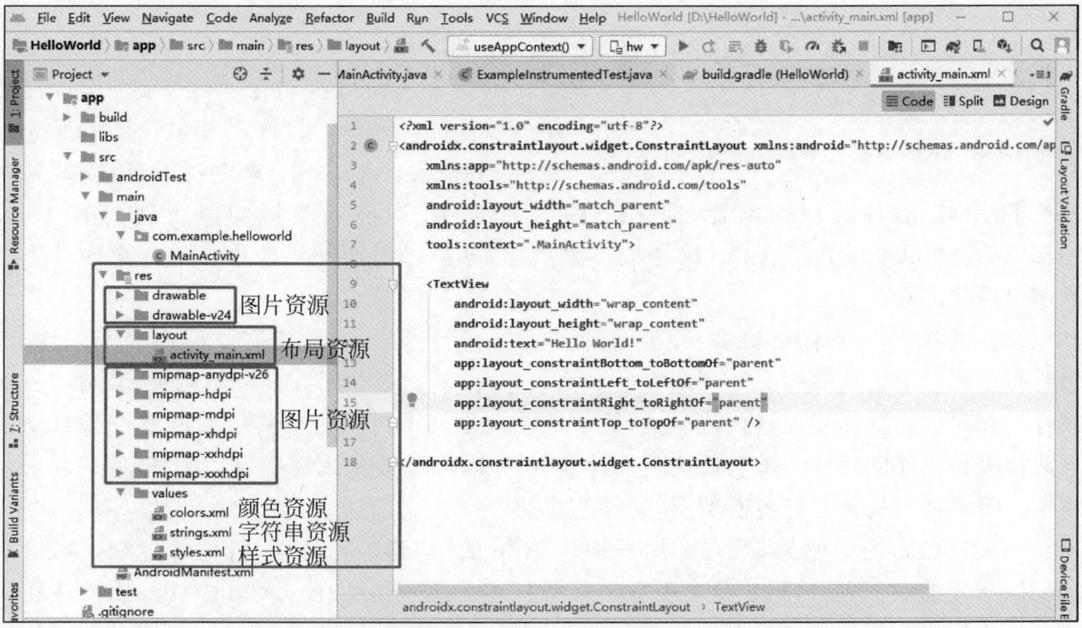

图 1-63　Project 模式下的 Android 项目资源区的结构

　　Package 模式下的 Android 项目资源区的结构如图 1-64 所示,该模式下资源区的结构与 Project 模式下的类似,不再赘述。

1.2.5　Android 应用程序的项目配置区

　　在使用 Android Studio 创建工程后,采用 Android 模式时,项目工具栏会在根目录下创

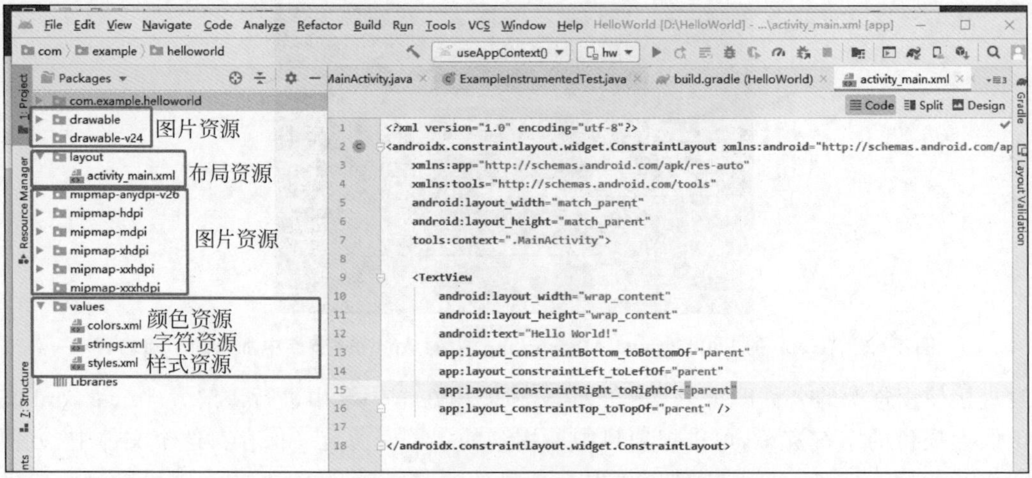

图 1-64 Package 模式下的 Android 项目资源区的结构

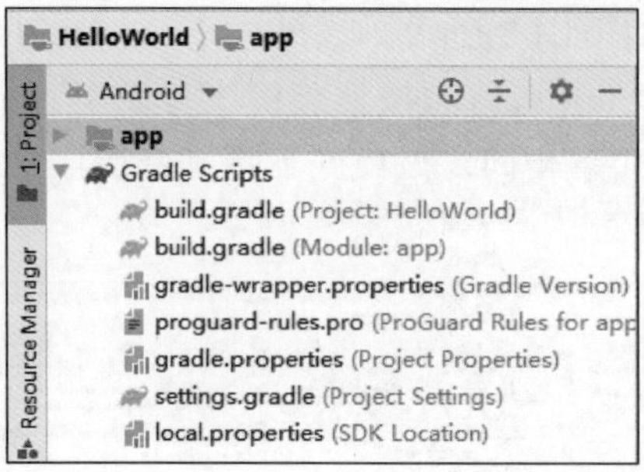

图 1-65 Android 模式下 Gradle Scripts 结构

建一个 Gradle Scripts 的目录,该目录下有 7 个配置文件,这 7 个配置文件就是 Gradle 构建项目时产生的配置文件,如图 1-65 所示。

1. 什么是 Gradle

Gradle 是一个基于 Apache Ant 和 Apache Maven 概念的项目自动化构建开源工具,它使用一种基于 Groovy 的特定领域语言(Domain Specific Language,DSL)来声明项目设置,抛弃了基于 XML 的各种烦琐配置,面向 Java 应用为主,当前其支持的语言暂时有 Java、Groovy、Kotlin 和 Scala。Android Studio 采用 Gradle 来构建项目,Gradle 是一个非常先进的项目构建工具。

开发某些项目时,需要很多 jar 或者库的支持,还没开始开发就需要下载 n 个库,既浪费时间也无法保证这些库之间的兼容性。如果删掉,就白下载了。如果不删掉,又与项目不兼容。此时就需要使用项目构建工具,简单地说就是一个可以根据简单的配置文件自动去下载相关包或库的软件。该软件会自动检查配置文件,然后根据需要自动下载,使用起来很简单。每个项目构建工具各有特点,但核心思想一样。

Gradle 是一个构建工具,它是用来构建 App 的,构建包括编译、打包等过程。可以为 Gradle 指定构建规则,然后它就会根据"命令"自动构建 App。Android Studio 中默认使用 Gradle 来完成应用的构建。有些同学可能会有疑问:"我不记得给 Gradle 指定过什么构建规则,最后还是能构建出 App"。实际上,App 的构建过程是大同小异的,有一些过程是通用的,也就是每个 App 的构建都要经历一些公共步骤。因此,在创建工程时,Android Studio 自动生成了一些通用构建规则,很多时候完全不用修改这些规则就能完成 App 的构建。

有些时候会有一些个性化的构建需求,例如引入了第三方库,或者想要在通用构建过程中做一些其他的事情,这时就要自己在系统默认构建规则上做一些修改。要自己向 Gradle

下达命令,而且需要用 Gradle 能听懂的话来下达,也就是 Groovy,用于向 Gradle 发送命令。

2．Gradle 的基本组成

1）Project 和 Task

在 Gradle 中,每一个待构建的工程是一个 Project,构建一个 Project 需要执行一系列 Task,例如编译、打包。这些构建过程的子过程都对应着一个 Task。具体来说,一个 apk 文件的构建包含以下 Task：Java 源代码编译、资源文件编译、Lint 检查、打包以生成最终的 apk 文件等。

2）插件

插件的核心工作有两个,一是定义 Task,二是执行 Task。也就是说想让 Gradle 能正常工作,完成整个构建流程中的一系列 Task 的执行,必须导入合适的插件。这些插件中定义了构建 Project 中的一系列 Task,并且负责执行相应的 Task。

在新建工程的 app 目录里的 build. gradle 文件的第一行代码是"apply plugin：'com. android. application'",这句话的意思是应用"com. android. application"这个插件来构建 app 模块,app 模块就是 Gradle 中的一个 Project。也就是说,这个插件负责定义并执行 Java 源代码编译、资源文件编译、打包等一系列 Task。实际上"com. android. application"整个插件中定义了如下 4 个顶级任务。

（1）assemble：用于构建项目的输出 apk 文件。

（2）check：用于进行校验工作。

（3）build：用于执行 assemble 任务与 check 任务。

（4）clean：用于清除项目的输出。

当执行一个任务时,会自动执行它所依赖的任务。例如,执行 assemble 任务会执行 assembleDebug 任务和 assembleRelease 任务,这是因为一个 Android 项目至少要有 debug 和 release 这两个版本的输出。

3）Gradle 配置文件

在 Android Studio 中新建一个工程,可以得到如图 1-66 所示的工程结构。

上面讲过 Android Studio 中的一个 Module 即为 Gradle 中的一个 Project。图 1-66 的 app 目录下,存在一个 build. gradle 文件（即 Android 模式下的 build. gradle (Module：app)）,代表了 app Module 的构建脚本,它定义了应用于本模块的构建规则。可以看到,工程根标签下也存

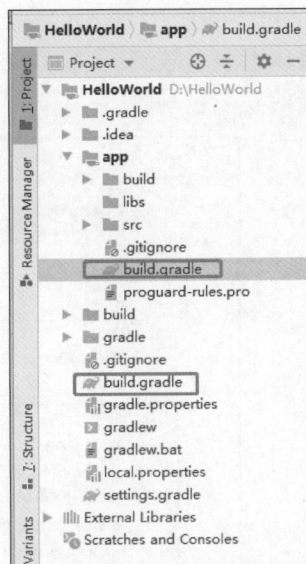

图 1-66　Project 模式下 Gradle 配置文件结构

在一个 build. gradle 文件（即 Android 模式下的 build. gradle（Project：项目名））,它代表了整个工程的构建,其中定义了适用于这个工程中所有模块的构建规则。接下来介绍图 1-66 中几个 Gradle 配置文件。

（1）gradle. properties,从它的名字可以看出,这个文件中定义了一系列"属性"。实际上,这个文件中定义了一系列供 build. gradle 使用的常量,例如 keystore 的存储路径、keyalias 等。

（2）gradlew 与 gradlew. bat，gradlew 为 Linux 下的 shell 脚本，gradlew. bat 是 Windows 下的批处理文件。gradlew 是 gradle wrapper 的缩写，也就是说它对 gradle 的命令进行了包装，例如我们进入指定 Module 目录并执行"gradlew. bat assemble"即可完成对当前 Module 的构建（Windows 系统下）。

（3）local. properties，从名字就可以看出来，这个文件中定义了一些本地属性，例如 SDK 的路径。

（4）settings. gradle，假如项目包含了不止一个 Module，想要一次性构建所有 Module 以完成整个项目的构建，这时需要用到这个文件。例如项目包含了 ModuleA 和 ModuleB 两个模块，则这个文件中会包含的语句是"include 'ModuleA'，'ModuleB'"。

3. Gradle 的安装

在 Android Studio 中第一次创建项目时，会自动下载 Gradle。但是由于国内互联网大环境影响，如果不使用代理，下载可能会失败，所以这里介绍一种让 Android Stuido 使用已经下载好的 gradle 版本的方法。

首先，选择 File，再选择 Settings，找到 Build，然后选择 Gradle，将 gradle 的默认下载目录指定为 C:\Users\Administrator\. gradle 或者其他的目录。同时，不要着急立刻将从网上下载的最新的 gradle 版本放到这个目录下，因为 Android Studio 对目录结构是有要求的，Win10 系统中 Gradle 目录如图 1-67 所示。一般情况下 Android Studio 会将 gradle 的安装压缩包下载到. tmp 目录中，然后解压安装到 wrapper\dists 目录里，安装完会将. tmp 目录的安装包删除。

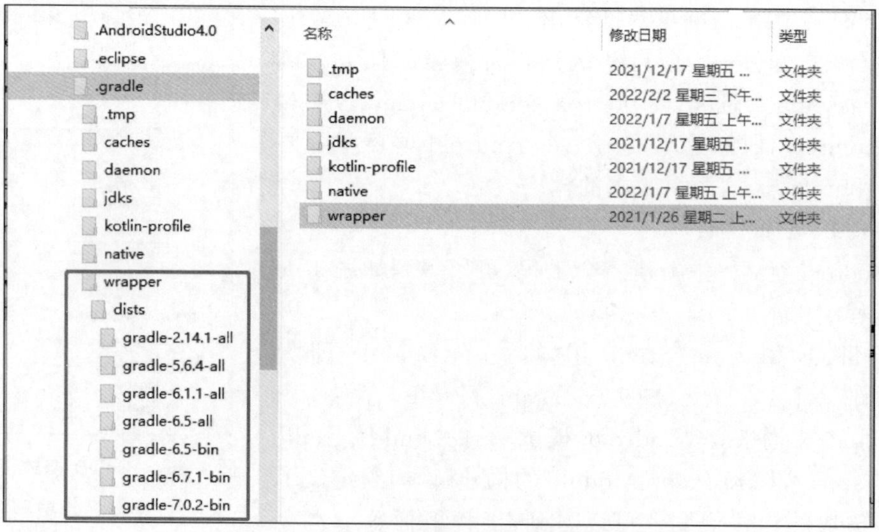

图 1-67　Win10 系统中 Gradle 目录结构

在安装 gradle 时会遇到下载完安装不成功的情况，这时可以看一下 gradle 目录路径是否包含了中文，如果有可以重新设置该目录路径，再重新下载安装。

4. 构建脚本

首先观察一下工程目录里的 build. gradle（Android 模式下的 build. gradle（Project：项

目名)),它指定了整个项目的构建规则,其内容如图 1-68 所示。

```
1    // Top-level build file where you can add configuration options common to all sub-projects/modules.
2    buildscript {
3        repositories {
4            google()
5            jcenter()          //构建脚本中所依赖的库都在jcenter仓库下载
6        }
7        dependencies {
8            classpath "com.android.tools.build:gradle:4.0.0"  //指定了下载gradle的版本
9
10           // NOTE: Do not place your application dependencies here; they belong
11           // in the individual module build.gradle files
12       }
13   }
14
15   allprojects {
16       repositories {
17           google()
18           jcenter()
19       }
20   }
21
22   task clean(type: Delete) {
23       delete rootProject.buildDir
24   }
```

图 1-68　工程目录里的 build.gradle(Project∷项目名)的内容

接着再来简单介绍 app 模块里的 build.gradle(即 Android 模式下的 build.gradle
(Module:app)文件)的内容,如图 1-69 所示。

```
1    apply plugin: 'com.android.application'  //加载用于构建Android项目的插件
2    { //构建Android项目使用的配置
3        compileSdkVersion 30  //指定编译项目时使用的SDK版本
4        buildToolsVersion "30.0.3"  //指定编译工具的版本
5        defaultConfig {
6            applicationId "com.example.helloworld"  //包名
7            minSdkVersion 16  //指定支持的最小SDK版本
8            targetSdkVersion 30  //针对的目标SDK版本
9            versionCode 1  //代码的版本
10           versionName "1.0"  //应用程序发布的版本
11           testInstrumentationRunner "androidx.test.runner.AndroidJUnitRunner"
12       }
13       buildTypes { //针对不同的构建版本进行一些设置
14           release { //对release版本进行的设置
15               minifyEnabled false  //是否开启混淆
16               //指定混淆文件的位置
17               proguardFiles getDefaultProguardFile('proguard-android-optimize.txt'), 'proguard-rules.pro'
18           }
19       }
20   }
21   dependencies {//指定当前模块的依赖
22       implementation fileTree(dir: "libs", include: ["*.jar"])
23       implementation 'androidx.appcompat:appcompat:1.1.0'
24       implementation 'androidx.constraintlayout:constraintlayout:1.1.3'
25       testImplementation 'junit:junit:4.12'
26       androidTestImplementation 'androidx.test.ext:junit:1.1.1'
27       androidTestImplementation 'androidx.test.espresso:espresso-core:3.2.0'
28   }
```

图 1-69　app 模块的 build.gradle(Module:app)的内容

5. 常见配置文件

整个工程的 build.gradle 通常不需改动,这里介绍对模块目录下 build.gradle 文件的常见配置。

1）依赖第三方库

当项目中用到第三方资源库时，就需要进行设置，以保证项目能正确导入相关依赖。设置方法很简单，例如在 app 模块中用到了 Fresco，只需要在 build. gradle 文件中的 dependencies 块添加以下的语句。

```
dependencies {
…
compile 'com.facebook.fresco:fresco:0.11.0'
}
```

这样一来，Gradle 会自动从 jcenter 仓库下载项目所需的第三方资源库并导入到项目中。

2）导入本地 jar 包

在使用第三方资源库时，除了像上面那样从 jcenter 仓库下载，还可以导入本地的 jar 包。配置方法也很简单，只需要先把 jar 文件添加到 app\libs 目录下，然后在相应 jar 文件上单击右键，选择"Add As Library"。然后在 build. gradle 的 dependencies 块里添加"compile files('libs/xxx.jar')"语句。实际上可以看到，系统创建的 build. gradle 中就已经包含了"compile fileTree(dir：'libs', include：['＊.jar'])"语句，这句话的意思是，将 libs 目录下的所有 jar 包都导入。所以实际上只需要把 jar 包添加到 libs 目录下，选择 jar 包，右键后选择"Add As Library"即可。

3）依赖其他模块

假设项目包含了多个模块，并且 app 模块依赖其他模块，那么只需在 app\build. gradle 的 dependencies 块里添加"compile project(':other')"语句。

4）构建输出为 jar 文件

通常构建的项目输出目标都是 apk 文件，但如果当前项目是 Android Library，那么目标输出就是 jar 文件。要想达到这个目的也很容易，只需要把 build. gradle 的第一句改为"apply plugin：'com. android. library'"，这话表示我们使用的插件不再是构建 Android 应用的插件，而是构建 Android Library 的插件，这个插件定义并执行用于构建 Android Library 的一系列 Task。

5）自动移除不再使用的资源

如果项目需要实现自动移除不再使用的资源，以下代码就是实现该功能的配置。

```
android {
…
  buildTypes {
    release {
      …
      shrinkResources true
      …
    }
  }
}
```

6）忽略 Lint 错误

在构建 Android 项目的过程中，有时候会由于 Lint 错误而终止。当这些错误来自第三方库中时，我们往往想要忽略这些错误从而继续构建进程。这时，可以运行以下的代码来配置。

```
android {
...
  buildTypes {
    release {
      ...
      shrinkResources true
      ...
    }
  }
}
```

7）集成签名配置

在构建 release 版本的 Android 项目时，每次都需要手动导入签名文件，键入密码、keyalias 等信息，十分麻烦。通过将签名配置集成到构建脚本中，就不需要每次构建发行版本时，都进行手动设置了，可以通过以下代码实现自动输入签名信息。

```
signingConfigs {
  myConfig {                              //将"xx"替换为自己的签名文件信息
    storeFile file("xx.jks")
    storePassword "xx"
    keyAlias "xx"
    keyPassword "xx"
  }
}
android {
  buildTypes {
    release {
      signingConfig signingConfigs.myConfig     //在 release 块中加入这行
      ...
    }
  }
  ...
}
```

但在真实开发中，不应该把密码等信息直接写到 build.gradle 中，更好的做法是把信息放在 gradle.properties 中，以下是其代码。

```
RELEASE_STOREFILE = xxx.jks
RELEASE_STORE_PASSWORD = xxx
RELEASE_KEY_ALIAS = xxx
RELEASE_KEY_PASSWORD = xxx
```

然后在 build.gradle 中使用即可，以下是其使用代码。

```
signingConfigs {
  myConfig {
    storeFilefile( RELEASE_STOREFILE )
    storePassword RELEASE_STORE_PASSWORD
    keyAlias RELEASE_KEY_ALIAS
    keyPassword RELEASE_KEY_PASSWORD
  }
}
```

到这里,大家应该对 Android 项目的结构已经比较熟悉了,希望大家在后面的学习过程中需要用到本章的知识时能反复回到这章来进行查询巩固。

1.3　课后学习任务:独立设计一个 Android 应用程序

Android 应用程序是 Android 智能手机系统的主要构成部分,实现了智能手机的多样性、多功能性,结合了办公功能、娱乐功能、生活实用功能等,广受人们的喜爱。

Android 应用程序一般使用 Android 软件开发工具包,采用 Java 语言来开发。一旦开发完成,Android 应用程序可以打包成手机应用软件.apk 格式,并在应用市场上出售。在 2020 年 10 月的 Google I/O 大会上,CEO Sundar Pichai 公布 Android 激活设备数已突破 20 亿,其旗下的 YouTube、Google Search、Android、Chrome、Google Maps、Gmail 等应用用户数超 10 亿。

根据《移动应用程序趋势报告》显示,2020 年新应用程序发布达到 20 亿的惊人数量,而各类应用程序的数量增速如图 1-70 所示。

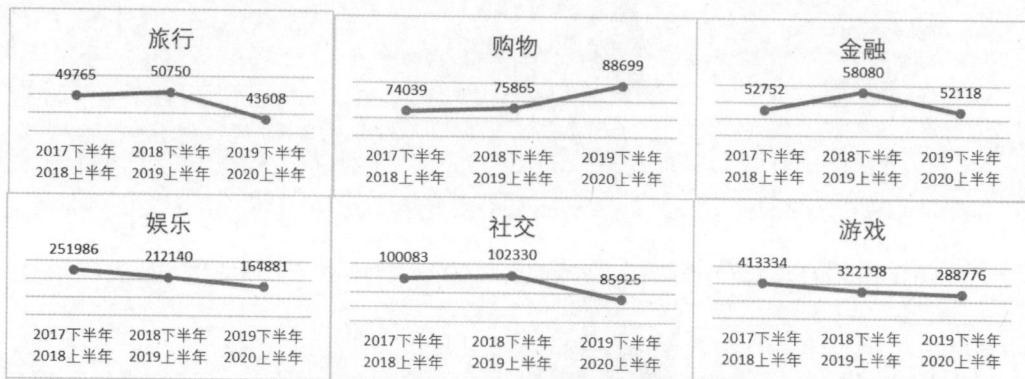

图 1-70　2020 年各类应用程序的数量增速情况

由图 1-70 可知各行业的移动应用的增加数量都有所减少,但并不是说明移动应用的需求量在减少,而是说明市场对移动应用的开发质量要求更高,大家在学习的时候可以思考一下,自己对哪个行业感兴趣,然后在该行业上进行研究,利用移动应用开发技术,开发出一款在该行业中能够解决某一阶段问题的移动应用程序,这样才会更有竞争力。

上述内容介绍了 2020 年各行业移动应用程序的增长数量,你心目中有没有对哪个行业感兴趣呢?那么在本节中会向大家一起简单讲解一下 Android 应用程序的开发流程。

1.3.1　确定项目方向

在确定 Android 应用程序主题时,需要先确定自己想做哪个行业,在该行业的业务流程中的哪个阶段中起作用。例如某同学对中医感兴趣,中医会诊时会先进行中医辨体质,中医辨体质时,医生会让就诊者填写几页纸的调查问卷,医生会根据就诊者的答案,计算得分来处理得出是哪种体质,然后再给出调理的意见。因此,该同学想做出一个 App 用于帮助用户测试自己的体质。

1.3.2　确定项目业务流程

在这一步,需要去调查情况,确定所选行业的业务流程,例如中医辨体质,这个业务流程如图 1-71 所示。

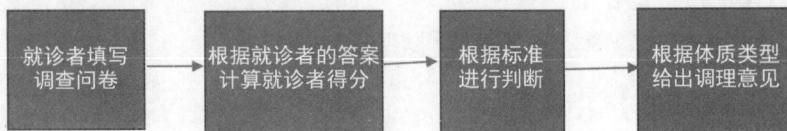

图 1-71　中医辨体质流程

1.3.3　确定项目的系统结构

根据上述业务流程,可以得出该应用程序可以分为四个模块,分别是就诊者调查模块、计算就诊者得分模块、判断体质模块、调理意见模块,其系统的总体结构如图 1-72 所示。

图 1-72　中医辨体质 App 系统的总体结构图

1.3.4　业务逻辑设计

在这里需要深入调查清楚每个模块的业务流程,每个阶段需要输入什么数据,经过处理后需要输出什么结果。例如就诊者调查模块,我们需要输入调查问卷内容,然后记录用户的答案,传给计算就诊者得分模块。在这里可以用数据流图来描述每个模块的业务流程,每个子功能的逻辑可以用流程图来描述。

1.3.5　页面设计

应用程序的界面需要根据功能来设计,界面设计要以用户为中心,应用美学和心理学等知识,准确把控用户的使用情况,使用户持续使用应用程序,因此界面设计一般遵循以下的原则。

(1)一致性原则。

在界面设计中,一致性原则通常包含窗体大小、形状、色彩的一致性,文本框、命令按钮等界面元素外观的一致性,界面中出现术语的一致性等。一致性原则在设计中最容易违背,同时也最容易修改和避免。

(2)易用性原则。

提供常用操作的快捷方式,根据常用操作的使用频度大小,减少操作序列的长度。对于相对独立的操作序列,一般应提供回退、中途放弃等功能,让用户感觉到操作合理,具有亲切感。

(3) 容错原则。

界面要有容错能力。当用户出现录入错误或命令错误时,系统应尽量准确地检测出错误发生的位置,报告出错误发生的性质,提供简单和容易理解的错误处理结果或提示用户正确的操作方法,保证用户操作的连续性。

如何实现以上原则呢? 经研究总结,可以使用以下的技巧。

1. 控件的位置拖放安排

在绝大多数的程序界面设计中,并不是所有的元素都具有相同的重要性,所以应抓住重点,将较重要的元素定位在一目了然的位置。重要的和需要经常访问的元素应当处于显著的位置,次要的元素则应当处于次要的位置。习惯的阅读顺序一般是从左到右,从上到下。

2. 控件的大小与一致性编排

控件的大小设置是设计时经常遇到的问题,虽然操作非常简单,但在决定控件大小时却很让人头疼。在控件中使用相同的颜色作为背景色,如果没有特别需要,尽量不使用鲜艳的颜色。如果两种控件选择了不同的颜色和显示效果,那么应用程序将会显得十分不协调。所以在确定设计思路时,一定要坚持用同一种风格贯穿整个应用程序的想法,用这个思路来完成整个程序的设计。

3. 合理利用空间、保持界面的简洁

在界面的空间使用上,应当形成一种简洁明了的布局。在用户界面中合理使用窗体控件及其四周的空白区域有助于突出元素和改善可用性。在设计中需要留出一些空白区域来突出设计元素。各控件之间一致的间隔以及垂直与水平方向各元素的对齐也可以使设计更为明了,行列整齐、行距一致的界面安排也会使其容易阅读。

4. 合理利用颜色、图像和动画效果

在界面上使用颜色可以增加视觉上的感染力,但每个人对颜色的喜好有很大的不同,用户的品位也会各不相同。颜色能够引发强烈的情感,如果是设计针对普遍用户的程序,那一般说来,最好保守传统,采用一些柔和的、更中性化的颜色。当然,对特定的用户就要依据用户自己的选择了。

除了使用以上的技巧进行界面设计外,我们还可以使用 sketch、Axure 等软件进行界面设计。

1.3.6　页面与业务逻辑实现

根据界面设计图,使用代码实现界面,根据子功能的流程图来实现页面的逻辑。读者们可以根据配套资源的课程作品设计说明书来记录应用程序的设计过程。

第2章

熟悉Android项目
中的资源

CHAPTER 2

学习目标：

熟悉 Android 项目中各类资源所在的存储目录。

掌握字符串资源的定义和使用，能够根据系统需求实现国际化应用程序。

掌握图片资源的定义和使用，能够正确使用图片资源。

掌握颜色资源的定义和使用，能够正确使用颜色资源。

掌握尺寸资源的定义和使用，能够正确使用尺寸资源。

掌握主题和样式资源的定义和使用，能够正确使用主题和样式，简化布局的代码。

课程思政育人目标：

指导学生重新认识自己，学会正确的表达和表现，树立正确的价值观、人生观和世界观，培养学生自重意识。

学习导读：

为了更好地掌握本章的内容，请读者按照项目导读学习。

首先，在进行课堂学习之前，请先完成课前学习任务，熟悉 Android 项目中各类资源所在的存储目录，并掌握各类资源的定义和使用格式。

其次，在课堂上通过完成国际化自我介绍程序的任务，深入学习 Android 项目中各类资源的使用技巧，使学生能够灵活使用 Android 项目中的各类资源来美化和辅助 Android 应用程序的开发。

最后，在课后独立设计一个页面，并使用相应的知识点实现并美化自己设计的页面。

🔑 2.1　课前学习任务：掌握各类资源的定义

前面我们了解清楚 Android 项目的结构,本节将带大家一起来学习使用 Android 项目中的资源,在学习的过程中请思考以下问题:

(1) Android 项目中字符资源保存在哪个目录中,如何定义字符串?

(2) Android 项目中图片资源保存在哪个目录中,如何使用?

(3) Android 项目中颜色资源保存在哪个目录中,如何定义和使用?

(4) Android 项目中的主题资源保存在哪个目录中,如何定义和使用?

(5) Android 项目中的样式资源保存在哪个目录中,如何定义和使用?

如果完成本章学习任务后还存在问题,可以继续重新学习相应章节的内容,或者查看配套的学习资源,或联系本书作者。

2.1.1　字符资源

在一个应用程序中有很多的字符,如果对字符资源不做好管理规划,一旦用户要求应用程序实现多语言版本的话就会很被动,因此我们在开发应用程序时要对应用程序的字符资源做好管理。

1. 字符资源在项目中的存储位置

在 Android 项目中字符资源一般可以在 Java 源代码、清单文件、布局文件等地方使用,但是将它们固定在这些文件中的弊端是不好修改和维护,尤其是应用程序需要实现国际化时,不好实现。因此开发者会将系统中的字符资源统一存放在 res/values/strings. xml 文件中,打开一个新项目的 strings. xml 文件,代码如图 2-1 所示。

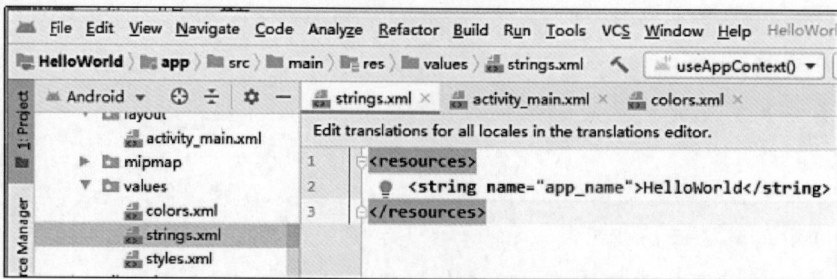

图 2-1　新项目的字符资源文件的代码

2. 字符资源的创建

一个应用程序会在页面中展示很多文字,一般情况下会将这些文字保存到 Android 项目的 res/values/strings. xml 文件中,可以在<resources>标签中添加字符资源,定义的格式如下。

```
< string name = "字符资源名称">字符资源内容</string>
```

将字符串资源保存在 strings. xml 文件中,有利于字符资源的重复使用。一般可以在 Java 源代码、清单文件和 res 资源目录中使用字符资源,以下是在这些文件中使用字符资源的格式。

（1）Java 源代码中使用字符资源的格式：**R. string. 字符资源名称**。

（2）在清单文件和 res 资源目录中使用字符资源的格式：**@string/字符资源名称**。

3. 字符资源的使用

一般会在布局文件中的文本类控件的 text 属性值中使用字符资源,TextView 控件是其中一个常用的文本类控件,其在布局文件中的定义格式如下。

```
< TextView
        android: layout_width = "wrap_content"
        android: layout_height = "wrap_content"
        android: text = "Hello World!"/>
```

由上述代码可知,在布局文件中定义控件需要以标签的形式进行,布局类控件一般使用双标签定义,内容类控件一般使用单标签定义。文本类控件属于显示内容的控件,上述代码中第一行是控件名称,**android: layout_width** 表示控件的宽度,**android: layout_height** 表示控件的高度,**android: text** 属性用于显示字符资源。新创建的 Android 项目的布局文件中自带一个 TextView 控件,代码如图 2-2 所示。如果需要将界面中的"Hello World!"修改为"这是我的第一个 Android 应用!"的效果,需要在哪里修改呢?

图 2-2　Android 项目中默认布局的代码

将界面显示的"Hello World!"修改为"这是我的第一个 Android 应用!"的操作步骤如下。

首先,在 strings. xml 中定义字符资源,其步骤及代码如图 2-3 所示。

然后,打开 layout/activity_main. xml 布局文件,修改 TextView 控件的 text 属性值,其布局及代码如图 2-4 所示。

2.1.2　图片资源

图片资源是 Android 应用程序中常见的资源之一,图片资源可以让应用程序界面变得更生动形象,更吸引用户,也可以帮助用户更形象地介绍相应的产品和服务。用户看到应用

图 2-3　定义字符资源的步骤和代码

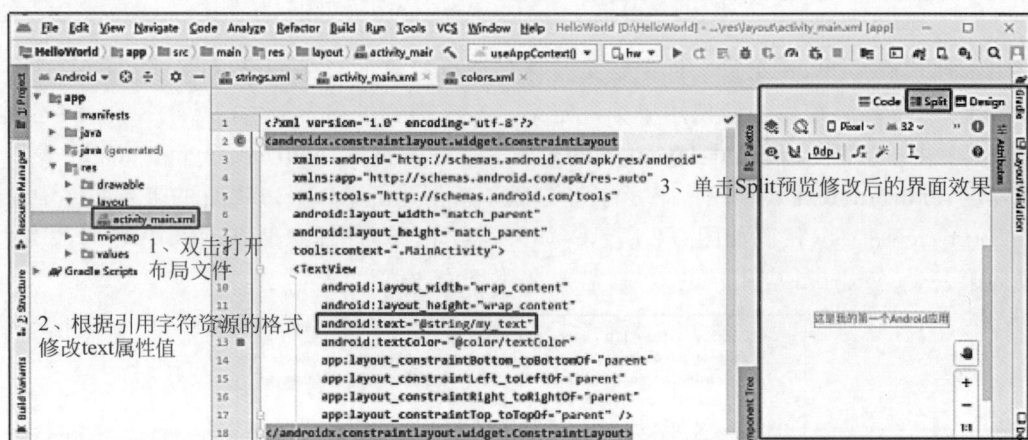

图 2-4　在布局文件 TextView 控件中使用字符资源的步骤及代码

程序第一个图片资源就是应用程序的图标，当用户将 Android 应用程序安装到手机后，在手机的桌面上就会看到应用程序的图标(Logo)，那么怎么设置应用程序的图标呢？下面接着一起学习设置应用程序的图标。

在 Android Studio 中 Android 项目有两个存放图片的目录，一个是 mipmap，另一个是 drawable，这两个目录的图片资源有什么不同呢？如何使用呢？

1. mipmap 图片资源

1) mipmap 资源目录介绍

在 Eclipse 中创建的 Android 项目是没有 mipmap 目录的，在 Android Studio 中创建 Android 项目中就会自动创建 mipmap 目录，mipmap 目录的引入是为了更好地使用 mipmap 技术。mipmap 技术是 Android 在 API level 17 加入的，用来提高图片渲染的速度和质量。mipmap 和 drawable 目录的区别是图片是否开启 mipmap 技术。mipmap 目录下的图片默认为开启，drawable 默认为关闭。所以可以看出 mipmap 目录用来存放应用程序图标会更好一些。而在官方的解释中也有说明 mipmap 目录适用于存放应用程序的图标图片，如图 2-5 所示，其他的图片就可以存放在 drawable 目录中。

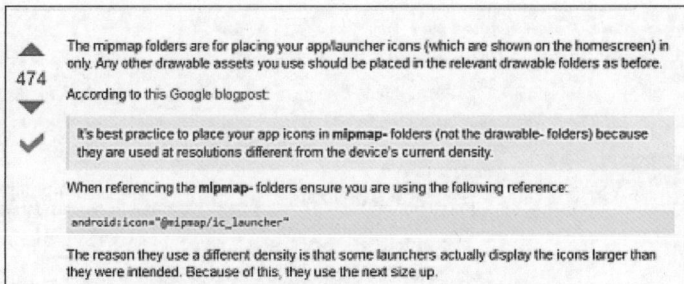

图 2-5　Google 官方对 mipmap 目录的解释

2）mipmap 资源的使用

使用 mipmap 资源之前，需要先将图片存储进 mipmap 目录里面，存储的步骤如下。

步骤 1，将准备好的图片全部复制，注意图片命名由小写字母、数字和下画线组成，不能包含其他的字符，否则系统会识别不了图片资源。

步骤 2，选中 Android 项目中的 mipmap 目录。

步骤 3，右击选择 Paste，然后会弹出一个窗口，让我们选择将图片存储到哪个像素的 mipmap 目录里，其效果如图 2-6 所示。选择好 mipmap 目录后，单击 OK 按钮，就可以将图片资源粘贴进 mipmap 目录里。

当图片资源复制进 mipmap 目录时，就会在 Android 项目中生成图片 id，因此我们就可以在 Android 项目需要的地方使用 mipmap 资源。

mipmap 目录中图片资源可以在清单文件、res 目录中的资源文件和源代码中进行使用，在不同的位置使用 mipmap 图片资源的格式有所区别，其具体格式如下：

（1）在清单文件和 res 目录中的资源文件中的使用格式为：**@mipmap/文件名**。

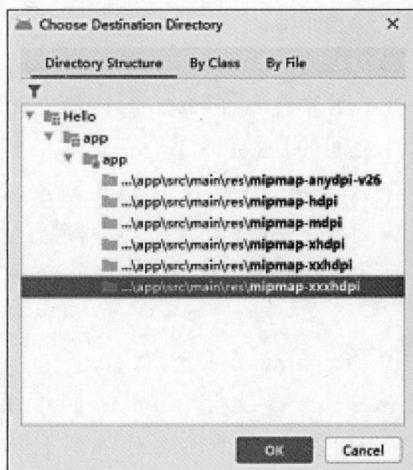

图 2-6　选择将图片放在哪个分辨率文件

（2）在源代码中使用的格式为：**R. mipmap. 文件名**。

如果需要使用 mipmap 图片设置应用程序的启动图标，可以先将准备好的图片复制到 mipmap 相关分辨率的文件夹中，然后在清单文件中进行使用，其代码如图 2-7 所示。

2. drawable 资源

Android 项目中 drawable 目录其实是一个包，该包管理着用于控制应用程序的图像内容，该包中的类和方法用于将图形图像相关的内容绘制到屏幕上。Android 支持的图形图像内容具体包括以下几种。

（1）位图（Bitmap）是由像素的集合所构成的图片，可以简单理解为由"位"（Bit）数据所组成的一幅"图"（Map）像。

（2）形状（Shape）是由线条绘制的图形，也被称为"矢量图"，就像 CAD 中所绘制的那种

图 2-7　在清单文件中使用 mipmap 图片资源设置应用程序的启动图标

线条结构一样。

（3）渐变（Gradient）是由一种颜色到另一种颜色的平滑过渡，可以是直线状的或环状的。

（4）过渡（Transition）是由一个形状到另一个形状的平滑变化，这个过程有时也被称为"变形"（Morph）。

（5）动画（Animation）即是会动的图像。

（6）图片过渡效果（Image Transition）是由一幅图片到另一幅图片的平滑渐变，通常用于图片之间的切换。

在 Android 开发中，图像类对象，如渐变、图片过渡效果、动画变形以及基于帧的动画都可以成为 drawable 资源。其中，除了补间动画和变形动画之外，其余的资源文件都保存在 res/drawable 目录中。后续我们会根据需要详细讲解各种 drawable 资源的创建和使用过程。

1) drawable 目录介绍

drawable 目录与 mipmap 目录相似，都可以用于存储图片资源，drawable 目录与 mipmap 目录一样，有多个分辨率不同的 drawable 子目录，便于应用程序对不同设备的适配，系统会默认先获取分辨率最高的目录下的图片资源。Android 项目中使用 Drawable 类用于控制 drawable 目录里的资源，drawable 中常用的资源包括普通图片、点九图片、shape 和 selector 等。本节中主要讲解的是普通图片和点九图片的存储和使用，其他类型的 drawable 资源在后续的章节会陆续讲解。

2) 图片资源的使用

将普通图片和点九图片存储到 drawable 目录的过程和将图片存储到 mipmap 目录里是类似的操作，直接将准备好的图片复制粘贴到 drawable 目录里，同样在粘贴时，也会弹出对话框供开发者选择保存在相应分辨率的 drawable 目录里。图片存储成功后会在 Android 项目中生成一个图片 id（文件名不带后缀），在项目需要的地方通过图片 id 来使用图片资源。

可以使用 drawable 资源的位置包括清单文件、res 资源目录文件和 Java 源代码，一般会在清单文件中的 icon、roundIcon 等属性和布局文件中控件的 background、src 等属性中使用，其使用的格式如下。

（1）在清单文件、布局文件和样式文件中使用的格式为：**@drawable/文件名**；

（2）在源代码中使用的格式为：**R. drawable. 文件名**。

如果用户需要用 drawable 图片作为界面的背景，可以先将准备好的图片复制到相应分辨率的 drawable 目录中，如果没有说明，直接复制到系统推荐的 drawable 目录中，如图 2-8 所示。然后在布局文件的根标签中加入 background 属性，并将该属性值修改为使用的 drawable 资源的图片 id，如图 2-9 所示。

图 2-8　将图片复制到系统推荐的 drawable 目录

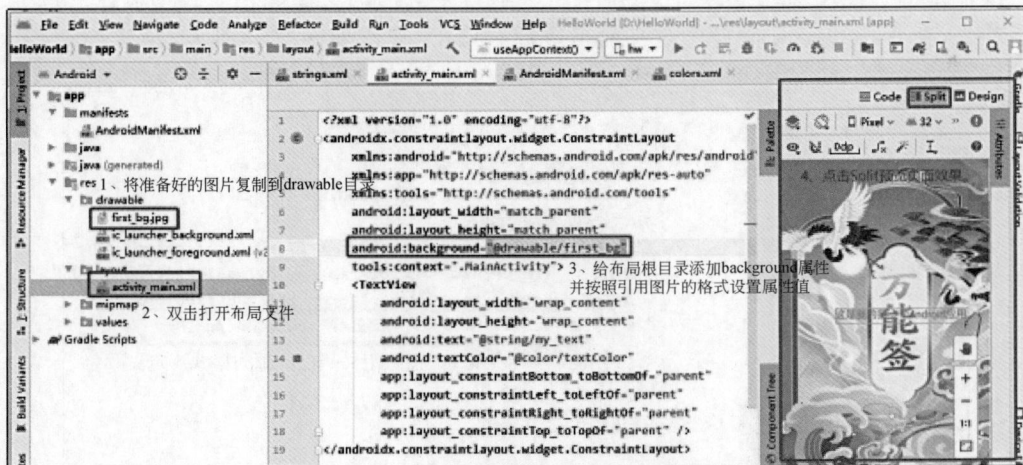

图 2-9　设置页面背景的步骤及代码

2.1.3　颜色资源

颜色资源是 Android 项目中常用的资源，用于美化页面背景、字体颜色、边框等内容，在

Android 项目中使用 res/values/colors.xml 文件管理所有的颜色资源。在 colors.xml 文件中使用 color 双标签定义颜色资源,以下是其参考代码。

```
<color name="颜色名称">#AARRGGBB</color>
```

在上述代码中 name 的属性值一旦确定下来,就会在 Android 项目名中生成一个 id,这个 id 值就是 name 属性值,后续在 Android 项目任意位置都可以对该颜色资源进行使用。在 Android 项目中使用的是 RGB 颜色模式,颜色由红色、绿色和蓝色混合而成,color 标签中的内容#AARRGGBB 是十六进制的颜色值,其含义如下。

#表示十六进制颜色值的符号,不能缺省。

AA 表示使用两位十六进制数值表示透明度,取值范围为 00~ff,也可以只使用一位十六进制数值表示,其取值范围为 0~f。

RR 表示使用两位十六进制数值表示红色值,取值范围为 00~ff,也可以只使用一位十六进制数值表示,其取值范围为 0~f。

GG 表示使用两位十六进制数值表示绿色值,取值范围为 00~ff,也可以只使用一位十六进制数值表示,其取值范围为 0~f。

BB 表示使用两位十六进制数值表示蓝色值,取值范围为 00~ff,也可以只使用一位十六进制数值表示,其取值范围为 0~f。

需要注意的是,在定义颜色值时,可以不写透明度,如果使用一位十六进制数表示红色,那么绿色、蓝色和透明度也只能使用一位十六进制数表示。

在 Android 项目中使用颜色资源的位置包括 res 目录文件和 Java 源代码,一般在布局控件中 background、textColor 等属性进行使用,在这些位置上使用颜色资源的格式如下。

(1) 在清单文件、布局文件和样式文件中使用的格式为:**@color/颜色名称**。

(2) 在源代码中使用的格式为:**R.color.颜色名称**。

接下来讲解使用颜色资源将 HelloWorld 项目中页面的文字颜色设置为蓝色的过程。首先,在 colors.xml 文件中定义颜色资源,步骤及代码如图 2-10 所示。

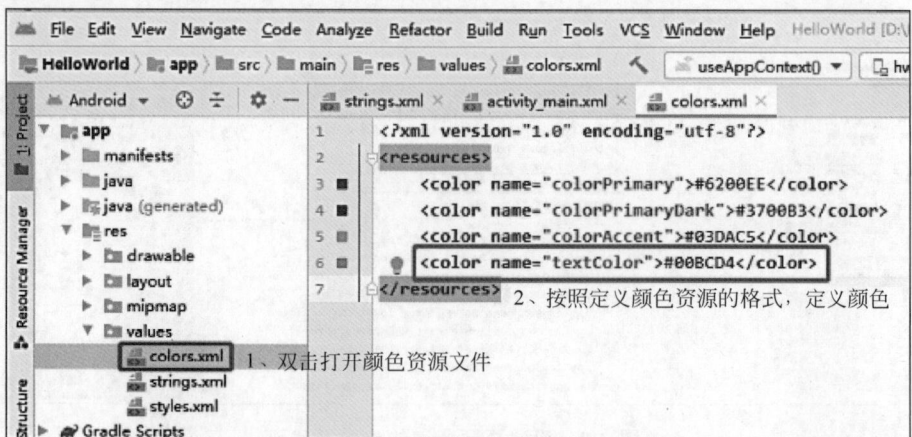

图 2-10 在 colors.xml 文件中定义颜色的格式及代码

在定义颜色时,如果不知道颜色的十六进制代码,可以先写#000,这时会在行号后出现一个颜色方块,可以单击颜色方块,就会出现调色盘,可以根据需要选取相应的颜色,然后单击编辑区任意地方返回代码编辑区,就会生成相应的十六进制的颜色值,如图 2-11 所示。

图 2-11　在调色盘中选取颜色的步骤

　　然后,打开 layout/activity_main. xml 布局文件,并在 TextView 中添加 textColor 属性,并将其属性值改为@color/textColor,其代码及预览效果如图 2-12 所示。

　　最后,重新运行程序,在手机模拟器上查看运行效果与预览效果是否一致。

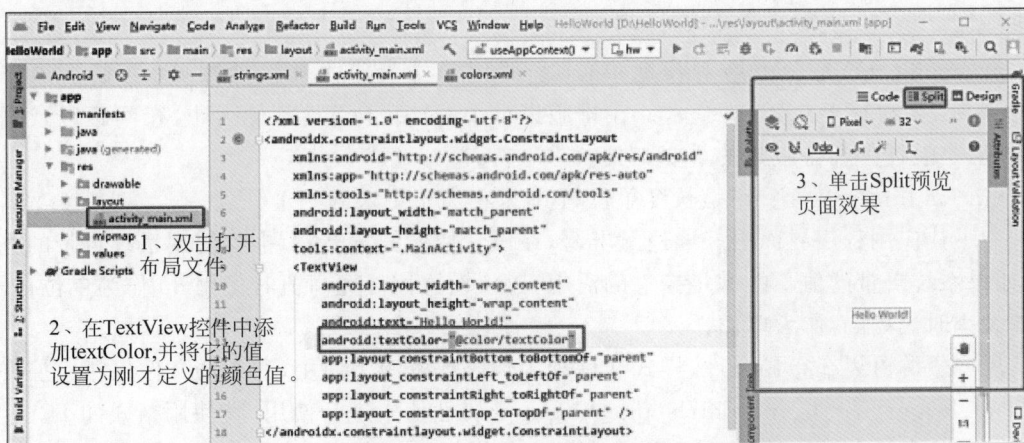

图 2-12　在布局文件的 TextView 控件中设置文件的颜色

2.1.4　尺寸资源

　　尺寸资源用于设置 Android 项目中各控件或资源的长宽或者大小,在 Android 项目中使用 res/values/dimens. xml 文件管理尺寸资源。但是因为现在的手机型号众多,因此在使用控件实现界面效果时,设置控件的宽高时,难以确定尺寸大小,为了适配更多的手机屏幕,建议开发时控件大小不要使用固定值。因此,在新版 Android Studio 里的 Android 项目中没有该文件,如果需要用时可以选中 values 目录,然后右键选择 New,再选择 XML,最后选择 Values XML File,然后在弹出的窗口中填写文件名为 dimens,即可创建 dimens. xml

文件,创建好文件后,可以使用 dimen 标签定义尺寸资源,以下是其参考代码。

```
<dimen name = "尺寸名称">数值单位</dimen>
```

在上述代码中,name 属性确定后,就会在 Android 项目中生成一个尺寸资源 id,这个 id 值就是 name 的属性值,后续可以在 Android 项目需要的地方调用这个尺寸资源。dimen 标签中的内容由数值和单位组成,数值可以是整数,也可以是浮点数。Android 支持的尺寸值单位有 px、dp、sp、in、pt 和 mm,这些单位的含义如下。

px(pixels,像素)是一个像素点,对应屏幕上的一个点。例如,720px×1080px 的屏幕在横向有 720 个像素,在纵向有 1080 个像素点。

dp(Density-independent Pixels,设备独立像素)即 dip,是一种与屏幕密度无关的尺寸单位。在每英寸 160 点的显示器上,1dip=1px。当程序运行在高分辨率的屏幕上时,设备独立像素就会按比例放大;运行在低分辨率的屏幕上时,设备独立像素就会被按比例缩小。

sp(Scaled Pixels,比例像素)主要处理字体的大小,可以根据手机系统字体大小进行缩放。与设备独立像素相似,都会在不同像素密度的设备上自动适配,但是比例像素还会按照用户对系统字体大小的设置进行比例缩放。换句话说,它能够跟随系统字体大小变化而改变,所以它更适合作为字体大小的单位。

in(inches,英寸)是标准长度单位。1 英寸等于 2.54 厘米。例如:形容手机屏幕大小,经常说 3.2(英)寸、3.5(英)寸、4(英)寸就是指这个单位。这些尺寸是屏幕对角线的长度。如果手机的屏幕为 4(英)寸,表示手机的屏幕(可视区域)对角线长度是 4×2.54=10.16 厘米。

pt(pound,磅)是一个绝对长度单位,主要用于排版印刷和设计领域。1 磅(pt)等于 1/72 英寸,大约等于 0.3527 毫米。在排版设计中,pt 用于衡量字体大小、行间距以及页面布局等,是设计师和排版师的重要工具。

mm(millimeters,毫米)是长度单位,1 毫米相当于 1 米的一千分之一。

为了让应用程序界面更好地适配屏幕,在设置控件的宽高时,推荐使用系统自带的宽高值,如果系统自带的值不能满足控件的需求,建议设置控件宽高值时使用 dp 作为单位,设置字体大小时使用 sp 作为单位。

尺寸资源可以在布局文件、样式文件和源代码等资源中使用,在布局文件里相应控件的 android:layout_width、android:layout_height 等属性值中进行使用,其使用格式如下。

(1) 在清单文件、布局文件和样式文件中使用的格式为:**@dimen/尺寸名称**。

(2) 在源代码中使用的格式为:**R. dimen. 尺寸名称**。

若需要使用尺寸资源统一控制整个应用程序的字体大小,首先要在 dimens. xml 文件中定义所需的尺寸资源,其定义过程如图 2-13 所示。然后在布局文件中,找到 TextView 控件的 textSize 属性,并在该属性值中使用这个尺寸资源,如图 2-14 所示。

2.1.5　样式和主题资源

Android 系统中包含很多样式和主题资源,这些样式和主题用于定义界面上的布局风格。样式是针对某个控件,例如 TextView 和 Button 等。主题是针对一个界面或整个应用程序。

图 2-13　定义尺寸资源的步骤和代码

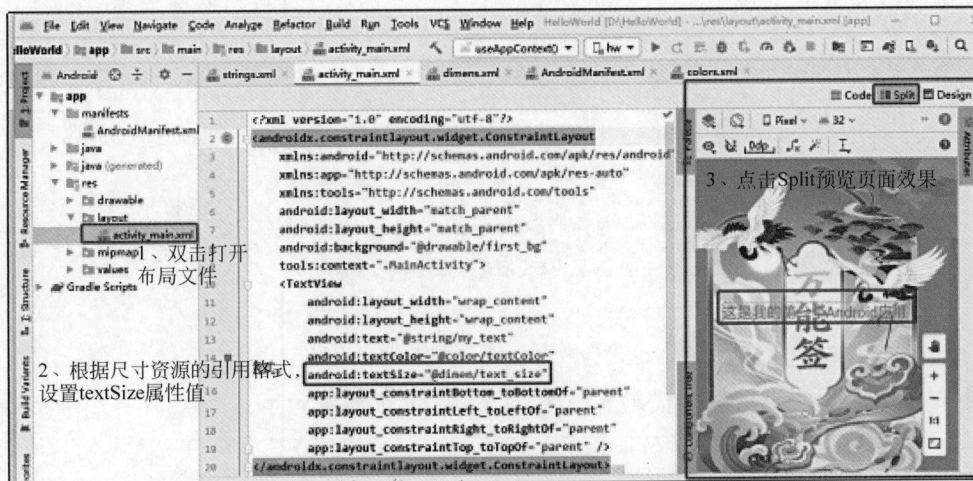

图 2-14　在布局文件 TextView 控件中使用尺寸资源的步骤及代码

1. 样式资源

样式是包含一个或多个控件属性的集合，可以指定控件高度、宽度、字体大小及颜色等。样式在 res/values/styles.xml 资源文件中定义，且可以继承、复用已有的样式资源。样式的使用不仅方便统一管理界面的风格，而且能减少布局控件中的代码量。下面先来学习 Android 项目中自带的样式。

由图 2-15 可知样式资源文件的根标签是< resources/>，该标签内可包含多个< style/>子元素，每个< style/>标签定义一个样式。在< style/>标签中使用属性 name 来指定样式的名称，后续使用该属性值来使用样式资源；其属性 parent 用于指定该样式所继承的父样式，当继承某个父样式时，该样式将会获得父样式中定义的全部格式，当前样式可以覆盖父样式中制定的格式。< style/>标签内可包含多个< item/>子元素，每个< item/>控制一个控件的属性。

```
<resources>
    <!-- Base application theme. -->
    <style name="AppTheme" parent="Theme.AppCompat.Light.DarkActionBar">
        <!-- Customize your theme here. -->
        <item name="colorPrimary">@color/colorPrimary</item>
        <item name="colorPrimaryDark">@color/colorPrimaryDark</item>
        <item name="colorAccent">@color/colorAccent</item>
    </style>
</resources>
```

图 2-15　styles.xml 中的代码

2. 主题资源

主题资源与样式资源相似,主题资源的 xml 文件可以保存在 res/values/目录下的 themes.xml(Android Studio 中的项目需要自行创建),也可以直接在 styles.xml 文件中定义,其定义的格式与样式定义的格式一致,即样式和主题的代码结构是一样的,不同之处在于使用对象,主题在清单文件 AndroidManifest.xml 中使用。主题是应用到整个应用程序的所有界面中,而不是一个页面。当设置好主题后,整个程序的界面都将使用主题中的样式属性。当主题和样式中的属性发生冲突时,样式的优先级要高于主题,即样式属性值覆盖主题中的属性值。

主题的定义步骤与样式定义过程一样,在 styles.xml 中定义主题的代码如图 2-16 所示。注意如果在 styles.xml 文件中定义一个背景颜色的主题,在定义时要用 parent 属性去继承 Theme.appCompat.Light.DarkActionBar 来保证它的兼容性,否则运行时会出现异常。

```
<style name="AppTheme" parent="Theme.AppCompat.Light.DarkActionBar">
    <!-- Customize your theme here. -->
    <item name="colorPrimary">@color/colorPrimary</item>
    <item name="colorPrimaryDark">@color/colorPrimaryDark</item>
    <item name="colorAccent">@color/colorAccent</item>
</style>
```

图 2-16　主题的代码

在清单文件中使用主题的代码如图 2-17 的第 11 行代码所示。

```
1   <?xml version="1.0" encoding="utf-8"?>
2   <manifest xmlns:android="http://schemas.android.com/apk/res/android"
3       package="com.example.lab1">
4       <application
5           android:allowBackup="true"
6           android:icon="@mipmap/main_index_my_pressed"
7           android:roundIcon="@mipmap/main_index_my_pressed"
8           android:label="@string/app_name"
9           android:configChanges="locale"
10          android:supportsRtl="true"
11          android:theme="@style/AppTheme">
12          <activity android:name=".MainActivity">
13              <intent-filter>
14                  <action android:name="android.intent.action.MAIN" />
15                  <category android:name="android.intent.category.LAUNCHER" />
16              </intent-filter>
17          </activity>
18      </application>
19  </manifest>
```

图 2-17　清单文件中 application 标签中使用主题的代码

2.1.6　课前学习测试

(1) Android 项目中的字符资源可以保存在哪个目录中,如何定义和使用?

（2）Android 项目中的图片资源可以保存在哪个目录中，如何使用？

（3）Android 项目中的颜色资源可以保存在哪个目录中，如何定义和使用？

（4）Android 项目中的主题资源可以保存在哪个目录中，如何定义和使用？

（5）Android 项目中的样式资源可以保存在哪个目录中，如何定义和使用？

（6）假设你是某公司移动应用开发技术的实习生，入职前一周技术经理让你准备自我介绍，你会怎么做呢？请编写一个 Android 应用程序用来展示自己的个人信息。

2.2　课堂学习任务：编写国际化自我介绍程序

假设你是某公司移动应用开发技术的实习生，入职前一周技术经理让你准备一下自我介绍，你会怎么做呢？大部分读者会选择口头介绍，小部分人会选择使用课件来介绍。还有没有其他更好的办法既能介绍自己的亮点，还可以体现自己的技术能力呢？可以制作一个国际化自我介绍程序来展示自己的情况，下面以国际化自我介绍程序为例讲解 Android 项目中常用资源的使用技巧。在动手实现应用程序之前，要确定需求，公司刚入职的员工应该从哪些方面介绍自己呢？个人的基本情况、学习经历、就职岗位、兴趣爱好、家乡等信息，展现自己的特长方便公司分配工作，展示自己的兴趣爱好，有利于吸引有相同兴趣爱好的同事，帮助自己快速融入公司。因此我们确定在界面上需要展示姓名、毕业院校、学历学位、就职岗位、兴趣爱好及家乡等信息。在 HelloWorld 项目的基础上，实现自我介绍应用程序的步骤如下。

步骤 1，在 strings.xml 文件中定义个人信息相关的字符资源，具体步骤及参考代码如图 2-18 所示。

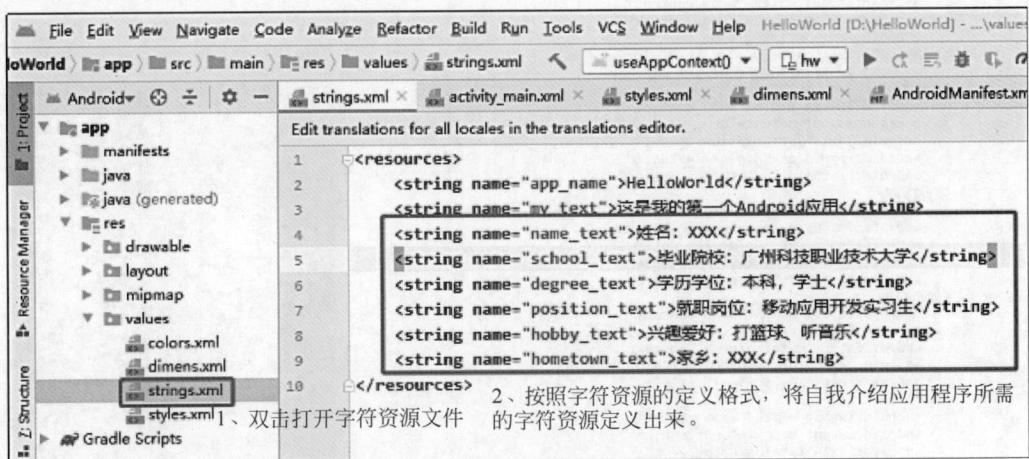

图 2-18　自我介绍应用程序字符资源的定义

步骤 2，在 layout/activity_main.xml 布局文件中显示个人信息，需要注意一个 TextView 控件的 text 属性，只能使用一个字符资源，因此需要在布局中再添加五个 TextView 控件，分别使用自我介绍程序中定义的字符资源。如何在布局中添加新的控件呢？有读者直接将布局中原有的 TextView 进行复制，然后修改 text 属性值，发现该新控件覆盖在第一个控件的上面，不能正常显示两个控件的文字，如图 2-19 所示。这时可以先修改页面布局方式,即将布局文件的根标签修改为 LinearLayout,并在开始标签里添加 orientation 属性,其值修改为 vertical,然后删除 TextView 控件中 app 开头的四个属性后,再复制粘贴到第一个 TextView 控件的下面,注意必须保证上一个控件的标签已结束,才能写第二个控件,其参考代码如代码段 2-1 所示,预览效果如图 2-20 所示。

图 2-19　在原布局中添加 **TextView** 控件的步骤及参考代码

```xml
<?xml version="1.0" encoding="utf-8"?>
<LinearLayout
    xmlns:android="http://schemas.android.com/apk/res/android"
    xmlns:app="http://schemas.android.com/apk/res-auto"
    xmlns:tools="http://schemas.android.com/tools"
    android:layout_width="match_parent"
    android:layout_height="match_parent"
    android:orientation="vertical"
    android:background="@drawable/first_bg"
    tools:context=".MainActivity">
    <TextView
        android:layout_width="wrap_content"
        android:layout_height="wrap_content"
        android:text="@string/name_text"
        android:textColor="@color/textColor"
        android:textSize="@dimen/text_size"/>
    <TextView
        android:layout_width="wrap_content"
        android:layout_height="wrap_content"
        android:text="@string/school_text"
        android:textColor="@color/textColor"
        android:textSize="@dimen/text_size"/>
    <TextView
        android:layout_width="wrap_content"
        android:layout_height="wrap_content"
        android:text="@string/degree_text"
        android:textColor="@color/textColor"
        android:textSize="@dimen/text_size"/>
    <TextView
        android:layout_width="wrap_content"
        android:layout_height="wrap_content"
        android:text="@string/position_text"
        android:textColor="@color/textColor"
        android:textSize="@dimen/text_size"/>
    <TextView
        android:layout_width="wrap_content"
        android:layout_height="wrap_content"
        android:text="@string/hobby_text"
        android:textColor="@color/textColor"
        android:textSize="@dimen/text_size"/>
    <TextView
        android:layout_width="wrap_content"
        android:layout_height="wrap_content"
        android:text="@string/hometown_text"
        android:textColor="@color/textColor"
        android:textSize="@dimen/text_size"/>
</LinearLayout>
```

代码段 2-1　自我介绍程序布局参考代码

图 2-20　自我介绍应用程序运行结果

　　在完成自我介绍应用程序后,在与同事交流时,发现公司里比较多的外国同事看不懂中文,只能看懂英文,怎么办呢? 如何将自我介绍应用程序升级为国际化的应用程序呢?

2.2.1　国际化字符资源的创建和使用

　　将字符资源统一保存在 strings.xml 文件中有两个好处,一方面是便于重复使用字符资源,另一方面是便于实现应用程序的国际化。因为随着客户公司业务的发展和应用程序的推广,不可避免要走向国际化,即应用程序会有不同国家的用户使用。为了让用户更方便地使用,使用时感到更亲切,应用程序需要根据用户的需求,将字符资源灵活地转换成用户的母语文字。目前用户使用的手机来自世界各地,用户可以自行调整手机的语言版本,如何让应用程序根据用户手机系统的语言版本的情况来显示相应语言版本的字符资源呢? 这就是接下来要学习的内容。

　　Android 应用程序中的字符资源文件 strings.xml 默认是英文版本,Android 项目中 XML 文件的编码格式是 UTF-8,所以可以正常显示中文,如果项目的编码格式是其他格式,中文可能会变成乱码。以创建中文版的字符资源文件为例讲解国际化字符资源文件的创建步骤。

　　步骤 1,选中项目的 res/values,然后右键 new Values Resource File,如图 2-21 所示。

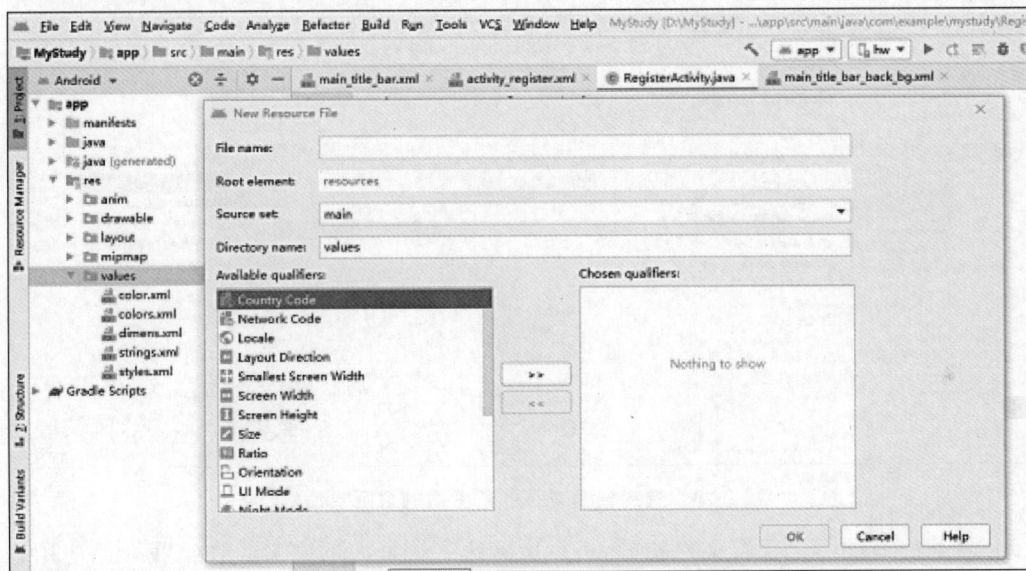

图 2-21　创建国际化字符资源文件的对话框

　　步骤 2,在步骤 1 创建国际化字符资源文件的对话框中填写文件名为 strings,然后在左下角的 Available qualifiers 中选择 Local,然后单击添加按钮,添加到 Chosen qualifiers 栏目中,如图 2-22 所示。

　　步骤 3,在上述步骤的对话框中选择字符资源文件的语言,例如建一个中文的字符资源文件,可以在 Language 菜单栏中选择 zh:Chinese,选择时有一个技巧就是先单击 Language 中的任意选项,然后键盘输入 zh,就可以从栏目中筛选出带有 zh 字符的语言,如图 2-23 所示。然后在 Specific Region Only 栏目中选取语言所针对的地区,选好后单击 OK 按钮,就会自动打开新建的国际化字符资源文件。

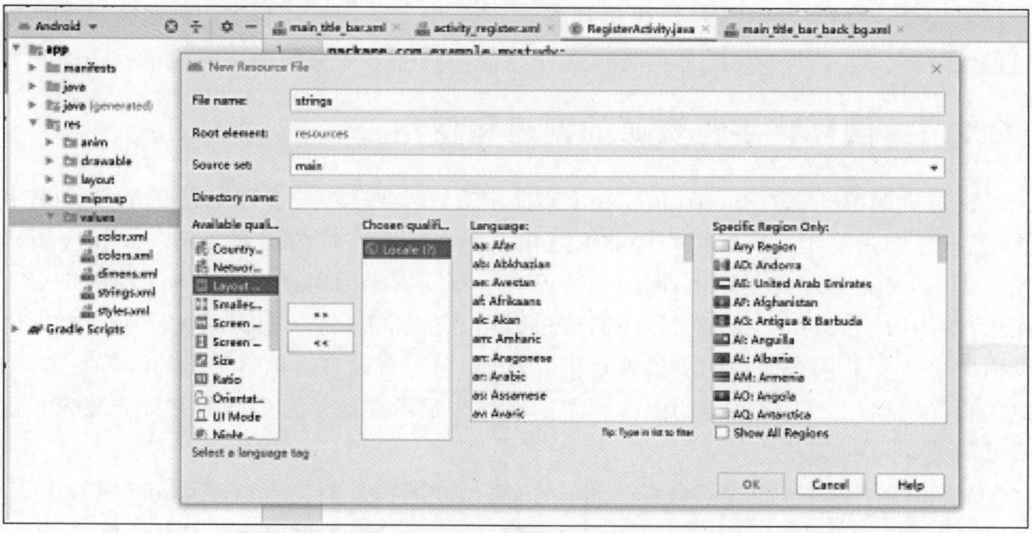

图 2-22　选择语言字符资源文件语言类型对话框

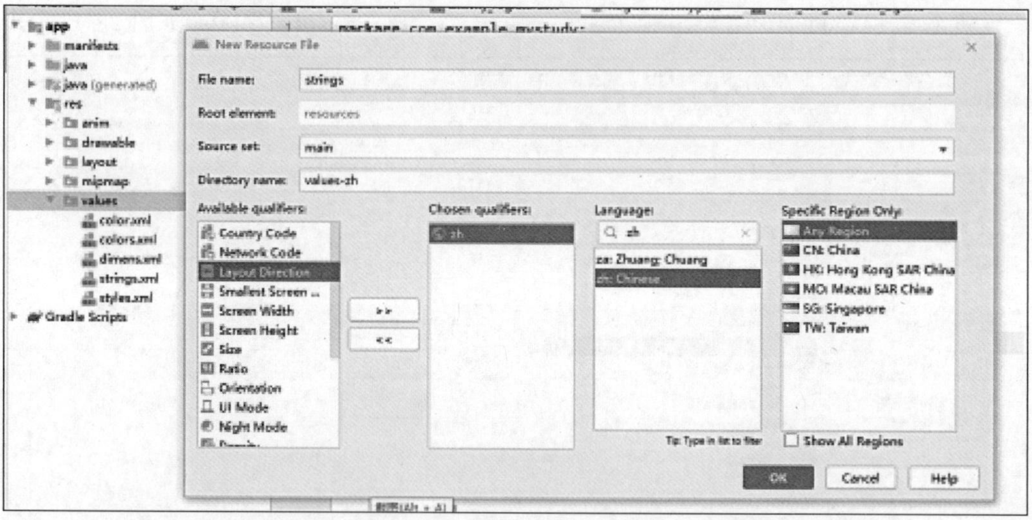

图 2-23　选择语言类型和所使用的地区对话框

步骤 4，打开国际化字符文件资源，进行国际化字符资源的定义。在自我介绍应用程序的 strings.xml 中已经定义好了自我介绍的字符资源，只需要将已定义的字符资源直接复制到中文版的 strings.xml(zh)里就可以了，并将原来 strings.xml 文件的字符资源内容修改为英语，其参考代码如图 2-24 所示。在国际化字符资源文件中定义字符资源时，要确保每个语言版本的字符资源文件中都必须包含 name 值相同的字符资源，否则会报错，效果如图 2-24 所示。strings.xml 文件的第 2 行代码报错就是因为在 strings.xml(zh)文件中没有定义 name 属性值为 app_name 的字符资源。如何修正这个错误呢？可以直接在 strings.xml(zh)中加入以下代码，这个错误就可以修复。

`< string name = "app_name">自我介绍</string >`

步骤 5，运行应用程序，查看页面效果。Android Studio 自带的手机模拟器默认的语言

4、第二行代码报错，因为中文版字符资源文件
中没有name属性值为app_name的字符资源

1、新建中文版字符资源文件　　3、将默认strings.xml文件中的
字符资源内容修改为英文。

2、将原来自我介绍应用程序的
strings.xml文件中的中文字符资
源复制粘贴到中文版字符资源
文件中。

图 2-24　中英文字符资源文件定义的字符资源不一致的出错效果

版本是英文，因此运行应用程序后界面上显示的是英文版的字符，如图 2-25（a）所示。然后，
将手机模拟器的语言版本修改为中文（在模拟手机的菜单中选 Setting，再选择 System
Languages&input Languages，然后 Add a language，在列表中选择简体中文，最后将简体中
文（中国）拖曳到 English 的前面），再打开应用程序，就会在应用程序界面上显示中文的字
符，如图 2-25（b）所示。

(a) 英文版效果　　　　　　　　　　(b) 中文版效果

图 2-25　国际化自我介绍应用程序运行效果

2.2.2　修改应用程序的图标

国际化自我介绍程序的基本功能已经完成，接下来需要将应用程序打造成专属的应用
程序，第一个任务是为应用程序设置一个独特的启动图标，默认应用程序的启动图标如

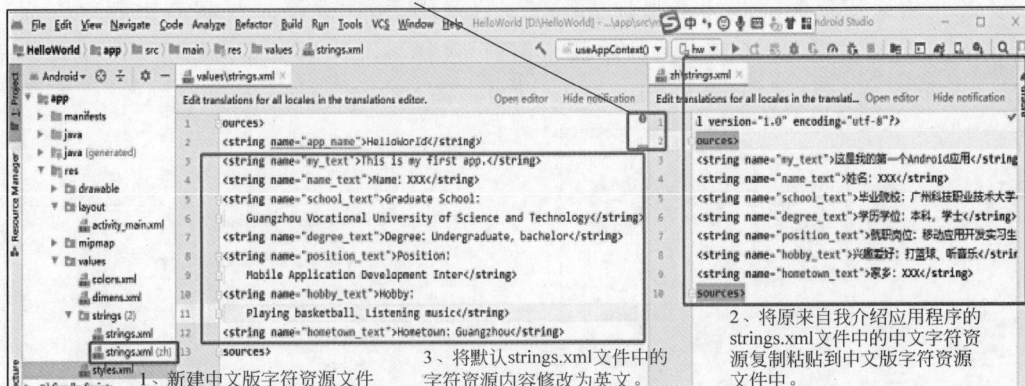

图 2-26 所示,如何修改它呢?

步骤 1,将应用程序的图标复制到 mipmap 目录中,操作顺序是复制应用程序图标,选中 mipmap 目录,右键,选择 Paste,然后跳出窗口,选择将图片放在推荐分辨率的文件夹里,如图 2-27 所示,选好目录后,单击 OK 按钮,即可把图片放入 mipmap 目录里。

图 2-26　Android Studio 中 Android 项目默认的应用程序图标

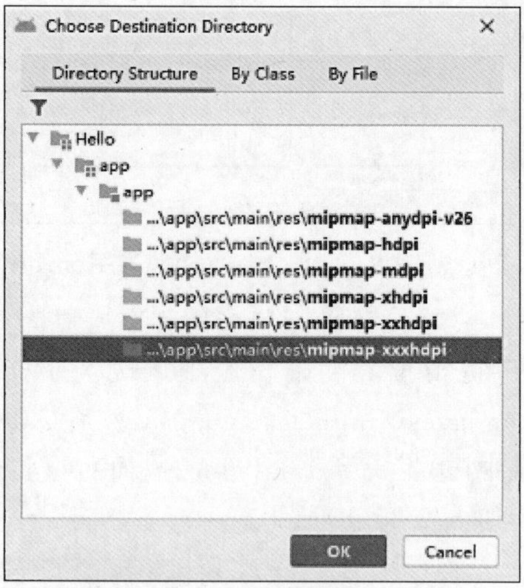

图 2-27　选择将图片放在推荐分辨率的文件夹里

步骤 2,将项目结构模式切换为 Android 模式,然后在 manifests 目录下打开 AndroidManifest.xml 文件,代码如图 2-28 所示。我们可以通过代码 1 和代码 2 两行代码修改应用程序的图标,代码 1 中的 android:icon 属性表示非圆形图标,android:roundIcon 属性表示圆形图标,两者可以同时设置为相同的图片资源,也可以单独只设置其中的一个。如果两个属性同时设置,但使用的图片资源不同时,会出现不可预测的效果。

```
1  <?xml version="1.0" encoding="utf-8"?>
2  <manifest xmlns:android="http://schemas.android.com/apk/res/android"
3      package="com.example.hello">
4      <application
5          android:allowBackup="true"
6          android:icon="@mipmap/ic_launcher"          代码1
7          android:label="Hello"
8          android:roundIcon="@mipmap/ic_launcher_round"   代码2
9          android:supportsRtl="true"
10         android:theme="@style/Theme.AppCompat.DayNight.NoActionBar">
11         <activity android:name=".FirstActivity" >
12             <intent-filter>
13                 <action android:name="android.intent.action.MAIN" />
14                 <category android:name="android.intent.category.LAUNCHER" />
15             </intent-filter>
16         </activity>
17     </application>
18 </manifest>
```

图 2-28　清单文件中的代码

步骤 3,保存清单文件,重新运行项目到手机模拟器中,修改后的代码和运行效果如图 2-29 所示。

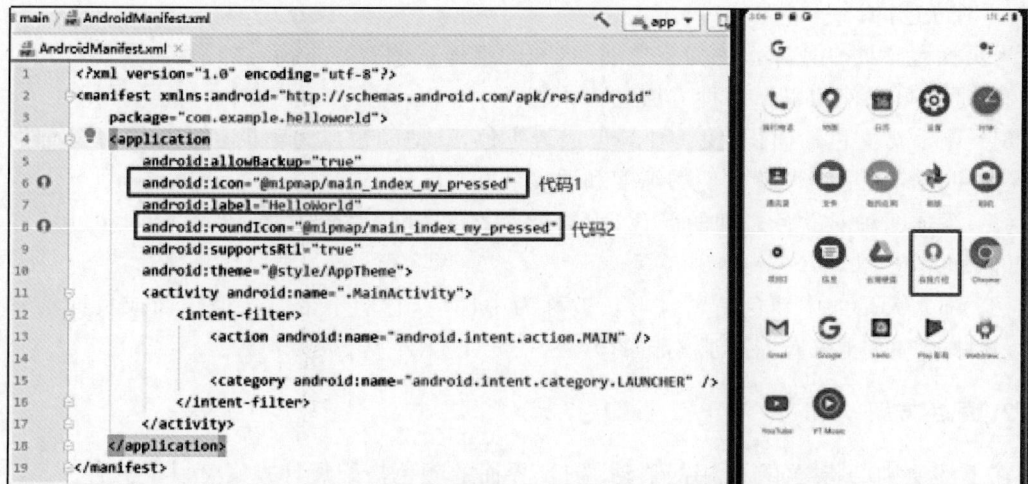

```
main > AndroidManifest.xml                                      app ▾
AndroidManifest.xml ×
1   <?xml version="1.0" encoding="utf-8"?>
2   <manifest xmlns:android="http://schemas.android.com/apk/res/android"
3       package="com.example.helloworld">
4   <application
5       android:allowBackup="true"
6       android:icon="@mipmap/main_index_my_pressed"        代码1
7       android:label="HelloWorld"
8       android:roundIcon="@mipmap/main_index_my_pressed"   代码2
9       android:supportsRtl="true"
10      android:theme="@style/AppTheme">
11      <activity android:name=".MainActivity">
12          <intent-filter>
13              <action android:name="android.intent.action.MAIN" />
14
15              <category android:name="android.intent.category.LAUNCHER" />
16          </intent-filter>
17      </activity>
18  </application>
19  </manifest>
```

图 2-29　修改后清单文件的代码及其修改后的应用程序图标

2.2.3　颜色搭配更靓丽

在上述国际化自我介绍应用程序中,页面的背景颜色与字体颜色相近导致难以看清文字,因此,在设计 App 页面的时候就需要注意颜色的搭配。在设计 App 界面时,应该先考虑 App 的性质、内容和目标受众,再从用户的角度思考想要表现出怎样的视觉效果,营造出怎样的操作氛围,以此选出科学合理的配色方案,并严格地按照配色方案来塑造界面中的每个元素。

1. 配色原则

配色本身无法被量化,也无法在短时间内快速提高,因此需要遵循一些约定俗成的配色原则。一般页面颜色搭配应遵循以下 4 个原则:整体色调要协调统一、配色要有重点、注意色彩平衡和对立色的调和。

1)整体色调协调统一

在设计界面之前,应该先确定主色调。主色将会占据页面中很大的面积,其他辅助性颜色都应该以主色为基准进行搭配。这样可以保证整体色调的协调统一,重点突出,使作品更加专业和美观。

2)配色要有重点

配色时,可以选取一种颜色作为整个界面的重点,这个颜色可以被运用到焦点图、按钮、图标或其他相对重要的元素,使其成为整个页面的焦点。重点色不应该应用于主题和背景色等面积较大的色块,应用于强调界面中重要元素,即小面积零散色块。

3)注意色彩平衡

配色的平衡主要是指颜色的强弱、轻重和浓淡的关系。一般来说,同类色彩的搭配方案往往能够很好地实现平衡性和协调性,而高纯度的互补色或对比色很容易带来过度强烈的视觉刺激,使人产生视觉疲劳,如高纯度的红色和绿色。另一方面是关于明度的平衡关系。高明度的颜色显得更明亮,可以强化空间感和活跃感,低明度的颜色则会更多地强化稳重低调的感觉。

4）对立色的调和

当页面包含两个或以上的对立色时，页面的整体色调就会失衡，这时就需要对对立色进行调和，通常可以使用以下 3 种方法进行调和。

（1）调整对立色的面积，使一种颜色成为主色，其他颜色成为辅助色。为了降低辅助色的色感，可能需要适当调整它们的纯度和明度。

（2）添加两种对立色之间的颜色，引导颜色在色相上逐渐过渡。如：要调和红色和黄色，可以加入橙色。

（3）加入大量的中性色。黑、白、灰被称为中性色，它们不带有任何正面或负面的感情色彩，用来调和其他彩色是非常不错的方法。

2．配色方案

在上述原则的指导下，常用的移动端 UI 界面的颜色搭配设计方案有以下五种。

1）邻近色配色法则

选取色相环上邻近几种颜色来搭配设计，色相环如图 2-30 所示，一般是 3～5 种相邻的颜色，色相环的详细讲解请见附录。

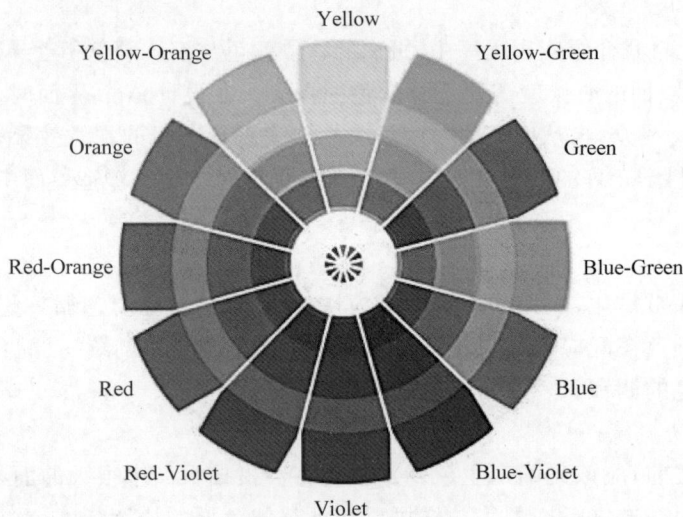

图 2-30　色相环

2）同色系配色法则

同色系是指色相一致，饱和度不同的颜色组成的颜色体系，这种配色方案要求主色和点睛色都在同一个色相上，给用户一种一致性的感觉。

3）点睛色配色法则

这种配色方案一般要求主色要用相对沉稳的颜色，点睛色采用一个高亮的颜色，带动页面气氛，强调重点作用。

4）中性配色法则

由黑色、白色及由黑白调和的各种深浅不同的灰色系列，称为无彩色系，也称中性色，中性色不属于冷色调也不属于暖色调。而中性配色方案一般会用一些中性的色彩为基调搭配，弱化干扰，这也是移动端最常见的配色方法。

5）渐变色与纯色配色法则

这种大胆的配色方案曾经是 2017 年值得关注的一个风向标和设计趋势。这种配色方案，页面显得比较明艳，较为引人注意。

3. 配色应用

国际化自我介绍应用程序，在背景图片不修改的情况下，可以根据整体色调协调统一原则，使用中性配色方法来美化自我介绍程序的界面，让个人信息凸显出来，由于背景图为蓝色系，因此文字颜色可以选择色相环中与蓝色相同色系的亮色或者使用中性颜色来进行调和，例如荧光蓝、灰色或者白色。修改国际化自我介绍应用程序的文字颜色的步骤如下。

步骤 1，在 colors.xml 文件中定义一个灰色的颜色资源，其步骤及参考代码如图 2-31 所示。

图 2-31　定义颜色资源步骤及参考代码

步骤 2，在 layout/activity_main.xml 布局文件 TextView 控件中修改 textColor 属性值为灰色的颜色资源，其步骤和参考代码如图 2-32 所示。

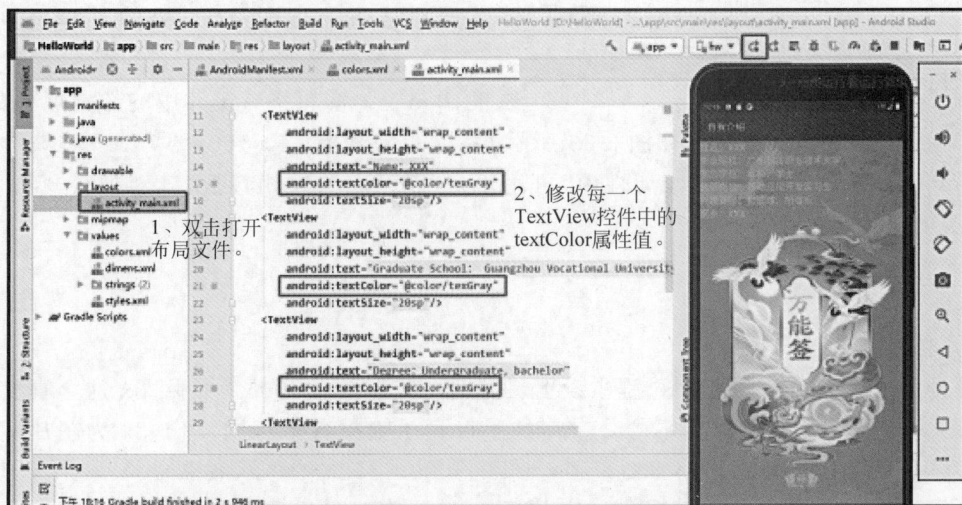

图 2-32　修改布局中 TextView 控件的 textColor 属性步骤及参考代码

由运行效果可知,界面的文字比原来的要清楚,但是在页面上还不够明亮突出,各位读者可以自己尝试应该如何配色才能既突出个人信息又做到页面整体和谐统一。

2.2.4　屏幕适配

由于 Android 设备种类繁多,各种品牌设备的屏幕尺寸、分辨率、像素密度不尽相同,因此在开发 Android 应用过程中必须要考虑到屏幕尺寸适配的问题,以保证在不同尺寸的 Android 设备上都能够正常运行。适配的过程是把同一张原型图设计样式尽可能以同样的视觉效果呈现在不同的屏幕上。

1. 适配的核心问题

屏幕适配的过程中需要解决两个问题,一是把设计图转化为 App 界面的过程是否高效;二是保证实现 UI 界面在不同尺寸和分辨率的手机中 UI 效果要保持一致。

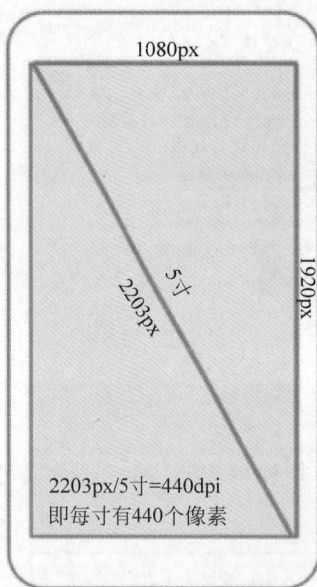

图 2-33　5 寸手机模型

2. 屏幕各项参数

在进行屏幕适配之前,需要熟悉手机屏幕的各项参数。熟悉手机屏幕的各项参数,有利于读者深入理解屏幕适配的原理,以下是与手机屏幕相关的几项参数的含义。

(1) 像素(px)表示屏幕中的一个小黑点就是像素。

(2) 手机尺寸即是屏幕对角线的长度,如图 2-33 所示,该手机的尺寸为 5 英寸。

(3) 分辨率即是整个屏幕一共有多少个点(像素),如图 2-33 所示,该屏幕的分辨率为 1080 * 1920。

(4) 像素密度(dip)表示每英寸中的像素点个数,如图 2-33 所示,该手机的像素密度约为 440,每英寸有 440 个像素,该数据对应 DisplayMetrics 类的 densityDpi 属性值。

(5) 密度(density)即每平方英寸中的像素点个数,计算公式为 density=dip/160。如图 2-33 所示,手机的密度为 440/160,约为 2.75,该数据对应 DisplayMetrics 类的 density 属性值,可用于 px 与 dip 的互相转换,其转换公式为 dp=px/density。

3. 屏幕适配方案

1) dp 适配方案

在开发 Android 应用程序过程中设置尺寸时,Android 并不推荐使用 px 这个真实像素单位,因为相同像素的素材在不同分辨率的手机显示效果各不相同,图 2-34 为图片宽高为 250 * 250(px),在分辨率 480 * 800、720 * 1280、1080 * 1920 的显示效果。

为了避免同一张图片在不同分辨率的手机上出现不同的效果,px 这个单位在布局文件中是不推荐使用的。

图 2-34 同一张 250 * 250(px)图片在不同分辨率的手机中的显示效果

Android 推荐使用 dp 作为控件尺寸单位,使界面适配不同的设备,在项目一介绍过 dp 为密度无关像素,与终端上的实际物理像素点无关,可以保证在不同屏幕像素密度的设备上显示相同的效果。图 2-35 为图片宽高为 250 * 250(dp),在分辨率为 480 * 800、720 * 1280、1080 * 1920 的三种手机中显示的效果图。从效果图可知,同一张 250 * 250(dp)的图片在不同分辨率手机上的整体布局效果基本相同,原因是在 480 * 800、720 * 1280、1080 * 1920 的手机中,dip 是不同的,即 1dp 在不同分辨率的手机中,分别对应 1.5px、2px、3px,如表 2-1 所示,因此使用 dp 作为组件宽高的单位时,在不同分辨率的手机上看到的比例大小一样。

图 2-35 同一张 250 * 250(dp)图片在不同分辨率的手机中的显示效果

表 2-1 三个不同分辨率手机的像素密度和密度

像素密度	屏幕分辨率		
	480 * 800	720 * 1280	1080 * 1920
dip	240	320	480
dip/160	1.5	2	3

dp 适配方案与自适应布局、weight 比例布局联合使用可以解决大部分适配的问题,这也是最原始的 Android 适配方案。

由于大部分厂商生产的手机设备没有按照屏幕尺寸、分辨率和像素密度的关系规则实现,如屏幕分辨率 1080 * 1920,屏幕尺寸为 5 英寸,那么 dip 为 440,如果 UI 设计图按屏幕宽度设计为 375dp,计算出屏幕宽度为 1080/(440/160)=393dp,屏幕宽度宽于设计图宽度,无法跟其他设备显示同样的效果,这时就需要通过估算或者设定规范值等进行换算,转换尺寸需要耗费很多精力,会极大地降低开发效率。

2)dimens 基于 px 的适配(宽高限定符适配)

dimens 基于 px 的适配原理是根据市面上手机分辨率的占比分析,选定一个占比值大的(如 720 * 1280)为基准,然后其他分辨率根据这个基准做适配。

什么是基准呢? 例如设定了 320 * 480 为基准,那么基准宽度为 320,即将任何分辨率的宽度分为 320 份,取值为 x_1 到 x_{320};基准长度为 480,即将任何分辨率的长度分为 480 份,取值为 y_1 到 y_{480}。那么该基准尺寸编写对应的 dimens 文件,如图 2-36 所示。

以 320 * 480 为基准计算其他尺寸的屏幕所需的 dimens.xml 文件的数据资源,例如要计算 480 * 800 分辨率,其宽度 x 的计算公式为

```
<?xml version="1.0" encoding="UTF-8"?>          <?xml version="1.0" encoding="UTF-8"?>
<resources>                                      <resources>
    <dimen name="x1">1.0px</dimen>                  <dimen name="y1">1.2px</dimen>
    <dimen name="x2">2.0px</dimen>                  <dimen name="y2">2.4px</dimen>
    <dimen name="x3">3.0px</dimen>                  <dimen name="y3">3.6px</dimen>
    <dimen name="x4">4.0px</dimen>                  <dimen name="y4">4.8px</dimen>
    <dimen name="x5">5.0px</dimen>                  <dimen name="y5">6.0px</dimen>
    <dimen name="x6">6.0px</dimen>                  <dimen name="y6">7.2px</dimen>
    <dimen name="x7">7.0px</dimen>                  <dimen name="y7">8.4px</dimen>
    <dimen name="x8">8.0px</dimen>                  <dimen name="y8">9.6px</dimen>
    <dimen name="x9">9.0px</dimen>                  <dimen name="y9">10.8px</dimen>
    <dimen name="x10">10.0px</dimen>                <dimen name="y10">12.0px</dimen>
    <dimen name="x11">11.0px</dimen>                <dimen name="y11">13.2px</dimen>
    <dimen name="x12">12.0px</dimen>                <dimen name="y12">14.4px</dimen>
    <dimen name="x13">13.0px</dimen>                <dimen name="y13">15.6px</dimen>
    <dimen name="x14">14.0px</dimen>                <dimen name="y14">16.8px</dimen>
    <dimen name="x15">15.0px</dimen>                <dimen name="y15">18.0px</dimen>
    <dimen name="x16">16.0px</dimen>                <dimen name="y16">19.2px</dimen>
    <dimen name="x17">17.0px</dimen>                <dimen name="y17">20.4px</dimen>
    <dimen name="x18">18.0px</dimen>                <dimen name="y18">21.6px</dimen>
    <dimen name="x19">19.0px</dimen>                <dimen name="y19">22.8px</dimen>
    <dimen name="x20">20.0px</dimen>                <dimen name="y20">24.0px</dimen>
    <dimen name="x21">21.0px</dimen>                <dimen name="y21">25.2px</dimen>
    <dimen name="x22">22.0px</dimen>                <dimen name="y22">26.4px</dimen>
    <dimen name="x23">23.0px</dimen>                <dimen name="y23">27.6px</dimen>
    <dimen name="x24">24.0px</dimen>                <dimen name="y24">28.8px</dimen>
    <dimen name="x25">25.0px</dimen>                <dimen name="y25">30.0px</dimen>
    <dimen name="x26">26.0px</dimen>                <dimen name="y26">31.2px</dimen>
    <dimen name="x27">27.0px</dimen>                <dimen name="y27">32.4px</dimen>
    <dimen name="x28">28.0px</dimen>                <dimen name="y28">33.6px</dimen>
    <dimen name="x29">29.0px</dimen>                <dimen name="y29">34.8px</dimen>
    <dimen name="x30">30.0px</dimen>                <dimen name="y30">36.0px</dimen>
    <dimen name="x31">31.0px</dimen>                <dimen name="y31">37.2px</dimen>
    <dimen name="x32">32.0px</dimen>                <dimen name="y32">38.4px</dimen>
    <dimen name="x33">33.0px</dimen>                <dimen name="y33">39.6px</dimen>
    <dimen name="x34">34.0px</dimen>                <dimen name="y34">40.8px</dimen>
    <dimen name="x35">35.0px</dimen>                <dimen name="y35">42.0px</dimen>
```

图 2-36　320 * 480 为基准的 dimens. xml 文件的部分分辨率数据

$x_1 = (480/基准宽) * 1 = (480/320) = 1.5\text{px}$

$x_2 = (480/基准宽) * 2 = (480/320) = 31.5\text{px}$

…

$x_{320} = (480/基准宽) * 320 = (480/320) = 480\text{px}$

同理可以算出其高度 y 的所有值，480 * 800 手机的 dimens. xml 的分辨率数据如图 2-37
所示。

```
<?xml version="1.0" encoding="UTF-8"?>          <?xml version="1.0" encoding="UTF-8"?>
<resources>                                      <resources>
    <dimen name="x1">1.5px</dimen>                  <dimen name="y1">2.0px</dimen>
    <dimen name="x2">3.0px</dimen>                  <dimen name="y2">4.0px</dimen>
    <dimen name="x3">4.5px</dimen>                  <dimen name="y3">6.0px</dimen>
    <dimen name="x4">6.0px</dimen>                  <dimen name="y4">8.0px</dimen>
    <dimen name="x5">7.5px</dimen>                  <dimen name="y5">10.0px</dimen>
    <dimen name="x6">9.0px</dimen>                  <dimen name="y6">12.0px</dimen>
    <dimen name="x7">10.5px</dimen>                 <dimen name="y7">14.0px</dimen>
    <dimen name="x8">12.0px</dimen>                 <dimen name="y8">16.0px</dimen>
    <dimen name="x9">13.5px</dimen>                 <dimen name="y9">18.0px</dimen>
    <dimen name="x10">15.0px</dimen>                <dimen name="y10">20.0px</dimen>
    <dimen name="x11">16.5px</dimen>                <dimen name="y11">22.0px</dimen>
    <dimen name="x12">18.0px</dimen>                <dimen name="y12">24.0px</dimen>
    <dimen name="x13">19.5px</dimen>                <dimen name="y13">26.0px</dimen>
    <dimen name="x14">21.0px</dimen>                <dimen name="y14">28.0px</dimen>
    <dimen name="x15">22.5px</dimen>                <dimen name="y15">30.0px</dimen>
    <dimen name="x16">24.0px</dimen>                <dimen name="y16">32.0px</dimen>
    <dimen name="x17">25.5px</dimen>                <dimen name="y17">34.0px</dimen>
    <dimen name="x18">27.0px</dimen>                <dimen name="y18">36.0px</dimen>
    <dimen name="x19">28.5px</dimen>                <dimen name="y19">38.0px</dimen>
    <dimen name="x20">30.0px</dimen>                <dimen name="y20">40.0px</dimen>
    <dimen name="x21">31.5px</dimen>                <dimen name="y21">42.0px</dimen>
    <dimen name="x22">33.0px</dimen>                <dimen name="y22">44.0px</dimen>
    <dimen name="x23">34.5px</dimen>                <dimen name="y23">46.0px</dimen>
    <dimen name="x24">36.0px</dimen>                <dimen name="y24">48.0px</dimen>
    <dimen name="x25">37.5px</dimen>                <dimen name="y25">50.0px</dimen>
    <dimen name="x26">39.0px</dimen>                <dimen name="y26">52.0px</dimen>
    <dimen name="x27">40.5px</dimen>                <dimen name="y27">54.0px</dimen>
    <dimen name="x28">42.0px</dimen>                <dimen name="y28">56.0px</dimen>
    <dimen name="x29">43.5px</dimen>                <dimen name="y29">58.0px</dimen>
    <dimen name="x30">45.0px</dimen>                <dimen name="y30">60.0px</dimen>
    <dimen name="x31">46.5px</dimen>                <dimen name="y31">62.0px</dimen>
    <dimen name="x32">48.0px</dimen>                <dimen name="y32">64.0px</dimen>
    <dimen name="x33">49.5px</dimen>                <dimen name="y33">66.0px</dimen>
    <dimen name="x34">51.0px</dimen>                <dimen name="y34">68.0px</dimen>
    <dimen name="x35">52.5px</dimen>                <dimen name="y35">70.0px</dimen>
```

图 2-37　480 * 800 手机的 dimens. xml 的部分分辨率数据

　　一般情况下主流的分辨率已经集成到 Android 应用程序里,对部分特殊的可以通过参数指定,可以通过网站 http://screensiz. es/phone 查询相应的屏幕分辨率。选择一个主流占比率最大的作为基准,然后生成该分辨的 dimens. xml 资源文件。这个文件如果手动创建相当麻烦,可以使用工具来自动生成,工具的网址为

https://github. com/hongyangAndroid/Android_Blog_Demos/tree/master/blogcodes/src/main/java/com/zhy/blogcodes/genvalues

　　读者可以通过上述工具来快速生成相应的 dimens. xml 文件。

　　使用这种适配方案,可以按照 UI 设计稿的尺寸为基准分辨率,这时运行在不同分辨率的手机中,这些系统会根据这些 dimens 使用该分辨率的文件夹下面对应的值,这样基本能解决我们的适配问题,而且极大地提升了我们 UI 开发的效率。其缺点有两个,一是占用资源大,会增加 APK 的体积;另一个是容错机制大,需要精准命中资源文件才能适配,例如 1080 * 1920 的手机就一定要找到 1080 * 1920 的限定符,否则只能用统一默认的 dimens 文件了。而使用默认的尺寸的话,UI 就很可能变形。

　　使用以上两种屏幕适配方案基本可以解决大部分 Android 适配问题,如对其他方法感兴趣的读者可以查看网址 https://www. jianshu. com/p/fa6fc852306b 进一步深入学习。

2.2.5　使用样式优化布局代码

　　在课前已经安排大家学习完样式的定义和使用格式,现在了解一下什么时候需要使用样式,而不是使用内联属性,以及了解使用样式资源时所需注意的事项。

1. 当多个视图在语义上相同时,使用样式

　　什么叫语义上相同呢? 例如要创建一个计算器,计算器中所有按钮的外观是一样的,这时可以为计算器创建一个按钮样式;又假设应用程序界面中有多种文本格式,包含标题、子标题和文本,这时可以分别为这三种文本创建样式统一它们的外观。这些示例都有一个共同点,就是 Views 不仅使用相同的属性,其在整个应用程序中扮演相同的角色。定义好样式后,当需要定义同类的控件时,就可以直接使用样式,使控件与同类的控件保持风格一致,不用单独逐个编写内联属性,节省了时间和精力。

2. 在样式中尽量使用已定义的资源

　　假设现在需要定义一个样式,规定按钮的长度为 80dp,宽度为 40dp,以下是其参考代码。

```
< style name = "MyButton">
  < item name = "android:layout_width"> 80dp </item >
  < item name = "android:layout_height"> 40dp </item >
</style >
```

但需要考虑的是如果你通过复制该样式进行修改,创建了很多其他的按钮样式,这时需要调整按钮的宽高,就需耗费大量时间去逐个修改每个样式中的宽高。因此可以先在尺寸资源中先定义两个尺寸资源,然后在样式中进行使用,这样需要修改宽高时就可以直接修改尺寸资源中的相应资源。

3. 使用文本外观使文本控件获得两种风格

Textappearance 允许将一些经常修改的文本属性合并两种样式,先将样式中只修改文本外观的属性提取出来,然后编写一个样式,使用 Textappearance. appCompat 作为父样式,以下是其参考代码。

```
< style name = "MyTextappearance" parent = "TextAppearance.appCompat">
  < item name = "android:textColor"> # 0F0 </item >
  < item name = "android:textStyle"> italic </item >
</style >
```

需要注意的是这样设置父级样式,文本外观不会合并,因此需要确保定义所有需要的属性,这样就可以在任意适当地方使用 Textappearance,例如在 TextView 中使用文本外观的代码如下。

```
< TextView
  style = "@style/MyStyle"
  android:layout_width = "wrap_content"
  android:layout_height = "wrap_content"
  android:textappearance = "@style/MyTextappearance"/>
```

由上述代码可知,TextView 控件除了使用文本外观样式外,还使用了普通的 style,也就是说一个控件可以获得两种样式。Textappearance 可以用在 TextView 的所有拓展类中,即 EditText、Button 等控件也支持文本样式。

4. 样式的继承

Android 的 styles 和 themes 类似 Web 开发里的 CSS,将页面内容和布局分开可以提高开发者的工作效率,在课前学习部分中讲解 style 和 theme 在 Android 里的定义方式是完全一样,两者只是概念上有区别,style 作用在单个控件上,而 theme 用于 Activity 或整个应用程序。由于作用范围的不同,theme 就比 style 包含更多的定义属性值的项目(item)。Android 的 style 和 Web 的 CSS 相比,缺点就是一个对象只能通过 android:theme = "@style/appTheme"或 style="@style/MyStyle"指定一个值。而 CSS 则可以通过 class 属性在 DOM 元素上定义多个样式来达到组合的效果。Style 也有 CSS 没有的功能,就是继承。

根据 Android Developers 官方文档的介绍,定义 style 的继承有两种方式,一种是通过 parent 标志父 style,代码如下。

```
< style name = "MyText" parent = "@android:style/Textappearance">
    < item name = "android:textColor"> # 00FF00 </item >
</style >
```

另一种是将父 style 的名字作为前缀,然后通过"."连接新定义 style 的名称,上述 style 代码可以改写成如下的代码:

```
< style name = "Textappearance.MyText">
    < item name = "android:textColor"> # 00FF00 </item >
</style >
```

Android 中的样式还可以实现多层继承,例如需要写一个样式既继承 Textappearance,也要继承 MyText,就可以类似于上述第二种继承方法,通过"."连接各级的 style 名称,以下是其参考代码。

```
< style name = "Textappearance.MyText.Big">
    < item name = "android:textSize"> 30sp </item >
</style >
```

需要注意的是 Android 对 style 的多层继承做出的限制就是涉及的各层 style 必须是自己定义在同一个应用程序内的 style,不能使用第三方或系统的 style。此外对于多层继承 style 的使用必须使用其完全类名,即必须要包含完整的前缀和名称,使用的参考代码如下。

```
< EditText
    style = "@style/ Textappearance.MyText.Big"
    ... />
```

Android 对单层继承定义方式没有限制,因此多层继承的样式都可以转换成单层继承,上述多继承的样式转换成单层继承的参考代码如下。

```
< style name = "Big" parent = "Textappearance.MyText">
    < item name = "android:textSize"> 30sp </item >
</style >
```

需要注意的是 parent 属性值必须是已存在的 style 名称,转换后样式名称容易造成冲突。

　　两种继承方式可以混合使用,使得一个控件可以获得两种样式的效果,子 style 能继承和覆盖父 style 的属性值。当使用 parent 指定父 style 后,前缀方式则不再起作用,只是作为 style 的名字。也就是说:Android 的 style 不支持多继承。style 的继承只能单线一层层继承下来。

5. 通过继承主题,在自定义样式中调整默认样式

　　Android 系统中集成了很多的主题,这些主题定义了许多标准小部件的默认样式,有时需要修改默认样式,这时需要先找到这个样式的父样式是谁,以匹配设备相应的主题,父样式由设备的操作系统版本决定。也就是说如果只需要修改默认样式,那么我们在编写新样式时,需要让样式继承父样式,例如要修改默认样式中 Button 的背景,父样式为 Holo,那么自定义的样式代码如下。

```
< style name = "ButtonParent" parent = "android:Widget.Holo.Button">
    < item name = "android:background">@drawable/my_bg </item >
</style >
```

为样式设置正确的父级样式,可以确保应用程序和平台的风格保持一致。如果想重新定义所有必要的属性,就可以不给样式设置父级样式。

6. 只使用一次的外观,请不要创建样式

　　样式是一个额外的抽象层,会增加系统结构的复杂性,需要查找到样式,才能看到控件相应的属性,因此只有在多个相同控件里都需要使用同一个风格时才需要创建样式。

7. 不要因为多个控件使用相同属性就创建样式

　　使用样式的主要原因是减少重复属性的数量,为什么这时又不建议使用样式呢?因为需要考虑到控件个性化问题,部分控件可能在不同风格的系统里,外观有所不同,因此单纯

只在一种风格中控件使用相同属性时,不用使用样式,若在多种风格中,这些控件的外观一样,这时才需要使用样式。

　　请根据上述样式使用注意事项,使用样式实现统一国际化自我介绍程序的界面风格,样式中包含的属性和值如表 2-2 所示。请选择恰当的样式定义方法完成样式的定义,并在布局中的控件中使用。

表 2-2　统一国际化自我介绍程序中文本控件风格所需属性

序号	属　　性	属 性 值	属 性 说 明
1	android:background	白色	文本控件背景
2	android:layout_width	300dp	文本控件的宽
3	android:layout_height	50dp	文本控件的高
4	android:textSize	30sp	文字大小
5	android:textColor	橙色	文字颜色
6	android:layout_margin	10dp	设置文本框上下左右的空隙为 10dp

根据上述需求,实现统一国际化自我介绍程序界面风格的步骤如下。

　　步骤 1,先定义表 2-2 中所需的属性值的颜色资源和尺寸资源,尺寸资源创建的步骤及参考代码如图 2-38 所示,颜色资源创建的步骤及参考代码如图 2-39 所示。

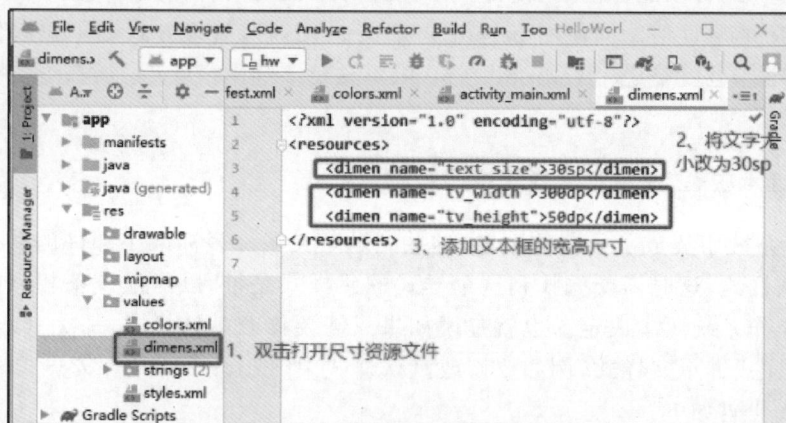

图 2-38　尺寸资源创建步骤及其参考代码

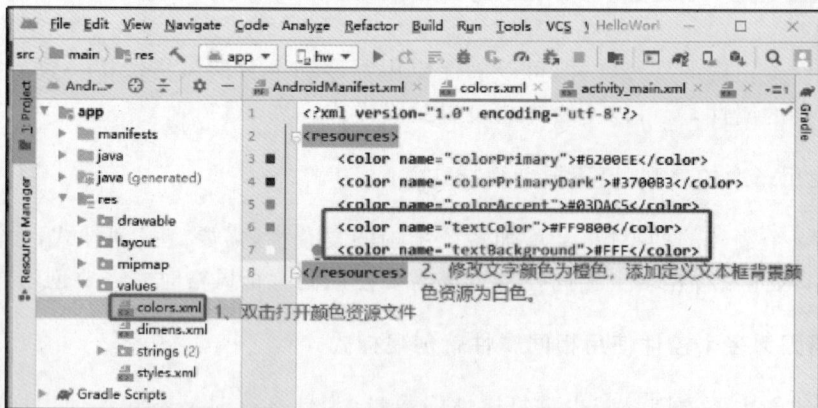

图 2-39　颜色资源创建步骤及其参考代码

步骤 2,在 styles. xml 文件中定义文本控件的样式,其步骤及参考代码如图 2-40 所示,注意 item 标签中的 name 属性值为 Android 系统中或者用户已定义好的属性名称,否则会出错。在设置 item 标签的值时,尽量使用 Android 应用中已经定义好的资源。

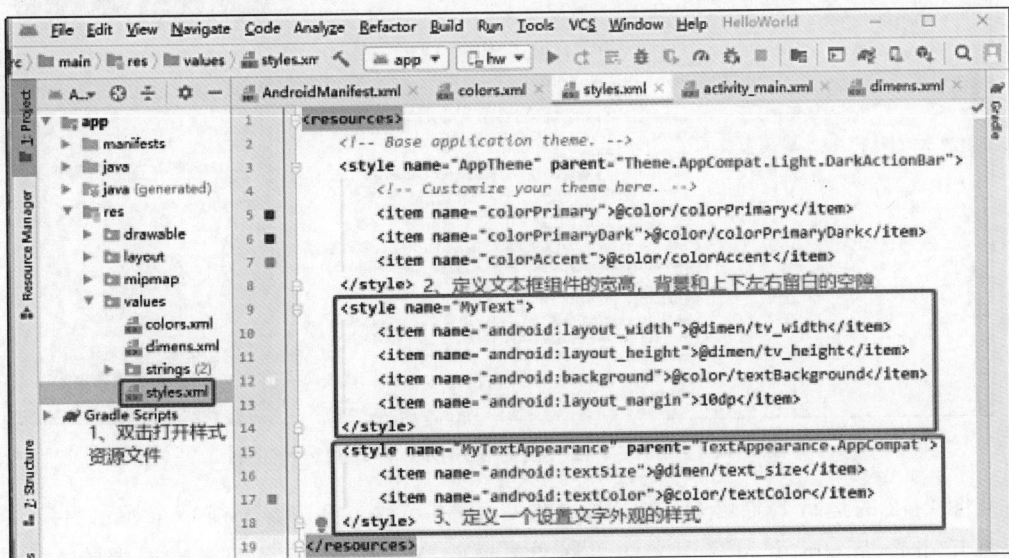

图 2-40　创建样式步骤及其参考代码

步骤 3,在 layout/activity_main. xml 布局的文本控件中使用上述样式,如图 2-41 所示,在三个不同的控件中分别使用两个样式的不同情况及其运行效果,第一个控件同时使用了两个样式,因此该控件既有背景、文字,也有颜色;第二个控件只使用了文本框样式,因此只看到文本框的背景,文字的颜色未被修改;第三个控件只使用了文字外观样式,只看到文字的变化,文本框并没有背景。接着将所有文本框控件同时使用文本框样式和文字外观样式,其代码和运行效果如图 2-42 所示。

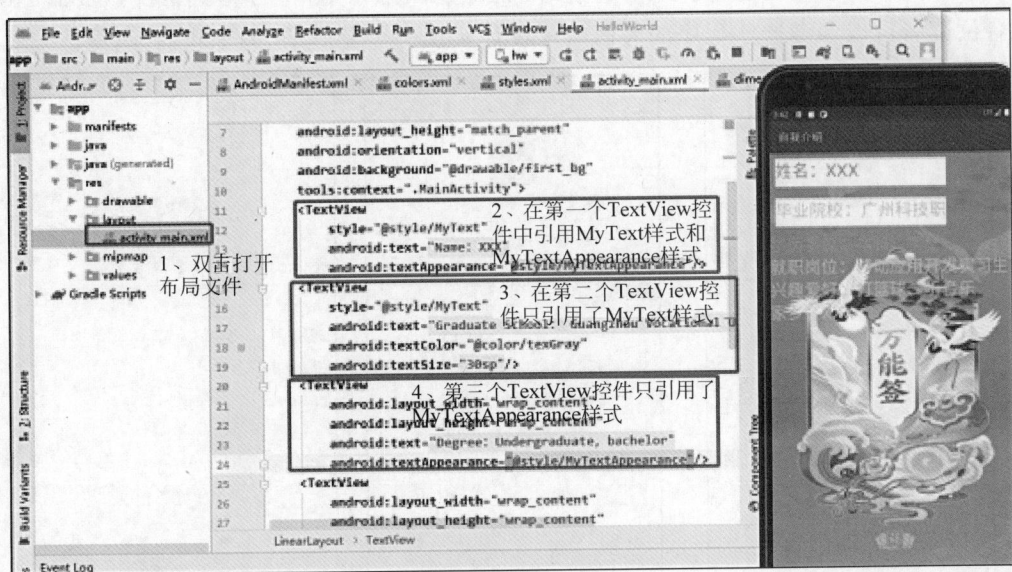

图 2-41　在三个不同的控件中分别使用两个样式的不同情况及其运行效果

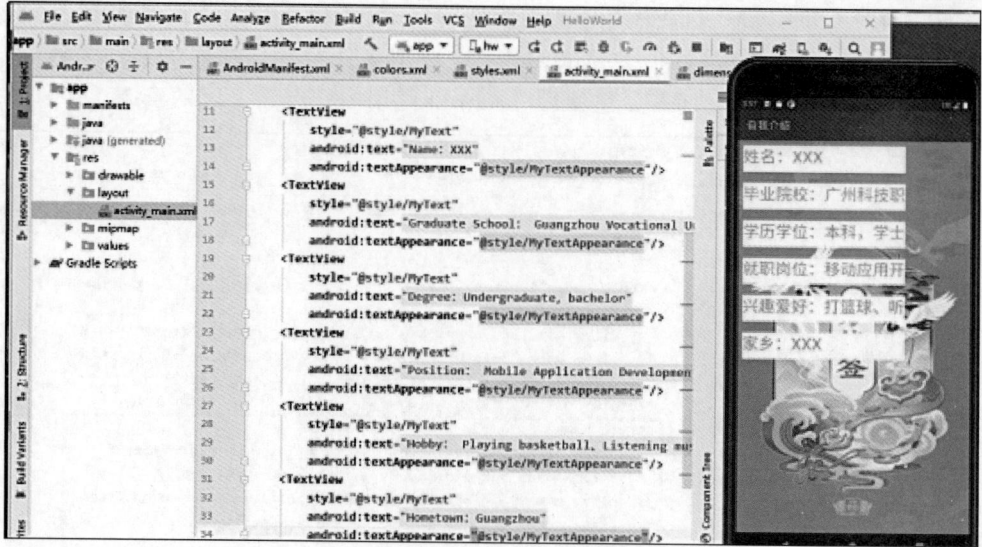

图 2-42 所有文本控件同时使用两个样式的运行效果

从图 2-42 的运行效果可知,文本框的宽度不够,导致文字内容不能完全显示出来,读者可以打开 dimens. xml 尺寸资源文件调整文本框的宽度属性,让各个文本框中的文字全部显示出来。

2.3 课后学习任务:设计并实现"关于我们"页面

学习完 Android 项目中的常用资源,现在通过设计和实现国际化自我介绍应用程序的"关于我们"页面一起来实践一下所学的知识。"关于我们"页面一般包括应用评分、功能介绍、投诉和版本更新等功能,图 2-43 是微信、支付宝和京东 App 的"关于我们"页面的效果图,各位读者可以参考这些程序的界面效果设计实现一个专属的"关于我们"页面。

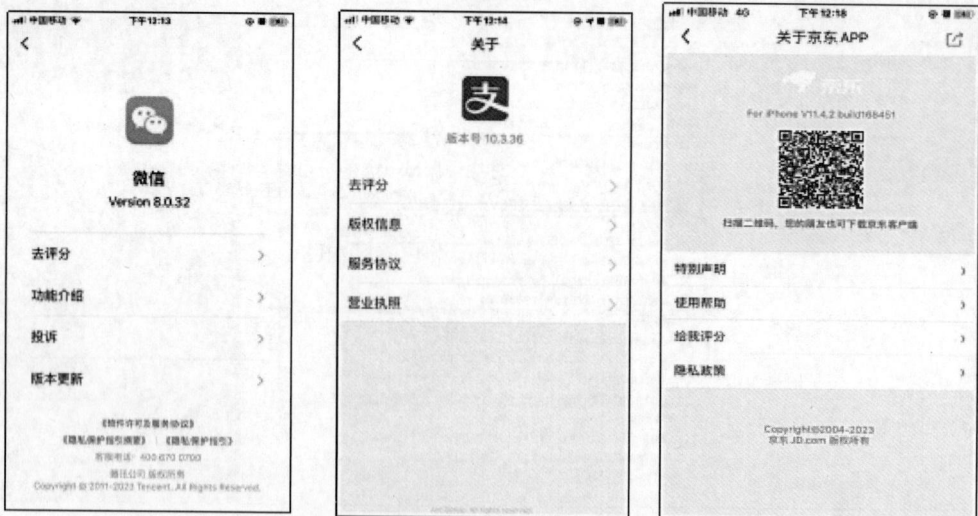

图 2-43 微信、支付宝和京东 App"关于我们"页面效果

2.3.1　"关于我们"页面的需求

由图 2-42 可知,"关于我们"页面一般包含应用程序的版本信息、功能介绍、给应用程序评分、服务协议、版权归属等信息,因此在设计"关于我们"页面时必须在页面上显示以上基本信息。

2.3.2　"关于我们"页面的设计

根据对页面需求的分析,读者可以选用适当的工作为"关于我们"页面设计页面原型,可以选择 Visio、Adobe XD、Sketch、Axure 等原型工具进行设计。

2.3.3　制作"关于我们"页面的资源

根据"关于我们"页面的设计图,在国际化自我介绍程序中定义相关的字符串资源、颜色资源、尺寸资源、图片资源和样式资源等。

2.3.4　实现"关于我们"页面

根据"关于我们"页面的设计图,使用"关于我们"页面的资源,在国际化应用程序中实现"关于我们"页面,并完成配套资料的页面实现报告。

第*3*章

Android应用程序页面的组织者

学习目标：

熟悉使用线性布局，实现相应的页面效果。

熟悉使用相对布局，实现相应的页面效果。

熟悉使用表格布局，实现相应的页面效果。

熟悉使用网格布局，实现相应的页面效果。

了解帧布局、绝对布局，在适当的时候能够选择相应的布局方式实现相应的页面效果。

职业技能目标：

能够根据页面效果图，选择恰当的布局实现相应的效果。

课程思政育人目标：

培养学生的大局意识和工匠精神，锻炼学生的毅力和组织能力，唤醒学生的自重能力。

学习导读：

为了更好地掌握本章的内容，请读者按照本章导读进行学习。

首先，在进行课堂学习之前，请先完成课前学习任务，熟悉Android 应用程序中常用的布局控件，并学会根据界面设计图选择恰当的布局实现相应的页面效果。

其次，在课堂上通过完成课堂任务，深入学习 Android 项目中各个布局类的使用技巧，使学生能够灵活使用 Android 项目中的布局来实现相应的页面效果。

最后，在课后独立设计一个页面，并使用已学习的知识，实现页面的效果。

3.1　课前学习任务：掌握常用布局的定义及其 常用属性的使用

设计实现 Android 布局是应用界面开发的重要环节，布局是 Android 应用程序的界面框架。布局中所有界面元素都是视图(View)对象或视图组(ViewGroup)对象，一个布局首先是一个视图组对象，然后在视图组对象中添加子视图组对象或者视图对象。简而言之，布局就是把界面的控件按照某种规律摆放在指定的位置，为了解决应用程序在不同手机中的显示问题。Android 中实现布局有两种方式，一种是通过 Java 源代码，另一种是 XML 配置文件，在本章将重点学习用 XML 配置文件实现布局。在学习的过程中，请思考以下问题。

(1) 线性布局在布局文件中定义的标签名称是什么？常用属性有哪些？

(2) 相对布局在布局文件中定义的标签名称是什么？常用属性有哪些？

(3) 表格布局在布局文件中定义的标签名称是什么？常用属性有哪些？

(4) 网格布局在布局文件中定义的标签名称是什么？常用属性有哪些？

(5) 帧布局在布局文件中定义的标签名称是什么？常用属性有哪些？

(6) 绝对布局在布局文件中定义的标签名称是什么？常用属性有哪些？

如果学习完本章内容还不能解决上述问题，请重新学习相关章节，或查阅相关资源。

3.1.1　布局的介绍

在 Android 应用程序中，所有的界面元素都是由 View 和 ViewGroup 的对象构成的。View 是绘制在屏幕上能与用户交互的一个对象，而 ViewGroup 则是一个用于存放其他 View 和 ViewGroup 对象的布局容器。Android 还提供了一个 View 和 ViewGroup 子类的集合，集合中提供了一些常用的控件和各种各类的布局模式，布局的实现是本章的重点，而控件的使用则是第 4 章的重点。View 和 ViewGroup 的关系与玻璃和窗框的关系相似，窗框用于控制玻璃的摆放位置，ViewGroup 用于控制 View 的位置。ViewGroup 继承 View 类，是 View 类的扩展，是用来容纳其他控件的容器，由于 ViewGroup 是个抽象类，所以一般使用 ViewGroup 的子类来作为容器。Android 视图元素相关类之间的关系层次结构如图 3-1 所示，从图中可以看出，Android 视图元素类的顶层是一个 ViewGroup 对象，在该对象下面有子类，子类可以是 View 对象和 ViewGroup 对象。

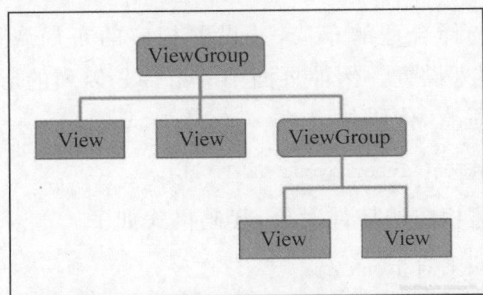

图 3-1　Android 视图元素顶层类结构

通过 ViewGroup 类直接派生出来的布局类有绝对布局（AbsoluteLayout）、层布局（FrameLayout）、线性布局（LinearLayout）、网格布局（GridLayout）、相对布局（RelativeLayout）和表格布局（TableLayout），表格布局是线性布局的子类，其类图如图 3-2 所示。GridLayout 是 Android 4.0 引入的一种新的布局，使用的方法与 TableLayout 相似，但加入了更多好用的属性，后面会详细讲解各种布局的使用以及它们的重点属性。

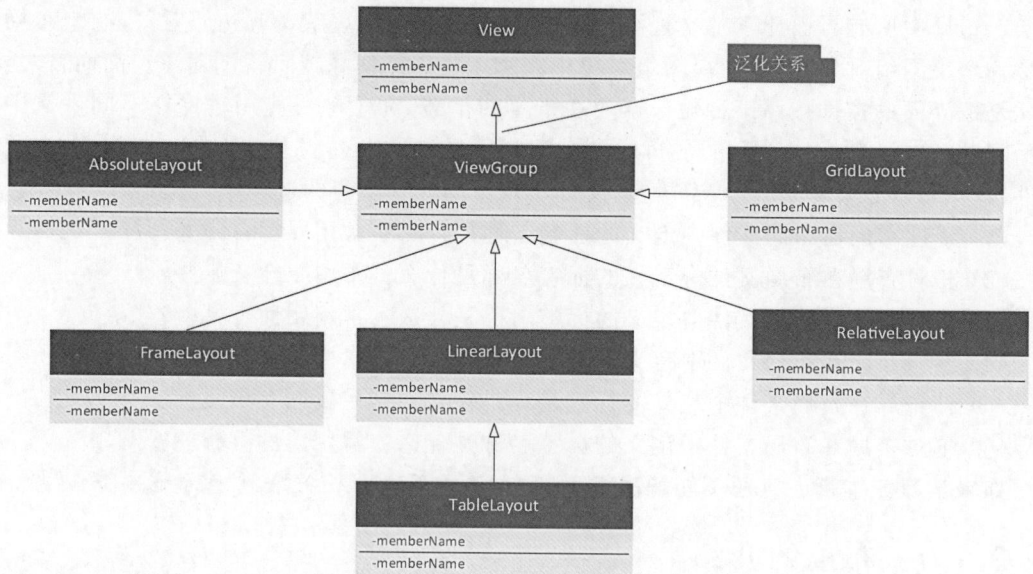

图 3-2　Android 布局类之间的类图

1. 使用代码创建布局

Android 应用程序一般推荐使用 XML 来设置页面框架，但也可以使用 Java 源代码来实现整个页面的框架，使用 Java 源代码创建页面框架的步骤如下。

（1）使用恰当的布局类创建布局对象，代码如下。

```
//上下文一般布局所在的 Activity 的 this 对象
布局类 对象名 = new 布局类(上下文);
```

如在 Activity 类中创建一个线性布局对象，其代码格式如下。

```
LinearLayout linearLayout = new LinearLayout(this);
```

（2）根据页面设计图选择合适的布局，并设置相应的布局属性，具体设置哪些布局属性，可以根据页面效果需要来设置。例如页面中的组件是以列的形式进行排列的，则需要设置线性布局的线性方向为垂直，代码如下。

```
linearLayout.setOrientation(LinearLayout.VERTICAL);
```

（3）根据页面效果创建相应的控件对象，代码格式如下。

```
控件类 控件对象名 = new 控件类(this);
```

（4）设置控件的宽高参数，定义参数对象的代码格式如下。

```
LayoutParams 宽高参数对象 = new LayoutParams(宽,高);
```

（5）根据页面效果设置控件的属性，例如设置控件中内容位置的属性，代码如下。

```
//设置控件在布局里居中对齐
宽高参数对象.gravity = Gravity.CENTER;
```

（6）在布局中添加控件，代码如下。

```
布局对象.addView(控件对象,宽高参数对线下);
```

（7）将整个布局的内容显示在手机屏幕中，代码如下。

```
setContentView(布局对象);
```

上述代码量不多，难点是如何选择布局，确定相应的布局类，选择相应的控件，实现界面的效果和功能，下面演示使用纯 Java 代码实现一个检索界面的效果。

步骤 1，打开 Android Studio 软件，然后导入上一次课的 Android 项目或者新建一个 Android 项目，将项目结构栏的视图模式切换为 Android 模式。

步骤 2，打开项目结构中的 java 目录，然后选中项目主包名，右击→New→Java Class，具体操作如图 3-3 所示。

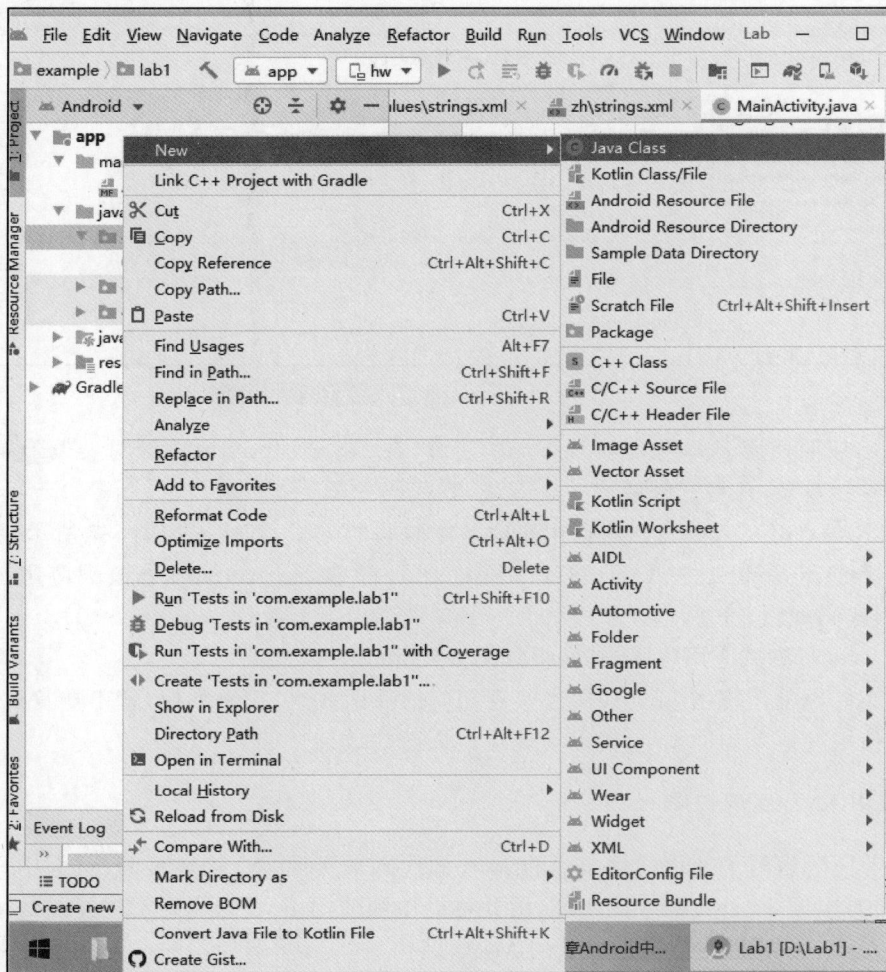

图 3-3　新建 Java Class 类的过程

步骤 3,在弹窗中输入 Java Class 的名称,类名一般为页面的名称,因为要实现一个检索页面的效果,所以类名为 SearchActivity,具体操作如图 3-4 所示。填写好类名后,选中 Class 选项双击或者按下 Enter 键,就会打开新建的类。

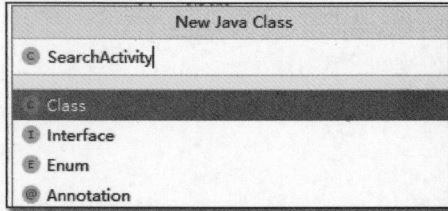

图 3-4　填写类名窗口

步骤 4,让新建的类继承 Activity 类,并重写 onCreate()方法,代码如图 3-5 所示。

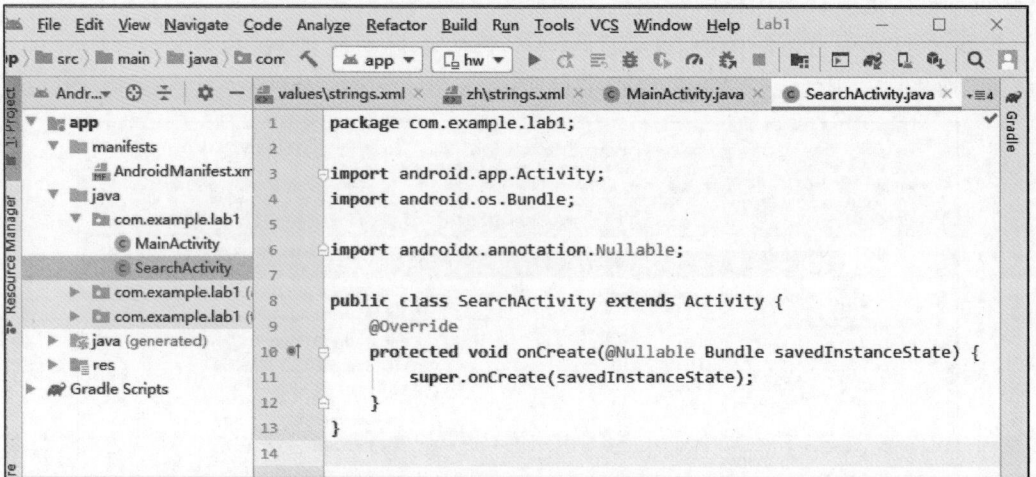

图 3-5　SearchActivity 类的代码

步骤 5,按照使用 Java 代码实现布局的步骤,在 SearchActivity 中编写 Java 代码实现线性布局的界面效果,并将它封装成一个方法,其代码如图 3-6 所示。

步骤 6,在 onCreate()方法中调用步骤 5 中编写的方法,其代码如图 3-7 所示。

步骤 7,打开清单文件 AndroidManifest. xml,将 SearchActivity 修改为应用程序的启动页面,其代码如图 3-8 所示。

步骤 8,运行测试应用程序,其效果如图 3-9 所示。

其他布局也可以使用 Java 代码去实现相应的界面效果,代码类似,就不重复讲述,读者可以自行使用其他布局的 Java 代码实现检索页面的效果。

2. 使用 XML 实现布局

上一节内容讲解了使用线性布局的 Java 源代码来实现一个检索页面,页面中只有两个控件,却需要接近 50 行代码才能实现,由此可见单纯使用 Java 源代码实现界面效果是非常麻烦的。Android 项目的结构是典型的 MVC 结构,在 res 里有专门的 layout 目录用于存放应用程序静态的页面效果或者框架。可以通过以下步骤使用 XML 文件实现界面效果。

(1)根据界面效果分析界面的布局及其包含的控件。

```
18          //利用代码设置线性布局
19          private void setLinearLayout(){
20              //步骤1：创建线性布局对象，并设置布局的属性
21              LinearLayout layout1 = new LinearLayout( context: this);//创建页面的总布局模式
22              //步骤2：设置布局的属性
23              layout1.setOrientation(LinearLayout.VERTICAL);//设置线性布局的方向为垂直布局
24              //步骤3：创建控件对象
25              LinearLayout layout2 = new LinearLayout( context: this);
26              layout2.setOrientation(LinearLayout.HORIZONTAL);
27              layout2.setWeightSum(5);//将容器一行分为5份
28              //步骤3：创建控件对象
29              EditText editText = new EditText( context: this);//创建一个输入框
30              //步骤4：设置控件的宽高参数
31              LinearLayout.LayoutParams params1 = new LinearLayout.LayoutParams(
32                      width: 0, ViewGroup.LayoutParams.WRAP_CONTENT);
33              params1.weight = 4;//设置输入框占一行的4份
34              //步骤5：根据功能设置控件的属性
35              editText.setHint("请输入检索关键字");//输入输入框中的输入提示
36              //步骤6：将控件添加到线性布局中
37              layout2.addView(editText,params1);
38              //步骤3：创建控件对象
39              Button btn = new Button( context: this);
40              btn.setText("搜索");
41              LinearLayout.LayoutParams params2 = new LinearLayout.LayoutParams(
42                      width: 0, ViewGroup.LayoutParams.WRAP_CONTENT);
43              params2.weight = 1;//设置按钮占一行的1份
44              layout2.addView(btn,params2);
45              layout1.addView(layout2);
46              setContentView(layout1);
47          }
48      }
```

图 3-6　通过线性布局实现检索页面的 Java 源代码

```
13          @Override
14 ⚫↑      protected void onCreate(@Nullable Bundle savedInstanceState) {
15              super.onCreate(savedInstanceState);
16              setLinearLayout();
17          }
```

图 3-7　在 onCreate()方法中调用 setLinearLayout()方法

```
1   <?xml version="1.0" encoding="utf-8"?>
2   <manifest xmlns:android="http://schemas.android.com/apk/res/android"
3       package="com.example.lab1">
4       <application
5           android:allowBackup="true"
6 🎧        android:icon="@mipmap/main_index_my_pressed"
7 🎧        android:roundIcon="@mipmap/main_index_my_pressed"
8           android:label="Lab1"
9           android:configChanges="locale"
10          android:supportsRtl="true"
11          android:theme="@style/AppTheme">
12          <activity android:name=".SearchActivity">  页面的逻辑控制类
13              <intent-filter>
14  启动页面代码       <action android:name="android.intent.action.MAIN" />
15                  <category android:name="android.intent.category.LAUNCHER"/>
16              </intent-filter>
17          </activity>
18      </application>
19  </manifest>
```

图 3-8　在清单文件中将 SearchActivity 设置为应用程序的启动页面

（2）新建一个布局文件。

（3）修改布局文件的根标签即页面的布局。

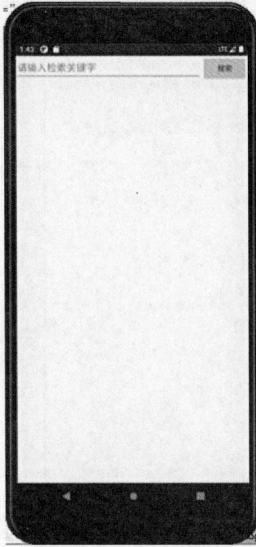

图 3-9   检索页面效果

（4）根据第一步的分析，在布局中自上而下地添加控件。

（5）在该布局的页面逻辑控制类 XXXActivity 的 onCreate（）方法中，使用 setContentView（）方法，将布局和页面逻辑控制类绑定在一起，就可以将布局文件里的内容在手机屏幕中显示出来。

接下来讲解使用 XML 实现图 3-9 所示的检索页面效果的步骤。

（1）根据页面的效果可知，该界面有两个控件，一个是输入框（EditText），一个是按钮（Button），它们是水平排列，因此布局文件里根标签可以使用线性布局，并设置线性布局的方向为水平方向（horizontal）。

（2）新建检索页面的布局文件，创建布局文件步骤是先选中项目中 res/layout 目录，接着右键选择 Layout Resource File，然后在弹出的窗口中填写布局文件名称等信息，弹窗效果如图 3-10 所示，填写好文件名后单击 OK 按钮，会在 Android Studio 的编辑区打开新建的布局文件，效果如图 3-11 所示。

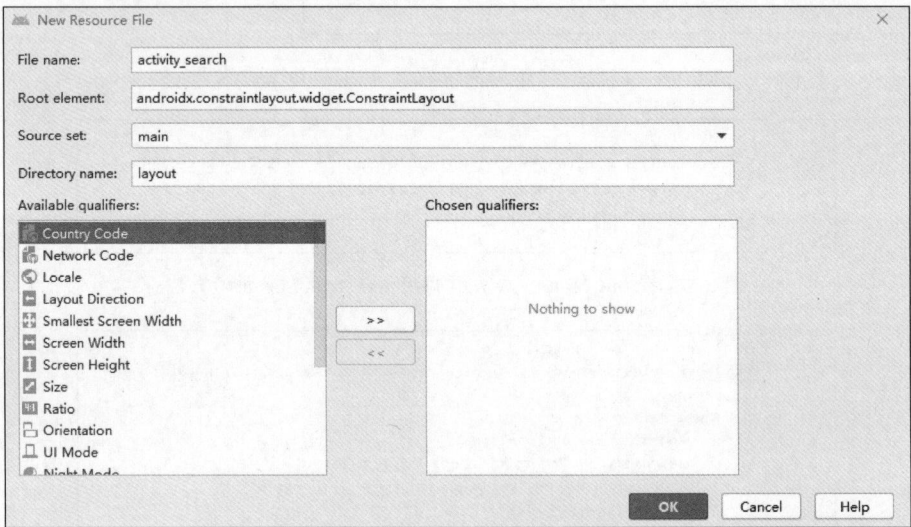

图 3-10   填写布局文件信息的弹窗

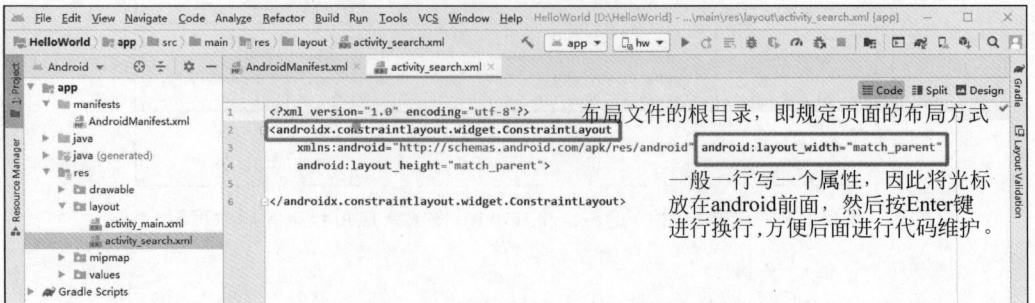

图 3-11   新建的布局文件的代码

（3）将图 3-11 中的根标签修改为线性布局，在布局文件中使用标签定义布局，线性布局的标签为<LinearLayout>，需要将图 3-11 中的第一个红框中的根标签代码改为 LinearLayout，记得保留左边的尖括号(<)，并在 LinearLayout 标签中添加 orientation 属性，属性值设置为 horizontal，修改后布局文件中的代码如图 3-12 所示。

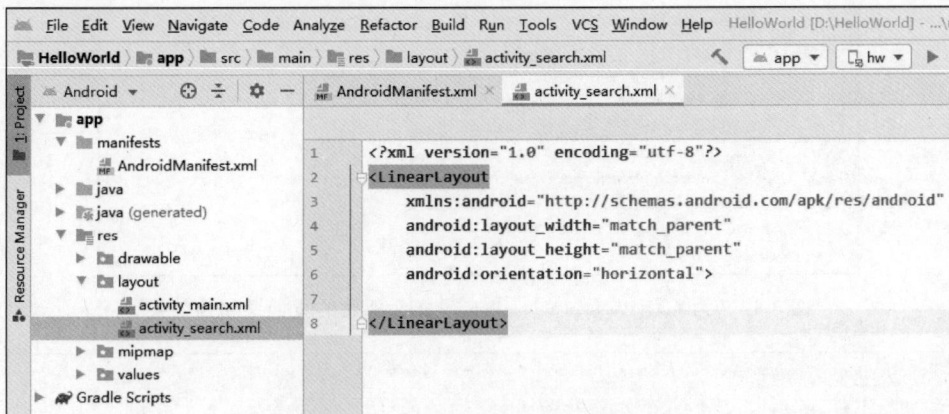

图 3-12　修改根标签后的布局文件代码

（4）在根标签中添加控件，添加控件后布局文件中的代码和预览效果如图 3-13 所示。

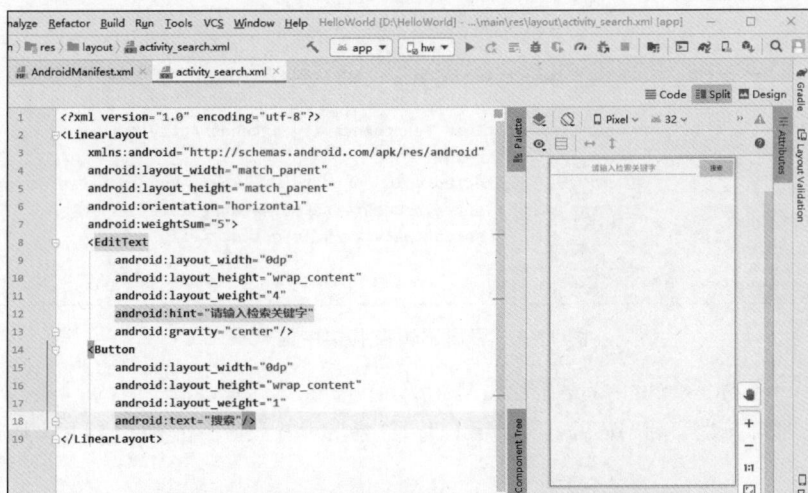

图 3-13　添加控件后布局文件中的代码及预览效果

（5）为 activity_search.xml 布局文件创建一个页面逻辑控制类 SearchActivity，并重写其 onCreate()方法，在 onCreate()方法中使用 setContentView()方法将布局文件（R.layout.布局文件名）和页面逻辑控制类绑定在一起，创建页面逻辑控制类的步骤是先选中 java/应用程序主包名，然后右键选择 New，接着选择 Java Class，在弹窗中填写类名为 SearchActivity，类名可以按照 Java 代码的编程风格自己进行命名，填写完后选择 Class，双击或者按下 Enter 键，就会在编辑区打开新建的页面逻辑控制类，其代码如图 3-14 所示。接着让新建的 SearchActivity 继承 Activity 类，并重写 onCreate()方法，并在该方法中将布局文件与页面逻辑控制类进行绑定，其代码如 3-15 所示。

（6）在清单文件 AndroidManifest.xml 中将页面逻辑控制类设置为启动页面，即将清

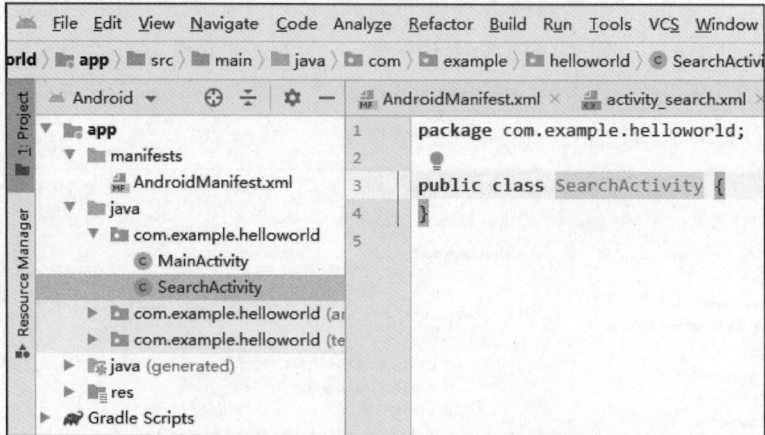

图 3-14　为 activity_search. xml 布局文件新建的页面逻辑控制类

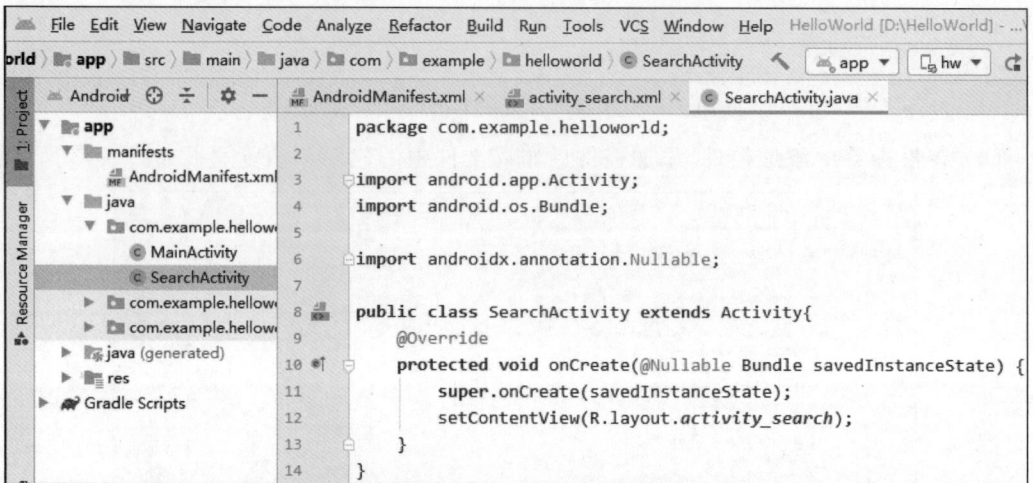

图 3-15　页面逻辑控制类中的代码

单文件中 activity 标签的 name 属性值. MainActiviy 改为. SearchActivity,其代码如图 3-16
所示,修改完即可按"运行"按钮,将应用程序安装和运行在手机模拟器中,其运行效果如
图 3-17 所示。

　　通过使用源代码和布局文件实现相同界面效果,会发现使用布局文件实现界面应用程
序的结构更加清晰,在布局文件中实现基本的页面框架,使用页面逻辑控制类实现页面的逻
辑,这种页面和功能相分离的结构会更加有利于后期团队合作开发、代码修改和维护。

3. 在布局中添加控件的步骤

　　在布局中添加控件是 Android 应用程序开发成功的关键步骤,在多年的教学中,发现很
多学生在开发 Android 应用程序的界面时都无法在布局中正确地定义控件,经过总结和整
理,得到一些在布局中添加控件的技巧。

　　首先,要掌握在布局中定义控件的格式。布局里的控件可以分为容器控件和内容控件,
内容控件是以单标签的形式进行定义,以下是其定义格式。

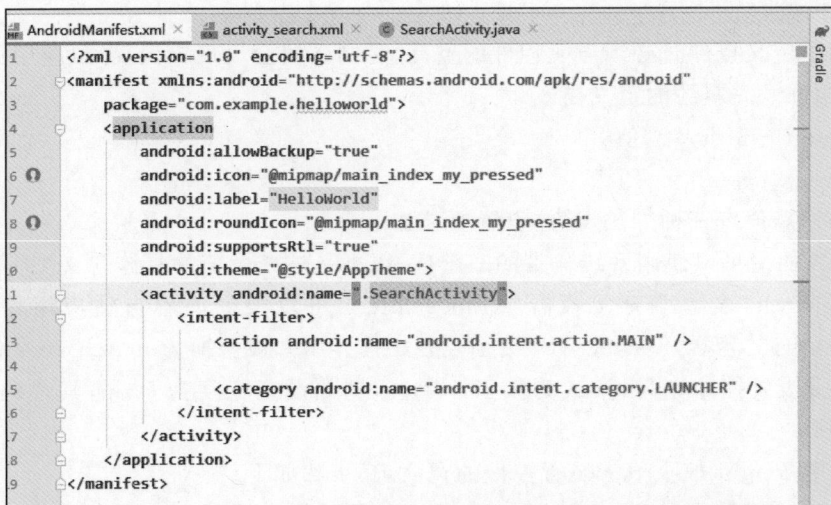

图 3-16　清单文件中的代码

```
<控件名
    属性/>
```

例如：定义一个文本框控件，以下是其参考代码。

```
< TextView
    属性.../>
```

另一种是容器控件，是以双标签形式定义，在开始标签中定义属性，在标签里可以定义子标签，最后必须有一个结束标签，布局控件或容器控件一般用成对标签进行定义，以下是其定义格式。

```
<控件名
    属性>
    <子控件
        属性/>
</控件名>
```

例如：定义一个线性布局，并在线性布局中添加控件，以下是其参考代码。

```
< LinearLayout
    属性...>
    < TextView
        属性.../>
</ LinearLayout >
```

图 3-17　应用程序运行到手机
模拟器的效果

以上两种定义控件的格式，读者一定要熟记掌握，并能够灵活应用，才能实现 Android 应用程序的界面效果。

接着需要学会在控件中添加恰当的属性实现界面的效果，每个控件都拥有很多属性，在定义控件时要根据需求在布局中定义相应的属性，控件的属性可以分为必要属性和可选属性，必要属性是定义控件时必须在布局中显式定义出来的，可选属性是根据界面效果的需求选择性使用。

1) 必要属性

在布局中定义控件时必须声明控件的宽高,否则系统会出现错误,导致应用程序不能运行,以下是控件宽高属性的定义格式。

宽:layout_width = "值"

高:layout_height = "值"

设置控件的宽高值有三种方法,具体设置要求如下。

(1) 宽高的值可以使用系统自带的三个值,以下是这三个值的具体含义。

match_parent 表示填充父容器,wrap_content 可以根据内容自适应组件大小,fill_parent 表示填充父容器,但是从 API 级别 8 开始被弃用并被替换为 match_parent。

(2) 直接设置控件宽高,格式为数字+单位,例如设置宽度为 50dp,其代码为 layout_width="50dp"。

(3) 使用 weight 权重值来设置控件的宽高,其步骤如下。

步骤 1,在父容器中使用 android:weightSum 属性将容器的宽或高分成若干份,该属性值可以是小数也可以是整数。

步骤 2,将控件的宽或高属性值设为 0dp。

步骤 3,在控件中添加 android:layout_weight 属性,并设置该属性值,该值要小于 weightSum 的值。

2) 可选属性

控件中除了宽高属性外其他的属性为可选属性,可选属性是根据界面效果的需求来进行选择设置,这些属性根据其内容性质分为内容属性、内容美化属性、位置属性和标识属性,一般在编写控件属性时,先编写控件的内容属性,再编写美化属性,再编写控件的位置属性,最后编写控件的标识属性。下面介绍各类属性的情况。

(1) 内容属性决定着控件中显示的内容,控件的内容一般包含文字、颜色和图片,这些内容包含的属性有

设置文字属性:android:text、android:label 等。

设置图片属性:android:background、android:icon、android:src 等。

(2) 修饰属性,一般用于美化控件或者控件里的内容,使控件及其组成的界面更加美观,添加控件内容美化属性需要根据页面效果图的需要来确定,不同控件会有不同的属性,例如文本框控件 TextView 常用的内容美化属性有 android:textSize、android:textColor 等,不同的控件有不同的美化属性,通用的美化属性有 android:background 设置控件背景,android:style 设置控件的样式等。

(3) 位置属性,一般用于设置控件在父容器或者在手机屏幕上的位置,设置位置属性时一般要根据父容器的布局方式来设置,通用的位置属性有 android:layout_margin、android:layout_marginLeft、android:layout_marginRight、android:layout_marginTop、android:layout_marginBottom 这五个属性用于设置控件间的间隙,而 android:padding、android:paddingLeft、android:paddingRight、android:paddingTop、android:paddingBottom 这五个属性用于设置控件内容到控件边缘的空隙。

(4) 标识属性 android:id 用于标记控件在项目中的名字,方便后续使用源代码控制控件。初学者会产生疑问,是否需要给控件设置标识属性,先判断该控件的内容是否需要被修

改。如果需要被改变,则需要给控件设置标识属性。

例如需要在界面上添加一个显示公司名的文本框控件,就可以在布局中添加文本框控件的代码,以下是其参考代码。

```
< TextView
    android:id = "@ + id/tv_pagename_company"
    android:layout_width = "wrap_content"
    android:layout_height = "match_parent"
    android:text = "公司名"
    android:textSize = "20sp"
    android:textColor = "#000"/>
```

由上述代码可见,定义控件时需要加入控件宽高属性、内容属性、内容修饰属性、控件修饰属性、标识属性,标识属性值的命名规范一般为控件类名缩写_页面名_控件的显示内容名称。需要注意的是,在写标识属性值前需要将标识属性的前缀@＋id 要写出来,标识属性值的命名格式为: @＋id/标识属性名。

了解完布局的基本情况和在布局中添加控件的步骤后,接下来逐个讲解各个布局的常用属性和使用技巧。

3.1.2　线性布局

线性布局主要是以水平或者垂直的方式来组织界面中的控件,由 orientation 来指定,若 orientation 属性值为 vertical,表示垂直方式来设置控件,控件的显示顺序是从上到下;若 orientation 属性值为 horizontal,表示水平方式来设置控件,控件显示的顺序是从左到右。线性布局中常用属性如表 3-1 所示。

表 3-1　LinearLayout 常用属性

属 性 名	属 性 说 明
orientation	设置布局中的控件的排列方向,有两个可选值: vertical(垂直)、horizontal(水平)
android:gravity	控制控件所包含的子元素或者内容的对齐方式,可多个组合,如(left|buttom)
android:layout_gravity	控制该控件在父容器里的对齐方式
android:divider	为 LinearLayout 设置分割线的图片
android:showDividers	设置分割线所在的位置,有四个可选值: none,middle,beginning,end
android:dividerPadding	设置分割线的空隙

了解完线性布局的属性后,接下来尝试一下在布局文件中使用线性布局的实现效果和过程。

首先,打开上一节课的项目或新建一个项目,在项目的 layout 目录中新建一个布局文件,布局文件名为 activity_lab1,并将布局文件中的根标签修改为 LinearLayout,在布局中添加 orientation 属性,并将属性值修改为 vertical。

其次,在布局中添加两个文本框控件,文本框分别显示文本框 1、文本框 2,文字大小设置为 40sp,其参考代码及预览效果如图 3-18 所示。

最后,在该布局中加入一个线性布局,将线性布局的 orientation 属性值设置为 horizontal,并在该标签里继续添加两个文本控件,分别显示文本框 3、文本框 4,文字大小为 40sp,其参考代码及预览效果如 3-19 所示。

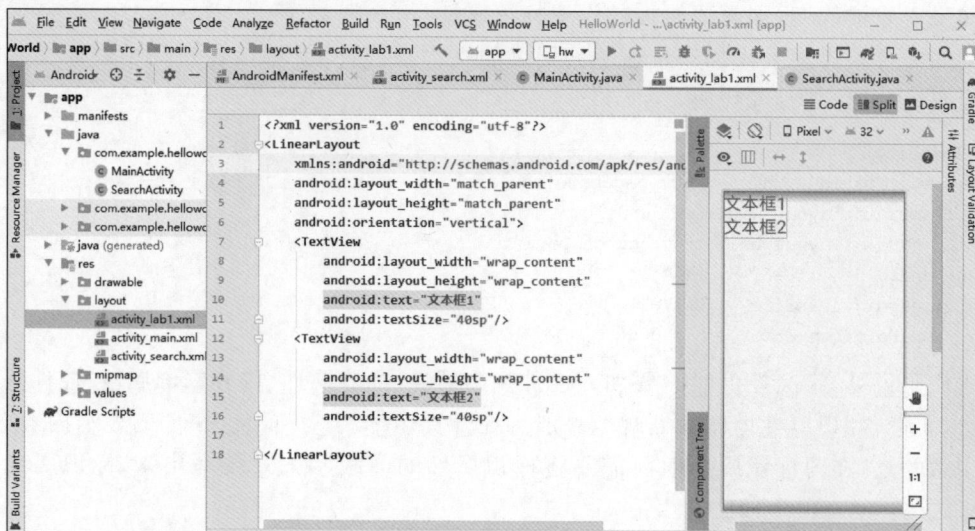

图 3-18　线性布局作为根标签 orientation 属性值为 vertical 的默认效果

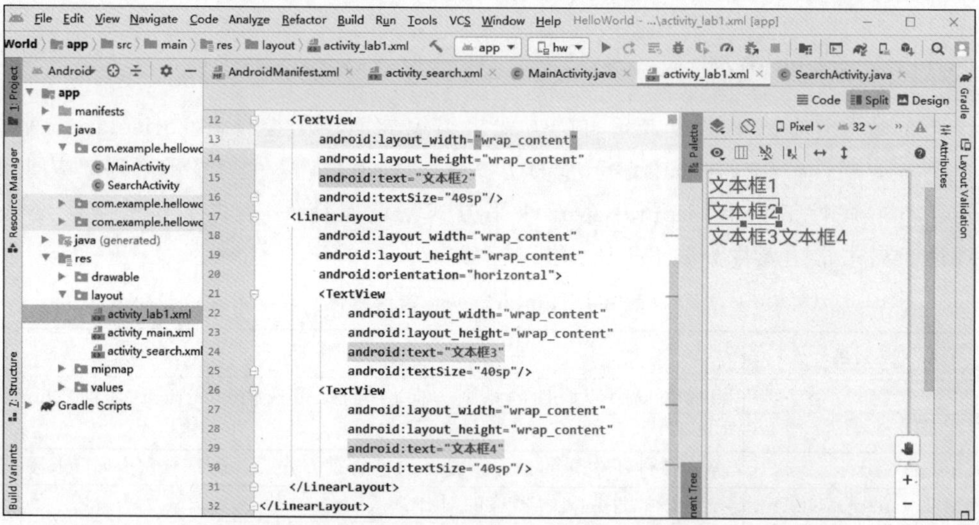

图 3-19　线性布局中 orientation 属性值设为 horizontal 的默认效果

请读者思考一下,如果现在需要在 30 行的下一行添加一个文本框,会在预览效果图的哪个位置呢？如果在第 31 行的下一行添加一个文本框,会在预览效果图的哪个位置呢？

3.1.3　相对布局

相对布局是 Android 布局控件中最灵活的一种结构,比较适合一些复杂界面。相对布局的标签名称是 RelativeLayout,相对布局容器里子控件的位置是由兄弟控件或父容器决定的,因此这种布局方式被称为相对布局。初学者在相对布局里设置控件的位置时,会感到很无助,因为不清楚在相对布局里设置控件位置的技巧。在相对布局里设置控件位置有两种方式,一种是根据父容器设置,另一种是根据相对布局里已有的控件来设置,下面将介绍这两种方式的主要属性。

1. 根据父容器设置控件位置的属性

如表 3-2 所示，这组属性用于设置相对布局中控件所在父容器的位置，其属性值为 boolean 类型，只能设置 true 或者 false。根据父容器设置定位属性示意图如图 3-20 所示，在相对布局中，如果不设置控件的位置属性，那么控件默认从屏幕的(0,0)点(即左上角)开始绘制，如果新控件中只设置了位置属性 **android：layout_centerInParent＝"true"**，那么该控件将设置在图 3-20 中的中央位置，以此类推，如果控件设置其中一个根据父容器定位控件属性的值为 true，会在图 3-20 所示的相应位置。

表 3-2　根据父容器设置控件位置的属性

属　性　名	属　性　说　明
android：layout_centerHorizontal	控制该子组件是否位于布局容器的水平居中
android：layout_centerVertical	控制该子组件是否位于布局容器的垂直居中
android：layout_centerInParent	控制该子组件是否位于布局容器的中央位置
android：layout_alignParentBottom	控制该子组件是否与布局容器底端对齐
android：layout_alignParentLeft	控制该子组件是否与布局容器左边对齐
android：layout_alignParentRight	控制该子组件是否与布局容器右边对齐
android：layout_alignParentTop	控制该子组件是否与布局容器顶端对齐

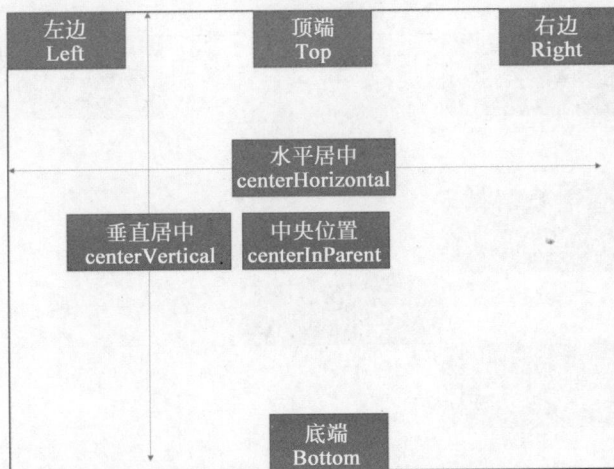

图 3-20　根据父容器定位属性示意图

2. 根据已有控件设置新控件位置的属性

如表 3-3 所示，这些属性值需要根据已给定控件的 id 值设置。根据已给定的控件设置新控件的位置示意图如图 3-21 所示。如果已经放置了一个控件 1 在靠近屏幕中心的位置，其 id 属性值为 id1，如果在新控件中设置位置属性为 **android：layout_toLeftOf＝"@id/id1"**，那么这个新控件会被放在区域 1 的位置，新控件靠着顶部左上角的(0,0)点开始绘制。如果设置的位置属性为 **android：layout_above＝"@id/id1"**，那么这个新控件会被放在区域 2，新控件的底部线与控件 1 的顶部线重合，新控件的左边会靠着屏幕的最左边，其绘制起点是控件 1 顶部线的延长线与屏幕左边线的交叉点。如果新控件的位置属性设置为 **android：layout_toRightOf＝"@id/id1"**，那么这个控件会被放在区域 4，控件的绘制起点是右上角。如果该控件的位置属性设置为 **android：layout_below＝"@id/id1"**，那么这个控件会被放在区域 3 的位置，新控件的顶部线与控件 1 的底部线重合，新控件的左边线条与屏幕左边线条重合，其绘制起点为控件 1 底部线的延长线与屏幕左边线的交叉点。

表 3-3　根据已有控件来设置新控件位置的属性

属 性 名	属 性 说 明	属性值格式说明
android：layout_above	将该控件置于给定 id 控件的上面	＝"@id/控件 id"，@id 表示使用 id 资源，控件 id 表示某个已有控件设置的标识属性
android：layout_below	将该控件置于给定 id 控件的下面	
android：layout_toLeftOf	将该控件置于给定 id 控件的左边	
android：layout_toRightOf	将该控件置于给定 id 控件的右边	
android：layout_alignBaseLine	将控件的 baseline 与给定 id 控件的 baseline 对齐	
android：layout_alignTop	将控件的顶部与给定 id 控件的顶部对齐	
android：layout_alignBottom	将控件的底部与给定 id 控件的底部对齐	
android：layout_alignLeft	将控件的左边与给定 id 控件的左边对齐	
android：layout_alignRight	将控件的右边与给定 id 控件的右边对齐	

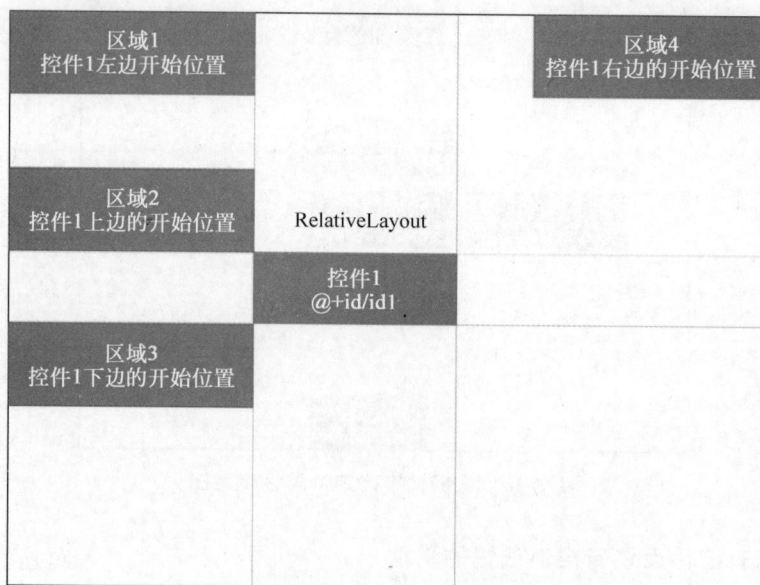

图 3-21　根据已给定的控件设置控件的位置示意图

上面讲述了在相对布局中设置控件位置的常用属性，现在尝试一下在布局文件中使用相对布局组织控件的效果和步骤。

首先，打开上一次 Android 项目或新建一个 Android 项目，在项目的 layout 目录中新建一个布局文件，布局文件名为 activity_lab2，使用 RelativeLayout 作为该布局文件的根标签。

接着在该布局中添加 5 个文本框,分别显示文本框 1、文本框 2、文本框 3、文本框 4、文本框 5,文本框 1 位于页面的中间,文本框 2 在文本框 1 的上方,文本框 3 位于文本框 1 的左边,文本框 4 位于文本框 1 的右边,文本框 5 位于文本框 1 的下方,其参考代码如代码段 3-1所示,预览效果如图 3-22 所示。

如果现需要将文本框 2 移动到文本框 1 的正上方,文本框 3 移动到文本框 1 的左边与文本框 1 对齐,文本框 4 移动到文本框 1 的右边与文本框 1 对齐,文本框 5 移动到文本框 1正下方,需要分别在文本框 2、文本框 3、文本框 4 和文本框 5 中添加什么属性呢? 如果需要将文本框 6 放在文本框 5 的正下方,需要添加什么属性呢?

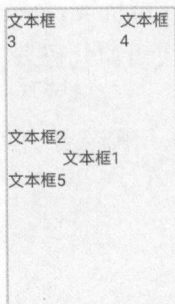

```xml
<RelativeLayout
    xmlns:android="http://schemas.android.com/apk/res/android"
    android:layout_width="match_parent"
    android:layout_height="match_parent" >
    <TextView   android:id="@+id/tv1"
        android:layout_width="wrap_content"
        android:layout_height="wrap_content"
        android:text="文本框 1"
        android:textSize="40sp"
        android:layout_centerInParent="true" />
    <TextView   android:layout_width="wrap_content"
        android:layout_height="wrap_content"
        android:text="文本框 2"
        android:textSize="40sp"
        android:layout_above="@id/tv1" />
    <TextView   android:layout_width="wrap_content"
        android:layout_height="wrap_content"
        android:text="文本框 3"
        android:textSize="40sp"
        android:layout_toLeftOf="@id/tv1" />
    <TextView   android:layout_width="wrap_content"
        android:layout_height="wrap_content"
        android:text="文本框 4"
        android:textSize="40sp"
        android:layout_toRightOf="@id/tv1" />
    <TextView   android:layout_width="wrap_content"
        android:layout_height="wrap_content"
        android:text="文本框 5"
        android:textSize="40sp"
        android:layout_below="@id/tv1" />
</RelativeLayout>
```

图 3-22 RelativeLayout 实现界面的运行效果

代码段 3-1 使用相对布局的参考代码

3.1.4 表格布局

表格布局(TableLayout)是以行和列的形式对控件进行管理,每一行为一个 TableRow对象或者一个 View 控件。如果一行是一个 TableRow 对象,在 TableRow 标签中添加子控件,默认情况下,每个子控件占据一列。如果是直接放控件,一个控件就独占一行。

在使用 TableLayout 时,首先要确定页面有几行几列,每一行有几个控件,如果每行只有一个控件,那就直接在 TableLayout 中定义该控件。如果一行有多个控件,就需要在TableRow 中定义这些控件,这些控件的宽是固定平分一行的宽度,其 layout_width 属性值为 match_parent,不能修改,即使修改为其他值也无效,其 layout_height 属性默认值为

wrap_content,可以修改为其他值。如果需要修改控件的宽度,则需要在控件中设置 stretchColumns 属性,让控件可以横向伸展,或者使用 layout_span 属性合并单元格。表格布局中设置控件位置的常用属性如表 3-4 所示。

表 3-4　在 TableLayout 中设置控件位置的常用属性

属　性　名	属 性 说 明	属性值说明
android:stretchColumns	设置允许被拉伸的列的序号,该列可以行向伸展,最多占据一整行	这三个属性都是写在 TableLayout 的开始标签里,属性值的取值范围从 0 开始,0 表示第一列,如果同时设置两列则可以用逗号隔开
android:shrinkColumns	设置允许被收缩的列的序号,该列子控件的内容太多,已挤满所在行,那么该子控件的内容将往列方向显示	
android:collapseColumns	设置需要被隐藏的列的序号	
android:layout_column	设置组件所在列的列号	用在控件里的,设置组件所在的列,列号取值范围从 0 开始
android:layout_span	设置合并的单元格数	用于控件里,设置控件所占单元格数量

根据以上表格布局的特性和属性,如果需要实现一个九宫格菜单的页面效果,可以根据以下的步骤实现。

步骤 1,打开 HelloWorld 项目,在 layout 目录中新建一个布局文件,布局文件名为 activity_lab3,并将布局文件的根标签修改为 TableLayout。

步骤 2,九宫格共三行,每行有三个控件,因此在 TableLayout 中添加三个 TableRow 标签。

步骤 3,在每一个 TableRow 标签中添加三个 TextView 控件,参考代码如代码段 3-2 所示,其预览效果如图 3-23 所示。

请各位读者思考,如果需要去掉九宫格中的菜单 5 按钮,让 8 个菜单按钮围绕着中间空白处,如何修改布局文件才能实现这样的效果呢?

3.1.5　网格布局

网格布局(GridLayout)与 TableLayout 类似,但在设置子控件的位置和宽高等方面比 TableLayout 更灵活。GridLayout 是 Android 4.0 引入的一个新布局,是以行列单元格的形式排列展示控件,可以实现类似计算机键盘效果,也可以实现自动变行的标签群效果。使用 GridLayout 可以有效减少布局的深度,加快渲染速度。

在使用 GridLayout 时需要先确定整个页面的子控件的排列顺序是水平方向还是垂直方向,GridLayout 的 orientation 属性用于确定布局的方向,然后确定整个页面一共有几行几列,在 GridLayout 开始标签中使用属性 rowCount 设置页面子控件的行数,使用属性 columnCount 设置页面子控件的列数。在子控件中可以使用 layout_row 和 layout_column 来设置子控件的位置,使用 layout_rowSpan 和 layout_columnSpan 来设置子控件的宽高,使用 GridLayout 时重点的属性如表 3-5 所示。

```
<TableLayout
    xmlns:android="http://schemas.android.com/apk/res/android"
    android:layout_width="match_parent"
    android:layout_height="match_parent" >
    <TableRow
        android:weightSum="3">
        <TextView
            android:layout_width="0dp"
            android:layout_weight="1"
            android:layout_height="wrap_content"
            android:text="菜单 1"
            android:drawableTop="@mipmap/ic_launcher"
            android:gravity="center" />
        <TextView
            android:layout_width="0dp"
            android:layout_weight="1"
            android:layout_height="wrap_content"
            android:text="菜单 2"
            android:drawableTop="@mipmap/ic_launcher"
            android:gravity="center" />
        <TextView
            android:layout_width="0dp"
            android:layout_weight="1"
            android:layout_height="wrap_content"
            android:text="菜单 3"
            android:drawableTop="@mipmap/ic_launcher"
            android:gravity="center" />
    </TableRow>
    <TableRow
        android:weightSum="3">
        <TextView
            android:layout_width="0dp"
            android:layout_weight="1"
            android:layout_height="wrap_content"
            android:text="菜单 4"
            android:drawableTop="@mipmap/ic_launcher"
            android:gravity="center" />
        <TextView
            android:layout_width="0dp"
            android:layout_weight="1"
            android:layout_height="wrap_content"
            android:text="菜单 5"
            android:drawableTop="@mipmap/ic_launcher"
            android:gravity="center" />
        <TextView
            android:layout_width="0dp"
            android:layout_weight="1"
            android:layout_height="wrap_content"
            android:text="菜单 6"
            android:drawableTop="@mipmap/ic_launcher"
            android:gravity="center" />
    </TableRow>
    <TableRow
        android:weightSum="3">
        <TextView
            android:layout_width="0dp"
            android:layout_weight="1"
            android:layout_height="wrap_content"
            android:text="菜单 7"
            android:drawableTop="@mipmap/ic_launcher"
            android:gravity="center" />
        <TextView
            android:layout_width="0dp"
            android:layout_weight="1"
            android:layout_height="wrap_content"
            android:text="菜单 8"
            android:drawableTop="@mipmap/ic_launcher"
            android:gravity="center" />
        <TextView
            android:layout_width="0dp"
            android:layout_weight="1"
            android:layout_height="wrap_content"
            android:text="菜单 9"
            android:drawableTop="@mipmap/ic_launcher"
            android:gravity="center" />
    </TableRow>
</TableLayout>
```

代码段 3-2　TableLayout 实现九宫格菜单参考代码　　　　图 3-23　使用 TableLayout 实现九宫格
　　　　　　　　　　　　　　　　　　　　　　　　　　　　　　　　　　菜单效果

表 3-5　在 **GridLayout** 里设置控件位置的常用属性

属 性 名	属 性 说 明	属性值说明
android:orientation	设置排列方式	用于 GridLayout 的开始标签,可选填 vertical 或者 horizontal,默认值为 vertical
android:rowCount	设置行数	用于 GridLayout 的开始标签,用于设置最大的行数
android:columnCount	设置列数	用于 GridLayout 的开始标签,用于设置最大的列数
android:layout_row	设置子控件所在行的序号	用在子控件里,设置子控件所在的行,行号取值范围从 0 开始
android:layout_column	设置子控件所在列的列号	用在子控件里,设置子控件所在的列,列号取值范围从 0 开始
android:layout_rowSpan	设置子控件纵跨几行	用于子控件,子控件高度占几行
android:layout_columnSpan	设置子控件横跨几列	用于子控件,子控件宽度占几列

接着讲解在布局文件里使用 GridLayout 实现九宫格菜单页面的效果,其步骤如下。

步骤 1,在项目的 layout 目录中创建一个新的布局文件,文件名为 activity_lab4,并将布局文件里的根标签修改为 GridLayout,通过 rowCount 属性设置九宫格的总行数,通过 columnCount 属性设置九宫格的总列数。

步骤 2,在 GridLayout 标签里添加控件,并使用 layout_row 设置控件所在行号,layout_column 设置控件所在列号,若不设置行号和列号,控件会先按行排列,一行控件的数量等于总列数时,继续添加控件,控件会自动换行。添加完 9 个控件后的参考代码如代码段 3-3 所示,其预览效果如图 3-24 所示。

请读者们思考,如果要求去掉菜单 5 按钮,让其余 8 个菜单按钮围绕着中间空白处,需要如何修改布局中的代码呢?

3.1.6　帧布局

帧布局(FrameLayout)是以层次堆叠的方式排列子控件,在帧布局中子控件是从父容器的左上角开始绘制,后面绘制的子控件会把前面的子控件覆盖掉。在帧布局中子控件没有任何的定位方式,因此它的应用场景并不多。帧布局的大小由控件中最大的子控件决定,如果控件的大小一样的话,那么同一时刻只能看到最上方的控件,后面添加的控件会覆盖前一个,虽然默认会将控件放在左上角,但是我们可以通过 **android:foregroundGravity** 属性指定它的位置。在帧布局里设置控件位置的常用属性如表 3-6 所示。

表 3-6　在 **FrameLayout** 中设置控件位置的常用属性

属 性 名	属 性 说 明	属性值说明
android:foreground	设置修改帧布局容器的前景图像	
android:foregroundGravity	设置前景图像显示的位置	与 layout_gravity 的取值类型一样,如果是两个方向的可以用|分割开

接下来讲解在帧布局中添加控件的默认效果,请各位读者按照以下的步骤进行操作。

```
<GridLayout
    xmlns:android="http://schemas.android.com/apk/res/android"
    android:layout_width="match_parent"
    android:layout_height="match_parent"
    android:rowCount="3"
    android:columnCount="3">
    <TextView
        android:layout_width="wrap_content"
        android:layout_height="wrap_content"
        android:text="菜单 1"
        android:drawableTop="@mipmap/ic_launcher"
        android:gravity="center"
        android:layout_margin="30dp" />
    <TextView
        android:layout_width="wrap_content"
        android:layout_height="wrap_content"
        android:text="菜单 2"
        android:drawableTop="@mipmap/ic_launcher"
        android:gravity="center"
        android:layout_margin="30dp" />
    <TextView
        android:layout_width="wrap_content"
        android:layout_height="wrap_content"
        android:text="菜单 3"
        android:drawableTop="@mipmap/ic_launcher"
        android:gravity="center"
        android:layout_margin="30dp" />
    <TextView
        android:layout_width="wrap_content"
        android:layout_height="wrap_content"
        android:text="菜单 4"
        android:drawableTop="@mipmap/ic_launcher"
        android:gravity="center"
        android:layout_margin="30dp" />
<TextView
        android:layout_width="wrap_content"
        android:layout_height="wrap_content"
        android:text="菜单 5"
        android:drawableTop="@mipmap/ic_launcher"
        android:gravity="center"
        android:layout_margin="30dp" />
    <TextView
        android:layout_width="wrap_content"
        android:layout_height="wrap_content"
        android:text="菜单 6"
        android:drawableTop="@mipmap/ic_launcher"
        android:gravity="center"
        android:layout_margin="30dp" />
    <TextView
        android:layout_width="wrap_content"
        android:layout_height="wrap_content"
        android:text="菜单 7"
        android:drawableTop="@mipmap/ic_launcher"
        android:gravity="center"
        android:layout_margin="30dp" />
    <TextView
        android:layout_width="wrap_content"
        android:layout_height="wrap_content"
        android:text="菜单 8"
        android:drawableTop="@mipmap/ic_launcher"
        android:gravity="center"
        android:layout_margin="30dp" />
    <TextView
        android:layout_width="wrap_content"
        android:layout_height="wrap_content"
        android:text="菜单 9"
        android:drawableTop="@mipmap/ic_launcher"
        android:gravity="center"
        android:layout_margin="30dp" />
</GridLayout>
```

代码段 3-3　使用 GridLayout 实现九宫格菜单效果参考代码

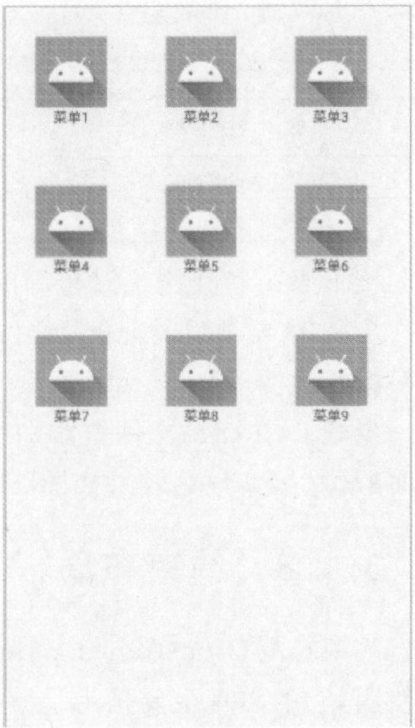

图 3-24　使用 GridLayout 实现九宫格菜单预览图

步骤 1,在项目的 layout 目录里新建一个布局文件,其文件名为 activity_lab5,并将布局文件里的根标签修改为 FrameLayout。

步骤 2,在 FrameLayout 标签里添加三个 TextView 控件,三个控件宽高分别为 200dp、150dp、100dp,背景颜色分别为红色、绿色、蓝色,其预览效果如图 3-25 所示,其参考代码如代码段 3-4 所示。

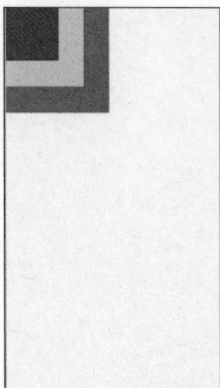

```xml
<?xml version="1.0" encoding="utf-8"?>
<FrameLayout
    xmlns:android="http://schemas.android.com/apk/res/android"
    android:layout_width="match_parent"
    android:layout_height="match_parent" >
    <TextView
        android:layout_width="200dp"
        android:layout_height="200dp"
        android:background="#ff0000"/>
    <TextView
        android:layout_width="150dp"
        android:layout_height="150dp"
        android:background="#00ff00"/>
    <TextView
        android:layout_width="100dp"
        android:layout_height="100dp"
        android:background="#0000ff"/>
</FrameLayout>
```

图 3-25　使用 FrameLayout 的效果　　　　代码段 3-4　使用 FrameLayout 的参考代码

3.1.7　绝对布局

绝对布局(AbsoluteLayout)通过 X、Y 坐标来设置子控件的位置,其坐标的单位是 dp,这样很容易造成换一个设备界面就不能正常显示的现象,因此,不推荐使用这个布局方式来实现界面效果,在绝对布局中设置控件位置的常用属性如表 3-7 所示。

表 3-7　在 AbsoluteLayout 中设置控件位置的常用属性

属 性 名	属 性 说 明	属性值说明
android:layout_x	设置控件的 X 坐标	一般使用数值和单位设置
android:layout_y	设置控件的 Y 坐标	

接下来讲解使用绝对布局的步骤和效果,请读者按照以下的步骤进行操作。

步骤 1,在项目的 layout 目录里新建布局文件,文件名为 activity_lab6,并将布局文件里的根标签改为 AbsoluteLayout。

步骤 2,在布局文件里添加三个 TextView 控件,并使用 layout_x、layout_y 设置控件在界面的位置,其预览效果如图 3-26 所示,其参考代码如代码段 3-5 所示。

3.1.8　约束布局

约束布局(ConstraintLayout)是一个 ViewGroup,可以在 API 9 以上的 Android 系统中使用,它的出现主要是为了解决布局嵌套过多的问题,以灵活的方式定位和调整小部件。从 Android Studio 2.3 起官方的模板默认使用 ConstraintLayout 作为布局文件的根标签。在开发过程中经常会遇到一些复杂的 UI,可能会出现布局嵌套过多的问题,嵌套得越多,设备绘制视图所需的时间和计算功耗也就越多。在使用过程中,可以把 ConstraintLayout 看作一个更强大的 RelativeLayout,它提供了更多的 API 来约束控件的相对关系,更容易满足复杂的页面布局,在约束布局里设置控件位置的属性有以下几类。

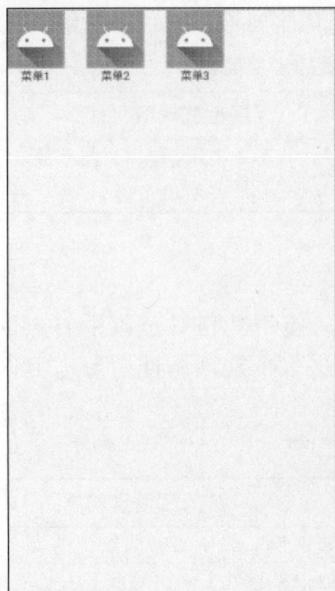

图 3-26 使用 AbsoluteLayout 的预览效果

```xml
<?xml version="1.0" encoding="utf-8"?>
<AbsoluteLayout
    xmlns:android="http://schemas.android.com/apk/res/android"
    android:layout_width="match_parent"
    android:layout_height="match_parent">
    <TextView
        android:layout_width="wrap_content"
        android:layout_height="wrap_content"
        android:text="菜单 1"
        android:drawableTop="@mipmap/ic_launcher"
        android:gravity="center"/>
    <TextView
        android:layout_width="wrap_content"
        android:layout_height="wrap_content"
        android:text="菜单 2"
        android:drawableTop="@mipmap/ic_launcher"
        android:gravity="center"
        android:layout_x="100dp"/>
    <TextView
        android:layout_width="wrap_content"
        android:layout_height="wrap_content"
        android:text="菜单 3"
        android:drawableTop="@mipmap/ic_launcher"
        android:gravity="center"
        android:layout_x="200dp"/>
</AbsoluteLayout>
```

代码段 3-5 使用 AbsoluteLayout 的参考代码

1. 相对定位

相对定位设置控件的位置,即使用某个已在约束布局中的控件作为参照物来设置新添加控件的位置,其常用属性如表 3-8 所示。

表 3-8 在相对布局中设置新控件相对位置的常用属性值

属 性 名	属 性 说 明	属 性 值 说 明
layout_constraintLeft_toLeftOf	设置新控件的左边在参照控件的左边	属性值为使用已有控件的 id 或者 parent,使用已有控件 id 的格式为@id/控件 id,将 layout_constraintLeft_toLeftOf、layout_constraintRight_toRightOf、layout_constraintTop_toTopOf、layout_constraintBottom_toBottomOf 四个属性值同时设置为 parent 即可把控件设置为屏幕居中
layout_constraintLeft_toRightOf	设置新控件的左边在参照控件的右边	
layout_constraintRight_toLeftOf	设置新控件的右边在参照控件的左边	
layout_constraintRight_toRightOf	设置新控件的右边在参照控件的右边	
layout_constraintTop_toTopOf	设置新控件的顶部在参照控件的顶部	
layout_constraintTop_toBottomOf	设置新控件的顶部在参照控件的底部	
layout_constraintBottom_toTopOf	设置新控件的底部在参照控件的顶部	
layout_constraintBottom_toBottomOf	设置新控件的底部在参照控件的底部	
layout_constraintBaseline_toBaselineOf	设置新控件的基线根据参照控件设置	
layout_constraintStart_toEndOf	设置新控件文本的开始位置在参照控件文本结束的位置	
layout_constraintStart_toStartOf	设置新控件文本的开始位置在参照控件文本开始的位置	
layout_constraintEnd_toStartOf	设置新控件文本的结束位置在参照控件文本开始的位置	
layout_constraintEnd_toEndOf	设置新控件文本的结束位置在参照控件文本结束的位置	

2. 居中偏移（bias）

将控件设为屏幕居中后，可以再为控件设置偏移量，其具体属性如表 3-9 所示。

表 3-9　在约束布局中设置控件居中偏移量的常用属性

属 性 名	属 性 说 明	属 性 值 说 明
layout_constraintHorizontal_bias	水平偏移	取值范围为 0～1,0 表示最左,1 表示最右
layout_constraintVertical_bias	垂直偏移	取值范围为 0～1,0 表示最上方,1 表示最下方

3. 圆形定位（角度定位）

圆形定位可以让一个控件以另一个控件的中心为中心，使用其相对于该中心点的距离和角度来设置控件的位置，其常用的属性如表 3-10 所示，这三个常用属性一般需要同时使用才能有效果。

表 3-10　圆形定位常用属性

属 性 名	属 性 说 明	属 性 值 说 明
app:layout_constraintCircle	设置控件的参照物	属性值一般使用参照控件的 id
app:layout_constraintCircleAngle	设置控件选择的角度	取值范围为 0～360,最上方为 0 度,默认就是 0 度,顺时针开始算
app:layout_constraintCircleRadius	设置两个控件中心点的距离	一般使用数值和单位设置

4. 边距

在约束布局中设置控件间的边距前必须先为控件设置一个相对位置，其边距值一般大于或等于 0，其常用的属性如表 3-11 所示。

表 3-11　在约束布局中设置控件间边距的常见属性

属 性 名	属 性 说 明	属 性 值 说 明
android:layout_marginStart	设置控件开始位置的边距	一般使用数值和单位作为边距值
android:layout_marginEnd	设置控件结束位置的边距	
android:layout_marginLeft	设置控件左边位置的边距	
android:layout_marginTop	设置控件顶部位置的边距	
android:layout_marginRight	设置控件右边位置的边距	
android:layout_marginBottom	设置控件底部位置的边距	
layout_goneMarginStart	约束控件的可见性被设置为 gone 时使用的 margin 值	一般使用数值和单位作为边距值
layout_goneMarginEnd		
layout_goneMarginLeft		
layout_goneMarginTop		
layout_goneMarginRight		
layout_goneMarginBottom		

5. 尺寸约束

在约束布局中可以对控件的宽高进行尺寸约束，在约束布局中设置控件的宽高时一般推荐直接设置指定的尺寸,或者使用 wrap_content 让控件自己计算大小,当控件的高度或宽度为 wrap_content 时,可以使用表 3-12 中的属性来控制最大、最小的高度或宽度。需要注意的是在约束布局中不推荐使用 match_parent,若需要将控件宽或高设置为填满父容器的效果,可以先将宽或高设置为 0dp,然后使用 app:layout_constraintDimensionRatio = "1∶1"属性设置控件宽高比。

表 3-12　设置控件尺寸约束的常用属性

属　性　名	属　性　说　明	属性值说明
android:minWidth	最小的宽度	一般使用数值和单位设置控件宽高的取值范围
android:minHeight	最小的高度	
android:maxWidth	最大的宽度	
android:maxHeight	最大的高度	
app:constrainedWidth	设置控件的宽度值为受约束的	当 ConstraintLayout 为 1.1 版本以下时,使用上面四个属性时需要加上这两个属性强制约束
app:constrainedHeight	设置控件的高度值为受约束的	
app:layout_constraintDimensionRatio	设置控件宽高比	属性值设置为类似 1∶1 的比值

6. 约束链

控件自己能够在水平或者垂直方向相互约束而组成一条链,这条链就是约束链,约束链是由开头的控件进行属性控制,其常用的属性如表 3-13 所示。

表 3-13　约束链常用属性值

属　性　名	属性说明	属性值说明
app:layout_constraintHorizontal_chainStyle	设置约束链的样式	该属性的可选属性值含义如下：packed：控件紧挨在一起。还可以通过 bias 属性设置偏移量。spread：均匀分布控件。spread_inside：均匀分布控件,但是两边控件贴边
app:layout_constraintHorizontal_weight	水平权重	当宽度设为 0dp 时使用
app:layout_constraintVertical_weight	垂直权重	当长度设为 0dp 时使用

7. 约束布局的辅助工具

约束布局还提供了一些辅助工具帮我们更好地设置约束布局中控件的位置,常用的辅助工具如下。

1) Group

Group 可以把多个控件归为一组,方便隐藏或显示一组控件,以下是其使用的格式。

```
< android. support. constraint. Group
android:id = "@ + id/group"
android:layout_width = "wrap_content"
android:layout_height = "wrap_content"
android:visibility = "invisible"
app:constraint_referenced_ids = "TextView1,TextView3"/>
```

上述代码中 visibility 属性用于设置控件是否可见,如果其值为 invisible,则表示控件是隐藏但存在,如果其值为 gone,则表示控件既是隐藏,也是不存在。

2) Guideline

Guideline 是约束布局中一个特殊的辅助布局类,可以创建水平或垂直的参考线,其他的控件可以根据这个参考线来进行布局,它本质是不可见的控件,参考线的位置属性如表 3-14 所示。

表 3-14　Guideline 常用属性

属 性 名	属 性 说 明	属性值说明
orientation	设置控件的参照物	vertical/horizontal
layout_constraintGuide_begin	指定距离左/上边开始的固定位置	一般使用数值和单位设置其位置
layout_constraintGuide_end	指定距离右/下边开始的固定位置	
layout_constraintGuide_percent	指定位于布局中所在的百分比	只需要数值

3) Barrier

Barrier 可以将多个控件看作一个整体,添加另一个控件限制最大宽/高的约束,例如有 3 个控件 A、B、C,C 在 AB 的右边,但是 AB 的宽是不固定的,这个时候 C 无论约束在 A 的右边或者 B 的右边都不对,当出现这种情况时可以用 Barrier 来解决。Barrier 可以在多个控件的一侧建立一个屏障,用于放置新的控件,Barrier 常用属性如表 3-15 所示。

表 3-15　Barrier 常用属性

属 性 名	属 性 说 明	属性值说明
constraint_referenced_ids	使用多个控件,看作一个整体	使用已有控件的 id,多个控件的 id 用逗号隔开
app:barrierDirection	设置 Barrier 的方向	可设置的值有 bottom、end、left、right、start、top

接下来使用约束布局实现如图 3-27 的界面效果,A 控件的宽为 100dp,B 控件的宽为 50dp,C 控件的宽为 60dp,读者可以根据以下步骤进行操作。

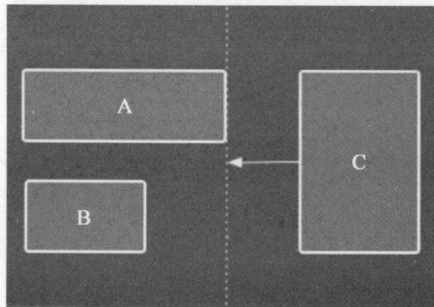

图 3-27　使用约束布局所需实现的设计图效果

步骤 1,在项目的 layout 目录里新建一个布局文件,布局文件名为 activity_lab7。

步骤 2,在约束布局中添加控件 A(菜单 1)、控件 B(菜单 2),然后再添加一个 Barrier,最后添加控件 C(菜单 3),其最终的代码如代码段 3-6 所示,其预览效果如图 3-28 所示。

如果现在需要在约束布局中添加控件 D,控件 D 的宽为 60dp,将控件 D 放在控件 C 的上方,需要对现在布局文件的代码进行怎样的修改呢?

```
<? xml version="1.0" encoding="utf-8"?>
<androidx.constraintlayout.widget.ConstraintLayout
    xmlns:android="http://schemas.android.com/apk/res/android"
    xmlns:tools="http://schemas.android.com/tools"
    android:layout_width="match_parent"
    android:layout_height="match_parent"
    xmlns:APP="http://schemas.android.com/apk/res -auto">
    <TextView
        android:id="@+id/tv_itme1"
        android:layout_width="100dp"
        android:layout_height="wrap_content"
        android:text="菜单 1"
        android:drawableTop="@mipmap/ic_launcher"
        android:background="#ff0000"
        android:gravity="center"
        app:layout_constraintLeft_toLeftOf="parent"
        app:layout_constraintRight_toRightOf="parent"
        app:layout_constraintTop_toTopOf="parent"
        app:layout_constraintBottom_toBottomOf="parent"
        app:layout_constraintHorizontal_bias="0.2"  />
    <TextView
        android:id="@+id/tv_itme2"
        android:layout_width="50dp"
        android:layout_height="wrap_content"
        android:text="菜单 2"
        android:drawableTop="@mipmap/ic_launcher"
        android:background="#00ff00"
        android:gravity="center"
        app:layout_constraintLeft_toLeftOf="parent"
        app:layout_constraintTop_toBottomOf="@id/tv_itme1"
        android:layout_marginLeft="60dp"
        android:layout_marginTop="20dp" />
    <androidx.constraintlayout.widget.Barrier
        android:id="@+id/bar"
        android:layout_width="wrap_content"
        android:layout_height="wrap_content"
        app:constraint_referenced_ids="tv_itme1,tv_itme2"
        android:orientation="horizontal"
        app:barrierDirection="right"  />
    <TextView
        android:id="@+id/tv_itme3"
        android:layout_width="80dp"
        android:layout_height="wrap_content"
        android:text="菜单 3"
        android:drawableTop="@mipmap/ic_launcher"
        android:background="#0000ff"
        android:gravity="center"
        app:layout_constraintLeft_toRightOf="@id/bar"
        app:layout_constraintTop_toTopOf="parent"
        app:layout_constraintBottom_toBottomOf="parent"
        android:layout_marginLeft="50dp" />
</androidx.constraintlayout.widget.ConstraintLayout >
```

代码段 3-6　使用约束布局的参考代码

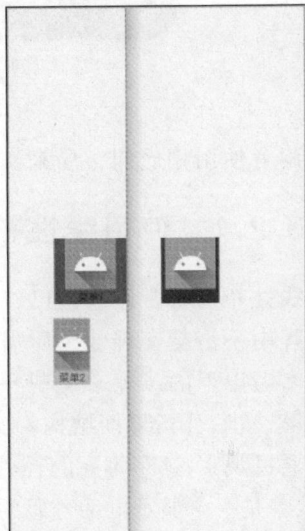

图 3-28　约束布局实现的页面预览效果

🔑 3.2　课堂学习任务：使用相应布局实现页面效果

相信读者在课前学习任务中已经初步掌握了 Android 中常用布局的使用技巧了，接着通过实现登录页面和计算器页面的效果来检测和拓展课前学习的知识，登录页面和计算器页面的效果如图 3-29 所示。在动手实现界面效果之前，需要分析出界面中包含哪些控件、控件的排列规则是什么。

由图 3-29 可知，登录页面中包含了图像控件、文本控件、文本输入控件、按钮控件，控件总体呈线性垂直排列，因此可以考虑使用线性布局或者相对布局来实现该页面的效果。计算器页面中包含了文本框控件或者输入文件框控件、按钮控件，呈现网格型排列。接下来请

(a) 登录页面效果　　　　(b) 计算器页面效果

图 3-29　登录页面和计算器页面效果

各位读者使用相应的布局来实现这两个页面的效果,并总结使用这些布局的技巧。

3.2.1　使用线性布局实现登录页面

线性布局的常用属性已经在课前学习任务里讲解过了,在此不再累述,在实现登录页面的过程中不清楚实现效果所需属性的读者,可以自行从课前学习任务中进行查询,接下来请读者参考以下的步骤来实现登录页面的效果。

第一步,分析界面结构,确定界面的布局方式和界面所包含的控件。

通过观察,这个界面的控件是从上到下排列的,第一个控件是显示头像的 ImageView 控件,接着是一个显示电话号码的 TextView 控件,接下来一行是用户填写密码的 TextView 控件和 EditText 控件,接下来是切换验证方式的控件,紧接着是登录的按钮,最后一行是找回密码、紧急冻结、更多选项的底部按钮。

第二步,新建布局文件,并将布局文件里的根标签修改为 LinearLayout。新建布局文件的步骤是选中 layout 文件夹,单击右键,接着选择 New,再选择 Layout Resource File,在弹框中填写布局文件的信息,如图 3-30 所示。只需要填写文件名这一项信息,接着单击 OK 按钮,就会打开新建的布局文件,代码如图 3-31 所示。然后需要将新建布局文件里的根标签和结束标签修改为 LinearLayout,并在根标签中添加 orientation 属性,并设置该属性值为 vertical,其最终代码如图 3-32 所示。

第三步,根据上一节在布局中定义控件的步骤,添加显示头像的 ImageView 控件到布局中,代码及其预览效果如图 3-33 所示。

第四步,在布局中添加显示用户手机号码的 TextView 控件,其代码及效果如图 3-34 所示。

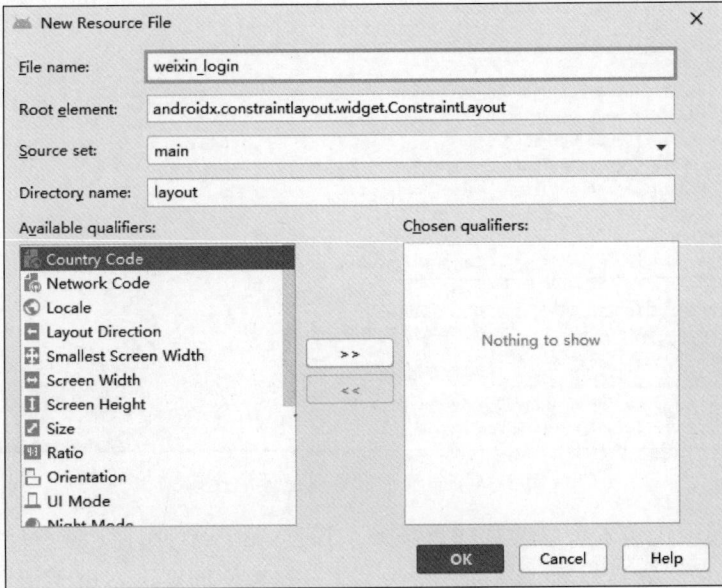

图 3-30　填写布局文件信息对话框

图 3-31　新建布局文件的代码

图 3-32　修改根标签后的布局文件代码

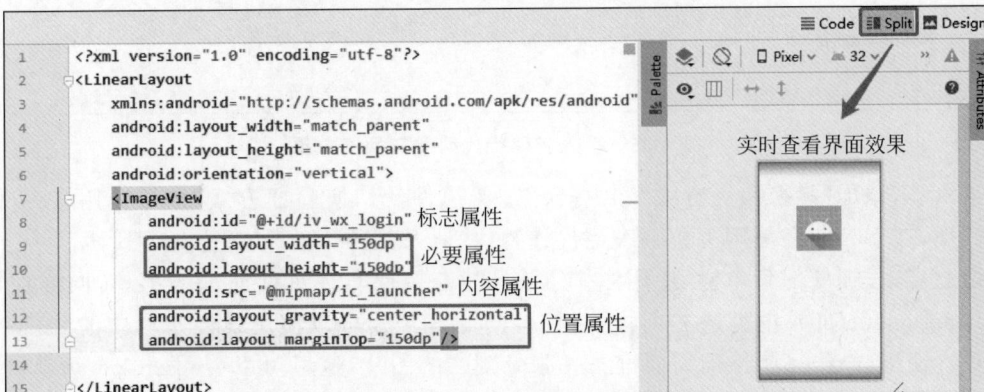

图 3-33　添加显示头像控件的代码

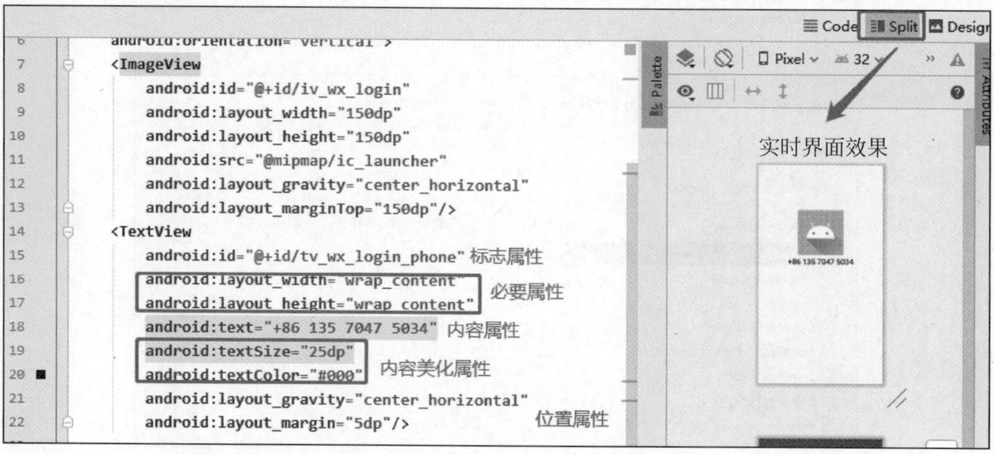

图 3-34　显示手机号码控件的代码

　　第五步，添加用户输入密码的控件及其提示控件，这两个控件在同一行，因此可以使用一个线性布局将它们包裹起来，然后使用 weight 设置控件的宽度。由于线性布局是水平方向，而分割线在最下面，因此不能使用 divide 属性设置它们的分割线，这时候可以使用一个 View 控件实现分割线功能，代码及其界面效果如图 3-35 所示。只有 EditText 控件里设置了 id 属性，因为只有这个控件的内容是需要被源代码控制的，其他控件不需要，因此不需要添加该属性。

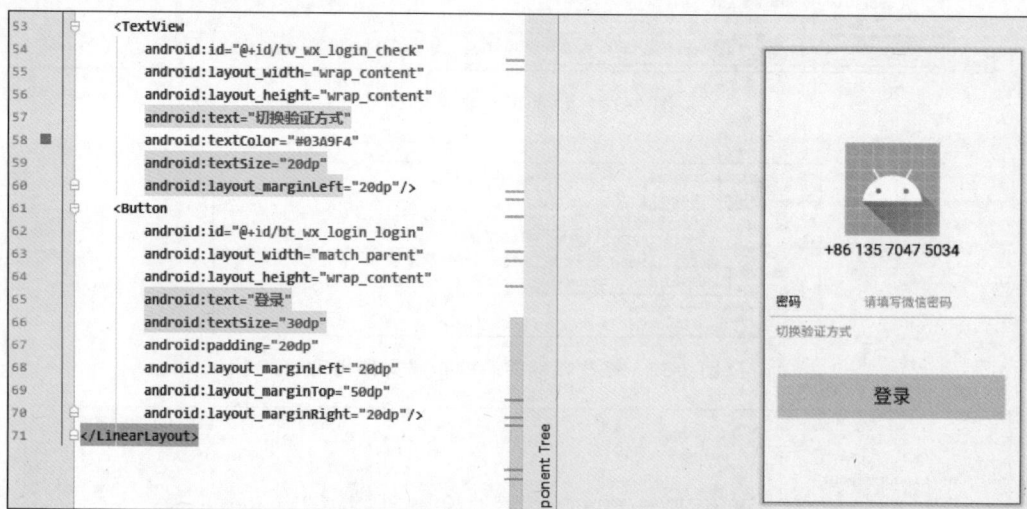

图 3-35　输入密码行代码及其预览效果

　　第六步，添加"切换验证方式"和"登录"按钮控件，"切换验证方式"按钮选用 TextView 控件实现，在下一章会使用下拉列表控件代替，代码及其预览效果如图 3-36 所示。

　　第七步，添加底部菜单栏，使用三个 TextView 控件实现页面底部的菜单，同样使用一个 LinearLayout 布局包裹这三个控件，控件间的分割线可以使用线性布局中的 divider 属性设置。使用 divider 属性前需要准备一张分割线的图片，这里可以使用 shape 资源制作分割线，shape 资源制作过程是选中 drawable 目录，右击，选择 New，再选择 Drawable Resource File，在弹框中填写文件名和根标签，其他选项默认，如图 3-37 所示，填写文件信

```
23    <LinearLayout
24        android:layout_width="match_parent"
25        android:layout_height="wrap_content"
26        android:orientation="horizontal"
27        android:layout_marginTop="50dp"
28        android:layout_marginLeft="20dp"
29        android:layout_marginRight="20dp">
30        <TextView
31            android:layout_width="wrap_content"
32            android:layout_height="wrap_content"
33            android:text="密码"
34            android:textSize="20dp"
35            android:textcolor="#000"/>
36        <EditText
37            android:id="@+id/et_wx_login_psw"
38            android:layout_width="0dp"
39            android:layout_height="wrap_content"
40            android:hint="请填写微信密码"
41            android:textSize="20dp"
42            android:textColor="#000"
43            android:layout_weight="1"
44            android:layout_marginLeft="10dp"
45            android:background="@null"
46            android:gravity="center"/>
47    </LinearLayout>
48    <View
49        android:layout_width="match_parent"
50        android:layout_height="1dp"
51        android:background="#0C8B9B9"
52        android:layout_margin="10dp"/>
```

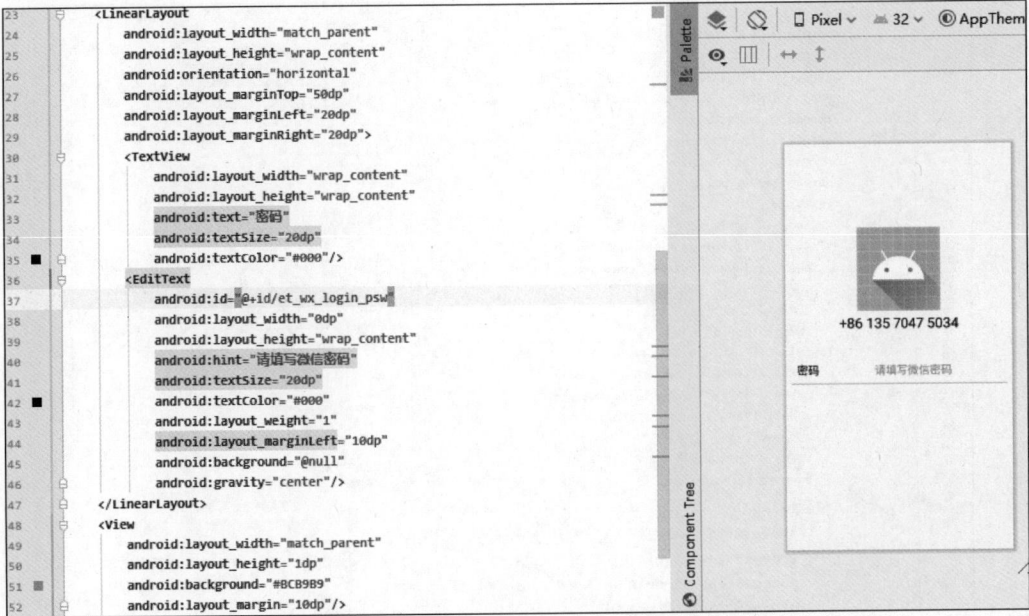

图 3-36　"切换验证方式"和"登录"按钮控件参考代码及其预览效果

息后单击 OK 按钮,在打开的 shape 文件中编写分割线代码,如图 3-38 所示,底部菜单栏的布局代码如图 3-39 所示。

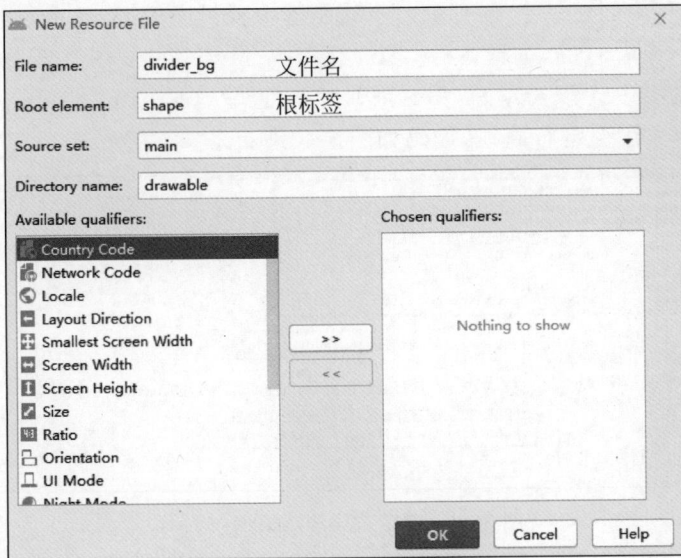

图 3-37　填写 shape 资源文件信息

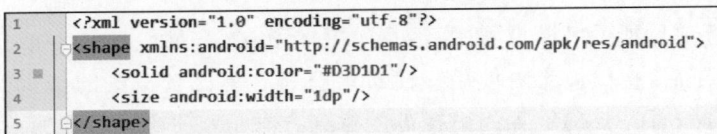

```
1    <?xml version="1.0" encoding="utf-8"?>
2    <shape xmlns:android="http://schemas.android.com/apk/res/android">
3        <solid android:color="#D3D1D1"/>
4        <size android:width="1dp"/>
5    </shape>
```

图 3-38　shape 资源文件中的代码

图 3-39　底部菜单栏的代码

第八步,为该布局创建一个 Activity,步骤是选中项目中的 java/主包名(一般是 java 目录下的第一个包),接着右键,选择 New,再选择 New Java Class,在弹框中填写类名,接着双击 Class,在打开的类中让该类继承 Activity,然后重写 onCreate()方法,在该方法中通过 setContentView()方法绑定布局,其代码如图 3-40 所示。

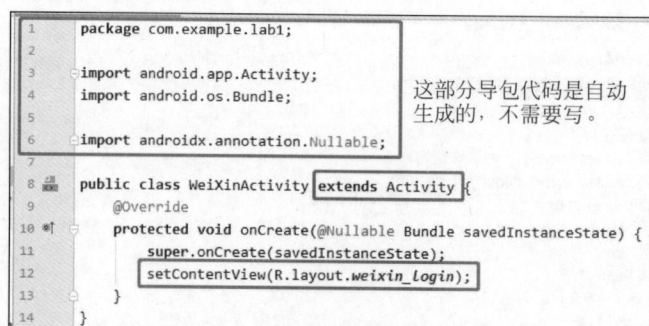

图 3-40　绑定布局的 Activity 代码

第九步,将第八步创建的 Activity 设置成项目的启动页面,清单文件的代码如图 3-41 所示。

第十步,运行项目到手机模拟器中,运行效果如图 3-42 所示。

完成上述例子后,相信读者对使用线性布局已经有了比较深刻的认识。在使用线性布局实现界面效果时,首先要确定界面里控件的排列方向是水平方向还是垂直方向,接着在布局文件里添加内容控件,在添加控件时先编写控件的内容属性,再编写美化属性,最后根据设计图的效果在控件中使用相应的位置属性设定控件在界面中的位置。对于那些简单布局的界面,线性布局就能够实现,但是要实现一些不规则的界面效果时,线性布局就显得比较臃肿和复杂,接下来介绍一种灵活的布局方式——相对布局。

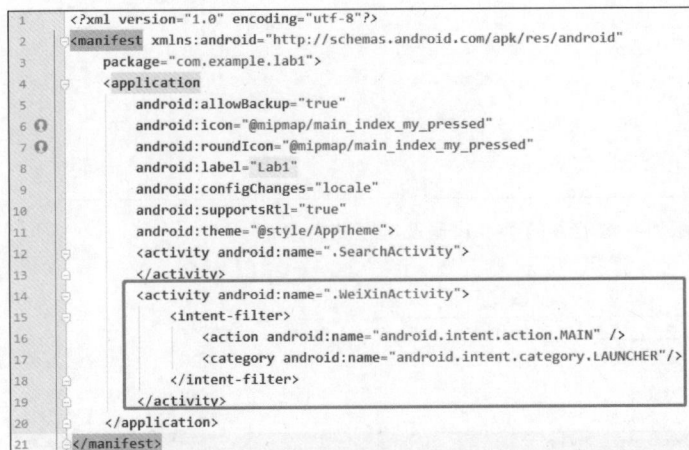

```
1    <?xml version="1.0" encoding="utf-8"?>
2    <manifest xmlns:android="http://schemas.android.com/apk/res/android"
3        package="com.example.lab1">
4        <application
5            android:allowBackup="true"
6            android:icon="@mipmap/main_index_my_pressed"
7            android:roundIcon="@mipmap/main_index_my_pressed"
8            android:label="Lab1"
9            android:configChanges="locale"
10           android:supportsRtl="true"
11           android:theme="@style/AppTheme">
12           <activity android:name=".SearchActivity">
13           </activity>
14           <activity android:name=".WeiXinActivity">
15               <intent-filter>
16                   <action android:name="android.intent.action.MAIN" />
17                   <category android:name="android.intent.category.LAUNCHER"/>
18               </intent-filter>
19           </activity>
20       </application>
21   </manifest>
```

图 3-41　在清单文件中设置 Activity 作为项目启动页面的代码

图 3-42　登录页面的运行效果

3.2.2　使用相对布局实现登录页面

相信读者在课前学习任务中已经学习了相对布局的常用属性及其使用的技巧,在使用相对布局实现界面效果时,需要注意的是在添加控件时建议给控件设置 id 属性,方便设置控件在页面中的位置。接下来请读者参照以下步骤使用相对布局在布局文件中实现微信登录界面的效果。

步骤 1,新建一个布局文件,其文件命名为 weixin_login_r. xml,并将其根标签修改为 RelativeLayout,其代码如图 3-43 所示。

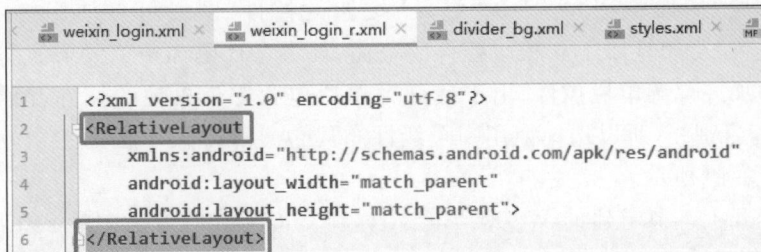

```
1    <?xml version="1.0" encoding="utf-8"?>
2    <RelativeLayout
3        xmlns:android="http://schemas.android.com/apk/res/android"
4        android:layout_width="match_parent"
5        android:layout_height="match_parent">
6    </RelativeLayout>
```

图 3-43　布局文件的代码

步骤 2,在上一步的布局文件中第 5 行代码右尖括号后回车,然后添加头像控件到界面适当的位置,添加完头像控件后完整的参考代码如图 3-44 所示。

步骤 3,在第 2 步的基础上,在第 12 行代码的下边,添加显示手机号码的控件,可以使用 android:layout_below 属性将显示手机号码的控件设置到显示头像控件的下方,添加后

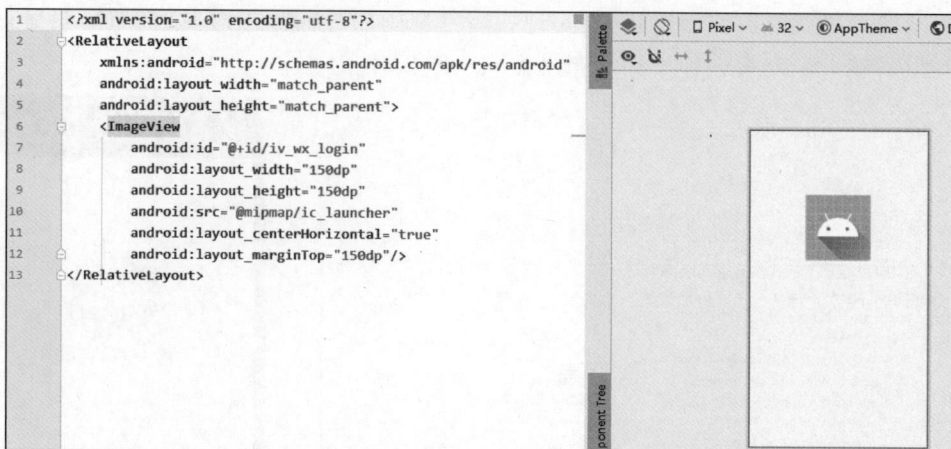

图 3-44　添加头像控件的参考代码及其预览效果

的参考代码如图 3-45 所示。

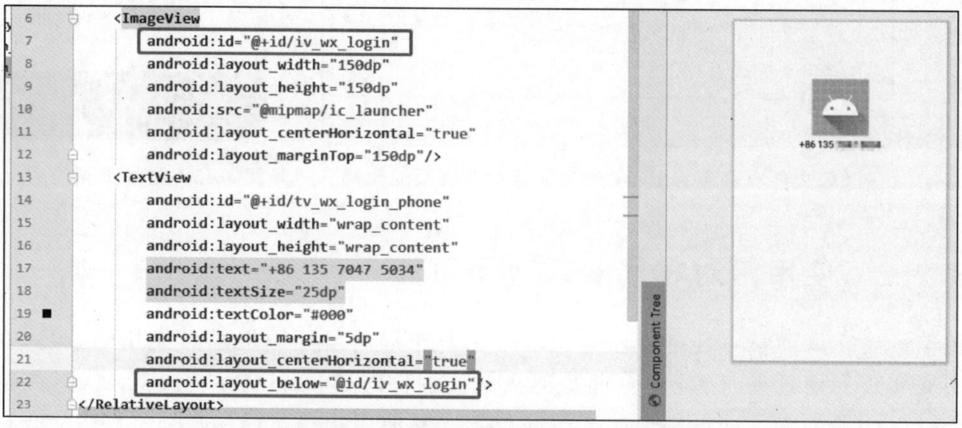

图 3-45　添加显示手机号码控件的参考代码及其预览效果

　　步骤 4,在上一步的基础上添加用户输入密码控件,使用 android:layout_below 属性将新添加的控件设置在显示手机号码控件的下方,其参考代码和预览效果如图 3-46 所示。

　　步骤 5,添加"切换验证方式"和"登录"按钮的控件,同样可以使用 android:layout_below 属性将这两个属性添加到相应控件的下面,其参考代码和预览效果如图 3-47 所示。

　　步骤 6,添加底部菜单栏控件,由于底部菜单栏包含三个单独的控件,而且是横向排列的,控件之间有分割线,所以选择使用一个线性布局包裹底部菜单栏的三个控件,其代码和预览效果如图 3-48 所示。

　　步骤 7,打开上一节新建的 WeiXinActivity,将 onCreate()方法中的 setContentView() 方法中的参数修改为本节课新建的布局资源,其代码如图 3-49 所示。

　　步骤 8,将项目运行在手机模拟器中,运行效果如图 3-50 所示。

　　通过使用线性布局和相对布局实现了相同的界面效果,进行对比可以发现,线性布局实现元素呈线性方式排列的界面效果,比较方便,相对布局实现元素排列不规则的界面效果,比较灵活,两种布局也可以相互嵌套使用。

```
24          <TextView
25              android:id="@+id/tv_wx_psw"
26              android:layout_width="wrap_content"
27              android:layout_height="wrap_content"
28              android:text="密码"
29              android:textSize="20dp"
30   ■          android:textColor="#000"
31              android:layout_below="@id/tv_wx_login_phone"
32              android:layout_marginLeft="20dp"
33              android:layout_marginTop="50dp"
34              android:layout_marginRight="20dp"/>
35          <EditText
36              android:id="@+id/et_wx_login_psw"
37              android:layout_width="match_parent"
38              android:layout_height="wrap_content"
39              android:hint="请填写微信密码"
40              android:textSize="20dp"
41   ■          android:textColor="#000"
42              android:background="@null"
43              android:gravity="center"
44              android:layout_below="@id/tv_wx_login_phone"
45              android:layout_toRightOf="@id/tv_wx_psw"
46              android:layout_marginTop="50dp"/>
```

图 3-46　添加用户输入密码控件的代码及其预览效果

```
47          <TextView
48              android:id="@+id/tv_wx_login_check"
49              android:layout_width="wrap_content"
50              android:layout_height="wrap_content"
51              android:text="切换验证方式"
52   ■          android:textColor="#03A9F4"
53              android:textSize="20dp"
54              android:layout_marginLeft="20dp"
55              android:layout_below="@id/tv_wx_psw"
56              android:layout_marginTop="20dp"/>
57          <Button
58              android:id="@+id/bt_wx_login_login"
59              android:layout_width="match_parent"
60              android:layout_height="wrap_content"
61              android:text="登录"
62              android:textSize="30dp"
63              android:padding="20dp"
64              android:layout_marginLeft="20dp"
65              android:layout_marginTop="50dp"
66              android:layout_marginRight="20dp"
67              android:layout_below="@id/tv_wx_login_check"/>
```

图 3-47　添加"切换验证方式"和"登录"按钮的控件的参考代码和预览效果

```
68      <LinearLayout
69          android:layout_width="match_parent"
70          android:layout_height="40dp"
71          android:orientation="horizontal"
72          android:divider="@drawable/divider_bg"
73          android:showDividers="middle"
74          android:dividerPadding="5dp"
75          android:gravity="center"
76          android:layout_alignParentBottom="true">
77          <TextView
78              android:id="@+id/tv_wx_login_find"
79              android:layout_width="wrap_content"
80              android:layout_height="wrap_content"
81              android:text="找回密码"
82              android:textSize="20dp"
83              android:padding="5dp"/>
84          <TextView
85              android:id="@+id/tv_wx_login_emerge"
86              android:layout_width="wrap_content"
87              android:layout_height="wrap_content"
88              android:text="紧急冻结"
89              android:textSize="20dp"
90              android:padding="5dp"/>
91          <TextView
92              android:id="@+id/tv_wx_login_more"
93              android:layout_width="wrap_content"
94              android:layout_height="wrap_content"
95              android:text="更多选项"
96              android:textSize="20dp"
97              android:padding="5dp"/>
98      </LinearLayout>
99  </RelativeLayout>
```

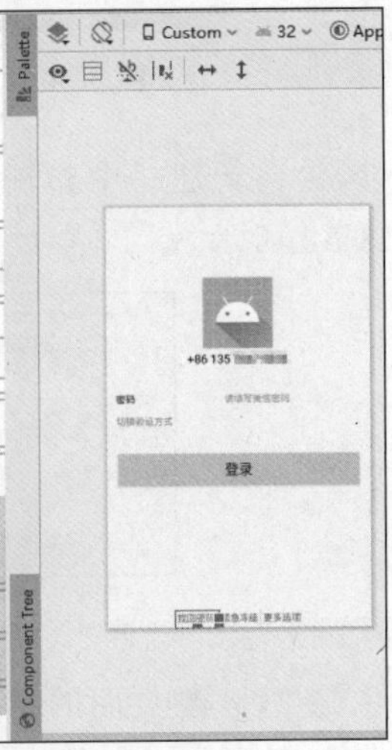

图 3-48　底部导航栏的参考代码和预览效果

```
8      public class WeiXinActivity extends Activity {
9          @Override
10         protected void onCreate(@Nullable Bundle savedInstanceState) {
11             super.onCreate(savedInstanceState);
12             setContentView(R.layout.weixin_login_r);
13         }
14     }
```

图 3-49　在 Activity 中绑定布局资源的参考代码

3.2.3　使用表格布局实现计算器页面

在课前学习任务中,读者已经学习完了表格布局常用属性和使用技巧,接下来读者可以参考以下的步骤使用 TableLayout 来实现一个计算器界面,其效果如图 3-51 所示。从图 3-51 可知,该界面第一行和第二行都是一个用于显示文本的控件,第三行到第六行都是 4 个按钮,第七行是 3 个按钮,下面是实现该界面的参考步骤。

图 3-50　运行效果

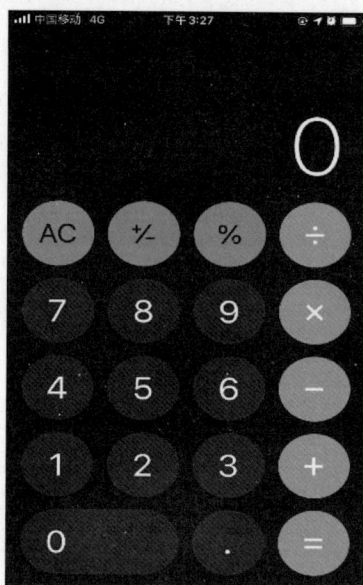

图 3-51　计算器界面效果

步骤 1,新建一个布局文件,并将布局文件里的根标签修改为 TableLayout,其参考代码如图 3-52 所示。

```
1    <?xml version="1.0" encoding="utf-8"?>
2    <TableLayout
3        xmlns:android="http://schemas.android.com/apk/res/android"
4        android:layout_width="match_parent"
5        android:layout_height="match_parent">
6
7    </TableLayout>
```

图 3-52　计算器界面效果布局根标签代码

步骤 2,修改页面的背景颜色为黑色,添加第一行和第二行显示数字和表达式的控件,并设置文字颜色为白色,其参考代码和预览效果如图 3-53 所示。

```
1    <?xml version="1.0" encoding="utf-8"?>
2    <TableLayout
3        xmlns:android="http://schemas.android.com/apk/res/android"
4        android:layout_width="match_parent"
5        android:layout_height="match_parent"
6        android:background="#000">
7        <TextView
8            android:id="@+id/tv_caculator_exp"
9            android:textSize="40dp"
10           android:textColor="#fff"
11           android:gravity="right"
12           android:padding="10dp"/>
13       <TextView
14           android:id="@+id/tv_caculator_num"
15           android:text="0"
16           android:textSize="40dp"
17           android:gravity="right"
18           android:padding="10dp"
19           android:textColor="#fff"/>
20
21   </TableLayout>
```

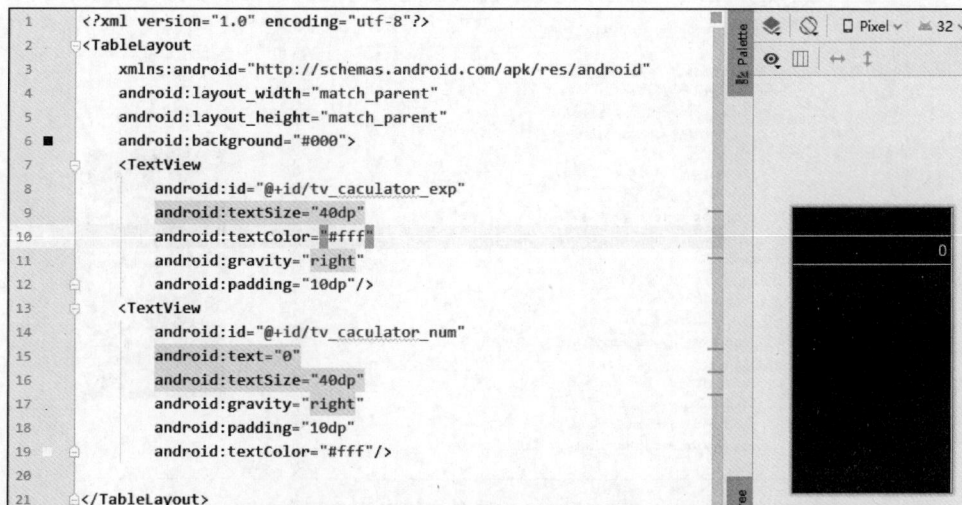

图 3-53　添加第一行和第二行显示数字和表达式的控件的参考代码和预览效果

如图 3-53 所示,刚才添加的两个控件分别占一行,它们的宽度自动适应了屏幕的宽度。

步骤 3,使用 TableRow 添加第三行按钮,其参考代码和预览效果如图 3-54 所示。在 TableRow 标签中添加控件,这些控件会被放置在同一行,如果所有控件的宽度和大于屏幕的宽度,那么超出屏幕宽度的控件用户将看不到。

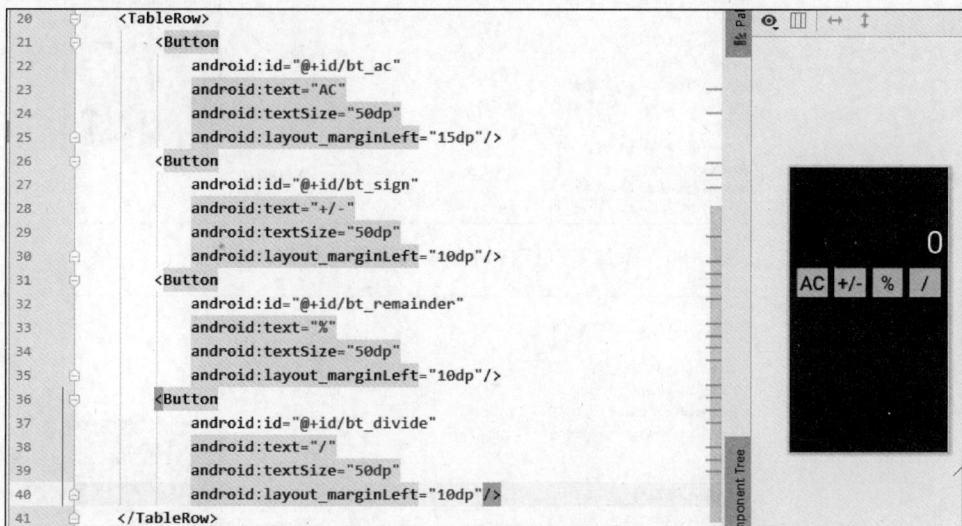

```
20   <TableRow>
21       <Button
22           android:id="@+id/bt_ac"
23           android:text="AC"
24           android:textSize="50dp"
25           android:layout_marginLeft="15dp"/>
26       <Button
27           android:id="@+id/bt_sign"
28           android:text="+/-"
29           android:textSize="50dp"
30           android:layout_marginLeft="10dp"/>
31       <Button
32           android:id="@+id/bt_remainder"
33           android:text="%"
34           android:textSize="50dp"
35           android:layout_marginLeft="10dp"/>
36       <Button
37           android:id="@+id/bt_divide"
38           android:text="/"
39           android:textSize="50dp"
40           android:layout_marginLeft="10dp"/>
41   </TableRow>
```

图 3-54　添加第三行按钮参考代码及其预览效果

步骤 4,参考步骤 3 添加第三行按钮的代码,继续添加计算器第四行的按钮控件,其参考代码和预览效果如图 3-55 所示。

步骤 5,使用同样的方法,添加第五行的按钮控件,其参考代码和预览效果如图 3-56 所示。

步骤 6,使用同样的方法,添加第六行的按钮控件,其参考代码和预览效果如图 3-57 所示。

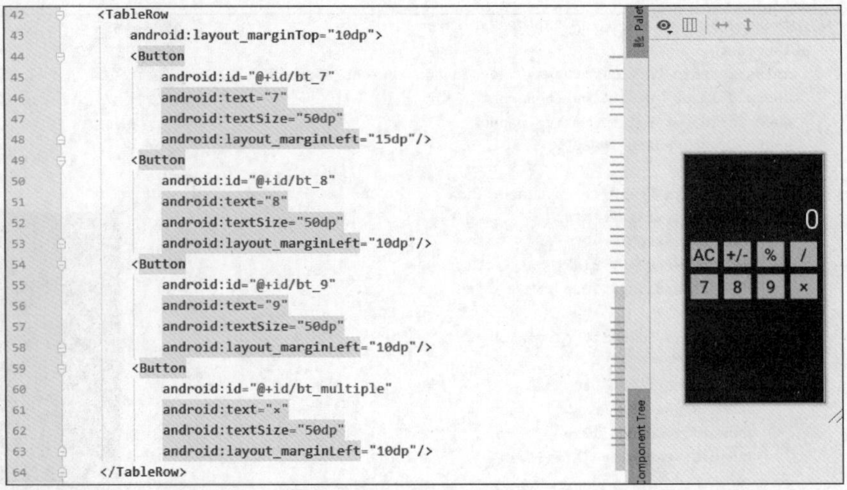

```
42      <TableRow
43          android:layout_marginTop="10dp">
44          <Button
45              android:id="@+id/bt_7"
46              android:text="7"
47              android:textSize="50dp"
48              android:layout_marginLeft="15dp"/>
49          <Button
50              android:id="@+id/bt_8"
51              android:text="8"
52              android:textSize="50dp"
53              android:layout_marginLeft="10dp"/>
54          <Button
55              android:id="@+id/bt_9"
56              android:text="9"
57              android:textSize="50dp"
58              android:layout_marginLeft="10dp"/>
59          <Button
60              android:id="@+id/bt_multiple"
61              android:text="×"
62              android:textSize="50dp"
63              android:layout_marginLeft="10dp"/>
64      </TableRow>
```

图 3-55　添加第四行按钮参考代码及其预览效果

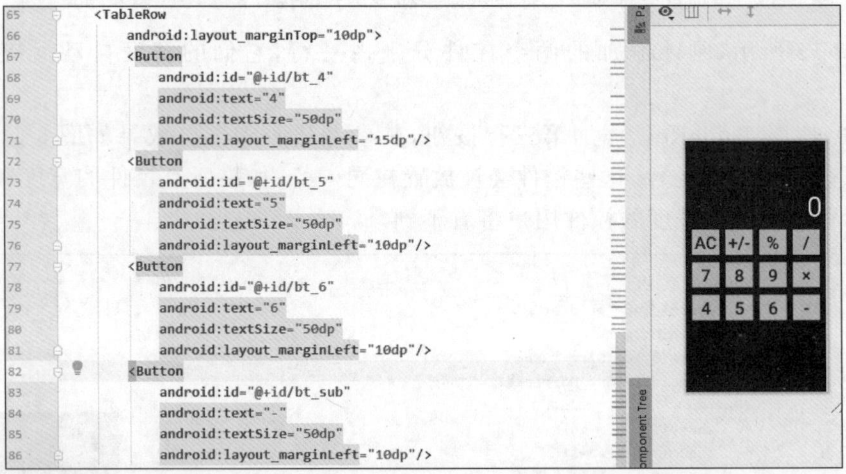

```
65      <TableRow
66          android:layout_marginTop="10dp">
67          <Button
68              android:id="@+id/bt_4"
69              android:text="4"
70              android:textSize="50dp"
71              android:layout_marginLeft="15dp"/>
72          <Button
73              android:id="@+id/bt_5"
74              android:text="5"
75              android:textSize="50dp"
76              android:layout_marginLeft="10dp"/>
77          <Button
78              android:id="@+id/bt_6"
79              android:text="6"
80              android:textSize="50dp"
81              android:layout_marginLeft="10dp"/>
82          <Button
83              android:id="@+id/bt_sub"
84              android:text="-"
85              android:textSize="50dp"
86              android:layout_marginLeft="10dp"/>
```

图 3-56　添加第五行按钮参考代码及其预览效果

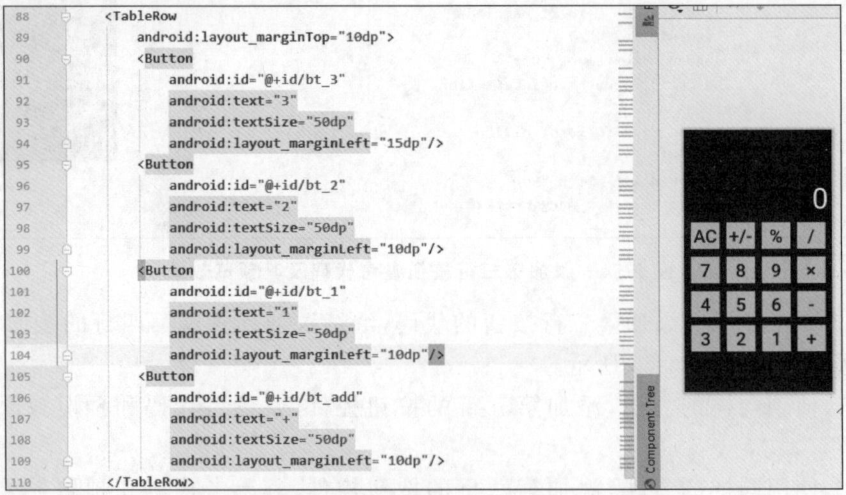

```
88      <TableRow
89          android:layout_marginTop="10dp">
90          <Button
91              android:id="@+id/bt_3"
92              android:text="3"
93              android:textSize="50dp"
94              android:layout_marginLeft="15dp"/>
95          <Button
96              android:id="@+id/bt_2"
97              android:text="2"
98              android:textSize="50dp"
99              android:layout_marginLeft="10dp"/>
100         <Button
101             android:id="@+id/bt_1"
102             android:text="1"
103             android:textSize="50dp"
104             android:layout_marginLeft="10dp"/>
105         <Button
106             android:id="@+id/bt_add"
107             android:text="+"
108             android:textSize="50dp"
109             android:layout_marginLeft="10dp"/>
110     </TableRow>
```

图 3-57　添加第六行按钮参考代码及其预览效果

步骤 7,参照添加第三行按钮的代码,添加第七行按钮控件,其参考代码和预览效果如图 3-58 所示。

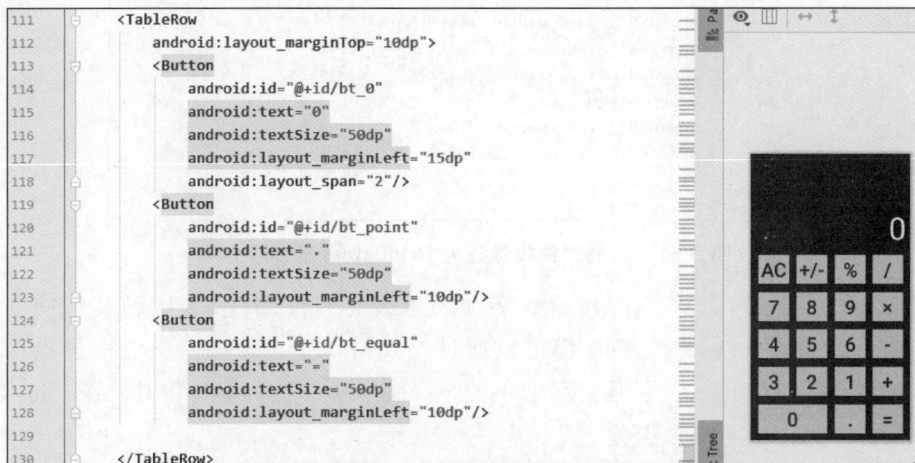

```
111      <TableRow
112          android:layout_marginTop="10dp">
113          <Button
114              android:id="@+id/bt_0"
115              android:text="0"
116              android:textSize="50dp"
117              android:layout_marginLeft="15dp"
118              android:layout_span="2"/>
119          <Button
120              android:id="@+id/bt_point"
121              android:text="."
122              android:textSize="50dp"
123              android:layout_marginLeft="10dp"/>
124          <Button
125              android:id="@+id/bt_equal"
126              android:text="="
127              android:textSize="50dp"
128              android:layout_marginLeft="10dp"/>
129
130      </TableRow>
```

图 3-58 添加第七行按钮参考代码及其预览效果

步骤 8,可以暂时将计算器的布局资源与 WeiXinActivity 进行绑定,其参考代码如图 3-59 所示。

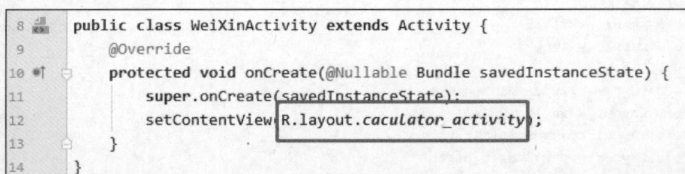

```
8    public class WeiXinActivity extends Activity {
9        @Override
10       protected void onCreate(@Nullable Bundle savedInstanceState) {
11           super.onCreate(savedInstanceState);
12           setContentView(R.layout.caculator_activity);
13       }
14   }
```

图 3-59 将计算器的布局资源与 WeiXinActivity 进行绑定的参考代码

步骤 9,将应用程序运行到手机模拟器中,其运行效果如图 3-60 所示。

计算器界面结构与题目要求的计算器界面结构效果基本一致,但是按钮的形状不一致,在后面的章节中会讲到使用 selector 资源来美化按钮控件。

图 3-60 运行到手机模拟器的效果

3.2.4 使用网格布局实现计算器页面

在课前任务中读者已经学习过 GridLayout 的常用属性和使用技巧了,接着通过完成计算器界面效果来深入学习 GridLayout 的相关属性和使用技巧,并对比 TableLayout 实现同样的效果时有何异同之处,请读者参考以下的步骤完成计算器页面的效果。

步骤 1,新建一个布局文件,其文件名为 calculator_grid,然后将根标签修改为 GridLayout,设置子控件的排列方向为垂直方向,设置页面的最大行数为 7,最大列数为 4,修改背景颜色为黑色,其参考代码如图 3-61 所示。

```
1    <?xml version="1.0" encoding="utf-8"?>
2    <GridLayout
3        xmlns:android="http://schemas.android.com/apk/res/android"
4        android:layout_width="match_parent"
5        android:layout_height="match_parent"
6        android:orientation="vertical"
7        android:rowCount="7"
8        android:columnCount="4"
9        android:background="#000">
10
11   </GridLayout>
```

图 3-61　布局文件根标签为 GridLayout 的参考代码

步骤 2,添加第一行和第二行显示数字和表达式的控件,其参考代码及其预览效果如图 3-62 所示,由图可知,每一个控件都可以通过 android:layout_row 属性设置控件所在的行,需要注意的是行号从 0 开始,如果一个控件独占一行,可以使用 android:layout_columnSpan 设置控件横跨多少列。

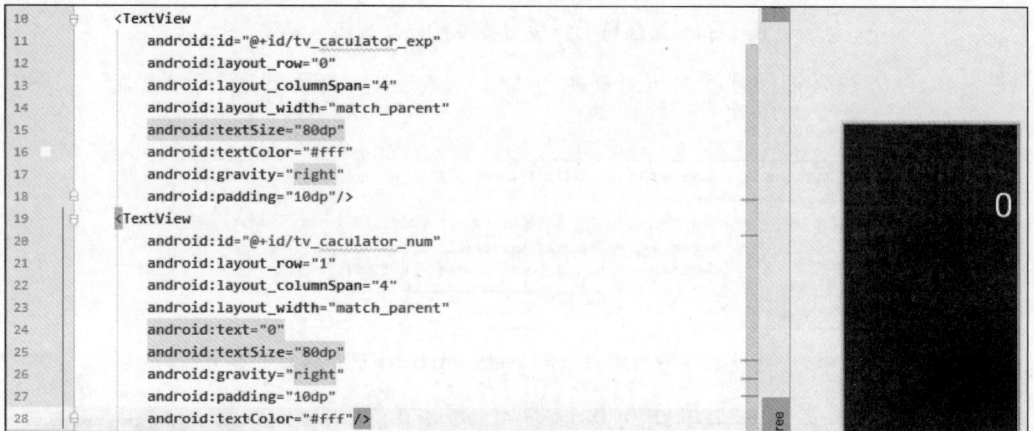

```
10   <TextView
11       android:id="@+id/tv_caculator_exp"
12       android:layout_row="0"
13       android:layout_columnSpan="4"
14       android:layout_width="match_parent"
15       android:textSize="80dp"
16       android:textColor="#fff"
17       android:gravity="right"
18       android:padding="10dp"/>
19   <TextView
20       android:id="@+id/tv_caculator_num"
21       android:layout_row="1"
22       android:layout_columnSpan="4"
23       android:layout_width="match_parent"
24       android:text="0"
25       android:textSize="80dp"
26       android:gravity="right"
27       android:padding="10dp"
28       android:textColor="#fff"/>
```

图 3-62　添加第一行和第二行显示数字和表达式控件的参考代码及预览效果

步骤 3,在 GridLayout 中添加控件时,先确定子控件所在的行号和列号,然后再确定宽高,添加第三行按钮的参考代码和预览效果如图 3-63 所示。第三行控件的 layout_row 的属性值都为 2,然后通过 layout_column 属性来设置控件所在的列,同样列号也是从 0 开始。

步骤 4,参照第三行按钮的代码,添加第四行按钮控件,其参考代码和预览效果如图 3-64 所示。

步骤 5,根据添加第三行和第四行按钮的步骤,添加第五行按钮控件,其参考代码和预览效果如图 3-65 所示。

步骤 6,以同样的方法添加第六行按钮控件,其参考代码和预览效果如图 3-66 所示。

步骤 7,添加第七行按钮控件,其参考代码和预览效果如图 3-67 所示,第七行按钮控件中数字 0 按钮需要设置横跨两列,所以使用了 columnSpan 属性,因为要让按钮的宽度占满两列,所以使用了 layout_gravity="fill_horizontal"填满水平方向。

步骤 8,将本次的布局资源与 WeiXinActivity 进行绑定,其参考代码如图 3-68 所示。

```
29        <Button
30            android:id="@+id/bt_ac"
31            android:layout_row="2"
32            android:layout_column="0"
33            android:text="AC"
34            android:textSize="50dp"
35            android:layout_marginLeft="15dp"/>
36        <Button
37            android:id="@+id/bt_sign"
38            android:layout_row="2"
39            android:layout_column="1"
40            android:text="+/-"
41            android:textSize="50dp"
42            android:layout_marginLeft="10dp"/>
43        <Button
44            android:id="@+id/bt_remainder"
45            android:layout_row="2"
46            android:layout_column="2"
47            android:text="%"
48            android:textSize="50dp"
49            android:layout_marginLeft="10dp"/>
50        <Button
51            android:id="@+id/bt_divide"
52            android:layout_row="2"
53            android:layout_column="3"
54            android:text="/"
55            android:textSize="50dp"
56            android:layout_marginLeft="10dp"/>
```

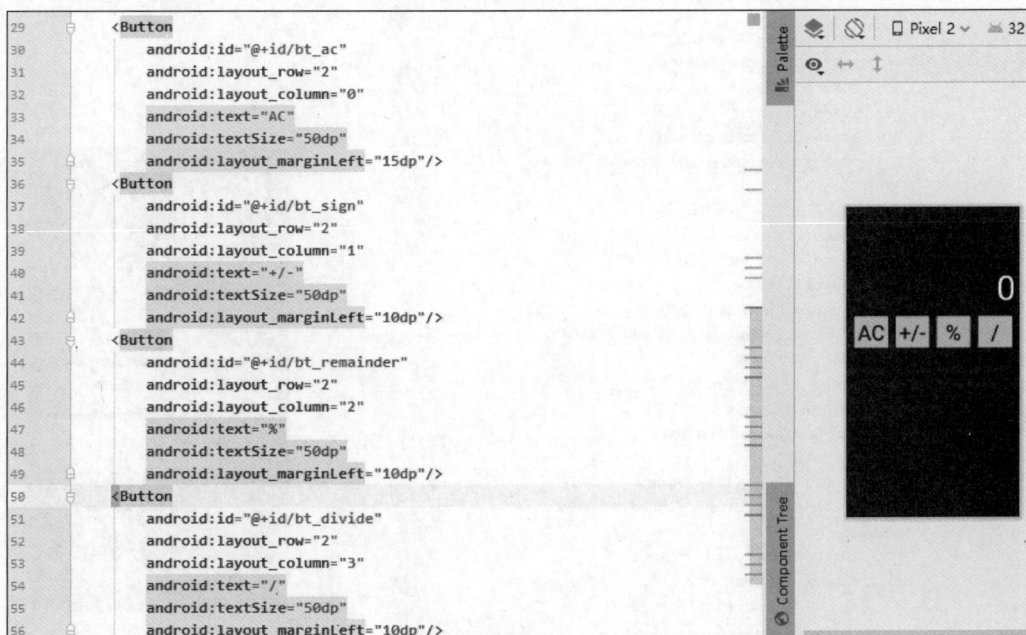

图 3-63　添加第三行按钮的参考代码和预览效果

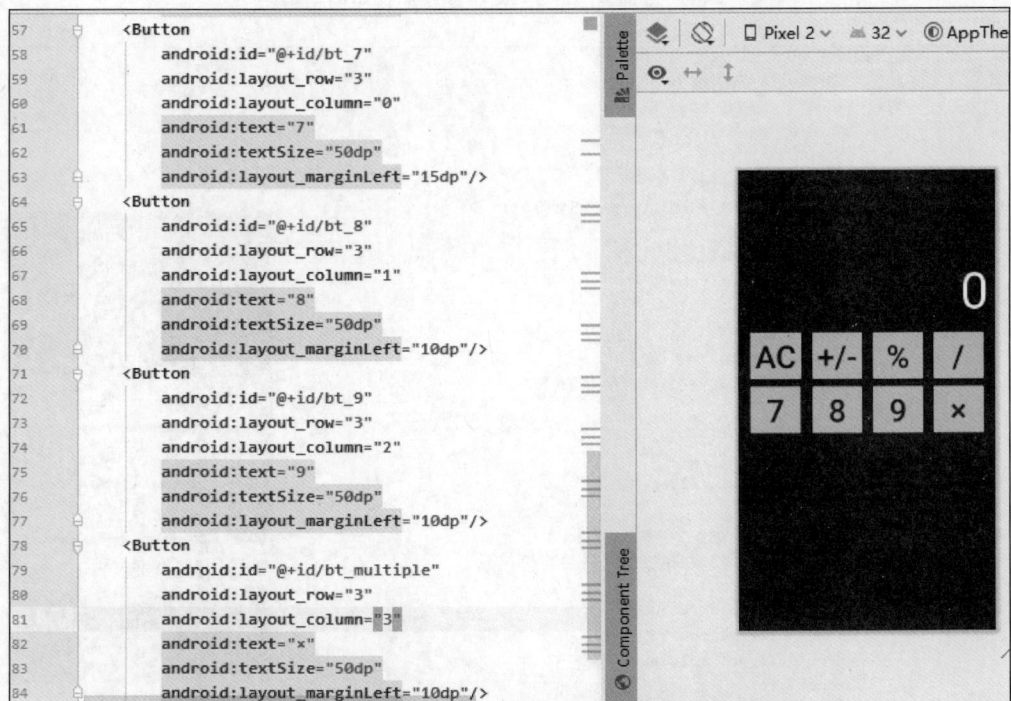

```
57        <Button
58            android:id="@+id/bt_7"
59            android:layout_row="3"
60            android:layout_column="0"
61            android:text="7"
62            android:textSize="50dp"
63            android:layout_marginLeft="15dp"/>
64        <Button
65            android:id="@+id/bt_8"
66            android:layout_row="3"
67            android:layout_column="1"
68            android:text="8"
69            android:textSize="50dp"
70            android:layout_marginLeft="10dp"/>
71        <Button
72            android:id="@+id/bt_9"
73            android:layout_row="3"
74            android:layout_column="2"
75            android:text="9"
76            android:textSize="50dp"
77            android:layout_marginLeft="10dp"/>
78        <Button
79            android:id="@+id/bt_multiple"
80            android:layout_row="3"
81            android:layout_column="3"
82            android:text="x"
83            android:textSize="50dp"
84            android:layout_marginLeft="10dp"/>
```

图 3-64　添加第四行按钮的参考代码和预览效果

　　步骤 9,将应用程序运行到手机模拟器中,其效果如图 3-69 所示。

　　通过对比发现使用表格布局和网格布局可以实现同样的界面效果,但是表格布局的行需要依赖 TableRow 标签才能实现一行放置多个控件,而在网格布局中,每个子控件都可以

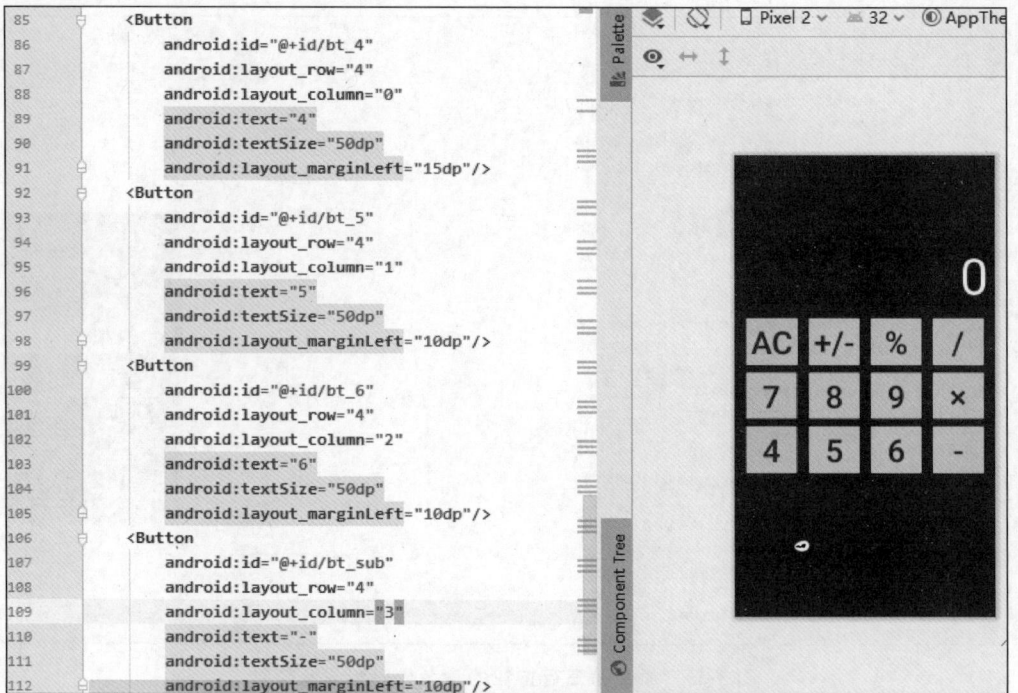

图 3-65　添加第五行按钮的参考代码和预览效果

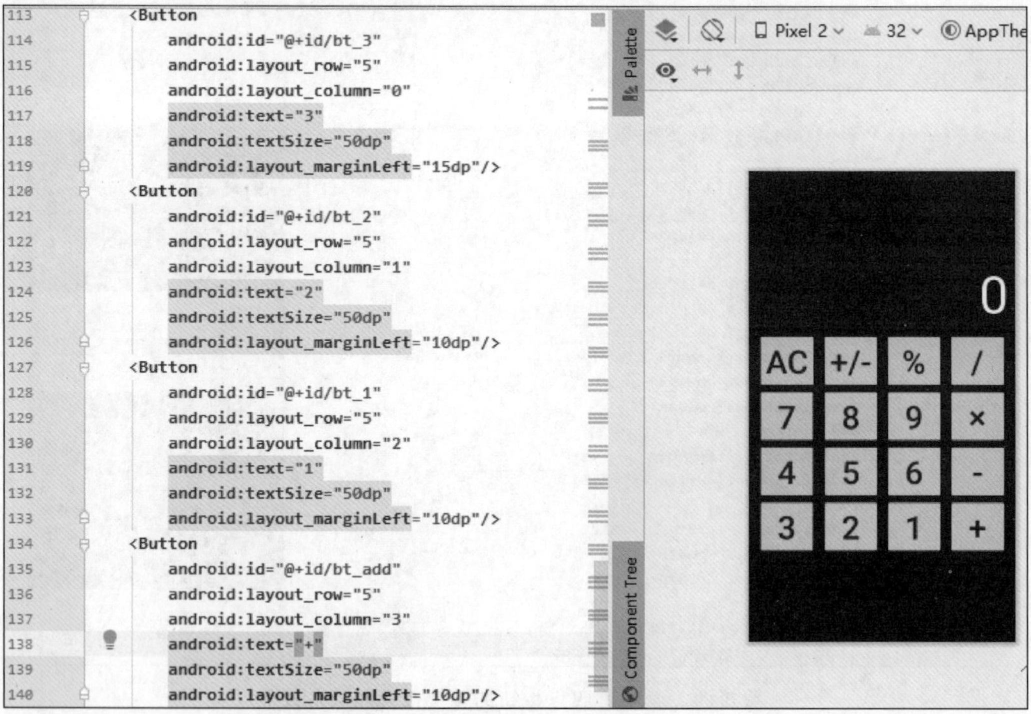

图 3-66　添加第六行按钮控件的参考代码和预览效果

单独设置它的行和列的位置,用起来比较灵活方便,在两种布局中子控件的宽、高都可以根据需求使用相应的属性进行设置。

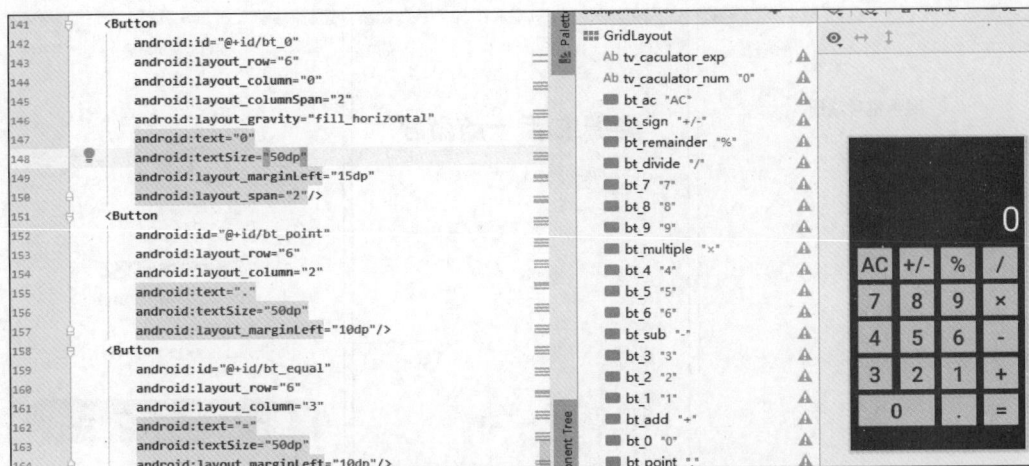

图 3-67　添加第七行按钮控件的参考代码及其预览效果

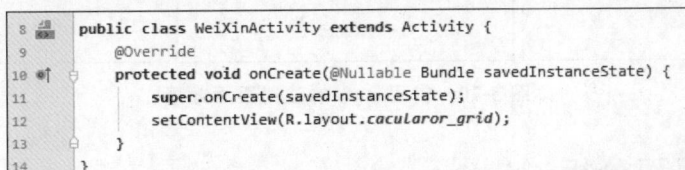

```
8    public class WeiXinActivity extends Activity {
9        @Override
10       protected void onCreate(@Nullable Bundle savedInstanceState) {
11           super.onCreate(savedInstanceState);
12           setContentView(R.layout.cacularor_grid);
13       }
14   }
```

图 3-68　布局资源与 Activity 进行绑定的参考代码

3.2.5　布局使用总结

经过课堂任务的学习,读者对 Android 应用程序页面的各个组织者都有了一定的了解,它们各有各的特点,不是相互替代,而是相互补充,一般情况下使用线性布局和相对布局就可以实现大部分的页面效果;若要实现类似于键盘和计算器这样的网格型页面效果,可以选择表格布局或者网格布局;若要实现一些不规则的页面效果可以使用约束布局,约束布局其实是相对布局的升级版;帧布局可以与 ViewPager 一起实现主页面效果;绝对布局在一些游戏场景上可能会用到。各位读者接下来可以根据自己项目的需求选择恰当的布局实现相应的界面效果。

图 3-69　运行到模拟器的效果

3.3　课后学习任务：制作一个注册页面

学习完 Android 应用程序页面的组织者,现在通过设计和实现一个注册页面来实践所学的知识,并完成配套资源中的相应实验报告。目前注册页面一般需要用户使用手机号码进行注册,符合国家推行的网络实名制政策,在一定程度上遏制了网络犯罪,图 3-70 是微信、支付宝和京东 App 的注册页面的效果图。

图 3-70   常见 App 的注册页面效果

3.3.1   页面分析

读者可以从注册页面所包含的控件和功能等方面分析页面的功能需求,总结出注册页面所需达到的功能效果,并写出设计应用程序注册页面所需功能的业务流程。

3.3.2   页面设计

各位读者可以根据页面分析的结果,设计出符合自己应用程序风格和功能的注册页面原型图。

3.3.3   页面实现

根据注册页面的设计图,使用相关资源,在应用程序中实现注册页面,并完成配套资料的页面实验报告。

第4章

Android页面内容和
功能的承载者

CHAPTER **4**

学习目标:

熟悉使用文本类控件,实现页面文本提示和输入效果。

熟悉使用图像类控件,实现界面的图片显示效果。

熟悉使用按钮类控件,实现界面人机交互功能。

熟悉使用对话框类控件,实现相应的提示功能。

熟悉使用列表类控件,实现界面中列表展示功能。

职业技能目标:

能够根据页面设计效果图,选择恰当的控件实现相应界面效果和功能。

课程思政育人目标:

让学生学会尽自己所能,承担自己的责任,在责任中成长和学会自主创新,磨炼工匠精神。

学习导读:

为了更好地掌握本章的内容,请读者按照项目导读进行学习。

首先,在进行课堂学习之前,请先完成课前学习任务,熟悉Android 应用程序中各类控件的属性和使用技巧,并学会根据界面设计图选择恰当的控件实现相应的界面效果和功能。

其次,在课堂上通过完成课堂任务,深入学习 Android 项目中常用控件类的使用技巧,能够灵活使用 Android 中的各类控件来实现相应的页面效果。

最后,在课后独立设计一个页面,使用已学习的知识,实现该页面的效果。

🔑 4.1　课前学习任务：掌握常用的控件

本节主要讲述 Android 中常用的控件，Android 中的控件从显示内容上进行分类，可分为文本控件、图像控件、按钮控件、列表控件和对话框控件。本章将分别介绍这些控件的使用和美化技巧。通过实现美观的页面效果，使读者理解到形象的重要性，从而注重自己的工作形象。

文本类控件主要有 TextView、EditText 以及包含 text 属性的控件；图像类控件用于显示图形图像，主要有 ImageView 以及包含 background、icon 等用于显示图片属性的控件；按钮类控件用于与用户进行交互，主要的按钮控件包括 Button、ImageButton 以及能添加单击监听事件的一类控件；列表类控件一般适用于显示一组格式样式的数据，主要包括 ListView、Spinner、CycleView 等控件，这类控件需要使用适配器来完成相应的数据展示；还有对话框控件，常用的是 Toast 和 Dialog，使用 Dialog 可以自定义出自己想要的对话框效果。在本节中将分别讲述这些常用控件的使用技巧。

4.1.1　文本类控件

文本类控件一般用于显示应用程序中的字符资源，为用户使用应用程序时提供明确的提示和帮助。最具代表性的文本类控件为 TextView 和 EditText，接着来详细讲解这两个控件的常用属性和使用技巧。

1. TextView 控件

文本框控件（TextView）用于显示文本信息，我们可以在 XML 布局文件中以添加属性的方式来控制 TextView 的样式，也可以通过 Java 源代码来修改和控制其内容和样式。

1）TextView 控件常用属性

TextView 控件在布局中设置的属性包括必需属性宽和高，内容属性 text，内容美化属性 textSize、textColor 等，组件美化属性 background 等，以及位置属性，具体的属性如表 4-1 所示。TextView 控件还有很多其他的属性，如需要使用其他的属性可以查询相应的 Android API。

表 4-1　TextView 控件常用属性

属 性 名	功 能 描 述	属性值/类型说明
android:layout_width	设置 TextView 控件的宽度	必需属性
android:layout_height	设置 TextView 控件的高度	
android:id	设置 TextView 控件的位置标识	标识属性
android:text	设置 TextView 控件的文本内容	内容属性
android:drawableTop	设置文本顶部显示图像，该图像资源可以放在 res/drawable 目录下	内容属性
android:drawableLeft	设置文本左边显示图像，该图像资源可以放在 res/drawable 目录下	内容属性

续表

属　性　名	功 能 描 述	属性值/类型说明
android:drawableRight	设置文本右边显示图像,该图像资源可以放在 res/drawable 目录下	内容属性
android:drawableBottom	设置文本底部显示图像,该图像资源可以放在 res/drawable 目录下	内容属性
android:textColor	设置文字的颜色	内容美化属性
android:textSize	设置文字的大小	内容美化属性
android:textStyle	设置文本格式,如粗体、斜体	内容美化属性
android:gravity	设置文本在文本控件中的位置	内容美化属性
android:maxLegth	设置文本最大长度,超出此长度的文本不显示	组件美化属性
android:lines	设置文本的行数,超出此行数的文本不显示	组件美化属性
android:maxLines	设置文本的最大行数,超出此行数的文本不显示	组件美化属性
android:singleLine	设置单行显示	组件美化属性
android:lineSpacingExtra	设置文本的行间距	组件美化属性
android:ellipsize	设置文本超出 TextView 规定的范围的显示方式,属性值可选为 start、middle、end,分别表示当文本超出 TextView 规定的范围时,在文本开始、中间或结尾显示省略号	组件美化属性
android:background	设置 TextView 控件的背景	组件美化属性
android:shadowColor	设置阴影颜色,要与 android:shadowRadius 一起使用	内容美化属性
android:shadowRadius	设置阴影的模糊程度,建议设置为 3.0	内容美化属性
android:shadowDx	设置阴影在水平方向的偏移,即水平方向阴影开始的横坐标位置	内容美化属性
android:shadowDy	设置阴影在垂直方向的偏移,即垂直方向阴影开始的纵坐标位置	内容美化属性
android:autoLink	设置跳转路径	内容美化属性

2）TextView 控件常用 Java 接口

对于常用的控件,除了掌握在布局文件中设置其属性外,我们还需要掌握使用 Java 源代码接口来修改和获取控件的相应属性。一般情况下我们知道在布局中如何设置属性,就能够知道在 Java 源代码中如何修改和获取该属性的值,TextView 控件的 Java 源代码接口如下。

（1）修改属性的 Java 源代码接口格式为"set 属性名（参数）",注意属性名的首字母大写。

（2）获取属性的 Java 源代码接口格式为"get 属性名（）",注意属性名的首字母大写。

例如要修改文本框中的文本内容,可以使用 setText（参数）方法设置文本框内容。如果要获取文本框里的文本内容,可以使用 getText（）方法。

3）TextView 控件使用案例

学习完 TextView 控件的常用属性和 Java 接口,接下来用一个简单的例子讲解 TextView 控件的使用技巧。

首先在项目的 layout 目录中新建一个布局文件,布局文件名为 activity_lab8,接着修改布局文件里的根标签为 RelativeLayout,效果如图 4-1 所示。

其次在布局文件的根标签中定义 TextView 控件,并在该控件标签中添加必要的属性,格式如下。

```
1  <?xml version="1.0" encoding="utf-8"?>
2  <RelativeLayout
3      xmlns:android="http://schemas.android.com/apk/res/android"
4      android:layout_width="match_parent"
5      android:layout_height="match_parent">
6
7  </RelativeLayout>
```

图 4-1　activity_lab8.xml 布局文件根标签的代码

```
<TextView
    属性/>
```

添加属性的步骤请参考第 3 章课前学习任务在布局中添加控件的步骤,参考代码和预览效果如图 4-2 所示。在图 4-2 中布局文件的根标签中定义了两个 TextView 控件,第一个 TextView 控件只是用于显示版本号提示信息,第二个 TextView 控件用于显示应用程序的版本号。

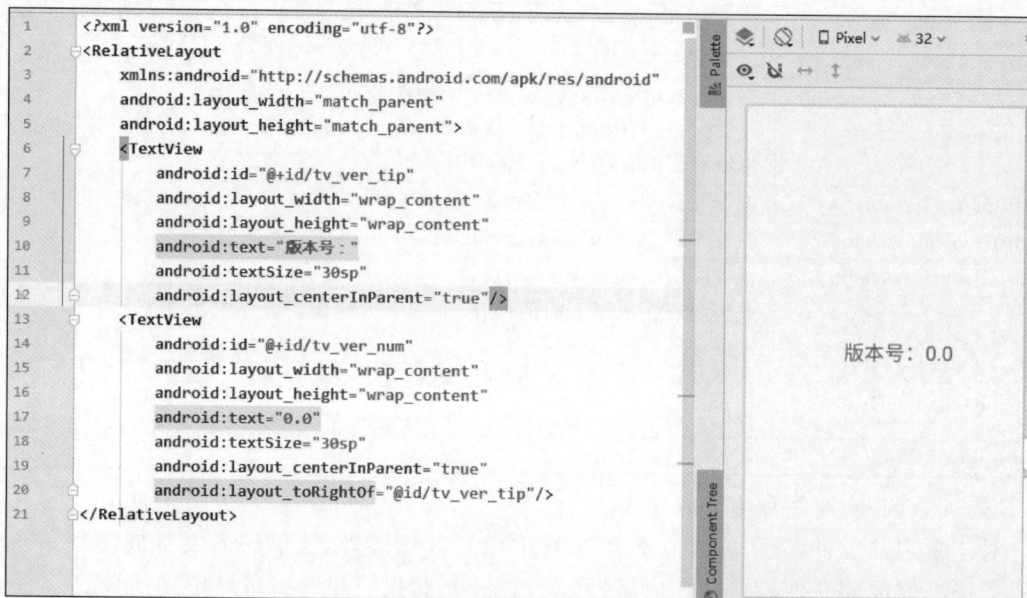

```
1  <?xml version="1.0" encoding="utf-8"?>
2  <RelativeLayout
3      xmlns:android="http://schemas.android.com/apk/res/android"
4      android:layout_width="match_parent"
5      android:layout_height="match_parent">
6      <TextView
7          android:id="@+id/tv_ver_tip"
8          android:layout_width="wrap_content"
9          android:layout_height="wrap_content"
10         android:text="版本号:"
11         android:textSize="30sp"
12         android:layout_centerInParent="true"/>
13     <TextView
14         android:id="@+id/tv_ver_num"
15         android:layout_width="wrap_content"
16         android:layout_height="wrap_content"
17         android:text="0.0"
18         android:textSize="30sp"
19         android:layout_centerInParent="true"
20         android:layout_toRightOf="@id/tv_ver_tip"/>
21 </RelativeLayout>
```

版本号: 0.0

图 4-2　添加两个 TextView 控件的参考代码和预览效果

接下来讲解使用 Java 源代码修改 TextView 控件中显示的字符内容的步骤,请读者根据以下的步骤完成应用程序版本号控制的功能。

步骤 1,为 activity_lab8.xml 布局文件创建一个 Activity 类,用于控制该页面的逻辑,其步骤为选择项目包名(即项目结构视图为 Android 模式下 java 目录下的第一个包),接着右键,选择 new 再选择 Java Class,在弹框中填写类名(按照 Java 的命名规范进行命名,本案例的类名为 LabActivity),双击 Class 后打开相应的类文件,让该类继承 Activity 类,并重写 onCreate()方法(在类体空白的地方输入 onCreate()方法名后会弹出提示,双击选择类修饰符为 protected 的方法),然后在该方法体中调用 setContentView()方法绑定布局,在该方法的参数列表中传入布局文件的 id,其参考代码如图 4-3 所示。

步骤 2,在 LabActivity 类中定义相应的控件变量,本案例中我们需要控制的是 TextView 控件,如果这个控件变量需要在整个类中使用,就需要把它定义为类的属性,即

```
8       public class LabActivity extends Activity {
9           @Override
10      protected void onCreate(@Nullable Bundle savedInstanceState) {
11          super.onCreate(savedInstanceState);
12          setContentView(R.layout.acticity_lab8);
13      }
14  }
```

图 4-3　布局 activity_lab8 的页面逻辑控制类

在 LabActivity 类的第 9 行定义一个 TextView 控件的变量；如果该控件变量只需要在局部使用，则在需要该变量时定义 TextView 控件的变量，其参考代码如下所示。

```
TextView tv_version;
```

步骤 3，在 onCreate()方法中通过 findViewById()方法将步骤 2 定义的变量与布局中相应的控件进行绑定。本案例中需要控制的 TextView 控件用于显示应用程序版本号，其控件的 id 名为 tv_ver_num，可在 LabActivity 类的第 13 行中编写绑定控件的代码，其参考代码如下。

```
tv_version = findViewById(R.id.tv_ver_num);
```

需要注意的是控件绑定的代码，必须写在 setContentView()方法调用之后，执行完绑定控件这行代码后，tv_version 变量就相当于布局中 id 名为 tv_ver_num 的 TextView 控件，可以通过该变量去修改和获取控件中的属性。

步骤 4，定义一个字符串变量用于保存应用程序版本号（默认版本号的值为 1.0），如果该变量需要在 LabActivity 类中任意地方都能使用，则需要把它定义为类的属性，如果只是局部使用，则在需要的地方定义该变量，参考代码如下所示。

```
String version = "1.0";
```

步骤 5，使用 setText()方法修改 TextView 控件的值，本案例的具体操作是在 onCreate()方法中通过 TextView 控件变量调用 setText()方法，将显示版本号的 TextView 控件的显示字符修改为步骤 4 定义的字符串变量的值，以下是其参考代码。

```
tv_version.setText(version);
```

整个 LabActivity 类的代码如图 4-4 所示。

```
9       public class LabActivity extends Activity {
10          TextView tv_version;
11          String version = "1.0";
12          @Override
13      protected void onCreate(@Nullable Bundle savedInstanceState) {
14          super.onCreate(savedInstanceState);
15          setContentView(R.layout.acticity_lab8);
16          tv_version = findViewById(R.id.tv_ver_num);
17          tv_version.setText(version);
18      }
19  }
```

图 4-4　LabActivity 类中的参考代码

步骤 6，打开清单文件，将 LabActivity 注册为本应用程序的启动页面，其代码如图 4-5 所示。只需要将项目清单文件中 activity 标签中 name 属性值修改为 LabActivity 的全类名（全类名就是使用类时需要将类所在的包名一起列出来），如果类在应用程序的主包中，则可以省略包名，直接在类名前加一个点运算符（.）表示相对路径，如图 4-5 第 11 行代码所示。

步骤 7,单击"运行"按钮,运行程序,其运行效果如图 4-6 所示,可以看到手机模拟器屏幕上显示应用程序的版本号为 1.0,而不是布局中写的 0.0,由此可见使用代码修改 TextView 控件的属性已成功。

```
1   <?xml version="1.0" encoding="utf-8"?>
2   <manifest xmlns:android="http://schemas.android.com/apk/res/android"
3       package="com.example.helloworld">
4       <application
5           android:allowBackup="true"
6           android:icon="@mipmap/main_index_my_pressed"
7           android:label="HelloWorld"
8           android:roundIcon="@mipmap/main_index_my_pressed"
9           android:supportsRtl="true"
10          android:theme="@style/AppTheme">
11          <activity android:name=".LabActivity">
12              <intent-filter>
13                  <action android:name="android.intent.action.MAIN" />
14
15                  <category android:name="android.intent.category.LAUNCHER" />
16              </intent-filter>
17          </activity>
18      </application>
19  </manifest>
```

图 4-5　清单文件参考代码

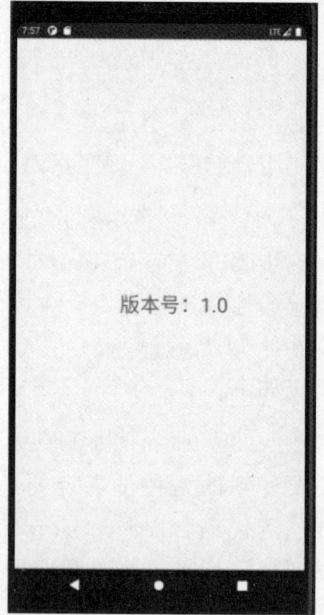

图 4-6　应用程序运行效果

步骤 8,接着使用 getText()方法获取 TextView 控件中的文本属性,本案例中可以使用以下操作,在 onCreate()方法中定义一个临时的变量接收 TextView 控件的文本属性,并使用 Log 将属性输出,以下是其参考代码。

```
String ver = tv_version.getText().toString();
Log.i("version",ver);
```

getText()方法的返回值为 Editable 对象,因此需要使用 toString()方法转换为字符串显示给用户。LabActivity 类最终的代码如图 4-7 所示,编写完代码后再次运行应用程序,可以在控制台 Logcat 菜单中输出标志 version 的值。在后续的学习中,会经常使用 Logcat 进行程序的调试,读者们要记住这个工具的用法。

2. EditText 控件

EditText 控件也称为输入文本框控件,一般用于在页面上提供用户输入信息。在登录、注册等页面都会使用该控件,该控件是 TextView 控件的子类,因此在很多使用上类似,但比 TextView 控件多了一些输入文本的属性,例如输入提示属性 hint、输入类型属性 inputType 等,接下来从常用属性和 Java 接口两方面来学习该控件。

1) EditText 控件常用属性

在 TextView 控件中的属性都适用于 EditText 控件,EditText 控件的常用属性如表 4-2 所示。

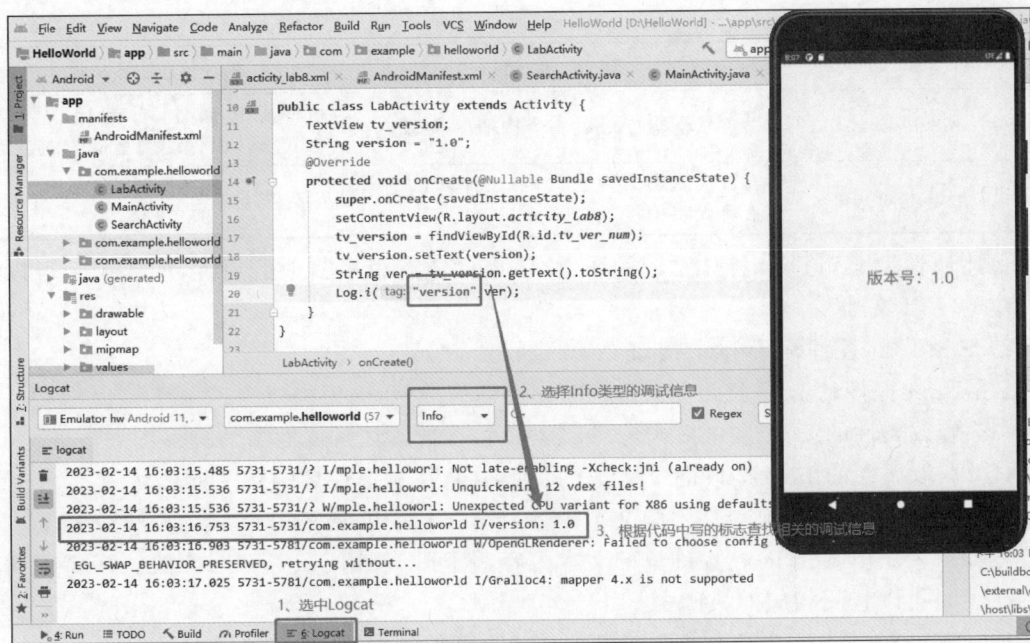

图 4-7　应用程序 **LabActivity** 类最终代码及其运行效果

表 4-2　**EditText** 控件常用属性

属　性　名	功　能　描　述	属性值/类型说明
android:layout_width	设置 EditText 控件的宽度	必须属性、可以是系统定义的,也
android:layout_height	设置 EditText 控件的高度	可以直接使用数值加单位定义
android:id	设置 EditText 控件的位置标识	标识属性
android:text	设置 EditText 控件的文本内容	内容属性
android:hint	设置 EditText 控件的输入提示	内容属性
android:hintColor	设置 EditText 控件的输入提示的文字颜色	内容美化属性
android:selectAllOnFocus	设置为 true 的 EditText 控件获得焦点后选中的是所有文本	内容美化属性
android:textColor	设置文字的颜色	内容美化属性
android:textSize	设置文字的大小	内容美化属性
android:textStyle	设置文本格式,如粗体、斜体	内容美化属性
android:gravity	设置文本在 EditText 控件中的位置	内容美化属性
android:inputType	设置 EditText 控件的输入数据的类型	内容美化属性
android:maxLength	设置文本最大长度,超出此长度的文本不显示	组件美化属性
android:lines	设置文本的行数,超出此行数的文本不显示	组件美化属性
android:maxLines	设置文本的最大行数,超出此行数的文本不显示	组件美化属性
android:singleLine	设置单行显示	组件美化属性
android:lineSpacingExtra	设置文本的行间距	组件美化属性

续表

属　性　名	功　能　描　述	属性值/类型说明
android:imeOptions	设置软键盘中最后一个按钮的状态	组件美化属性,可选值请参考 EditText 控件使用案例中的讲解
android:background	设置输入框的背景,如需去掉默认的背景可以将值设置为@null	组件美化属性

上述属性为 EditText 控件常用的属性,该控件还有很多其他的属性,如需用到可以查阅相应的 API 文档。

2) EditText 控件常用 Java 接口

EditText 控件的 Java 接口与 TextView 控件的类似,通用格式为:

(1) 修改属性的 Java 接口格式是 set 属性名(参数),注意属性名的首字母大写。

(2) 获取属性的 Java 接口格式是 get 属性名(),注意属性名的首字母大写。

例如要修改 EditText 控件中的文本内容,就可以使用 setText(参数)方法设置文本框内容。如果要获取 EditText 控件里的文本内容,就可以使用 getText()方法。需要用到其他的属性时可以查阅相应的 API 接口。

EditText 控件中还会经常使用编辑动作监听事件的方法,该事件用于监听 EditText 控件是否被按下编辑,接口名为 OnEditorActionListener,一般使用 EditText 对象调用 setOnEditorActionListener(事件对象)方法来设置监听事件,在下面的案例中会使用匿名内部类的方式实现该事件接口。

3) EditText 控件使用案例

接下来使用 EditText 控件做一个简易搜索框,搜索框的功能需求为:单击 EditText 控件弹出软键盘,输入关键字后,单击软键盘的"搜索"按钮,在 EditText 控件下面的 TextView 控件显示提示:您检索的关键字为 XXX,效果如图 4-8 所示。

图 4-8　简易搜索框效果

图 4-8 中左边第一张图为单击 EditText 控件进行输入时,软键盘最后一个按钮默认的效果;中间图为在 EditText 控件中添加了 android:imeOptions 属性,且属性值设置为 actionSearch,该属性其他常用的可选属性值及其效果为:

(1) actionNone 没有动作,对应常量 EditorInfo. IME_ACTION_NONE,效果为输入框右侧不带任何提示。

(2) actionGo 去往,对应常量 EditorInfo. IME_ACTION_GO,效果为右下角按键内容为"开始"。

(3) actionSearch 搜索,对应常量 EditorInfo. IME_ACTION_SEARCH,效果为右下角按键为放大镜图片,即搜索。

(4) actionSend 发送,对应常量 EditorInfo. IME_ACTION_SEND,效果为右下角按键内容为"发送"。

(5) actionNext 下一个,对应常量 EditorInfo. IME_ACTION_NEXT,效果为右下角按键内容为"下一步"或者"下一项"。

(6) actionDone 完成,对应常量 EditorInfo. IME_ACTION_DONE,效果为右下角按键内容为对勾图片,即完成,该属性值也是默认的值。

注意:如果设置了 android:imeOptions 属性值后没有效果,请添加 singleLine 属性,并将其属性值设置为 true。

所需知识点基本上已经准备好了,现在请各位读者参考以下的步骤一起来实现简易搜索界面的功能。

步骤 1,在项目 layout 目录里新建一个布局文件,布局文件的名称为 activity_search,将布局文件的根标签修改为 LinearLayout,并在开始标签中添加 orientation 属性,将其属性值设置为 vertical。

步骤 2,在 LinearLayout 标签里添加 EditText 控件和 TextView 控件,并为两个控件添加必要的属性,其效果如图 4-8 的左边第一张图所示。

步骤 3,在 EditText 控件中添加 android:imeOptions 属性,并将属性值设置为 actionSearch,运行的效果如图 4-8 中间第二张图所示,布局文件的完整代码如代码段 4-1 所示。

步骤 4,为 activity_search 新建一个页面逻辑控制类,类名为 SearchActivity,并让该类继承 Activity 类,重写 onCreate()方法,在 onCreate()方法中使用 setContentView(布局资源 id)方法将布局与页面逻辑控制类进行绑定。

步骤 5,使用控件变量绑定布局中的控件,先定义相应的控件变量,本页面需要被修改显示内容的控件有一个 TextView 控件和一个 EditText 控件,参考代码如下。

```
EditText et_key;
TextView tv_res;
```

接着在 onCreate()方法中使用 findViewById(控件 id)方法将上述定义的控件变量与布局文件中相应的控件进行绑定,其参考代码如下。

```
et_key = findViewById(R.id.et_search);
tv_res = findViewById(R.id.tv_search);
```

步骤 6,实现单击软键盘"搜索"按键后的搜索功能,即给 EditText 控件设置编辑监听

```xml
<?xml version="1.0" encoding="utf-8"?>
<LinearLayout
    xmlns:android="http://schemas.android.com/apk/res/android"
    android:layout_width="match_parent"
    android:layout_height="match_parent"
    android:orientation="vertical">
    <EditText
        android:id="@+id/et_search"
        android:layout_width="match_parent"
        android:layout_height="50dp"
        android:hint="请输入检索的关键字"
        android:gravity="center"
        android:background="@null"
        android:singleLine="true"
        android:textSize="30sp"
        android:imeOptions="actionSearch"/>
    <TextView
        android:id="@+id/tv_search"
        android:layout_width="wrap_content"
        android:layout_height="wrap_content"
        android:text="您检索的关键字为："
        android:textSize="30sp"
        android:textColor="#000"/>
</LinearLayout>
```

代码段 4-1　布局文件 activity_search.xml 的参考代码

器,并在编辑监听事件的实现方法中编写相应的搜索功能,其参考代码及 SearchActivity 类完整的代码如代码段 4-2 所示。

```java
public class SearchActivity extends Activity{
    EditText et_key;
    TextView tv_res;
    @Override
    protected void onCreate (@Nullable Bundle savedInstanceState) {
        super.onCreate (savedInstanceState);
        setContentView (R.layout.activity_search);
        et_key = findViewById (R.id.et_search);
        tv_res = findViewById (R.id.tv_search);
        et_key.setOnEditorActionListener (new TextView.OnEditorActionListener () {
            @Override
            public boolean onEditorAction (TextView textView, int i, KeyEvent keyEvent) {
                if ( i == EditorInfo.IME_ACTION_SEARCH) {
                    String searchKey = et_key.getText () .toString ();
                    tv_res.setText ("您检索的关键字为:"+searchKey);
                    //关闭软键盘的代码
                    ((InputMethodManager)et_key.getContext()
                            .getSystemService(Context.INPUT_METHOD_SERVICE))
                            .hideSoftInputFromWindow(SearchActivity.this.getCurrentFocus()
                            .getWindowToken(),InputMethodManager.HIDE_NOT_ALWAYS);
                    return true;
                }
                return false;
            }
        });
    }
}
```

代码段 4-2　SearchActivity 类完整的代码

步骤 7,将 SearchActivity 类设置为该项目的启动页面,清单文件中的参考代码如图 4-9
所示。

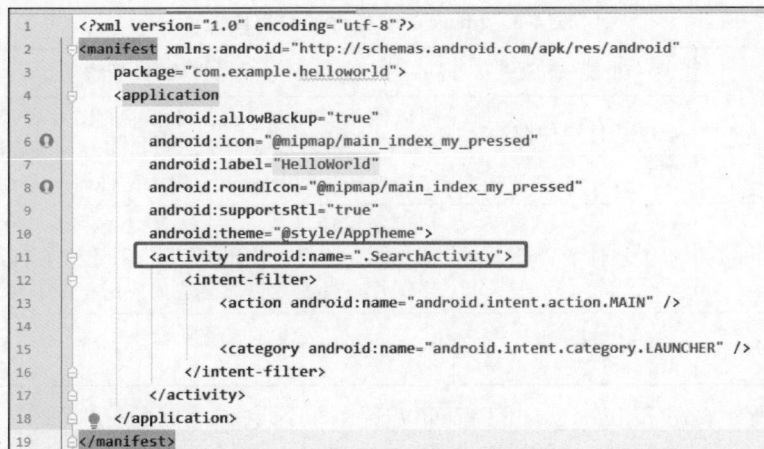

```
1   <?xml version="1.0" encoding="utf-8"?>
2   <manifest xmlns:android="http://schemas.android.com/apk/res/android"
3           package="com.example.helloworld">
4       <application
5           android:allowBackup="true"
6           android:icon="@mipmap/main_index_my_pressed"
7           android:label="HelloWorld"
8           android:roundIcon="@mipmap/main_index_my_pressed"
9           android:supportsRtl="true"
10          android:theme="@style/AppTheme">
11          <activity android:name=".SearchActivity">
12              <intent-filter>
13                  <action android:name="android.intent.action.MAIN" />
14
15                  <category android:name="android.intent.category.LAUNCHER" />
16              </intent-filter>
17          </activity>
18      </application>
19  </manifest>
```

图 4-9　清单文件中的参考代码

4.1.2　图片类控件

图片类控件用于显示应用程序的图片,美化应用程序的页面,使应用程序页面展示的内
容更加形象美观。Android 应用程序中用于显示图片的控件有 ImageView、ImageButton
等带有 src、background、icon 等属性的控件,下面以 ImageView 控件为例讲解图片类控件
的重要属性和使用注意事项。

1. ImageView 控件的定义和使用

ImageView 控件是 View 视图的子类,主要功能是显示图片,可以显示任意图像,一般
在应用程序中用该控件显示用户头像或以图片轮播的形式展示商品。ImageView 控件目
前仅支持 png、jpg、gif、bmp 四种图片格式。图片的来源可以是应用程序自身的图片资源、
手机存储空间中的图片和网络中的图片,读取不同来源的图片需要使用不同的接口,此部分
代码量比较多,会在课堂学习中进行详细的讲解。一般在实现动态读取图片内容之前会先
在布局文件中初步设计展示页面的结构,因此需要掌握在布局文件中定义图片控件的格式,
以下是其参考代码。

```
< ImageView
    属性/>
```

如上述代码所示,可以在布局中通过<ImageView/>单标签定义图片控件,一个图片控件只
能显示一张图片,为了方便设置图片控件的位置,在布局文件中定义图片控件时,可以为控
件设置一张默认图片,如何为图片控件设置默认的图片呢? 接下来学习 ImageView 控件的
常用属性。

2. ImageView 控件的常用属性

ImageView 控件的常用属性除了 android: layout _ width、android: layout _ height、 android:id 这些通用属性之外,还有 src、background 等属性,重要属性及其含义如表 4-3 所示。

表 4-3　ImageView 控件的常用属性

属　性　名	功能描述	属性值/类型说明
android:src	设置控件中的图片内容	可以使用项目 mipmap 目录中的图片资源,使用格式为 @mipmap/资源文件名;也可以用 drawable 中的资源,使用格式为@drawable/资源文件名
android:background	设置控件的背景	可以使用项目中 mipmap 和 drawable 中的图片,也可以使用颜色值或者使用颜色资源,注意 background 使用过多图片或者图片过大会造成应用程序卡顿或者死机
android:maxHeight	设置 ImageView 的最大高度	内容美化属性

如表 4-3 所示,src 和 background 都可以显示图片,它们之间的区别如下。

(1) background 属性是通用属性,可以用于其他控件;src 属性是 ImageView 控件独有的属性。

(2) background 通常指的都是背景,而 src 指的是内容。

(3) 当使用 src 填入图片时,系统会按照图片大小等比例填充,并不会进行拉伸,而使用 background 填入图片,则会根据 ImageView 控件给定的宽度来进行拉伸。

稍后会通过一个案例讲解这两个属性的区别,其他属性的效果读者可以自行在布局文件中尝试,由于本书篇幅的限制,这里不讲解其他属性的使用案例。

3. ImageView 控件常用的 Java 接口

ImageView 控件的 Java 接口重点需要掌握的是设置控件里所显示的图片,根据图片的来源,可以使用不同的 Java 接口,具体的接口如下。

1) 获取 drawable 目录中的图片资源

```
ImageView 控件对象.setImageResource(R.drawable.图片资源名称);
```

2) 获取网络上的图片

```
//先获取网络图片的地址
URL picUrl = new URL(网络图片地址);
//将网络图片转换成 Bitmap 对象
Bitmap pngBm = BitmapFactory.decodeStream(picUrl.openStream());
//将 Bitmap 对象放入 ImageView 控件里
ImageView 控件对象.setImageBitmap(pngBm);
```

3) 通过 BitmapDrawable 进行设置

```
//获取资源对象
Resources res = getResources();
//将图片资源转换为 Bitmap 对象
Bitmap bmp = BitmapFactory.decodeResource(res, R.drawable.图片资源名);
//将 Bitmap 对象转换为 BitmapDrawable 对象
BitmapDrawable bmDr = new BitmapDrawable(bmp);
//将图片放入 ImageView 控件中
ImageView 控件对象.setImageDrawable(bmDr);
```

4）将手机内存中指定图片设置到 ImageView 控件中

```
//将指定图片转换成 Drawable 对象
Drawable dr = Drawable.createFromPath(图片路径);
//将图片放入控件中
ImageView 控件对象.setImageDrawable(dr);
```

5）用 URI 方式从指定目录获取图片

```
//将图片路径转换为 URI 对象
Uri uri = Uri.parse(图片路径);
//将图片放入控件中
ImageView 控件对象.setImageURI(uri);
```

需要注意的是使用 setImageResource(R.drawable.图片资源名)设置图片时能够依据设备分辨率自动把图片进行大小缩放从而适配；使用 setImageBitmap()方法设置图片时不能自动适配设备屏幕，只能通过代码进行调整。

4．ImageView 控件的使用案例

个人中心是很多应用程序不可或缺的模块之一，该模块的其中一个功能是设置用户头像。本小节将以设置用户头像为例讲解 ImageView 控件的使用过程，其步骤如下。

步骤 1，新建一个 Android 应用程序项目或者将上一节课的项目导入 Android Studio 中，建议直接使用上一节课的项目。

步骤 2，将用户头像图片复制到项目的 drawable 目录，注意图片命名格式（图片名由小写字母、数字和下画线组成，不能以数字开头）。

步骤 3，在布局目录 layout 中新建一个新的布局文件，文件名为 activity_lab9，并将布局文件里的根标签修改为 LinearLayout，其线性方向为 vertical。

步骤 4，在布局文件里添加第一个 ImageView 控件，其宽高设置为 200dp，src 的属性值为步骤 2 的图片资源路径。

步骤 5，在布局中添加第二个 ImageView 控件，在第一个 ImageView 控件下面进行定义，其宽高设置为 200dp，background 属性值设置为步骤 2 的图片资源路径，其布局代码如代码段 4-3 所示。

```xml
<LinearLayout
    xmlns:android="http://schemas.android.com/apk/res/android"
    android:layout_width="match_parent"
    android:layout_height="match_parent"
    android:orientation="vertical">
    <ImageView
        android:layout_width="200dp"
        android:layout_height="200dp"
        android:src="@drawable/icon"/>
    <ImageView
        android:layout_width="200dp"
        android:layout_height="200dp"
        android:background="@drawable/icon"/>
</LinearLayout>
```

代码段 4-3　布局文件 activity_lab9.xml 中的参考代码

步骤 6,在应用程序的主包中为 activity_lab9 布局文件创建一个逻辑控制类,类名为 LabActivity9,其代码如代码段 4-4 所示,并在清单文件中将该类设置为应用程序的启动页面,代码如代码段 4-5 所示。

```
public class LabActivity9 extends Activity {
    @Override
    protected void onCreate (@Nullable Bundle savedInstanceState)  {
        super.onCreate (savedInstanceState) ;
        setContentView (R.layout.activity_lab9) ;}}
```

代码段 4-4　LabActivity9 类的参考代码

```
<manifest xmlns:android="http://schemas.android.com/apk/res/android"
    package="com.example.helloworld" >
    <application
        android:allowBackup="true"
        android:icon="@mipmap/main_index_my_pressed"
        android:label="@string/APP_name"
        android:roundIcon="@mipmap/main_index_my_pressed"
        android:supportsRtl="true"
        android:theme="@style/APPTheme" >
        <activity android:name=".LabActivity9" >
            <intent-filter>
                <action android:name="android.intent.action .MAIN" />
                <category android:name="android.intent.category.LAUNCHER" />
            </intent-filter>
        </activity>
    </APPlication>
</manifest>
```

代码段 4-5　清单文件中的参考代码

图 4-10　ImageView 控件使用案例效果

步骤 7,将应用程序运行在手机模拟器中,其运行效果如图 4-10 所示。第一个图像是通过 src 属性设置的,图片的比例没有被拉伸,而第二个图片是通过 background 属性设置的,图片的比例被修改了,其宽度被拉伸了。

4.1.3　按钮类控件

按钮类控件是手机应用程序界面不可或缺的控件之一,可以让用户与界面的交互变得更容易,从而提高应用程序的使用率或者页面的点击率。Android 系统中不仅提供了 Button 和 ImageButton 两个具有代表性的按钮类控件,而且 Android 系统中大部分的控件都可以实现按钮控件的功能,只需在控件中添加 onClick 属性就可以实现按钮单击功能。

1. Button 控件

Button 控件是 TextView 控件的子类,它具有 TextView 控件大部分的属性,但 Button 控件拥有默认的按钮背景,而 TextView 控件默认无背景;Button 控件的内部文本默认居中对齐,而 TextView 控件的内部文本默认靠左上方对齐;Button 控件会默认将英文字母转为大写,而 TextView 保存原始的英文大小写。

1)Button 控件的定义

Button 控件既可以在布局文件中定义,也可以在 Java 源代码中进行定义。

(1)在布局文件中定义 Button 控件,格式如下。

```
< Button
    属性/>
```

(2)在 Java 源代码中定义 Button 控件,格式如下。

```
Button btn = new Button(上下文);
```

2)Button 控件常用属性

Button 控件的属性包含 TextView 控件的大部分属性,在此不再赘述 TextView 控件已讲述过的属性,下面讲述 Button 控件中重要的属性,其属性的含义如表 4-4 所示。

表 4-4   Button 控件的常用属性

属 性 名	功 能 描 述	属性值/类型说明
android:gravity	设置控件中内容的对齐方式	其属性值可以选取 center、center_vertical、center_horizontal、fill、left、right、bottom 和 top 等值
android:onClick	设置控件的单击事件	该属性值为单击事件实现的方法名,必须在相应的页面逻辑控制类中定义该方法
android:clickable	设置控件是否允许被单击	其属性值为 true、false。如果该值设置为 false,则控件不可以单击

3)Button 控件常用 Java 接口

Button 控件的 Java 接口大部分与 TextView 控件一致,这里主要介绍的是设置 Button 控件单击相关的方法,具体方法如下。

(1)设置控件是否允许单击。

```
setClickable( boolean clickable )                //参数可以传入 true 或者 false
```

(2)设置单击事件。

```
setOnClickListener( OnClickListener ocl )         //参数传入实现单击事件的对象
```

2. ImageButton 控件

ImageButton 控件是 ImageView 控件的子类,拥有 ImageView 控件的所有属性和方法,但是该控件不能显示文字,只能显示图片。

1)ImageButton 控件的定义

ImageButton 控件既可以在布局文件中定义,也可以在 Java 源代码中进行定义。

(1)在布局文件中定义 ImageButton 控件,格式如下。

```
< ImageButton
    属性/>
```

（2）在 Java 源代码中定义 ImageButton 控件，格式如下。

ImageButton imgbtn = new ImageButton (上下文) ;

2）ImageButton 控件常用属性与接口

由于 ImageButton 控件是 ImageView 控件的子类，因此 ImageButton 控件的重点属性接口与 ImageView 控件一样，而按钮特征的属性接口与 Button 控件一致，在此不再赘述。

3. Button 控件的美化

Android 系统会根据系统的主题为控件设置默认的背景，如需设置控件的背景与应用程序样式匹配，则需使用 Drawable 资源。常用于美化控件背景的 Drawable 资源有 Shape Drawable 资源和 State List Drawable 资源，接下来详细介绍这两种 Drawable 资源的定义和使用过程。

1）Shape Drawable 资源

Shape Drawable 资源是一种几何图像的 Drawable 资源，包含形状、填充颜色、边框、圆角等图形属性，一般用于美化控件的背景。

Shape Drawable 需要在 Android 项目的 res/drawable 目录中创建一个 Drawable Resource File，其具体步骤如下。

步骤 1，选中 res/drawable 目录，右键，选择 New，再选择 Drawable Resource File，在弹框中填写文件名，建议资源文件名为 iv_bg，便于后续在案例中进行使用，填写完文件名后单击 OK 按钮，打开资源文件。

步骤 2，在打开的资源文件中将根标签修改为 shape。

步骤 3，在 shape 标签中添加元素，Shape 资源中包含的元素及其属性和含义如表 4-5 所示。

表 4-5　shape 标签中的元素及其属性和含义

元素名	元素功能	属性名	属性作用	属性值说明
gradient	设置形状资源的填充颜色为渐变的形式	angle	渐变的角度	整数值，与 type＝linear 配合使用，0 表示从左向右，90 表示从右向左
		centerX	渐变的中心点的 x 轴坐标	浮点数值，取值范围为 0～1，与 type＝linear 配合使用
		centerY	渐变的中心点的 y 轴坐标	浮点数值，取值范围为 0～1，与 type＝linear 配合使用
		centerColor	渐变中心部分的颜色	十六进制颜色值
		endColor	渐变结束部分的颜色	十六进制颜色值
		StartColor	渐变开始部分的颜色	十六进制颜色值
		gradientRadius	渐变的弧度	整数值
		type	渐变的类型	可选填 linear（线性渐变）、radial（辐射）、sweep（梯形）
		useLevel	是否将该 shape 当成一个 LevelListDrawable 来使用	通常不使用，默认值为 false

续表

元素名	元素功能	属 性 名	属 性 作 用	属性值说明
solid	设置形状资源填充颜色	color	设置图形填充的颜色	十六进制颜色值
stroke	设置形状的边框状态	color	设置边框颜色	十六进行颜色值
		width	设置边框的宽度	数值与单位一起使用,单位一般使用 dp
		dashGap	设置每根虚线的间隔长度	数值与单位一起使用,单位一般使用 dp
		dashWidth	设置每根虚线的长度	数值与单位一起使用,单位一般使用 dp
corners	设置形状为矩形时,四个角的弧度	radius	同时设置矩形四个角的圆角度数	数值与单位一起使用,单位一般使用 dp
		topLeftRadius	设置左上角圆角度数	数值与单位一起使用,单位一般使用 dp
		topRightRadius	设置右上角圆角度数	数值与单位一起使用,单位一般使用 dp
		bottomLeftRadius	设置左下角圆角度数	数值与单位一起使用,单位一般使用 dp
		bottomRightRadius	设置右下角圆角度数	数值与单位一起使用,单位一般使用 dp
size	设置形状的大小	width	设置形状的宽度	数值与单位一起使用,单位一般使用 dp
		height	设置形状的高度	数值与单位一起使用,单位一般使用 dp
padding	设置形状内的内容与边框的距离	left	设置内容与左边框的距离	数值与单位一起使用,单位一般使用 dp
		right	设置内容与右边框的距离	数值与单位一起使用,单位一般使用 dp
		top	设置内容与上边框的距离	数值与单位一起使用,单位一般使用 dp
		bottom	设置内容与下边框的距离	数值与单位一起使用,单位一般使用 dp

如表 4-5 所示,假设需要设置一个具有圆角黑色边框填充白色的图形控件的背景,可以在 shape 标签中添加如图 4-11 所示的代码,将代码编辑窗口切换为 split 视图模式就可以看到 Shape 资源的效果。

步骤 4,在控件中使用 Shape Drawable 资源,即在布局文件相应的控件中添加一个 background 属性,并使用步骤 3 编写的 Shape Drawable 资源文件,格式为 background="@drawable/文件名",例如在上一小节的布局文件 activity_lab9.xml 中的第一个 ImageView 控件中使用本小节创建的 Shape 资源,其参考代码和效果如图 4-12 所示。

如图 4-12 所示,效果不太好,有些边框被遮挡了,圆角也不够圆,可以调整代码至恰当的效果。首先在 ImageView 控件中添加 layout_margin 属性,设置该控件与上下左右的控件留下相应的空隙,例如这里留 10dp,若设置了 layout_margin 后边框还是被内容遮挡,可

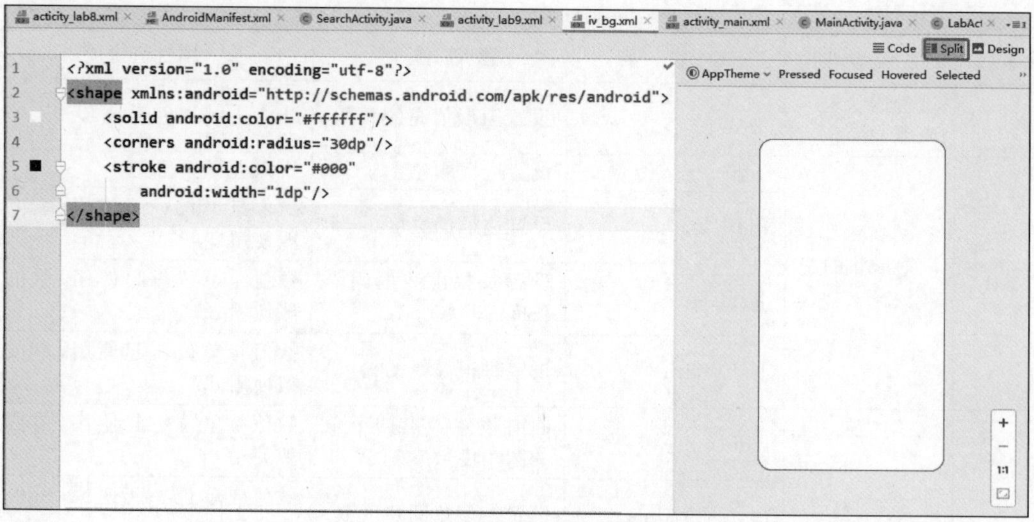

图 4-11　Shape 资源参考代码和预览效果

图 4-12　使用 Shape 资源后 activity_lab9.xml 布局的效果

以在 iv_bg.xml 资源中添加 padding 元素，使边框和内容留相应的距离。然后再修改 iv_bg.xml 中的 corners 元素中 radius 的大小，直到效果满意为止。调整后的代码和效果如图 4-13 所示。

　　运行之后可以看到 Shape Drawable 资源是静态的，单击控件也不会有变化，因此 Shape 资源主要用于设置控件的静态背景，如果要实现按钮不同状态设置不同的背景就需要使用 State List Drawable 资源，接下来我们一起学习。

　　2）State List Drawable 资源

　　State List Drawable 资源定义了在不同状态下，显示不同的 Drawable 资源，一般用于美化按钮的背景。例如按钮在不同的状态下（主要包含普通状态、按下状态、获得焦点状态等），显示不同的背景。

　　State List Drawable 资源与 Shape 资源相似，也是一种 Drawable 资源，其定义过程也与 Shape 资源类似，具体步骤如下。

　　步骤 1，选中 res/drawable 目录，右键，选择 New，接着选择 Drawable Resource File，在

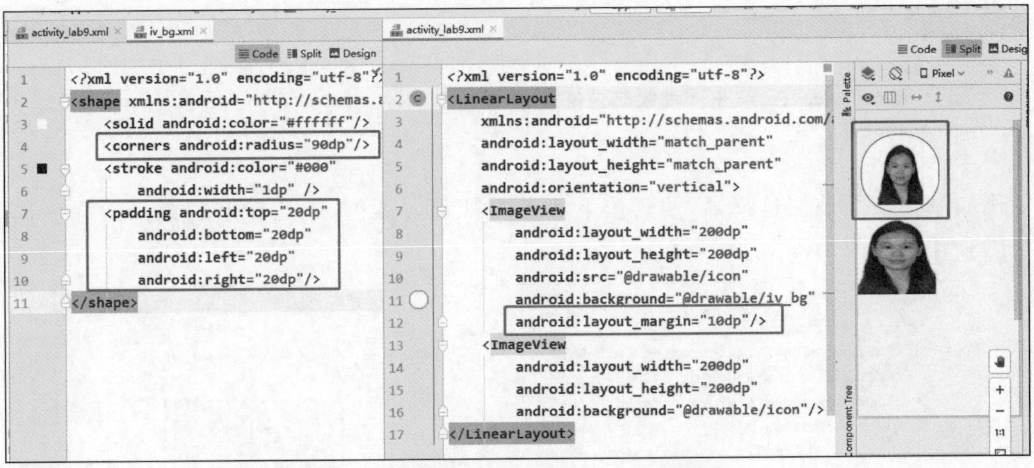

图 4-13　调整后的参考代码和预览效果

弹框中填写文件名(建议资源文件名为 btn_bg),便于在案例中进行使用,填写完名称后单击 OK 按钮,打开资源文件。

步骤 2,在打开的资源文件中可以看到,根标签为 selector,可以在标签中添加 item 元素,一个 item 表示一种状态,在一个 item 标签中可以设置按钮的一个状态,item 的属性和含义如表 4-6 所示。

表 4-6　item 标签中可以设置的按钮状态属性和含义

属　性　名	属　性　作　用	属性值说明
android:drawable	设置背景 Drawable 资源	使用 Drawable 资源
android:state_pressed	设置按钮按下状态的背景	该值设置为 true,则设置的 item 是按钮按下的状态的背景
android:state_focused	设置按钮获取焦点状态的背景	该值设置为 true,则设置的 item 是按钮获取焦点的状态的背景
android:state_enabled	设置按钮可用或不可用状态的背景	该值设置为 true,则设置的 item 是按钮可用状态的背景;如果该值为 false,则设置的 item 是按钮不可用状态的背景

如果准备好了按钮不同状态的背景图片,可以添加以下的代码实现按钮选择器。

```
< item android:state_pressed = "true" android:drawable = "@drawable/资源文件名"/>
< item android:state_enabled = "true" android:drawable = "@drawable/资源文件名"/>
< item android:state_enabled = "false" android:drawable = "@drawable/资源文件名"/>
```

在设置按钮选择器时,必须先设置按钮按下状态的背景资源,然后再设置获取焦点状态的背景资源,最后再设置按钮可用或不可用状态的背景资源,设置用户可用状态的背景资源时可以去掉 item 中的 android:state_enabled 属性,即设置按钮默认状态的背景。如果没有准备好图片,可以在 item 标签中定义 Shape 资源,使用 Shape 资源实现按钮选择器的参考代码如下所示。

```
< item android:state_pressed = "true">
    < shape >
        < solid color = "十六进制颜色值"/>
    </shapte >
```

```
    </item>
    <item>
        <shape>
            <solid color="十六进制颜色值"/>
        </shapte>
    </item>
```

例如制作一个按钮选择器,使其按下状态的背景为黄色,默认状态的背景为绿色,其参考代码和预览效果如图 4-14 所示。

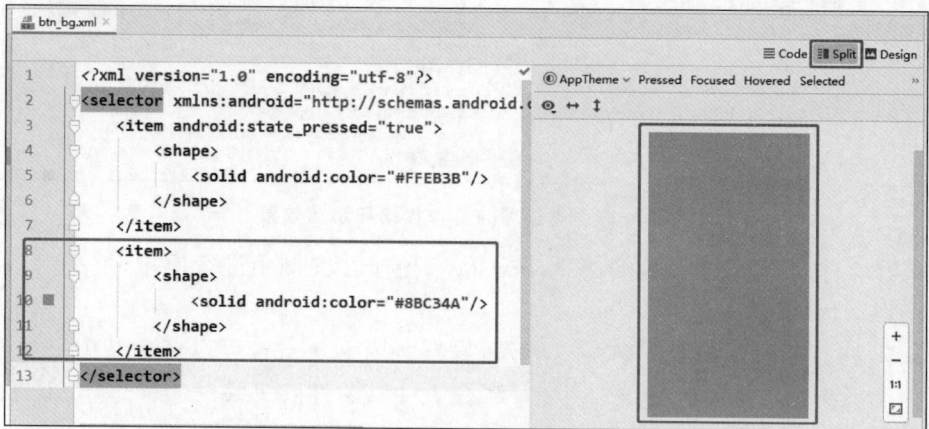

图 4-14　按钮选择器的预览效果

如图 4-14 所示,右侧的预览图显示的 selector 标签是第二个 item 标签中 Shape 资源的颜色,而不是第一个 item 标签中 Shape 资源的颜色。

步骤 3,在布局文件里的按钮控件中使用步骤 2 设置的按钮选择器,先新建一个布局文件,文件名为 activity_lab10,在布局文件中添加两个按钮,一个显示提交,一个显示取消,布局文件的代码和预览效果如图 4-15 所示。

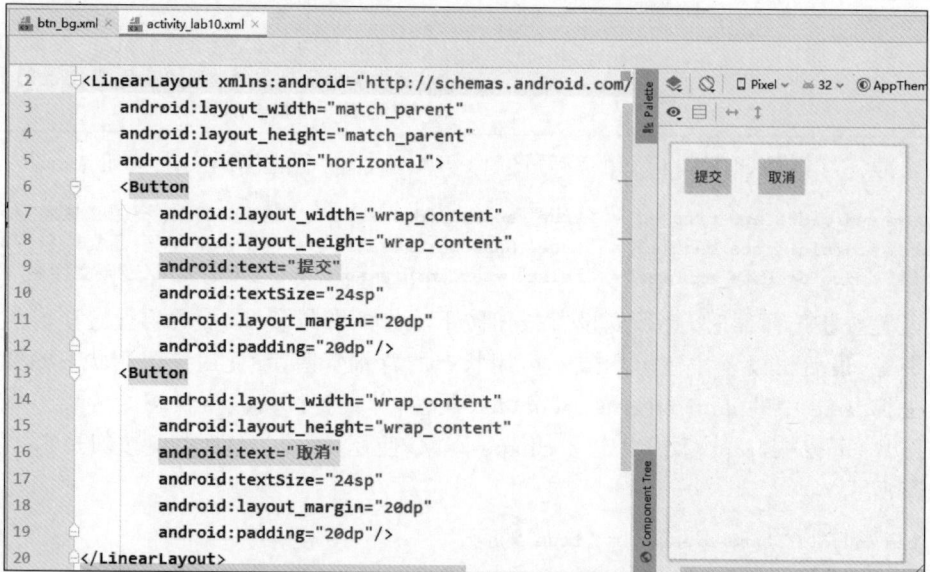

图 4-15　activity_lab10. xml 布局文件的代码及其预览效果

在布局文件 activity_lab10. xml 的第一个 Button 控件中添加 background 属性,并使用
步骤 2 创建的按钮选择器,格式为 android:background="@drawable/资源文件名"。使用
按钮选择器后,布局文件 activity_lab10. xml 的参考代码和预览效果如图 4-16 所示。

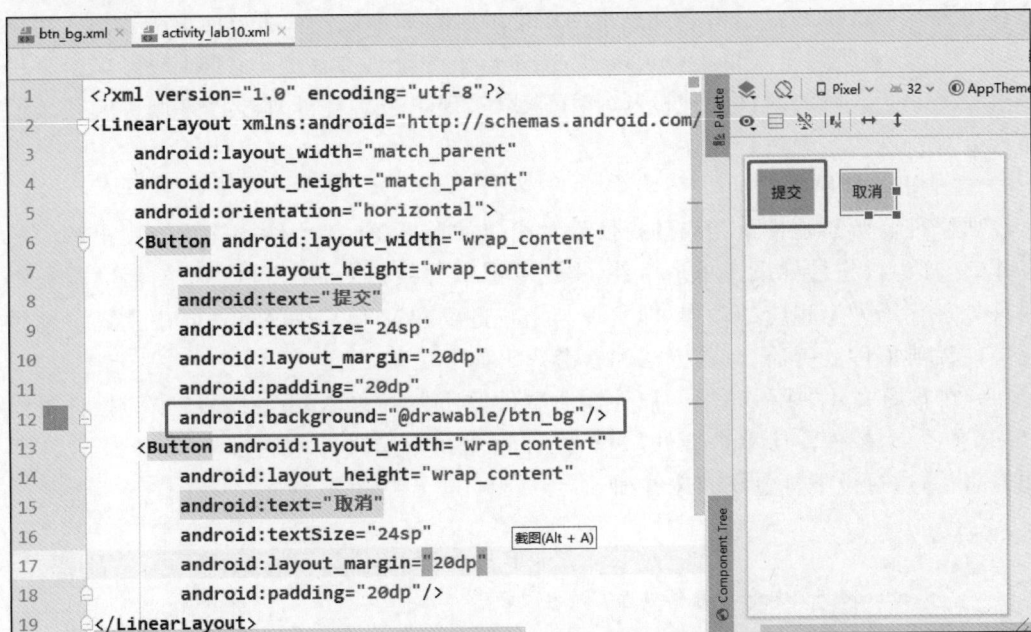

图 4-16　在图 4-15 中的第一个 Button 控件中使用按钮选择器的代码及其预览效果

步骤 4,为布局 activity_lab10. xml 创建一个页面逻辑控制类 LabActivity10 进行绑定,
即在 onCreate()方法中添加 setContentView()方法,并将参数修改为 R. layout. activity_
lab10,接着将页面逻辑控制类 LabActivity10 设置为启动页面,然后运行到手机模拟器中,
效果如图 4-17 所示。

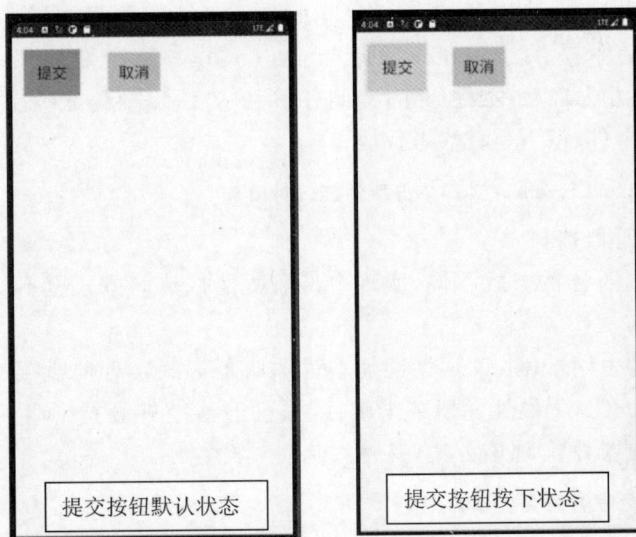

图 4-17　设置好按钮选择器后应用程序运行到手机模拟器中的效果

4. 按钮控件的事件

Android 常用的事件主要有单击事件、焦点事件、按键事件和触碰事件等,与按钮相关的事件主要是单击事件。单击事件是指当用户触碰到某个控件或者方向键被按下时产生的事件,该事件的监听器是 View. OnClickListener,事件处理方法是 onClick()。单击事件的处理过程是基于监听的事件处理机制,接下来以实现单击事件处理过程为例讲解基于监听的事件处理机制的实现过程。

1) 注册事件监听器

注册事件监听器是指给相应的控件设置相应的监听器,使控件能够响应用户相应的操作动作,例如为按钮控件设置单击事件,实现单击事件接口后,用户单击按钮后会根据编写的事件处理代码做出相应的动作,即实现与用户的简单交互。在 Android 中提供了两种方法为控件注册事件监听器,具体方法和参考代码如下。

(1) 在布局文件中用 onClick 属性注册事件监听器。在 Android 系统中为控件提供了 onClick 属性,为控件注册单击事件,一个控件只能在布局文件中通过 onClick 属性注册一次单击事件,通过以下标签格式来注册。

```
<控件名
    …
    android:onClick = "事件处理方法名"/>
```

例如在布局 activity_lab10. xml 的提交按钮中注册单击事件,可在第一个 Button 中添加 onClick 属性,其参考代码如下。

```
< Button android:layout_width = "wrap_content"
        android:layout_height = "wrap_content"
        …
        android:onClick = "submit"/>
```

(2) 在页面逻辑控制类中通过 setOnClickListener()方法注册单击事件监听器。在 Android 系统中为控件提供了 setOnClickListener()方法为控件注册单击事件监听器, setOnClickListener()方法是大多数控件的实例方法,该方法需要传入一个实现单击事件接口对象,用于实现单击事件,以下是其参考代码。

```
控件对象.setOnClickListener(实现单击事件接口对象);
```

2) 实现事件监听器接口

根据注册事件监听器的方式不同,实现事件监听器接口的方式也不同,接下来讲解实现事件监听器接口的方法。

(1) 在布局文件中用 onClick 属性注册事件监听器方式实现监听接口方法。

在布局中通过 onClick 属性注册单击事件时,已经给控件设置了**事件处理方法名**,因此需要在页面逻辑控制类中实现该方法,其格式为:

```
public void 事件处理方法名(View v){
    //编写事件处理代码
}
```

例如实现布局 activity_lab10. xml 中提交按钮的单击事件,可以在页面逻辑控制类中添加以下**事件处理方法**的代码。

```
public void submit(View v){
    //编写事件处理代码
}
```

需要注意的是页面逻辑控制类中添加的事件处理方法的方法名必须与布局文件控件中 onClick 属性注册的事件处理方法名一致,否则应用程序会出错,错误描述信息为"Could not find method 事件处理方法名(View)"。同时,实现事件处理方法时参数列表中的形式参数必须是 View 类型,否则应用程序也会出错,错误信息同样也是"Could not find method 事件处理方法名(View)",不能继续运行。

(2) 通过 setOnClickListener()方法注册单击事件监听器方式实现监听接口方法,因为 setOnClickListener()方法的参数列表中需要传入实现单击事件接口对象,所以在此详细讲解实现接口的方法。在 Java 中实现接口的方式有两种,一种是通过类来实现,另一种是通过匿名内部类实现。单击事件的监听接口名为 View.OnClickListener,接下来先讲解使用匿名内部类的方式实现接口的格式。

```
控件对象名.setOnClickListener( new OnClickListener(){
    public void onClick( View v ){
        //编写事件处理代码
    }
});
```

需要注意的是,控件对象通过 setOnClickListener()方法注册单击事件之前,必须先初始化控件对象,否则会报空指针错。

接着讲解使用类实现单击事件监听接口的过程,分为自定义类实现和使用页面逻辑控制类实现两种情况,先来学习使用自定义内部类实现单击事件监听接口的格式。

```
class XXX implements OnClickListener{
    public void onClick( View v ){
        //编写事件处理代码
    }
}
```

需要注意的是,这个事件监听接口实现类一般在页面逻辑控制类中定义,因此类的修饰符不能使用 public,因为一个.java 文件中只能有一个公共类,公共类的类名与文件名必须保持一致。实现单击事件监听接口类定义完,就可以将控件注册单击事件的代码修改为:**控件对象.setOnClickListener (new XXX())**。

接下来讲解使用页面逻辑控制类实现单击事件监听接口的过程,首先让页面逻辑控制类实现单击事件监听接口,然后在类中重写 onClick()方法,以下是其参考代码。

```
public class XXXActivity extends Activity implements OnClickListener{
    protected void onCreate( Bundle bundle ){
        setContentView(R.layout.布局文件名);
    }
    public void onClick( View v ){          //实现单击事件处理方法
        //编写事件处理代码
    }}
```

需要注意的是,在页面逻辑控制类中添加 implements OnClickListener 代码后会提示出错,可以根据错误提示,单击"implement methods",在跳出来的窗口中选择 onClick()方法,然后单击 OK 按钮,Android Studio 就会自动重写 onClick()方法。在页面逻辑控制类中实现 OnClickListener 接口后,就可以将控件注册单击事件的代码修改为:**控件对象. setOnClickListener(this)**;

下面以 activity_lab10. xml 布局中的提交按钮为例讲解使用匿名内部类、自定义内部类和页面逻辑控制类实现单击事件监听器接口的过程。

步骤 1,先在布局 activity_lab10. xml 中为提交按钮设置 id 属性,需要在提交按钮中添加属性 id,参考代码为"android:id="@+id/bt_lab10_submit""。

步骤 2,在页面逻辑控制类中定义按钮对象,参考代码为**"Button bt_submit;"**。

步骤 3,在 onCreate()方法中,通过 findViewById()方法,将布局中指定 id 的控件与步骤 2 定义的按钮对象进行绑定,进行初始化,参考代码如下:

```
bt_submit = findViewById( R.id. bt_lab10_submit );
```

步骤 4,使用匿名内部类实现单击事件监听器接口,参考代码如下:

```
bt_submit.setOnClickListener(new View.OnClickListener() {
        @Override
        public void onClick(View view) {
            Log.i("匿名内部类","匿名内部类");
        }
    });
```

步骤 5,使用自定义内部类实现单击事件监听器接口,参考代码如下:

```
class MyListener implements View.OnClickListener{
        @Override
        public void onClick(View view) {
            Log.i("自定义内部类","自定义内部类实现单击事件监听器接口");
        }
    }
```

然后在 onCreate()方法中添加注册单击事件的代码,参考代码如下:

```
bt_submit.setOnClickListener(new MyListener());
```

步骤 6,使用页面逻辑控制类实现单击事件监听器接口,关键代码如下:

```
public class LabActivity10 extends Activity implements View.OnClickListener {
    Button bt_submit;
    protected void onCreate(@Nullable Bundle savedInstanceState) {
        super.onCreate(savedInstanceState);
        setContentView(R.layout.activity_lab10);
        bt_submit = findViewById(R.id.bt_lab10_submit);
        bt_submit.setOnClickListener(new View.OnClickListener() {
            public void onClick(View view) {
                Log.i("匿名内部类","匿名内部类");
            }
        });
        bt_submit.setOnClickListener(new MyListener());
        bt_submit.setOnClickListener(this);
    }
    @Override
```

```
    public void onClick(View view) {
        Log.i("页面逻辑控制类","页面逻辑控制类实现单击事件监听器接口");
    }
...
}
```

步骤 7,运行到手机模拟器中,单击"提交"按钮后,控制台的输出内容如图 4-18 所示。

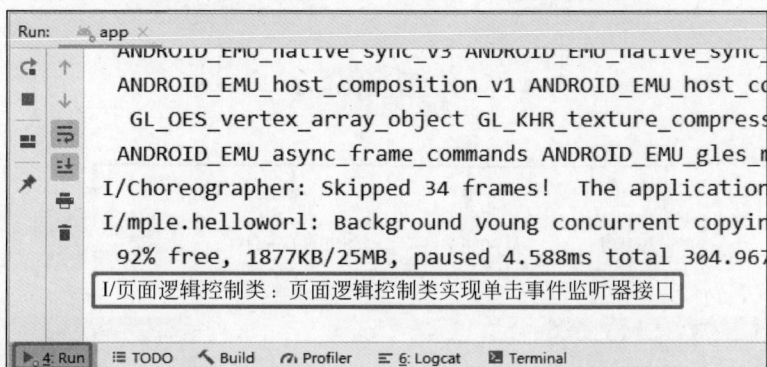

图 4-18　单击"提交"按钮后控制台的输出内容

如图 4-18 所示,在控制台输出的是"页面逻辑控制类实现单击事件监听器接口",说明如果一个控件同时设置多种实现单击事件监听器接口的方法,页面逻辑控制类实现单击事件监听器接口的优先级最高,因此只需要页面逻辑控制类进行处理,其他实现方式会被忽略,即一个控件的事件实现方式只选择其中一种即可。自定义内部类实现方式的优先级高于匿名内部类实现方式,匿名内部类实现方式优先于布局注册监听器实现方式。

3) 编写事件处理代码

事件处理代码需要根据用户和功能需求来确定,一般在事件处理方法和 onClick() 方法中进行编写。在编写处理代码时,在关键代码后面可以添加 Logcat 语句,用于输出处理结果,供程序员判断处理结果是否正常。

4.1.4　列表类控件

手机屏幕的大小是有限的,一次性在屏幕上显示的内容并不多,当程序中有大量的数据需要展示的时候,就需要借助列表类控件来实现。列表类控件用于显示数据集合,但是 Android 不是使用一种类型的控件管理和显示数据,而是将这两项功能分别使用列表适配器和列表类控件来实现。适配器的主要作用是根据数据源的内容,为每一条数据创建一个列表项或视图项,并将其显示在相应的容器中。列表类控件扩展了 android.widget. AdapterView 类,主要包括 ListView、GridView、Spinner 和 Gallery 等控件。在详细讲解这四个控件之前,先讲解用于管理数据的适配器。

1. 适配器

适配器是一个连接数据源和 AdapterView 的桥梁,通过它能有效地实现数据源与 AdapterView 的分离,使 AdapterView 与数据的绑定更加简便,修改更加方便。Android 中适配器相关类的结构如图 4-19 所示。

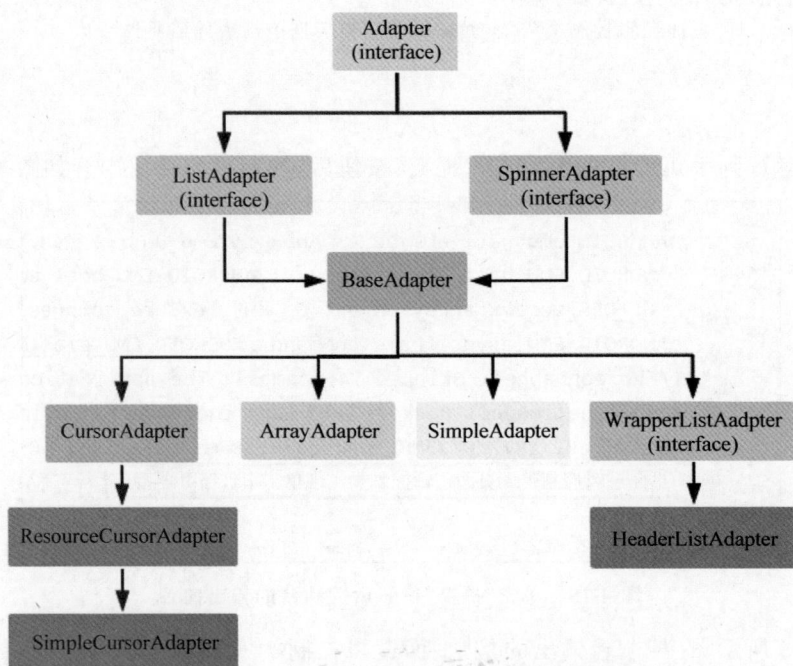

图 4-19   Android 系统中适配器相关类的结构

由图 4-19 可知,Android 系统中提供了三个现成通用的适配器,分别是 ArrayAdapter、SimpleAdapter、SimpleCursorAdapter,三者的特点如下。

(1) ArrayAdapter 最为简单,只能展示一行文字。

(2) SimpleAdapter 有最好的扩充性,可以自定义出各种效果。

(3) SimpleCursorAdapter 可以认为是 SimpleAdapter 与数据库的简单结合,可以更加方便地把数据库的内容以列表的形式展示出来。

如果 Android 系统中提供的三个适配器不能满足数据集合展示的要求,那么就需要用户自定义编写适配器,其具体的步骤如下。

步骤 1,创建一个类,并让这个类继承 BaseAdapter,一般设置上下文和数据源两个变量作为适配器的属性,其参考代码如下。

```
public class XXXAdapter extends BaseAdapter{
    private Context con;
    private List <类型> lst;
}
```

步骤 2,为适配器编写恰当的构造方法,适配器的构造方法一般需要传入数据源和上下文。Context(上下文对象)用于获取系统资源和执行操作。一般情况下,可以传入当前 Activity 或 Application 的上下文。数据源是适配器要显示的数据源,可以是数组、集合、数据库查询结果等。适配器的构造方法的代码结构如下。

```
public XXXAdapter( Context con , List <类型> lst ){
    this.con = con;
    this.lst = lst;
}
```

步骤 3,重写 BaseAdapter 的四个方法,这四个方法名和作用说明如下。

(1) public int getCount()其作用是返回数据源中的数据条目的数量。

(2) public Object getItem(int position)其作用是根据位置获取列表项或视图项指定位置的数据。

(3) public long getItemId(int position)其作用是根据位置获取指定位置的选项 ID。

(4) public View getView(int position, View convertView, ViewGroup parent)其作用是获取每个列表项或视图项所需的视图对象,并将数据填充到视图中。这是适配器中最重要的方法之一。后续会通过具体的列表控件使用例子讲解自定义适配器的使用过程。

自定义适配器成功的关键在于重写 getView()方法,在该方法中需要将数据显示在相应的选项视图控件中。

2. ListView 控件

ListView 控件是一个比较常用的控件,以列表的形式展示具体数据内容,并且能够根据数据的长度自适应屏幕。

1) ListView 控件的定义

ListView 控件使用时一般在主页面布局中先定义出来,定义的格式如下。

```
<ListView
    属性/>
```

2) ListView 控件常用属性和 Java 接口

为了能制作出美观和符合数据展示需求的 ListView 控件,需要熟悉 ListView 控件的常用属性,属性的具体含义如表 4-7 所示。

表 4-7　ListView 控件常用属性

属 性 名	属 性 作 用	属性值说明
android:stackFromBottom	设置为 true 时,新添加的 item 将从下面加入,QQ 聊天窗口的 ListView 控件就是设置这个属性为 true	可选值为 true 和 false
android:transcriptMode	需要用 ListView 控件或者其他显示大量 Items 的控件实时跟踪或者查看信息,并且希望最新的条目可以自动滚动到可视范围内	通过设置的控件 android:transcriptMode="alwaysScroll",可以自动滚动到最新信息
android:cacheColorHint	用于设置缓存的颜色。当我们用图片作为 ListView 控件背景的时候,若不设置此属性,则部分版本手机在滑动的时候,背景会出现黑色的闪烁,若要解决这个问题,设置 android:cacheColorHint 为透明(♯00000000)即可	十六进制颜色值
android:divider	设置每一条 item 之间的间隔,或是去掉 item 之间的分割线	可以使用 drawable 资源,或者直接设置为@null 去掉分割线
android:fadingEdge	设置拉滚动条时,边框渐变的方向	可选值为:none(边框颜色不变),horizontal(水平方向颜色变淡),vertical(垂直方向颜色变淡)

续表

属 性 名	属 性 作 用	属性值说明
android:fadeScrollbars	设置为 true 的时候,可以实现滚动条的自动隐藏和显示	可选值为 true 和 false
android:fastScrollEnabled	设置此属性为 true,则开启快速滑动块效果。但是当 item 条数太少的时候并不现实,只有高度超过三屏的内容,才能显示快速滑动块	可选值为 true 和 false
android:drawSelectorOnTop	设置单击选项的文字是否可见	可选值为 true 时不可见,为 false 时可见
android:entries	该属性用于绑定列表类控件的静态数据集	该属性值需要使用已经定义好的字符串数组,使用格式为 @array/数组名

各位读者可以在后面讲述的例子里给 ListView 控件添加相应的属性,看看各个属性之间的效果和差别,由于篇幅问题,在此就不一一示范每个属性的效果。接下来讲解 ListView 控件常用的 Java 接口。

ListView 控件常用的 Java 接口主要用于动态修改 ListView 控件的数据和选项外观,需要掌握的接口如下。

(1) setAdapter(Adapter):设置适配器,需要传入一个适配器对象。

(2) addHeaderView(View):设置表头,需要传入一个 View 对象。

(3) addFooterView(View):设置表尾,需要传入一个 View 对象。

(4) setOnItemClickListener(OnItemClickListener 实现类对象):注册选项单击事件,需要传入一个 OnItemClickListener 接口实现类的对象。

(5) setOnScrollListener(OnScrollListener 实现类对象):注册滚动事件,需要传入一个 OnScrollListener 接口实现类的对象。

注意后面两个事件的监听事件的实现与按钮控件单击事件监听接口的实现类似,在此不再赘述,后面会通过一个实例来讲解。

3)列表类控件获取数据源的方式

根据应用程序是否经常修改数据来对数据源进行分类,不需要修改的数据称为静态数据源,可以在应用程序的字符资源文件中保存,或者在 res/values 目录中创建一个新的 array.xml 文件用于保存,其定义的格式如下。

```
< string - array name = "字符串数组名">
    < item >字符内容 1 </item>
    < item >字符内容 1 </item>
        …
    < item >字符内容 n </item>
</ string - array >
```

需要经常被修改的数据可以称为动态数据源,Java 源代码可以通过数组和 List 等集合数据类型进行保存,然后动态与 ListView 控件进行绑定。

4) ListView 控件使用案例

本小节将通过 ListView 控件展示中国省级行政区,因为中国省级行政区一般固定不变,所以该数据是静态的数据源。可以在应用程序的 values 文件夹中先创建一个 array. xml 文件保存(建议继续使用上一节课所用的项目),array. xml 文件的参考代码如代码段 4-6 所示。列表控件的数据源准备好了,接下来实现列表展示数据的效果。

步骤 1,在 res/layout 目录中新建一个布局文件,文件名为 activity_listview,在布局中定义一个 ListView 控件,具体代码如代码段 4-7 所示。

步骤 2,为布局文件 activity_listview 创建一个页面逻辑控制类 LVDActivity,其参考代码如代码段 4-8 所示。

步骤 3,在清单文件中将该页面逻辑控制类修改为启动页面,将页面设置为启动页面的关键代码如代码段 4-9 所示。

步骤 4,将应用程序运行到手机模拟器上,运行效果如图 4-20 所示。

```xml
<string-array name="sheng">
    <item>河北省（冀）</item>
    <item>山西省（晋）</item>
    <item>黑龙江省（黑）</item>
    <item>吉林省（吉）</item>
    <item>辽宁省（辽）</item>
    <item>江苏省（苏）</item>
    <item>浙江省（浙）</item>
    <item>安徽省（皖）</item>
    <item>福建省（闽）</item>
    <item>江西省（赣）</item>
    <item>山东省（鲁）</item>
    <item>河南省（豫）</item>
    <item>湖北省（鄂）</item>
    <item>湖南省（湘）</item>
    <item>广东省（粤）</item>
    <item>海南省（琼）</item>
    <item>四川省（川）</item>
    <item>贵州省（贵）</item>
    <item>云南省（云）</item>
    <item>陕西省（陕）</item>
    <item>甘肃省（甘）</item>
    <item>青海省（青）</item>
    <item>台湾省（台）</item>
</string-array>
```

代码段 4-6　在 array. xml 定义中国省份的数据

```xml
<LinearLayout    xmlns:android="http://schemas.android.com/apk/res/android"
    android:layout_width="match_parent"
    android:layout_height="match_parent"
    android:orientation="vertical">
    <ListView
        android:layout_width="wrap_content"
        android:layout_height="wrap_content"
        android:entries="@array/sheng"/>
</LinearLayout>
```

代码段 4-7　布局文件 activity_listview 的参考代码

```java
public class LVDActivity extends Activity {
    @Override
    protected void onCreate（@Nullable Bundle savedInstanceState）{
        super.onCreate（savedInstanceState）;
        setContentView（R.layout.activity_listview）;
    }
}
```

代码段 4-8　页面逻辑控制类 LVDActivity 参考代码

```xml
<activity android:name=".LVDActivity">
    <intent-filter>
        <action android:name="android.intent.action.MAIN" />
        <category android:name="android.intent.category.LAUNCHER" />
    </intent-filter>
</activity>
```

代码段 4-9　在清单文件中修改页面为启动页面的关键代码

图 4-20　ListView 控件使用案例
的运行效果

步骤 5，为 ListView 控件设置选项单击事件，并实现选项单击事件接口，关键步骤和代码如下。

(1) 在布局中为 ListView 控件设置 id 属性，参考代码为"android:id="@+id/lv""。

(2) 在页面逻辑控制类中定义一个 ListView 控件变量，参考代码为"ListView lv;"。

(3) 在 onCreate()方法中使用 findViewById()方法将布局中相应 id 的控件与第二步定义的变量进行绑定，参考代码为"lv＝findViewById(R.id.lv);"，需要注意的是绑定控件变量的语句必须写在 setContentView 语句之后。

(4) 绑定完控件后可以为控件注册选项单击事件监听器，并实现选项单击事件监听器接口，以下是其参考代码。

```
lv.setOnItemClickListener(new AdapterView.OnItemClick
Listener() {
    @Override
    public void onItemClick(AdapterView<?> adapterView,
View view, int i, long l) {
        String selected = ((TextView)view).getText().
toString();
            Log.i("item:",selected);
        }
});
```

步骤 6，重新将应用程序运行在手机模拟器里，当单击任意一个选项时，在控制台的 run 或者 Logcat 中会看到所选选项的内容，其效果如图 4-21 所示。

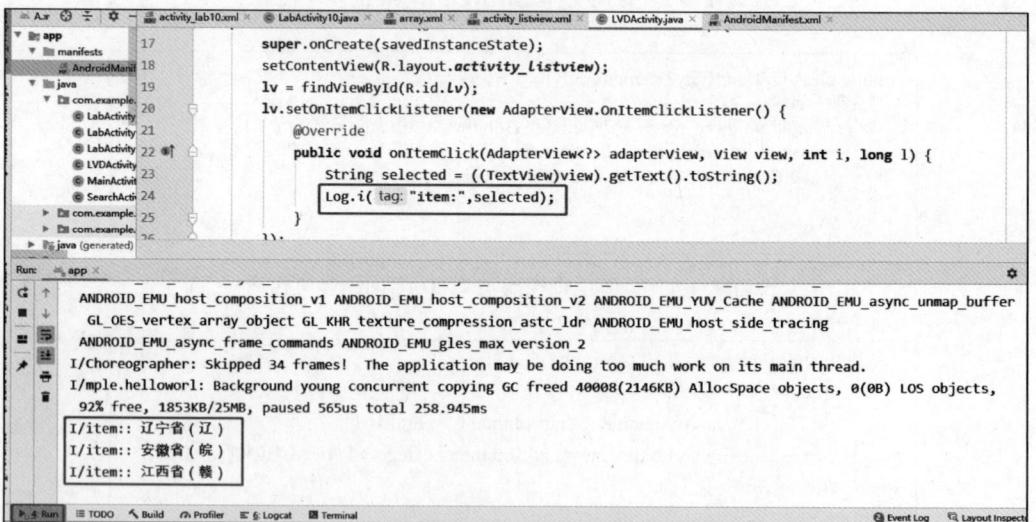

图 4-21　为 ListView 控件注册选项单击事件运行效果

到此 ListView 控件绑定静态数据的案例就完成了，但是在大多数情况下，数据源都是动态的数据集合，接下来在上述 ListView 控件的使用案例的基础上将数据源修改为动态的数据集合。

首先在页面逻辑控制类 LVDActivity 类中，定义一个字符串数组用于保存一级省级行政区类型，参考代码为：

```
String china[] = {"省份","自治区","直辖市","特别行政区"};
```

接着需要在 onCreate()方法中定义适配器，参考代码为：

```
ArrayAdapter<String> aad = new ArrayAdapter<String>(
this,                          //第一个参数是当前的上下文
android.R.layout.simple_list_item_1,    //第二个参数是 Android 系统自带的列表选项布局
china);                        //第三个参数是数据源
```

然后在绑定了 ListView 控件后面，设置 ListView 控件的适配器，代码为"lv. setAdapter(aad);"。

最后将应用程序再次运行到手机模拟器中，其运行效果如图 4-22 所示。

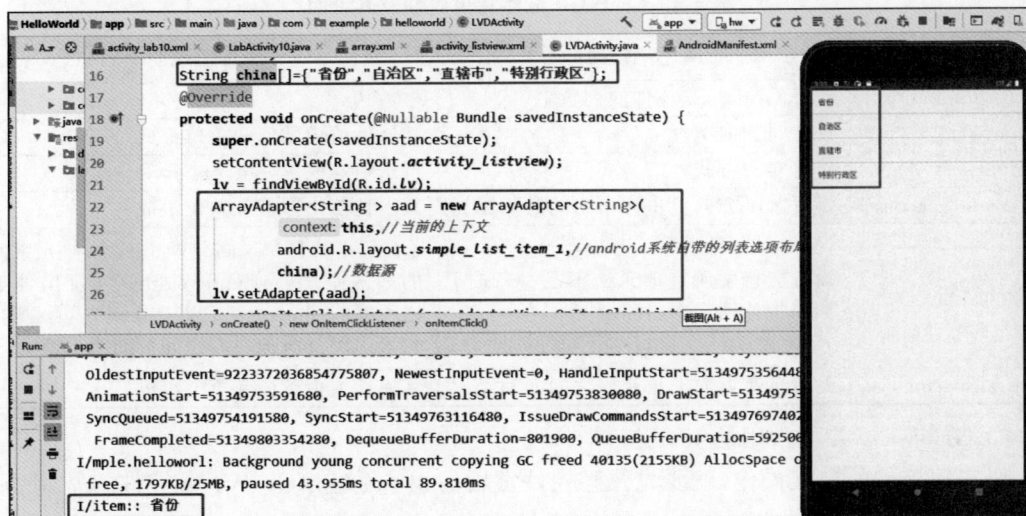

图 4-22　数据源修改为动态数据集合的参考代码和运行效果

在布局文件中 ListView 控件的 entries 属性并没有删除，在页面逻辑控制类中直接设置适配器后，动态的数据集覆盖了静态的数据集。

3. GridView 控件

在 Android 系统中除了 ListView 控件外还有一个常见的列表类控件——GridView 控件，也称网格视图。该控件以网格形式展示数据，类似于表格或者矩阵，大多数应用程序都有的九宫格菜单就是它的典型效果。GridView 控件可以按照指定的行数和列数将数据显示在多个单元格中，使数据按一定的规律呈现出来。

GridView 控件的数据只能通过 Adapter 提供，并且可以自定义每个单元格的布局，用户可以自定义 Adapter 来适配各种数据源，并为每个单元格设置不同的视图和内容。

GridView 控件与 ListView 控件类似,支持如选项单击事件、滚动显示大量数据等交互操作,接下来会详细讲解 GridView 控件的使用过程。

1) GridView 控件的定义

GridView 控件与其他的控件一样,可以在布局中定义,也可以在源代码中定义,其定义格式如下。

(1) 在布局文件中定义 GridView 控件,以下是其定义格式。

```
< GridView
   属性/>
```

(2) 在 Java 源代码中定义 GridView 控件,以下是其定义格式。

```
GridView gv = new GridView(上下文);
```

2) GridView 控件常用属性

使用 GridView 控件实现相应效果之前,需要熟悉 GridView 控件常用的属性,其常用的属性如表 4-8 所示。

表 4-8　GridView 控件常用属性及其说明

属 性 名	属 性 作 用	属性值说明
numColumns	设置 GridView 控件的列数	整数
columnWidth	设置每列的宽度	其属性值由数值和单位组成
android:gravity	组件对齐方式	可选值参照 layout_gravity
horizontalSpacing	设置水平方向上单元格之间的间距	其属性值由数值和单位组成
stretchMode	设置当行中所有单元格不足一行时,如何拉伸填充空白区域	none:不拉伸;spacingWidth:拉伸元素间的间隔空隙;columnWidth:仅仅拉伸表格元素自身;spacingWidthUniform:既拉元素间距又拉伸它们之间的间隔空隙
verticalSpacing	设置垂直方向上单元格之间的间距	其属性值由数值和单位组成

3) GridView 控件常用的 Java 接口

要实现控件的交互操作,就要先熟悉控件常用的 Java 接口,GridView 控件的常用 Java 接口如下。

(1) setAdapter(Adapter adapter)用于设置 GridView 控件的数据适配器。

(2) setOnItemClickListener(AdapterView. OnItemClickListener listener)用于设置单元格单击事件监听器。

(3) setOnItemLongClickListener(AdapterView. OnItemLongClickListener listener)用于设置单元格长按事件监听器。

(4) smoothScrollToPosition(int position)用于平滑地将 GridView 控件滚动到指定位置。

(5) getFirstVisiblePosition()用于获取当前可见的第一个单元格的位置。

(6) getLastVisiblePosition()用于获取当前可见的最后一个单元格的位置。

4) GridView 控件使用案例

接下来使用 GridView 控件展示 23 个省份,展示时每行显示三个省份,每个省份需要显示一个图标,省份名称显示在图标的下面。

根据上述展示需求的描述,首先需要在布局文件中为 GridView 控件设计和实现选项的效果,在布局文件中新建一个布局文件,文件名为 grid_item,参考代码如下。

```xml
<?xml version = "1.0" encoding = "utf - 8"?>
<LinearLayout
    xmlns:android = "http://schemas.android.com/apk/res/android"
    android:layout_width = "match_parent"
    android:layout_height = "match_parent"
    android:orientation = "vertical"
    android:gravity = "center">
    <ImageView
        android:id = "@ + id/iv_grid_icon"
        android:layout_width = "wrap_content"
        android:layout_height = "wrap_content"
        android:src = "@mipmap/ic_launcher"/>
    <TextView
        android:id = "@ + id/tv_grid_name"
        android:layout_width = "wrap_content"
        android:layout_height = "wrap_content"
        android:text = "省份"
        android:textSize = "24sp"/>
</LinearLayout>
```

接着在 java 目录下的主包里定义一个省份的实体类,便于后续数据的获取和传递,以下是其参考代码。

```java
public class Sheng{                          //为实体类定义属性保存省份名称和图标
    private String name;
    private int imgId;
    public Sheng(String name, int imgId){    //定义一个带参数的构造方法用于初始化属性
    this.name = name;
    this.imgId = imgId;}                      //为私有属性设置 set、get 方法对属性进行修改和获取
    public void setName( String name){
        this.name = name;}
    public String getName(){
        return name;}
    public void setImgid( int imgId ){
        this.imgId = imgId;}
    public int getImgId(){
        return imgId;}
}
```

然后再为 GridView 控件定义一个适配器,适配器的类名为 GridAdapter,该适配器中的数据集合是一个保存实体 Sheng 类对象的 List,以下是其参考代码。

```java
public class GridAdapter extends BaseAdapter{    //定义适配器的属性
    List<Sheng> lst;                             //适配器的数据源
    Context con;                                 //适配器的上下文
    //定义带参数的构造方法用于初始化数据源和上下文
    public GridAdapter(List<Sheng> lst, Context con) {
        this.lst = lst;
        this.con = con; }
    @Override                                    //重写 BaseAdapter 的四个方法
    public int getCount() {                      //返回 GridView 中选项的总数
        return lst.size(); }
```

```
        @Override
        public Object getItem(int i) {                    //获取当前选项的对象
            return lst.get(i); }
        @Override
        public long getItemId(int i) {                    //获取当前选项的序号
            return i;}
        @Override                                         //修改选项的数据
        public View getView(int i, View view, ViewGroup viewGroup) {
    if(view == null ){        //判断缓存中是否存在当前选项视图,不存在则重新加载选项视图
            view = View.inflate(con,R.layout.grid_item,null);}
        Sheng s = lst.get(i);                             //获取当前选项实体类对象
        ImageView iv = view.findViewById(R.id.iv_grid_icon);       // 绑定相应控件
        iv.setImageResource(s.getImgId());
        TextView tv = view.findViewById(R.id.tv_grid_name);
        tv.setText(s.getName());
        return view;}
    }
```

适配器准备好了,接下来在 res/layout 目录中创建一个新的布局文件,文件名为 activity_gridview.xml,并在布局中定义一个 GridView 控件,将控件的列数设置为 3,其参考代码如下。

```
< LinearLayout
    xmlns:android = "http://schemas.android.com/apk/res/android"
    android:layout_width = "match_parent"
    android:layout_height = "match_parent"
    android:orientation = "vertical">
    < GridView
        android:id = "@ + id/gv"
        android:layout_width = "wrap_content"
        android:layout_height = "wrap_content"
        android:numColumns = "3"/>
</LinearLayout >
```

然后在 java 目录的主包里为上述布局创建一个页面逻辑控件类,类名为 GridViewActivity,并按照以下的步骤实现该页面的逻辑功能。

(1) 让新建 GridViewActivity 类继承 Activity,并重写 onCreate()方法,在该方法中绑定上一步创建的布局文件,其参考代码如下。

```
public class GridViewActivity extends Activity {
    protected void onCreate(@Nullable Bundle savedInstanceState) {
        super.onCreate(savedInstanceState);
        setContentView(R.layout.activity_gridview); }}
```

(2) 在 GridViewActivity 类中定义 GridView 变量、List 数据集合以及一个字符串数组和整型数组用于分别保存省份的名称和图标的图片资源 id,但是由于时间问题无法为每个省份都设计出相应的图标。因为每个省份的图标都使用 Android 系统中自带的图标,所以省去定义整型数组变量,属性的定义应该在 onCreate()方法的前面进行,以下是其参考代码。

```
GridView gv;
String name[];
List < Sheng > lst;
```

（3）在 onCreate()方法中对三个属性进行初始化，由于省份名称已经在 array.xml 文件中进行定义，因此可以直接获取出来，然后将各个省份名称及图标保存在 lst 中，将 gv 变量与布局中相应 GridView 控件进行绑定，其参考代码如下。

```
name = getResources().getStringArray(R.array.sheng);
if(name!= null){lst = new ArrayList<>();}
for (int i = 0;i < name.length;i++){
Sheng s = new Sheng(name[i],R.mipmap.ic_launcher);
    lst.add(s);}
gv = findViewById(R.id.gv);
```

需要注意的是控件变量的初始化必须写在 onCreate()方法里的 setContentView 语句之后。

（4）将 GridViewActivity 类设置为应用程序的启动页面，在清单文件中修改的关键代码如下。

```
< activity android:name = ".GridViewActivity">
    < intent - filter >
        < action android:name = "android.intent.action.MAIN" />
        < category android:name = "android.intent.category.LAUNCHER" />
 </intent - filter ></activity >
```

在清单文件中修改后就可以将应用程序运行到手机模拟器中，但运行后页面是空白的，因为 GridView 控件并没有得到显示的数据。

（5）创建适配器对象，绑定到 GridView 控件变量中，以下是其参考代码。

```
GridAdapter gad = new GridAdapter(lst,this);
gv.setAdapter(gad);
```

需要注意的是，绑定适配器之前，必须初始化控件变量，绑定完适配器后，运行到手机模拟器中的效果如图 4-23 所示。

（6）为 GridView 控件注册选项单击监听器，并实现选项单击监听接口，以下是其参考代码。

```
gv.setOnItemClickListener(new AdapterView.OnItemClick
Listener() {
    @Override
        public void onItemClick ( AdapterView <?>
adapterView, View view, int i, long l) {
            TextView tv = view.findViewById(R.id.tv_grid
_name);
            Log.i("item:",tv.getText().toString());} });
```

添加完上述代码后，重新将应用程序运行到手机模拟器中，在界面中单击任意选项，可以在控制台的 run 或者 Logcat 选项卡中看到输出的内容为所单击选项的省份名，效果如图 4-24 所示，输出的是山东省，可以看出刚才单击的选项是山东省选项。

在本次案例中讲解的自定义适配器定制列表选项

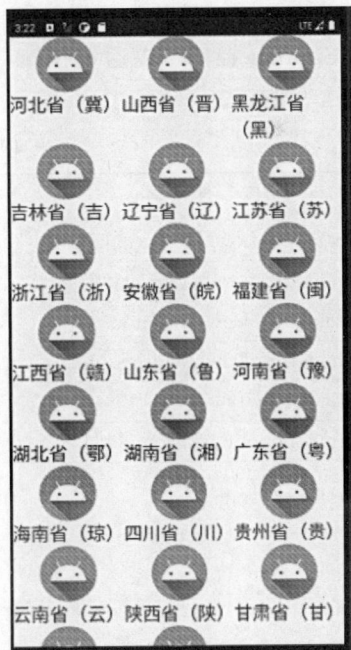

图 4-23　绑定适配器后运行效果

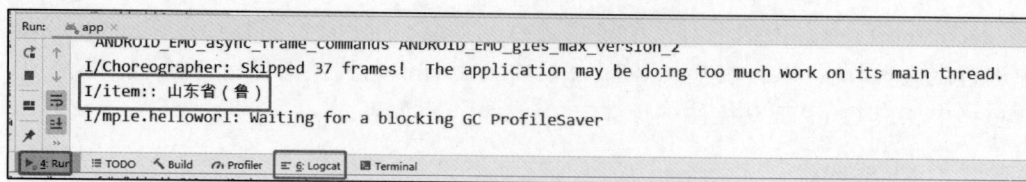

图 4-24　Logcat 选项卡中的输出效果

的视图，可以用到 ListView 控件及后续讲到的列表类控件中。

4．Spinner 控件

在 Android 系统中 Spinner 控件是一个下拉菜单控件，通常用于提供一组选项给用户进行选择，使用户能快速地筛选到相应的数据，实现与用户交互的功能。Spinner 控件的使用与 ListView 控件相似，它的数据源既可以是静态的数据集合也可以是动态的数据集合，它既可以使用 Android 系统提供的现成的适配器，也可以使用自定义适配器定制选项的视图。

1）Spinner 控件的定义

Spinner 控件使用时先在布局文件中定义好 Spinner 控件，然后在页面逻辑控制类中编写其交互的逻辑代码，在布局中定义的格式如下。

```
< Spinner
    属性/>
```

当然有时也需要在源代码中动态创建 Spinner 对象，其定义格式如下。

```
Spinner sp = new Spinner(上下文);
```

学习完 Spinner 控件的定义格式，接下来详细讲解 Spinner 控件的常用属性。

2）Spinner 控件常用属性

Spinner 控件可以通过在布局中定义和设置属性实现下拉列表的效果，其常用的属性如表 4-9 所示。

表 4-9　Spinner 控件常用属性及其说明

属 性 名	属 性 作 用	属 性 值 说 明
android:dropDownHorizontalOffset	设置列表框的水平偏移距离	其属性值由数值和单位组成
android:dropDownVerticalOffset	设置列表框的水平竖直距离	其属性值由数值和单位组成
android:dropDownSelector	列表框被选中时的背景	
android:dropDownWidth	设置下拉列表框的宽度	其属性值由数值和单位组成
android:gravity	设置里面组件的对齐方式	
android:popupBackground	设置列表框的背景	
android:prompt	设置对话框模式的列表框的提示信息（标题）	只能使用 strings.xml 中的资源 id，而不能直接写字符串
android:spinnerMode	列表框的模式	有两个可选值：dialog：对话框风格的窗口；dropdown：下拉菜单风格的窗口（默认）
android:entries	设置对话框	使用数组资源设置下拉列表框的列表项目

3）Spinner 控件常用的 Java 接口

实现 Spinner 控件的交互逻辑功能时,需要实现 Spinner 控件常用的 Java 接口,即 Spinner 控件的实例方法,其常用的实例方法及说明如下。

（1）setAdapter(adapter)用于设置下拉列表的适配器。

（2）setOnItemSelectedListener(AdapterView. OnItemSelectedListener)用于注册下拉列表选项选择监听器。

4）Spinner 控件使用案例

接下来使用 Spinner 控件实现选择我国第一级行政地区划分类型的效果,该案例先使用静态数据集实现下拉选择省份的效果,然后再通过动态数据集实现选择查看的第一级行政地区划分类型的效果。

根据上述案例的需求描述,先在 res/layout 目录中创建一个新的布局文件,布局文件名为 activity_spinner. xml,并在布局文件中定义 Spinner 控件,以下是其参考代码。

```
< LinearLayout
    xmlns:android = "http://schemas. android.com/apk/res/android"
    android:layout_width = "match_parent"
    android:layout_height = "match_parent"
    android:orientation = "vertical">
    < Spinner
        android:id = "@ + id/sp_sheng"
        android:layout_width = "wrap_content"
        android:layout_height = "wrap_content"
        android:entries = "@array/sheng"/></LinearLayout >
```

需要注意的是,需要给 Spinner 控件添加一个 id 属性,便于后面在页面逻辑控制类中获取控件,编写交互逻辑代码。

接着在 java 目录的主包中为布局文件 activity_spinner. xml 创建一个页面逻辑控制类,类名为 SpinnerActivity,并让该类继承 Activity 类,重写其 onCreate()方法,并在 onCreate()方法中使用 setContentView()方法绑定布局,以下是其参考代码。

```
public class SpinnerActivity extends Activity{
    @Override
    protected void onCreate(@Nullable Bundle savedInstanceState) {
        super. onCreate(savedInstanceState);
        setContentView(R. layout. activity_spinner);}}
```

需要注意的是,在重写 onCreate()方法时需要选择修饰符为 protected 的 onCreate()方法,因为 protected 修饰的才是 Activity 类的生命周期方法,在下一个项目会详细介绍 Activity 类及其方法。

然后在清单文件中将 SpinnerActivity 修改为应用程序的启动页面,其关键代码如下。

```
< activity android:name = ". SpinnerActivity"> < intent - filter >
        < action android:name = "android. intent. action. MAIN" />
        < category android:name = "android. intent. category. LAUNCHER" />
    </intent - filter ></activity >
```

需要注意的是,一个应用程序只能设置一个启动页面,若设置多个启动页面,第一个设置的页面优先于其他页面,设置完启动页面后,将程序运行到手机模拟器的效果如图 4-25 所示。

接下来,将 Spinner 的数据改为动态数据集合,首先在 SpinnerActivity 中定义一个字符串数组用于保存我国第一级行政地区类型,一个 Spinner 变量,还有一个适配器变量。因为在本应用程序中,下拉列表只有文字,所以使用系统自带的适配器就可以满足展示功能,如需图文显示则需要自定义适配器,可以参照 GridView 控件使用案例的自定义适配器。SpinnerActivity 类的属性定义如下。

```
String areas[];
ArrayAdapter < String > aad;
Spinner sp;
```

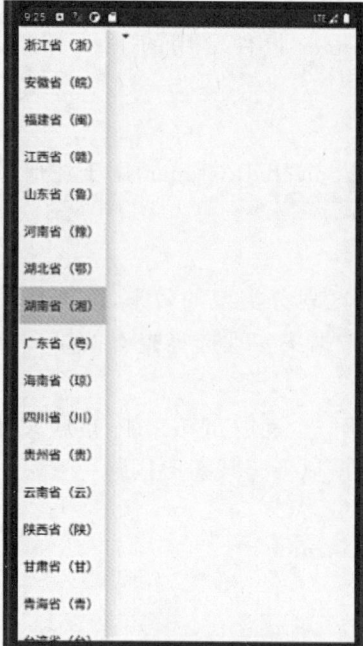

图 4-25　使用静态数据集合的
Spinner 控件的效果

需要注意的是,适配器的数据如果需要修改,可以将其定义为页面逻辑控制类的属性,方便后面在各个方法中继续使用。

属性定义好后需要在 onCreate()方法里进行初始化,第一级行政地区类型已经在 array.xml 里定义为字符串数组,因此可以使用 getResource()对象来获取字符串数组。在创建 ArrayAdapter 对象时,需要传入一个选项的布局资源,这里使用系统自带的布局资源 android.R.layout.simple_spinner_item 即可,三个属性的初始化语句如下。

```
areas = getResources().getStringArray(R.array.china);
aad = new ArrayAdapter <>(this,android.R.layout.simple_spinner_item,areas);
sp = findViewById(R.id.sp_sheng);
```

需要注意的是,控件的初始化必须写在 setContentView 语句之后。

接下来需要为 Spinner 控件设置一个适配器,代码为"**sp.setAdapter(aad);**",需要注意的是控件必须先初始化,才能设置适配器。

最后为 Spinner 控件注册一个选项选择监听器,并实现选项选择监听器接口,获取用户选择的内容,以下是其参考代码。

```
sp.setOnItemSelectedListener(new AdapterView.OnItemSelectedListener() {
    @Override
    public void onItemSelected(AdapterView <?> adapterView, View view, int i, long l) {
            String res = ((TextView)view).getText().toString();
            Log.i("item:",res);
    }
    @Override
    public void onNothingSelected(AdapterView <?> adapterView) {
    }
});
```

至此 Spinner 案例就完成了,将应用程序运行到手机模拟器中,并选择相应的选项,会在控制台中输出选项的文字信息,其运行效果如图 4-26 所示。

如图 4-26 所示,应用程序中展示的数据不再是 23 个省份,而是动态绑定的一级行政地区的类型,说明动态绑定的数据覆盖了静态的数据集合。

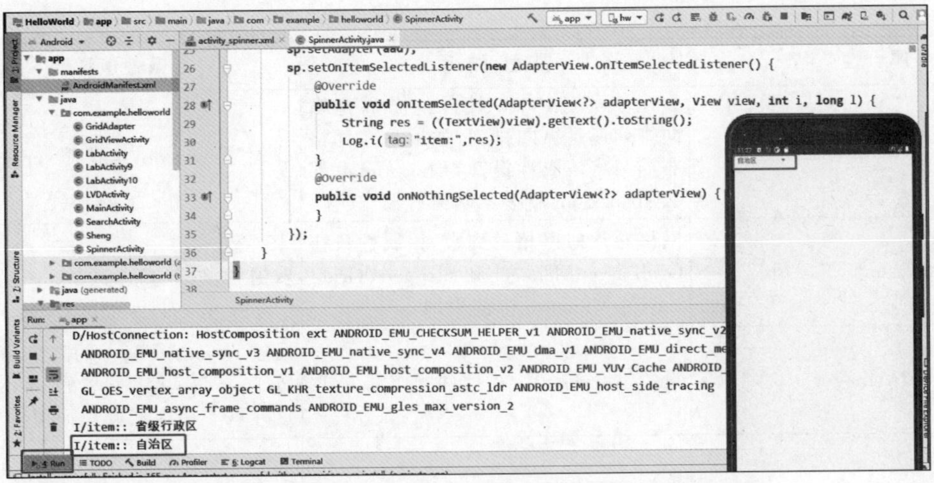

图 4-26　添加完选项选择监听器后应用程序的运行效果

5. RecyclerView 控件

RecyclerView 控件是 support-v7 包中的新控件,是一个强大的滑动控件,与经典的 ListView 控件相比,其拥有更强大的 item 回收复用的功能,直接把 ViewHolder 的实现封装起来,用户只要实现自己的 ViewHolder 就可以了,该控件会自动帮你回收复用每一个 item。同时,RecyclerView 控件还可以实现 Gallery 控件的效果。

1) RecyclerView 控件的定义

由于 RecyclerView 控件是 support 库中新增的组件,因此在布局文件中定义时需要先导入 support 库,添加 support 库的步骤是先选择 file,接着选择 Project Structure,在弹框中选择 Dependencies,然后单击 All Dependencies 栏目左上角的加号,在弹出来的对话框中输入 androidx.recyclerview:recyclerview,接着单击 Search,然后在下面选择相应的版本号,紧接着选择 implementation,最后单击 OK 按钮。添加完 support 库后,才能在布局文件中定义 RecyclerView 控件,以下是其参考代码。

```
<androidx.recyclerview.widget.RecyclerView
    属性/>
```

需要注意的是定义 RecyclerView 控件时需要把其所在的库中的包显式地定义出来,一般 Android Studio 编辑工具会自动填充完整。

2) RecyclerView 控件常用属性

RecyclerView 控件可以实现多种布局的列表效果,有些效果需要相应的属性来配合实现,其常用属性如表 4-10 所示。

表 4-10　RecyclerView 控件常用属性及说明

属 性 名	属 性 作 用	属性值说明
app:reverseLayout	表示 Item 是否是逆向布局,正常情况下是从上到下,从左到右,设置这个属性后会逆向布局,也就是从下到上,从右到左	取值为 true 和 false

属 性 名	属 性 作 用	属性值说明
android:orientation	表示 RecyclerView 控件的布局是横向排列还是纵向排列,如果是在网格布局中将该属性设置为 horizontal,那么 spanCount 就表示网格行数	取值为 horizontal 或者 vertical
app:spanCount	网格布局时网格的列数,该属性只在 GridLayoutManager 和 StaggeredGrid LayoutManager 中使用到	取值为整数
app:layoutManager	设置 RecyclerView 控件的布局方式	通过 LayoutManage 的完整类名给 RecyclerView 控件设置 LayoutManager,这样就不用在代码里面设置了
android:scrollbars	设置滚动条的方向	none:表示不显示滚动条 vertical:表示垂直的滚动条 horizontal:表示水平的滚动条
android:fadeScrollbars	设置滚动条是否会自动消失	false:表示滚动条不会过一会自动消失,而是一直显示;true:默认,不滚动的状态下,滚动条会自动消失
android:scrollbarStyle	设置滚动条的样式	insideOverlay:系统默认,表示在 padding 区域内,并且悬浮在内容上面,会覆盖显示的内容(半透明覆盖) insideInset:表示在 padding 区域内,插入内容后面,不会覆盖显示的内容 outsideInset:表示在 padding 区域外,插入内容后面,不会覆盖显示的内容 outsideOverlay:表示在 padding 区域外,覆盖在内容上面,如果滚动条的宽度大于 padding,则可能会覆盖内容
android:scrollbarSize	设置滚动条的大小,垂直的滚动条设置的就是宽度,水平的设置就是长度	属性值由长度和单位组成
android:overScrollMode	设置 RecyclerView 控件滑动到顶部或者底部时显示过度滑动的动画效果	always:不管内容能否滑动,都会出现上下过度滑动阴影;never:不管内容能否滑动,都不会出现上下过度滑动阴影;ifcontentScrolls:只有当内容能够滑动时,才会出现上下过度滑动阴影
android:fadingEdge	设置列表边缘渐隐效果,一般需要与 android:fadingEdgeLength(设置模糊阴影显示的区域长度)和 android:requiresFadingEdge(设置视图边缘的渐隐效果,其方向需要与 fadingEdge 保持一致)配合使用	vertical:竖直显示 horizontal:水平显示 none:不显示
android:scrollbarThumbVertical	设置控制垂直滚动条的显示外观	属性值使用应用程序中的图片资源
android:scrollbarTrackVertical	设置控制垂直滚动条背后滑动轨道的显示效果	属性值使用应用程序中的图片资源

3）与 RecyclerView 控件配合使用的相关类及方法

RecyclerView 控件与 ListView 控件、GridView 控件相比,性能上更好,耦合度更低,然而使用起来复杂度有所增加,因此在实现 RecyclerView 控件的逻辑功能时需要和其他类配合使用,这些类及其说明如下。

（1）LayoutManager 是控制 RecyclerView 控件布局方式的管理类,这是一个抽象类,默认提供的实现类有 LinearLayoutManager、GridLayoutManager 和 StaggeredGridLayoutManager,主要对应于线性布局、网格布局和流式布局等方式。

（2）ItemDecoration 主要用于 RecyclerView 控件的分割线,如果需要在 RecyclerView 控件中使用分割线,则需要继承这个类。RecyclerView 控件没有提供默认的分割线。

（3）ItemAnimator 主要用于 Item 添加、删除时的动画,使用时需要定义一个类继承自这个类。

（4）Adapter 是 RecyclerView 控件的一个内部类,作用和平时我们使用的 Adapter 一样,主要用于 RecyclerView 控件的 Adapter 设置,在往 RecyclerView 控件中添加数据时需要继承这个 Adapter 去实现自己的内容。

（5）ViewHolder 类似于平时我们使用的 Adapter 中定义的 ViewHolder,在使用 RecyclerView 控件的 Adapter 的时候必须使用该类。

需要注意的是,RecyclerView 控件有自己的适配器,需要按照需求重写 RecyclerView 控件的适配器。

4）RecyclerView 控件常用方法

RecyclerView 控件实现交互逻辑功能需要 Java 接口来实现,主要有以下方法。

（1）setLayoutManager()用于设置 RycyclerView 控件的布局方式。

（2）setAdapter()用于为 RecyclerView 控件设置适配器。

（3）setOnClickListener(View. OnClickListener listener)用于为整个 RecyclerView 控件设置单击事件监听器。

（4）addOnScrollListener(RecyclerView. OnScrollListener listener)用于添加滚动监听器,以便在滚动状态发生变化时执行相应操作。

（5）smoothScrollToPosition(int position)用于平滑地滚动 RecyclerView 控件到指定位置。

5）RecyclerView 控件使用案例

本案例将以相册方式展示各省的图片,在滚动选项卡中显示图标和省份名,当选中某个选项时,在上方的 ImageView 控件中放大显示图标和省份名称。

根据上述的要求,可以复用 GridView 控件案例中的实体类和选项布局,接着在 res/layout 目录中创建一个新的布局文件,文件名为 activity_recyclerview. xml,在布局中定义一个 ImageView 控件用于显示省份图标,再定义一个 RecyclerView 控件实现滚动选项卡,以下是其参考代码。

```
< LinearLayout xmlns:android = "http://schemas.android.com/apk/res/android"
    android:layout_width = "match_parent"
    android:layout_height = "match_parent"
    xmlns:app = "http://schemas.android.com/apk/res - auto"
    android:orientation = "vertical">
```

```
< ImageView
    android:id = "@ + id/iv_content"
    android:layout_width = "match_parent"
    android:layout_height = "500dp"
    android:src = "@mipmap/ic_launcher" />
< TextView
    android:id = "@ + id/tv_sheng"
    android:layout_width = "match_parent"
    android:layout_height = "wrap_content"
    android:text = "省份名"
    android:textSize = "36sp"
    android:gravity = "center"/>
< androidx. recyclerview. widget. RecyclerView
    android:id = "@ + id/rv_gallery"
    android:layout_width = "wrap_content"
    android:layout_height = "wrap_content" />
</LinearLayout >
```

需要注意的是,在定义 RecyclerView 控件前,必须先导入 support 库。

接着为 RecyclerView 控件编写一个适配器,在 java 目录的主包里创建一个类,类名为 RecyclerAdapter,并让其继承 RecyclerView. Adapter < adapter. ViewHolder >类,适配器里需要定义一个数据集合,以下是其参考代码。

```
public class RecyclerAdapter extends
RecyclerView. Adapter < RecyclerAdapter. ViewHolder > {
    List < Sheng > list;                              //定义适配器的数据集
        static class ViewHolder extends RecyclerView. ViewHolder{   //定义相应的 ViewHolder
        ImageView iv;
        TextView name;
        public ViewHolder(@NonNull View itemView) {
            super(itemView);
            iv = itemView. findViewById(R. id. iv_grid_icon);
            name = itemView. findViewById(R. id. tv_grid_name);}}
    public RecyclerAdapter(List < Sheng > list) {        //构造方法初始化数据集
        this. list = list;}
    public ViewHolder onCreateViewHolder(@NonNull ViewGroup parent, int viewType) {
        View view = LayoutInflater. from(parent. getContext()). inflate(
                R. layout. grid_item, parent, false);        //加载选项布局为 View 对象
        ViewHolder holder = new ViewHolder(view);
        return holder; }
    public void onBindViewHolder(@NonNull ViewHolder holder, int position) {
        Sheng s = list. get(position);                     //将数据显示在每个选项视图里
        holder. iv. setImageResource(s. getImgId());
        holder. name. setText(s. getName());}
    public int getItemCount() {                            //获取选项的总数
        return list. size();}}
```

需要注意的是,绑定选项布局时要注意选项布局中每个控件相应的 id 值。然后为第一步的布局文件创建一个页面逻辑控制类,在 java 目录的主包里创建一个类,类名为 RecyclerActivity,并让该类继承 Activity,重写 onCreate()方法,在该方法中调用 setContentView()方法绑定布局,以下是其参考代码。

```
public class RecyclerActivity extends Activity {
    protected void onCreate(@Nullable Bundle savedInstanceState) {
        super.onCreate(savedInstanceState);
        setContentView(R.layout.activity_recyclerview); }}
```

接着在 RecyclerActivity 中定义 RecyclerView 控件变量、一个字符串数组、List 变量和 RecyclerAdapter 变量，以下是其参考代码。

```
RecyclerView rv;
String names[];
List < Sheng > lst;
RecyclerAdapter rad;
ImageView iv_icon;
TextView tv_name;
```

接着在 onCreate()方法中初始化所有的属性，以下是其参考代码。

```
iv_icon = findViewById(R.id.iv_content);
tv_name = findViewById(R.id.tv_sheng);
names = getResources().getStringArray(R.array.sheng);
if( names!= null ) { lst = new ArrayList <>();
    for (int i = 0; i < names.length; i++) {
        Sheng s = new Sheng(names[i], R.mipmap.ic_launcher);
        lst.add(s); } }
LinearLayoutManager layoutManager = new LinearLayoutManager(this);
layoutManager.setOrientation(LinearLayoutManager.HORIZONTAL);
rad = new RecyclerAdapter(lst);
rv = findViewById(R.id.rv_gallery);
rv.setLayoutManager(layoutManager);
rv.setAdapter(rad);
```

最后给 RecyclerView 控件注册并实现 OnScrollChangeListener 监听器，以下是其参考代码。

```
rv.setOnScrollChangeListener(new View.OnScrollChangeListener() {
        @Override
        public void onScrollChange(View view, int i, int i1, int i2, int i3) {
            TextView tv = view.findViewById(R.id.tv_grid_name);
            ImageView iv = view.findViewById(R.id.iv_grid_icon);
            Drawable dr = iv.getDrawable();
            iv_icon.setImageDrawable(dr);
            tv_name.setText(tv.getText());
            Log.i("item:",tv.getText().toString());
        }
    });
```

实现完监听器后，将应用程序运行到手机模拟器中，其效果如图 4-27 所示。

如图 4-27 所示，滚动选项卡选项间的距离太大，先将 R.layout.grid_item 布局根标签的 layout_width 的属性值修改为 wrap_content，如果选项之间的距离太小，可以通过定义一个类继承 RecyclerView.ItemDecoration 去设定选项之间的距离，参考代码如下。

```
public class LinearItemDecoration extends RecyclerView.ItemDecoration {
    private int spaces;
    private Context con;
    public LinearItemDecoration(int spaces, Context con) {this.spaces = spaces;
```

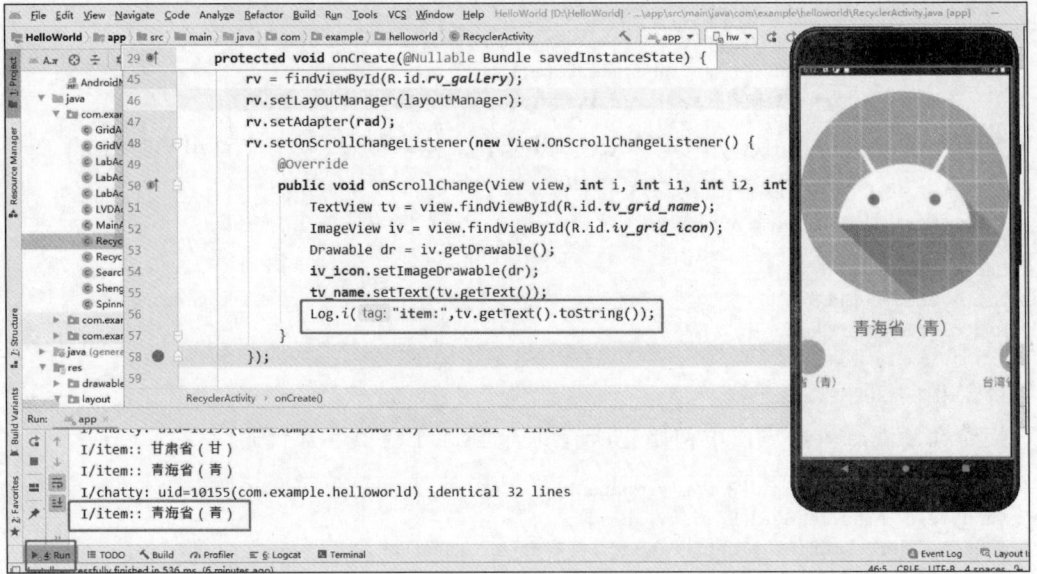

图 4-27　RecyclerView 控件使用案例的实现效果

```
        this.con = con; }
    public void getItemOffsets(@NonNull Rect outRect, @NonNull View view, @NonNull
RecyclerView parent, @NonNull RecyclerView.State state) {
        super.getItemOffsets(outRect, view, parent, state);
        outRect.left = spaces;    //左边间距// outRect.bottom = spaces;  //设置 bottom padding
        //outRect.right = spaces; //右边间距//outRect.top = spaces;      //item 上边的间距
    }}
```

代码写完后,需要在 lv.setAdapter 语句之前将选项修饰对象添加到 RecyclerView 控件里面,其代码为"rv.addItemDecoration(new LinearItemDecoration(100,this));"。

图 4-28　应用程序运行效果

为了看清楚每个选项的切换过程,修改了一下数据源,根据省份序号单双数设置不同的图标,最后 RecyclerActivity 页面逻辑控制类的代码如代码段 4-10 所示。最终运行效果如图 4-28 所示。

4.1.5　消息提示控件

为了提高应用程序的交互效果,给用户创造良好的体验,在用户进行操作时,应用程序会给出相应的提示,将操作的结果反馈给用户。Android 系统中提供了很多消息提示控件,由于篇幅限制,本节主要讲述 Toast 和 AlertDialog 这两个控件的使用。

1. Toast 控件

Toast 控件是 Android 系统提供的轻量级信息提醒机制,用于向用户提示即时消息,它显示在应用程序界面的最上层,显示一段时间后会自动消失,不会打断当前操

```
public class RecyclerActivity extends Activity {
    RecyclerView rv;
    String names[];
    List<Sheng> lst;
    RecyclerAdapter rad;
    ImageView iv_icon;
    TextView tv_name;
    @RequiresApi (api = Build.VERSION_CODES.M)
    @Override
    protected void onCreate (@Nullable Bundle savedInstanceState) {
        super.onCreate (savedInstanceState);
        setContentView (R.layout.activity_recyclerview);
        iv_icon = findViewById (R.id.iv_content);
        tv_name = findViewById (R.id.tv_sheng);
        names = getResources () .getStringArray (R.array.sheng);
        if (names!=null) {
            lst = new ArrayList<> ();
            for (int i = 0; i < names.length; i++) {
                Sheng s = null;
                if (i %2==0) {
                    s = new Sheng (names[i], R.mipmap.ic_launcher);
                }else{
                    s = new Sheng (names[i], R.mipmap.main_index_my_pressed);
                }
                lst.add (s);}}
        LinearLayoutManager layoutManager = new LinearLayoutManager (this);
        layoutManager.setOrientation (LinearLayoutManager.HORIZONTAL);
        rad = new RecyclerAdapter (lst);
        rv = findViewById (R.id.rv_gallery);
        rv.setLayoutManager (layoutManager);
        rv.addItemDecoration (new LinearItemDecoration (100,this));
        rv.setAdapter (rad);
        rv.setOnScrollChangeListener (new View.OnScrollChangeListener () {
            @Override
            public void onScrollChange (View view, int i, int i1, int i2, int i3) {
                TextView tv = view.findViewById (R.id.tv_grid_name);
                ImageView iv = view.findViewById (R.id.iv_grid_icon);
                Drawable dr = iv.getDrawable ();
                iv_icon.setImageDrawable (dr);
                tv_name.setText (tv.getText ());
                Log.i ("item:",tv.getText () .toString ());}
        });
    }
}
```

代码段 4-10　RecyclerActivity 类最终代码

作,也不获得焦点。Toast 控件一般只需要在 Java 源代码中进行定义,定义的格式如下。

```
Toast.makeText(上下文, 提示消息内容, 消息提示时长).show();
```

上下文:表示当前页面逻辑控制类。

消息提示时长:有两个可选值,LENGTH_SHORT 和 LENGTH_LONG,这两个值分别表示短时间和长时间。

需要注意的是必须调用 show()方法才能将消息展示出来。

2. AlertDialog 控件

AlertDialog 对话框用于提示一些重要信息或显示一些需要用户额外交互的内容,一般以小窗口的形式展示在界面上。AlertDialog 控件可以完成常见的交互操作,例如提示、确认、选择等功能。它也是其他 Dialog 子类的父类,例如 ProgressDialog、TimePickerDialog 等,而 AlertDialog 控件的父类是 Dialog。AlertDialog 控件并不能直接 new 出来,如果你打开 AlertDialog 控件的源代码,会发现其构造方法是 protected,如果要创建 AlertDialog 控件,就需要使用到该类中的一个静态内部类(public static class Builder),然后调用 AlertDialog 控件里的相关方法对 AlertDialog 控件进行定制,最后调用 show()方法显示 AlertDialog 对话框,下面详细讲解 AlertDialog 控件的使用过程。

1) AlertDialog 控件的定义和设置

使用 AlertDialog 控件创建的对话框一般包含标题、内容和按钮三个区域,它们的定义及设置格式如下。

(1) 调用 AlertDialog 控件的静态内部类 Builder 创建 AlertDialog . Builder 的对象。

```
AlertDialog.Builder builder = new AlertDialog.Builder(this);
```

(2) 调用 AlertDialog. Builder 的 setTitle()和 setIcon()方法分别设置 AlertDialog 对话框的标题名称和图标。

```
builder.setTitle("普通对话框");
builder.setIcon(R.mipmap.ic_launcher);
```

(3) 调用 AlertDialog. Builder 的 setMessage()、setSingleChoiceItems() 或者 setMultiChoiceItems()方法设置 AlertDialog 对话框的内容为简单文本、单选列表或者多选列表。

```
builder.setMessage("是否退出应用");
builder.setSingleChoiceItems(sss, 0, new DialogInterface.OnClickListener() {
    public void onClick(DialogInterface dialog, int which) {
        res = sss[which];
    }
});
builder.setMultiChoiceItems(sss, ssses, new DialogInterface.OnMultiChoiceClickListener() {
    public void onClick(DialogInterface dialog, int which, boolean isChecked) {
        ssses[which] = isChecked;
    }
});
```

(4) 调用 AlertDialog. Builder 的 setPositiveButton()和 setNegativeButton()方法设置 AlertDialog 对话框的确定和取消按钮。

```
//设置确定按钮
builder.setPositiveButton("确认", new DialogInterface.OnClickListener() {
    @Override
    public void onClick(DialogInterface dialog, int which) {
        dialog.dismiss();
    }
});
//设置取消按钮
builder.setNegativeButton("取消", new DialogInterface.OnClickListener() {
    @Override
    public void onClick(DialogInterface dialog, int which) {
        dialog.dismiss();
        }
});
```

（5）调用 AlertDialog. Builder 的 create()方法创建 AlertDialog 对象。

```
AlertDialog dialog = builder.create();
```

（6）调用 AlertDialog 对象的 show()方法显示该对话框。

```
dialog.show();
```

（7）调用 AlertDialog 对象的 dismiss()方法取消该对话框。

```
dialog.dismiss();
```

2）各类 AlertDialog 控件的创建和使用

AlertDialog 对话框的类型有消息对话框、单选对话框、多选对话框和自定义对话框，下面通过一个案例讲解这 4 种对话框的创建和调用过程。

首先在 res/layout 目录中创建一个新的布局文件，文件名为 activity_dialog，在布局文件中添加四个按钮，以下代码可以实现该界面效果。

```xml
< LinearLayout
    xmlns:android = "http://schemas.android.com/apk/res/android"
    android:layout_width = "match_parent"
    android:layout_height = "match_parent"
    android:orientation = "vertical">
    < Button
        android:id = "@ + id/bt_message"
        android:layout_width = "match_parent"
        android:layout_height = "wrap_content"
        android:text = "消息对话框"
        android:textSize = "36sp"
        android:padding = "20dp"
        android:layout_margin = "20dp"/>
    < Button
        android:id = "@ + id/bt_single_choice"
        android:layout_width = "match_parent"
        android:layout_height = "wrap_content"
        android:text = "单选对话框"
        android:textSize = "36sp"
        android:padding = "20dp"
        android:layout_margin = "20dp"/>
    < Button
        android:id = "@ + id/bt_multipuple_choice"
        android:layout_width = "match_parent"
        android:layout_height = "wrap_content"
        android:text = "多选对话框"
        android:textSize = "36sp"
        android:padding = "20dp"
        android:layout_margin = "20dp"/>
    < Button
        android:id = "@ + id/bt_shelfish_choice"
        android:layout_width = "match_parent"
        android:layout_height = "wrap_content"
        android:text = "自定义对话框"
        android:textSize = "36sp"
        android:padding = "20dp"
        android:layout_margin = "20dp"/>
</LinearLayout >
```

接着在 java 目录的主包里为该布局创建一个页面逻辑控制类,类名为 AlertDialogActivity,让该类继承 Activity,并重写 onCreate()方法,在 onCreate()方法中绑定布局。然后在类中定义四个按钮变量,并在 onCreate()方法中初始化和注册单击监听事件,在 AlertDialogActivity 类中实现单击监听事件接口,以下是其参考代码。

```
public class AletDialogActivity extends Activity implements View.OnClickListener {
    Button bt_mess,bt_single,bt_mult,bt_shelf;
    @Override
    protected void onCreate(@Nullable Bundle savedInstanceState) {
        super.onCreate(savedInstanceState);
        setContentView(R.layout.activity_dialog);
        bt_mess = findViewById(R.id.bt_message);
        bt_single = findViewById(R.id.bt_single_choice);
        bt_mult = findViewById(R.id.bt_multipuple_choice);
        bt_shelf = findViewById(R.id.bt_shelfish_choice);
        bt_mess.setOnClickListener(this);
        bt_single.setOnClickListener(this);
        bt_mult.setOnClickListener(this);
        bt_shelf.setOnClickListener(this);
    }
    @Override
    public void onClick(View view) {
        switch (view.getId()){
            case R.id.bt_message:
                break;
            case R.id.bt_single_choice:
                break;
            case R.id.bt_multipuple_choice:
                break;
            case R.id.bt_shelfish_choice:
                break;
        }
    }
}
```

将该页面逻辑控制类设置为启动页面,然后为每个对话框编写一个方法,当单击相应的按钮时调用这些方法。

(1) 消息对话框的内容区域一般显示简单的文本信息,它是通过 AlertDialog.Builder 对象调用 setMessage()方法设置的,setMessage()方法的结构为 setMessage(CharSequence message)。接着将消息对话框创建的过程封装成方法,在需要调用的时候可以进行调用,调用的时候需要传入上下文和消息,因此设计一个带两个参数的方法,方法的代码如下:

```
public void messageDialog(Context con,String msg ){
    AlertDialog.Builder builder = new AlertDialog.Builder(con);   //创建 Builder 对象
    builder.setTitle("标题");                                      //设置标题
    builder.setIcon(R.mipmap.ic_launcher);                        //设置对话框标题图标
    builder.setMessage(msg);                                       //设置消息信息
    builder.setPositiveButton("确定", new DialogInterface.OnClickListener() {
        public void onClick(DialogInterface dialogInterface, int i) {
            //编写确定逻辑功能代码
            dialogInterface.dismiss(); } });
    builder.setNegativeButton("取消", new DialogInterface.OnClickListener() {
```

```
            public void onClick(DialogInterface dialogInterface, int i) {
                //编写取消逻辑功能代码
                dialogInterface.dismiss();} });
    builder.show();          //展示对话框
    }
```

在单击消息对话框按钮时调用该方法,运行效果如图 4-29 所示。

（2）单选对话框的内容区域显示为单选列表,单选列表是通过 AlertDialog. Builder 对象调用 setSingleChoiceItems( ) 方法设置的。setSingleChoiceItems( )方法的语法格式如下所示:

```
setSingleChoiceItems (CharSequence[ ] items, int checkedItem,
OnClickListener listener)
```

该方法的参数说明如下:

items:表示单选列表中的所有选项数据。

checkedItem:表示单选列表中的默认选项角标。

listener:单选列表的监听接口。

接着将单选对话框封装成一个方法,同样将该方法设计为带两个参数,一个是上下文,一个是单选列表的选项,以下是其参考代码。

图 4-29　消息对话框效果

```
public void singleDialog(Context con , final String [ ]
items){
        AlertDialog. Builder builder = new AlertDialog. Builder(con);    //创建 Builder 对象
        builder. setTitle("标题");                                       //设置标题
        builder. setIcon(R. mipmap. ic_launcher);                        //设置对话框标题图标
        builder. setSingleChoiceItems(items, 0, new DialogInterface. OnClickListener() {
            @Override
            public void onClick(DialogInterface dialogInterface, int i) {
                res = items[i];
            }
        });
        builder. setPositiveButton("确定", new DialogInterface. OnClickListener() {
            @Override
            public void onClick(DialogInterface dialogInterface, int i) {
                Log. i("res = ", res);
                dialogInterface. dismiss();
            }
        });
        builder. setNegativeButton("取消", new DialogInterface. OnClickListener() {
            @Override
            public void onClick(DialogInterface dialogInterface, int i) {
                //编写取消逻辑功能代码
                dialogInterface. dismiss();
            }
        });
        builder. show();                                                 //展示对话框
    }
```

单选对话框方法编写完后可以在单击单选对话框按钮时调用,调用前可以先获取 array.xml 文件中的字符串数组,以下是其参考代码。

```
String items[] = getResources().getStringArray(R.array.china);
singleDialog(this , items);
```

将应用程序运行到手机模拟器中,单击任意的选项后,单击"确定"按钮,会在控制台 Logcat 中输出该选项的文字信息,效果如图 4-30 所示。

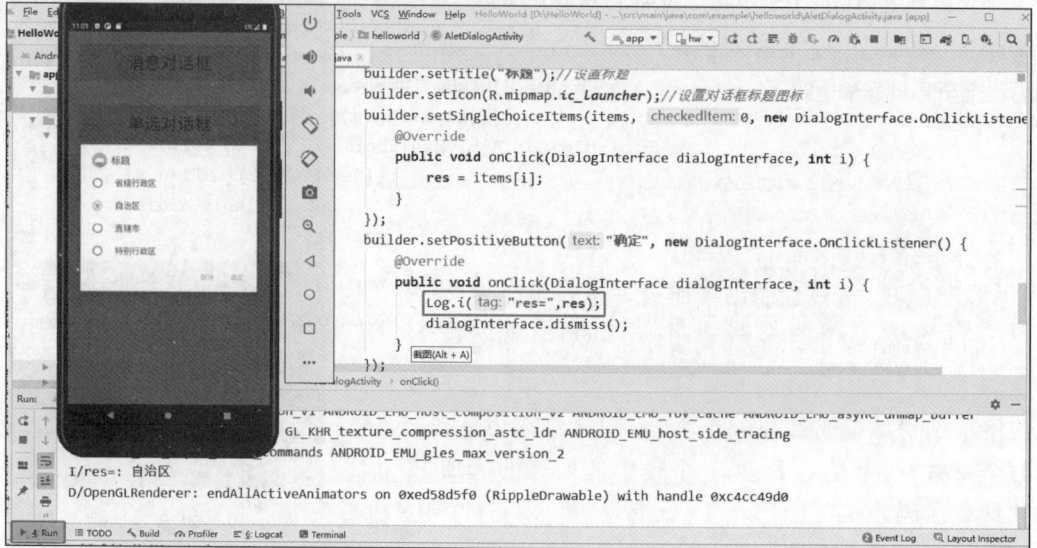

图 4-30　单选对话框运行效果

(3) 多选对话框的内容区域显示为多选列表,多选列表是通过 AlertDialog.Builder 对象调用 setMultiChoiceItems()方法设置的,setMultiChoiceItems()方法的结构如下:

```
setMultiChoiceItems (CharSequence[] items, int checkedItem, OnClickListener listener)
```

其参数说明如下:

items:表示多选列表中的所有选项数据。

checkedItem:表示多选列表中默认勾选的选项角标。

listener:表示多选列表的监听接口。

下面将多选对话框的创建封装成一个方法,将该方法设计成带两个参数的,方便传入上下文和数据集合,该方法的参考代码如下:

```
public void multiChoice(Context context, final String items[], final boolean choice[] ){
    AlertDialog.Builder builder = new AlertDialog.Builder(context);   //创建 Builder 对象
    builder.setTitle("标题");                                          //设置标题
    builder.setIcon(R.mipmap.ic_launcher);               //设置对话框标题图标
    builder.setMultiChoiceItems(items, choice, newDialogInterface.OnMultiChoiceClickListener())
    {public void onClick(DialogInterface dialogInterface, int i, boolean b) {
            choice[i] = b;} });
    builder.setPositiveButton("确定", new DialogInterface.OnClickListener() {
        public void onClick(DialogInterface dialogInterface, int i) {
            String res = "";
            for ( int j = 0;j < choice.length;j++){
                if ( choice[j] == true ){res = res + items[j];}}
```

```
            Log.i("choices:",res);
            dialogInterface.dismiss();}});
    builder.setNegativeButton("取消", new DialogInterface.OnClickListener() {
        public void onClick(DialogInterface dialogInterface, int i) {
            //编写取消逻辑功能代码
            dialogInterface.dismiss();}});
    builder.show();            //展示对话框
}
```

多选对话框方法编写完后可以在单击多选对话框按钮时调用，调用前可以先获取
array.xml 文件中的字符串数组，初始化一个布尔数组用于记录选项是否被选中，以下是其
参考代码。

```
String datas[] = getResources().getStringArray(R.array.china);
boolean choices[] = new boolean[datas.length];
for( int i = 0;i < datas.length;i++){
    if( i == 0 ){
        choices[i] = true;
    }else {
        choices[i] = false;
    }
}
multiChoice(this,datas,choices);
```

编写完后，将应用程序运行在手机模拟器中，其运行效果如图 4-31 所示。

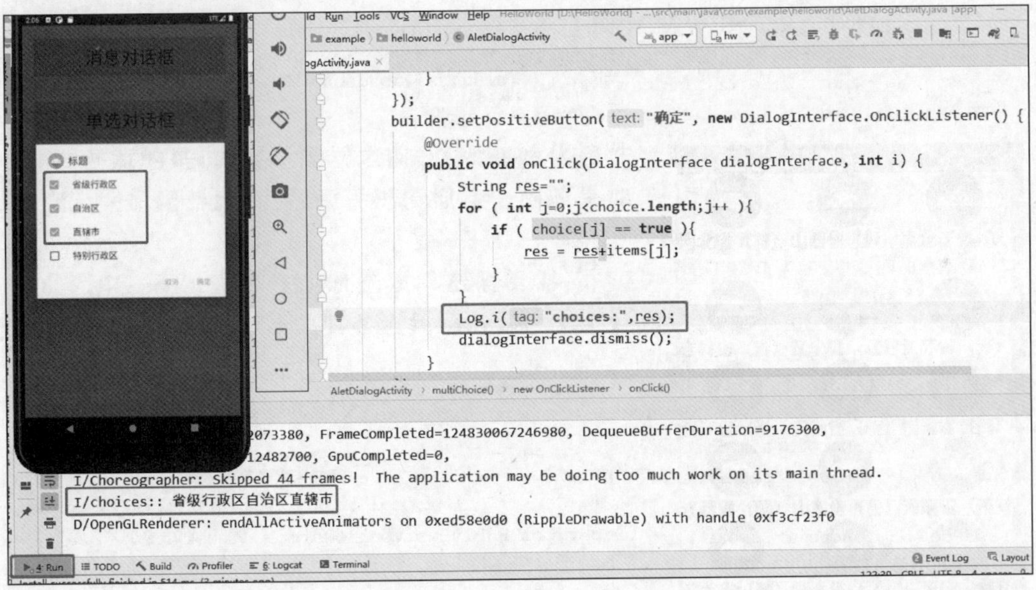

图 4-31　多选对话框的运行效果

（4）自定义对话框，Android 程序中由于界面风格不同，一般不直接使用系统提供的对
话框，而是根据项目需求自定义相应的对话框样式。

自定义对话框的结构需要通过布局文件实现，定义一个对话框提示用户修改密码，该对
话框里需要两个输入框，用于用户输入新的密码和确认新密码，提供两个按钮，分别用于确
认提交和取消修改密码，以下是其布局文件的代码。

```
< LinearLayout
    xmlns:android = "http://schemas.android.com/apk/res/android"
    android:layout_width = "match_parent"
    android:layout_height = "match_parent"
    android:orientation = "vertical">
    < EditText
        android:id = "@ + id/et_new_psw"
        android:layout_width = "match_parent"
        android:layout_height = "wrap_content"
        android:hint = "请输入新密码"
        android:padding = "20dp"
        android:gravity = "center"
        android:layout_margin = "20dp"/>
    < EditText
        android:id = "@ + id/et_confirm_psw"
        android:layout_width = "match_parent"
        android:layout_height = "wrap_content"
        android:hint = "确认新密码"
        android:padding = "20dp"
        android:gravity = "center"
        android:layout_margin = "20dp"/>
    < LinearLayout
        android:layout_width = "match_parent"
        android:layout_height = "wrap_content"
        android:orientation = "horizontal">
        < Button
            android:id = "@ + id/bt_psw_submit"
            android:layout_width = "0dp"
            android:layout_height = "wrap_content"
            android:text = "提交"
            android:textSize = "30sp"
            android:padding = "20dp"
            android:layout_weight = "1"
            android:layout_margin = "10dp"/>
        < Button
            android:id = "@ + id/bt_psw_cancel"
            android:layout_width = "0dp"
            android:layout_height = "wrap_content"
            android:text = "取消"
            android:textSize = "30sp"
            android:padding = "20dp"
            android:layout_weight = "1"
            android:layout_margin = "10dp"/>
    </LinearLayout >
</LinearLayout >
```

布局文件编写完后,可以着手定义自定义对话框,同样将创建自定义对话框的过程封装成一个方法,将方法设计为带两个参数的,该方法的代码如下:

```
public void shelfDialog( Context con, int layout ){          //创建 Builder 对象
final AlertDialog.Builder builder = new AlertDialog.Builder(con); builder.setTitle("请修改
密码");                                                        //设置标题
        builder.setIcon(R.mipmap.ic_launcher);               //设置对话框标题图标
        View view = View.inflate(con,layout,null);
```

```
final EditText et_new_psw = view.findViewById(R.id.et_new_psw);
final EditText et_confirm_psw = view.findViewById(R.id.et_confirm_psw);
Button bt_submit = view.findViewById(R.id.bt_psw_submit);
Button bt_cancel = view.findViewById(R.id.bt_psw_cancel);
builder.setView(view);
final Dialog dialog = builder.create();
bt_submit.setOnClickListener(new View.OnClickListener() {
    @Override
    public void onClick(View view) {
        String psw_new = et_new_psw.getText().toString();
        String psw_confirm = et_confirm_psw.getText().toString();
        Log.i("psw:",psw_new + "," + psw_confirm);
        dialog.dismiss();
    }
});
bt_cancel.setOnClickListener(new View.OnClickListener() {
    @Override
    public void onClick(View view) {
        dialog.dismiss();
    }
});
dialog.show();
}
```

需要注意的是 builder.setView(view)必须写在"final Dialog dialog = builder.create();"语句之前,否则定义好的布局不会展示在对话框里。接着可以在单击自定义对话框按钮时调用该方法,然后将应用程序运行在手机模拟器里,单击自定义对话框按钮后,其效果如图 4-32 所示。

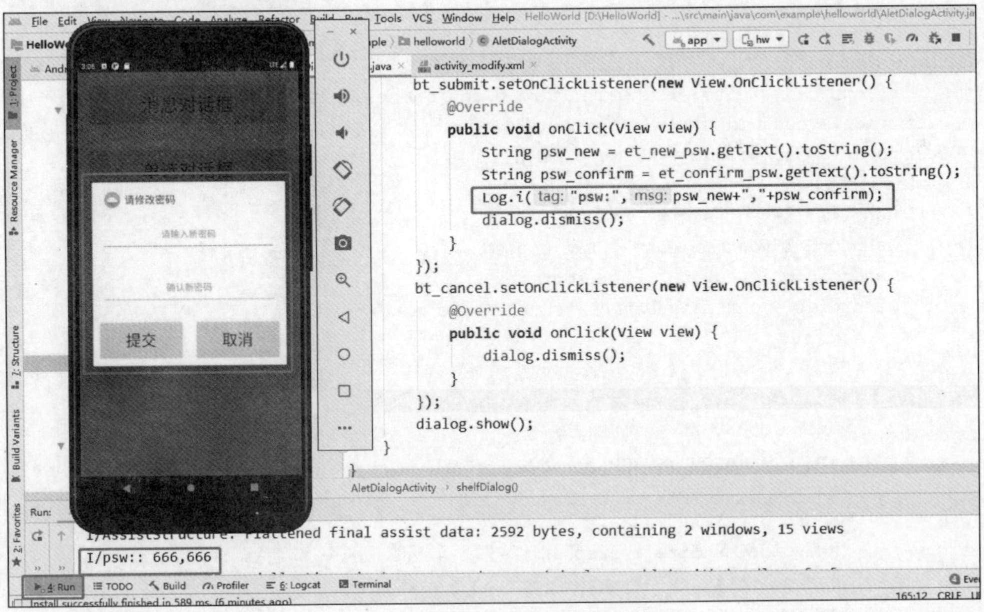

图 4-32　自定义对话框运行效果

各位读者可以根据项目的需求设计实现更美观的对话框,让应用程序的交互更加流畅,增强用户的体验。

🔑 4.2　课堂学习任务

本节将在课堂中引导学生完成五个学习任务,从而巩固课前学习的控件知识,使学生能够灵活使用控件实现相应的页面效果。

4.2.1　制作并实现主页面底部导航栏功能

目前大部分应用程序的主页面都是以底部导航栏为主要结构,底部导航栏的效果一般是三四个图文按钮,单击按钮时会切换到新的页面。本次制作的底部导航栏每个按钮都由上图标和下文字组成,被单击后按钮的状态会被切换。在讲解制作主页底部导航栏的过程前,先来分析底部导航栏由哪些控件组成。

1. 分析导航栏结构

根据需求描述,底部导航栏的按钮需要有图片和文字,图片在上,文字在下,单击图片或者文字都能改变按钮的状态,显然图片和文字是一个整体,因此可以使用 TextView 控件实现。

2. 在布局文件中实现导航结构

在 res/layout 目录中新建一个布局文件,文件名为 activity_home. xml,经分析在该布局文件中选用 RelativeLayout 作为根标签,方便将底部导航栏设置到页面的底部,然后再用一个 LinearLayout 标签装载 4 个 TextView 控件,以下是其参考代码。

```
< RelativeLayout
    xmlns:android = "http://schemas.android.com/apk/res/android"
    android:layout_width = "match_parent"
    android:layout_height = "match_parent">
    < LinearLayout
        android:layout_width = "match_parent"
        android:layout_height = "wrap_content"
        android:orientation = "horizontal"
        android:layout_alignParentBottom = "true">
        < TextView
            android:id = "@ + id/tv_home_info"
            android:layout_width = "0dp"
            android:layout_weight = "1"
            android:layout_height = "wrap_content"
            android:drawableTop = "@drawable/main_index_more_pressed"
            android:text = "信息"
            android:textSize = "32sp"
            android:gravity = "center"/>
        < TextView
            android:id = "@ + id/tv_home_contact"
            android:layout_width = "0dp"
            android:layout_weight = "1"
            android:layout_height = "wrap_content"
```

```
            android:drawableTop = "@drawable/main_index_checkin_normal"
            android:text = "通讯"
            android:textSize = "32sp"
            android:gravity = "center"/>
        < TextView
            android:id = "@ + id/tv_home_search"
            android:layout_width = "0dp"
            android:layout_weight = "1"
            android:layout_height = "wrap_content"
            android:drawableTop = "@drawable/main_index_search_normal"
            android:text = "发现"
            android:textSize = "32sp"
            android:gravity = "center"/>
        < TextView
            android:id = "@ + id/tv_home_me"
            android:layout_width = "0dp"
            android:layout_weight = "1"
            android:layout_height = "wrap_content"
            android:drawableTop = "@drawable/main_index_my_normal"
            android:text = "我的"
            android:textSize = "32sp"
            android:gravity = "center"/>
    </LinearLayout>
</RelativeLayout>
```

3. 实现底部导航栏逻辑功能

在 java 目录的主包里创建一个新的类,即为上述布局文件创建一个页面逻辑控制类,类名为 HomeActivity,让该类继承 Activity 类,实现 OnClickListener 接口,重写 onCreate()方法,绑定好布局文件,实现 onClick()方法,并编写方法分别重置按钮状态和修改按钮状态,下面按步骤讲解在 HomeActivity 类中实现页面逻辑功能。

步骤 1,在 java 目录的主包里创建一个类,并让该类继承 Activity 类,实现 OnClickListener 接口,重写 onCreate()方法后,绑定好布局,以下是其参考代码。

```java
public class HomeActiviy extends Activity implements View.OnClickListener {
    @Override
    protected void onCreate(@Nullable Bundle savedInstanceState) {
        super.onCreate(savedInstanceState);
        setContentView(R.layout.activity_home);
    }
    @Override
    public void onClick(View view) {

    }
}
```

将该 HomeActivity 类设置为应用程序的启动页面,在清单文件中修改的关键代码如下:

```xml
< activity android:name = ".HomeActiviy">
    < intent - filter >
        < action android:name = "android.intent.action.MAIN" />
        < category android:name = "android.intent.category.LAUNCHER" />
    </intent - filter>
</activity>
```

步骤 2,在 HomeActivity 类中定义相应的属性,用于实现底部导航栏的按钮状态切换的功能,主要的属性有 TextView 数组、两个整型数组分别保存按钮默认状态和被按下状态的图片资源、一个整型数组保存 TextView 控件的 id,以下是其参考代码。

```
TextView menus[ ];
int imgIds_normal[ ] = {R.drawable.main_index_more_normal,
R.drawable.main_index_checkin_normal,R.drawable.main_index_search_normal, R.drawable.main_
index_my_normal};
int imgIds_pressed[ ] = {R.drawable.main_index_more_pressed,
R.drawable.main_index_checkin_pressed,R.drawable.main_index_search_pressed,
R.drawable.main_index_my_pressed};
int tvIds[ ] = {R.id.tv_home_info,R.id.tv_home_contact,R.id.tv_home_search,
R.id.tv_home_me};
```

定义 TextView 数组是为了方便对底部导航栏的按钮进行初始化和控制修改操作。

步骤 3,在 onCreate()方法中初始化 TextView 数组,绑定布局中底部导航栏的按钮,并为它们注册单击事件监听器,以下是其参考代码。

```
//根据控件 id 数组的长度创建相应长度的 TextView 控件对象
menus = new TextView[tvIds.length];
//通过循环将 TextView 控件对象与布局中相应的控件进行绑定
for (int i = 0;i < menus.length;i++){
    menus[i] = findViewById(tvIds[i]);
    menus[i].setOnClickListener(this);            //为控件注册单击事件监听器
}
```

步骤 4,编写重置按钮状态的方法,重置按钮状态需要修改 TextView 控件中的图片和文字颜色,以下是该方法的代码。

```
@RequiresApi(api = Build.VERSION_CODES.LOLLIPOP)        //设置 SDK 兼容性
public void resetMenu(){
    //重置每个按钮的图片和文字颜色
    for(int i = 0;i < menus.length;i++){
        //获取一个 drawable 对象
        //getDrawable()方法需要在 21 版本的 API 才能使用,需要在方法前设置 SDK 版本声明
        Drawable dr = getDrawable(imgIds_normal[i]);
        //设置 drawable 对象的大小
        dr.setBounds(0,0,80,80);
        //将 drawable 对象放入到 TextView 控件中
        menus[i].setCompoundDrawables(null,dr,null,null);
        //设置文本控件的文字颜色为灰色
        menus[i].setTextColor(Color.rgb(88,88,88));
    }
}
```

需要注意的是编写方法时,写完 getDrawable(Id)方法后会报错,这时候单击提示的建议,即可在方法前添加**@RequiresApi(api = Build.VERSION_CODES.LOLLIPOP)**注解用于设置 SDK 版本的兼容性。

步骤 5,编写一个方法修改被单击的按钮的状态和文字颜色,由于需要知道用户单击哪个按钮,因此需要传入当前单击的控件和控件的序号,方法设计为带两个参数,以下是该方

法的代码。

```
@RequiresApi(api = Build.VERSION_CODES.LOLLIPOP)
public void setMenus(int pos, TextView tv){
    //获取一个 drawable 对象
    Drawable dr = getDrawable(imgIds_pressed[pos]);
    dr.setBounds(0,0,80,80);        //设置 drawable 对象的大小
    //将 drawable 对象放入到 TextView 控件中
    tv.setCompoundDrawables(null,dr,null,null);
    //设置文字颜色为橙色
    tv.setTextColor(Color.rgb(255,57,22));
}
```

该方法用于设置被单击的按钮的图片和文字颜色,当按钮被单击时调用该方法。

步骤 6,在 onClick()方法中实现底部导航栏的逻辑功能,单击按钮时先重置所有按钮的状态,然后根据单击的按钮,修改相应按钮的图片和文字颜色,以下是其参考代码。

```
public void onClick(View view) {
    resetMenu();
    TextView tv = (TextView) view;
    switch (view.getId()){
        case R.id.tv_home_info:
            setMenus(0,tv);break;
        case R.id.tv_home_contact:
            setMenus(1,tv);break;
        case R.id.tv_home_search:
            setMenus(2,tv);break;
        case R.id.tv_home_me:
            setMenus(3,tv);break;
    }}
```

需要注意的是在调用 resetMenu()和 setMenus()这两个方法时会报错,这时按照提示加入注解设置 SDK 版本兼容性即可。

步骤 7,在 onCreate()方法最后面调用 resetMenu()方法设置底部导航栏图片大小和文字颜色,然后调用 setMenus()方法将第一个按钮设为按下的状态,以下是其参考代码。

```
resetMenu();
setMenus(0,menus[0]);
```

注意会报错,需要根据提示添加 SDK 版本兼容性的注解,然后将应用程序运行到手机模拟器中,其效果如图 4-33 所示。

4.2.2　制作并实现注册页面功能

本次任务需要制作一个与微信注册界面类似的页面,其效果如图 4-34 所示。

1. 页面结构分析

由右图可知整个页面的总体结构类似线性结构,可以使用线性布局或者相对布局。根据页面效果可知,该页面还需要显示头像,可以使用 ImageView 控件;用户需要输入昵称、手机号码和密码进行注册,可以使用 EditText 控件实现;国家/地区的选择可以使用

Spinner 控件实现；显示相应的页面操作,可以使用 TextView 控件实现；"我已阅读并同意服务协议"的效果可以使用 RadioButton 或者 CheckBox 实现；"下一步"按钮可以使用Button 实现。

图 4-33   底部导航栏的效果

图 4-34   注册页面效果

2. 页面实现

根据页面结构分析,可以在布局文件中编写代码初步实现页面的效果,可以参考在布局中添加控件的步骤从上到下来添加相应的控件。

布局文件中需要使用 Spinner 下拉列表控件,需要先在 array.xml 文件中定义好国家/地区字符串数组,以下是其参考代码。

```
< string - array name = "register_area_data">
        < item>中国大陆</item>
        < item>中国香港</item>
        < item>中国澳门</item>
        < item>中国台湾</item>
        < item>美国</item>
    </string - array>
```

由效果图可以看到是否阅读协议的复选框是一个圆形框,而不是一个矩形框,只需在CheckBox 中添加一个 style 属性,该属性设置如下:

```
style = "@style/Widget.APPCompat.CompoundButton.RadioButton"
```

在 res/layout 目录中新建一个布局文件,文件名为 register_activity.xml,最终注册页面布局的代码如代码段 4-11~代码段 4-14 所示。

```
<LinearLayout
xmlns:android="http://schemas.android.com/apk/res/android"
android:layout_width="match_parent"
android:layout_height="match_parent"
android:orientation="vertical">
    <TextView
        android:id="@+id/tv_register_cancel"
        android:layout_width="wrap_content"
        android:layout_height="wrap_content"
        android:text="取消"
        android:textColor="#4CAF50"
        android:textSize="20dp"
        android:layout_margin="20dp"/>
    <TextView
        android:layout_width="wrap_content"
        android:layout_height="wrap_content"
        android:text="用手机号注册"
        android:textColor="#000"
        android:textSize="20dp"
        android:layout_margin="30dp"
        android:layout_gravity="center_horizontal"/>
    <ImageView
        android:id="@+id/iv_register_icon"
        android:layout_width="100dp"
        android:layout_height="100dp"
        android:src="@mipmap/ic_launcher"
        android:layout_gravity="center_horizontal"/>
    <LinearLayout
        android:layout_width="match_parent"
        android:layout_height="wrap_content"
        android:orientation="horizontal"
        android:layout_marginTop="40dp"
        android:layout_marginLeft="20dp">
<TextView
    android:layout_width="wrap_content"
    android:layout_height="wrap_content"
    android:text="昵称"
    android:textColor="#000"
    android:textSize="20dp"/>
<EditText
    android:id="@+id/et_register_nick"
    android:layout_width="match_parent"
    android:layout_height="wrap_content"
    android:hint="例如：冯笑媚"
    android:background="@null"
    android:gravity="center"/>
</LinearLayout>
<View
    android:layout_width="match_parent"
    android:layout_height="1dp"
    android:background="#999"
    android:layout_marginLeft="20dp"
    android:layout_marginTop="10dp"/>
```

代码段 4-11　register_activity.xml 代码 1

```
<LinearLayout
    android:layout_width="match_parent"
    android:layout_height="wrap_content"
    android:orientation="horizontal"
    android:layout_marginTop="10dp"
    android:layout_marginLeft="20dp">
<TextView
    android:layout_width="wrap_content"
    android:layout_height="wrap_content"
    android:text="国家/地区"
    android:textColor="#000"
    android:textSize="20dp"/>
    <Spinner
        android:id="@+id/sp_register_area"
        android:layout_width="match_parent"
        android:layout_height="wrap_content"
        android:entries="@array/register_area_data"
        android:layout_marginLeft="20dp"
        android:dropDownSelector="#E91E63"
        android:popupBackground="#888"
android:prompt="@string/register_area_title"
        android:spinnerMode="dialog"/>
</LinearLayout>
<View
        android:layout_width="match_parent"
        android:layout_height="1dp"
        android:background="#999"
        android:layout_marginLeft="20dp"
        android:layout_marginTop="10dp"/>
<LinearLayout
        android:layout_width="match_parent"
        android:layout_height="wrap_content"
        android:orientation="horizontal"
        android:layout_marginTop="10dp"
        android:layout_marginLeft="20dp">
    <TextView
        android:id="@+id/tv_register_area_code"
        android:layout_width="wrap_content"
        android:layout_height="wrap_content"
        android:text="+86"
        android:textColor="#000"
        android:textSize="20dp"/>
    <EditText
        android:id="@+id/et_register_phone"
        android:layout_width="match_parent"
        android:layout_height="wrap_content"
        android:hint="请填写手机号码"
        android:background="@null"
        android:gravity="center"/>
</LinearLayout>
```

代码段 4-12　register_activity.xml 代码 2

3. 页面逻辑功能实现

注册页面的逻辑功能,主要是获取用户输入的信息,并通过 Logcat 输出到控制台,后续讲完数据存储的知识后,再回到该页面讲解将数据保存到文件或者数据库中的过程。可以通过以下步骤实现该页面逻辑功能。

```
<View
    android:layout_width="match_parent"
    android:layout_height="1dp"
    android:background="#999"
    android:layout_marginLeft="20dp"
    android:layout_marginTop="10dp"/>
<LinearLayout
    android:layout_width="match_parent"
    android:layout_height="wrap_content"
    android:orientation="horizontal"
    android:layout_marginTop="10dp"
    android:layout_marginLeft="20dp">
    <TextView
        android:layout_width="wrap_content"
        android:layout_height="wrap_content"
        android:text="密码"
        android:textColor="#000"
        android:textSize="20dp"/>
    <EditText
        android:id="@+id/et_register_psw"
        android:layout_width="match_parent"
        android:layout_height="wrap_content"
        android:hint="请设置密码"
        android:background="@null"
        android:gravity="center"
        android:inputType="textPassword"/>
</LinearLayout>
<View
    android:layout_width="match_parent"
    android:layout_height="1dp"
    android:background="#999"
    android:layout_marginLeft="20dp"
    android:layout_marginTop="10dp"/>
```

代码段 4-13　register_activity. xml 代码 3

```
<LinearLayout
    android:layout_width="match_parent"
    android:layout_height="wrap_content"
    android:orientation="horizontal"
    android:layout_marginTop="30dp"
    android:layout_marginLeft="20dp"
    android:gravity="center">
    <CheckBox            android:id="@+id/cb_register_protocel_state"
android:layout_width="wrap_content"
android:layout_height="wrap_content"
android:text="我已阅读并同意"
android:textColor="#000"
style="@style/Widget. APPCompat.CompoundButton.RadioButton"/>
    <TextView
        android:id="@+id/tv_register_protocel"
        android:layout_width="wrap_content"
        android:layout_height="wrap_content"
        android:text="《软件许可及服务协议》"
        android:textColor="#3F51B5" />
</LinearLayout>
    <Button
        android:id="@+id/bt_register_next"
        android:layout_width="match_parent"
        android:layout_height="wrap_content"
        android:text="下一步"
        android:padding="20dp"
        android:layout_margin="20dp"
        android:enabled="false"/>
</LinearLayout>
```

代码段 4-14　register_activity. xml 代码 4

步骤 1，在 java 目录的主包里创建一个新类，类名为 RegisterActivity，并让该类继承 Activity 类，实现 OnClickListener 接口，重写 onCreate()方法和 onClick()方法，在 onCreate()方法中绑定注册页面布局，以下是其代码。

```
public class RegisterActivity extends Activity implements View.OnClickListener {
    protected void onCreate(@Nullable Bundle savedInstanceState) {
        super. onCreate(savedInstanceState);
        setContentView(R. layout. register_activity);}
    public void onClick(View view) {

    }}
```

接着在清单文件中将 RegisterActivity 类设置为应用程序启动页面，以下是其修改的关键代码。

```
< activity android:name = ". RegisterActivity">
    < intent - filter >
        < action android:name = "android. intent. action. MAIN" />
        < category android:name = "android. intent. category. LAUNCHER" />
    </ intent - filter >
</ activity >
```

步骤 2，在 RegisterActivity 类中定义好相应控件变量，以下是其参考代码。

```
EditText et_name, et_psw, et_phone;
TextView tv_code, tv_cancel, tv_protocel;
```

```
ImageView iv_icon;
Spinner sp_area;
CheckBox cb_agree;
Button bt_next;
String name,psw,phone,area,code;
String areaCode[] = {"086","852","853","886","001"};
boolean isAgree;
```

需要注意的是需要根据页面效果图,确定页面中哪些控件需要使用 Java 源代码实现与用户交互的功能,再定义控件变量,不需要与用户交互的控件就不需要定义相应的控件变量,同样需要定义相应类型的变量用于保存用户输入的数据,便于后续实现逻辑功能。

步骤 3,在 onCreate( )方法中对组件变量进行绑定,以下是其参考代码。

```
et_name = findViewById(R.id.et_register_nick);
et_psw = findViewById(R.id.et_register_psw);
et_phone = findViewById(R.id.et_register_phone);
tv_code = findViewById(R.id.tv_register_area_code);
tv_cancel = findViewById(R.id.tv_register_cancel);
tv_protocel = findViewById(R.id.tv_register_protocel);
iv_icon = findViewById(R.id.iv_register_icon);
sp_area = findViewById(R.id.sp_register_area);
cb_agree = findViewById(R.id.cb_register_protocel_state);
bt_next = findViewById(R.id.bt_register_next);
```

需要注意的是要确保相应的控件变量跟布局里相应的 id 属性值的控件进行绑定,在编写绑定控件的时候可以将布局的代码和页面逻辑控件类并排显示出来,一个控件变量对应着布局的一个控件进行绑定。

步骤 4,在控件变量初始化的代码下边,给 sp_area 控件变量注册选项选择监听器,并实现选项选择监听器,在实现选项选择监听器的代码中获取用户所选中的选项值,同时手机号码前的地区代号也会根据地区选项的选值变化而变化,以下是其参考代码。

```
sp_area.setOnItemSelectedListener(new AdapterView.OnItemSelectedListener() {
    @Override
    public void onItemSelected(AdapterView<?> adapterView, View view, int i, long l) {
        area = ((TextView)view).getText().toString();
        code = areaCode[i];
        tv_code.setText(code);
        Log.i("areacode:",area + "," + code);
    }
    @Override
    public void onNothingSelected(AdapterView<?> adapterView) {
    }
});
```

步骤 5,在步骤 4 的代码后面给 CheckBox 控件注册 OnCheckedChangeListener 事件监听器,在监听事件实现方法中,获取用户输入的内容,如果用户输入的内容都不为空,则将"下一步"按钮设置为可用,否则通过 Toast 控件提示用户注册信息不能为空,以下是其参考代码。

```
cb_agree.setOnCheckedChangeListener(new CompoundButton.OnCheckedChangeListener() {
    @Override
    public void onCheckedChanged(CompoundButton compoundButton, boolean b) {
```

```
                    name = et_name.getText().toString();
                    psw = et_psw.getText().toString();
                    phone = et_phone.getText().toString();
                    isAgree = b;
                    if(b == true && !TextUtils.isEmpty(name) && !TextUtils.isEmpty(psw)
                        && !TextUtils.isEmpty(phone) ){
                        bt_next.setEnabled(true);
                    }else{
                        bt_next.setEnabled(false);
                        Toast.makeText(RegisterActivity.this,"注册用户信息不能为空",
                        Toast.LENGTH_SHORT).show();}
                    Log.i("info:",name + "," + psw + "," + phone + "," + isAgree);
                }
        });
```

步骤 6,给该页面的"取消"按钮、软件服务协议和"下一步"按钮注册单击事件监听器,并在 onClick()方法中编写各个按钮单击的逻辑功能代码,在步骤 5 的代码下面编写注册单击事件监听器的代码如下:

```
tv_cancel.setOnClickListener(this);
tv_protocel.setOnClickListener(this);
bt_next.setOnClickListener(this);
```

在 onClick()方法中分别编写这三个控件单击后的逻辑功能代码,"取消"按钮和服务协议按钮的逻辑功能暂时不确定,只写一个 Toast 控件进行提示,以下是其参考代码。

```
@Override
public void onClick(View view) {
    switch (view.getId()){
        case R.id.tv_register_cancel:      //关闭本页面,回到登录页面
          Toast.makeText(RegisterActivity.this,"取消注册",Toast.LENGTH_SHORT).show();
              break;
        case R.id.tv_register_protocel:    //弹出对话框,用户查看协议
          Toast.makeText(RegisterActivity.this,"服务协议",Toast.LENGTH_SHORT).show();
              break;
        case R.id.bt_register_next:              //先再次获取用户填写的内容,检查用户信息是否为空
            name = et_name.getText().toString();
            psw = et_psw.getText().toString();
            phone = et_phone.getText().toString();
            isAgree = cb_agree.isChecked();
        if(!TextUtils.isEmpty(name)&& !TextUtils.isEmpty(psw)&& !TextUtils.isEmpty(phone)
   && isAgree == true ){    //将用户信息保存到数据库,并将用户信息传递到完善个人信息页面
   Toast.makeText(RegisterActivity.this,"数据正在保存",Toast.LENGTH_SHORT).show();
           }else{
   Toast.makeText(RegisterActivity.this,"信息不能为空",Toast.LENGTH_SHORT).show();
            }
            break;
        }
    }
```

代码写完后,就可以将应用程序运行到手机模拟器中,其运行效果如图 4-35 所示。

4.2.3 实现计算器页面功能

本次课堂任务有两个,一个是美化计算器界面,另一个是实现计算器的四则运算功能。

1. 分析任务

在项目三讲解表格布局和网格布局时初步完成了计算器的页面布局效果,但是与图 4-36 的效果还有一些距离。要实现图 4-36 的效果,首先将页面的背景设置为黑色,然后为按钮设置 selector 资源,由页面效果可知需要制作三个 selector 资源。

图 4-35 注册页面运行效果

图 4-36 计算器的界面效果

2. 实现美化界面

在课前学习任务的按钮控件中已讲解过 selector 资源,先制作第一行前三个按钮的 selector 资源,资源文件名为 cal_first_btbg. xml,以下是其参考代码。

```
< selector xmlns:android = "http://schemas. android. com/apk/res/android">
    < item android:state_pressed = "true">< shape >
        < solid android:color = "#FFC107"/>
        < corners android:radius = "50dp"/></shape ></item >
      < item >< shape >< solid android:color = "#DAD3D3"/>
        < corners android:radius = "50dp"/></shape ></item ></selector >
```

为数字按钮制作 selector 资源,资源文件名为 cal_num_btbg. xml,以下是其参考代码。

```
< selector xmlns:android = "http://schemas. android. com/apk/res/android">
    < item android:state_pressed = "true">< shape >
        < solid android:color = "#FFC107"/>
        < corners android:radius = "50dp"/></shape ></item >
      < item >< shape >< solid android:color = "#80FFFFFF"/>
        < corners android:radius = "50dp"/></shape ></item ></selector >
```

为运算符按钮制作 selector 资源,资源文件名为 cal_op_btbg. xml,以下是其参考代码。

```
< selector xmlns:android = "http://schemas. android. com/apk/res/android">
    < item android:state_pressed = "true">< shape >
```

```
< solid android:color = " # CDFDFCFA"/>
< corners android:radius = "50dp"/></shape></item>
< item >< shape >< solid android:color = " # FFC107"/>
< corners android:radius = "50dp"/></shape></item>
</selector>
```

图 4-37　设置完 selector 资源后计算器页面预览效果

在布局文件 calculator_grid. xml 中的按钮控件的背景属性中使用相应的 selector 资源，并调整按钮相应的 padding 和 layout_margin 的值，设置完 selector 资源，计算器的预览效果如图 4-37 所示。

3. 实现计算器四则运算功能

实现计算器四则运算功能，需要为计算器页面布局编写一个页面逻辑控制类，然后在页面逻辑控制类中为注册按钮添加单击事件监听器，并实现单击事件，当数字按钮被单击时，将按钮上的文字显示在上面的显示屏区域，接下来详细讲解每个步骤的实现过程。

步骤 1，在 java 目录的主包里为布局文件创建一个页面逻辑控制类，类名为 CalculatorActivity，并让该类继承 Activity 类，实现 OnClickListener 接口，重写 onCreate() 和 onClick() 方法，在 onCreate() 方法中绑定布局，以下是其参考代码。

```
public class CalculatorActivity extends Activity implements View.OnClickListener {
    @Override
    protected void onCreate(@Nullable Bundle savedInstanceState) {
        super.onCreate(savedInstanceState);
        setContentView(R. layout. caculator_grid);
    }
    @Override
    public void onClick(View view) {
    }
}
```

需要注意的是重写 onCreate() 方法时要选择修饰符为 protected 的那个方法。

接着在清单文件中将 CalculatorActivity 设置为应用程序启动页面，以下是其关键代码。

```
< activity android:name = ".CalculatorActivity">< intent - filter >
        < action android:name = "android. intent. action. MAIN" />
          < category android:name = "android. intent. category. LAUNCHER" />
    </intent - filter ></activity >
```

步骤 2，在 CalculatorActivity 类中定义相应控件变量和相应数据类型变量，用于保存表达式、运算结果和运算符，以下是其参考代码。

```
Button bts[];                        //定义按钮数组变量
//定义整型数组用于保存布局中按钮控件的 id
int btIds[] = {R. id. bt_0,R. id. bt_1,R. id. bt_2,R. id. bt_3,R. id. bt_4,R. id. bt_5,
```

```
R.id.bt_6,R.id.bt_7,R.id.bt_8,R.id.bt_9,R.id.bt_ac,R.id.bt_sign,R.id.bt_divide,
R.id.bt_multiple,R.id.bt_sub,R.id.bt_add,R.id.bt_point,R.id.bt_equal};
TextView tv_exp,tv_num;        //定义 TextView 控件变量用于控制布局中显示屏的表达式和数字
String exp,num;                //用于获取显示屏的表达式和数字
char op;                       //用于保存运算符
```

通过定义按钮数组变量和整型数组,方便后续在 onCreate()方法中初始化按钮数组和相关变量。

步骤 3,在 onCreate()方法中初始化按钮数组,并将按钮数组元素与布局中相应 id 的按钮控件进行绑定,以下是其参考代码。

```
tv_exp = findViewById(R.id.tv_caculator_exp);
tv_num = findViewById(R.id.tv_caculator_num);
bts = new Button[btIds.length];
for (int i = 0;i < bts.length;i++){
    bts[i] = findViewById(btIds[i]);
    bts[i].setOnClickListener(this);
}
```

需要确保布局中每个按钮控件的 id 属性值都已保存在整型数组中,如有遗漏,会造成程序异常。

步骤 4,在 onClick()方法中实现按钮单击事件接口,实现各类按钮单击的逻辑功能,首先每次单击按钮都需要先获取显示屏中的数字和表达式,然后根据按钮的类型做相应的处理,因此在 onClick()方法中,先获取到显示屏的数字和表达式,将 onClick()方法传进来的 View 对象转换为 Button 对象,以下是其参考代码。

```
num = tv_num.getText().toString();
exp = tv_exp.getText().toString();
Button cur = (Button)view;
```

接着根据传进来的控件 id 来实现相应的逻辑功能,先实现数字类按钮的功能,当单击按钮时如果数字显示屏显示的是 0,则用被单击按钮的数字替换 0,否则在数字显示屏显示的数字后面追加按钮里的数字,以下是其参考代码。

```
if (num.equals("0")){          //判断当前输入的数字的值是否为 0
    num = cur.getText().toString();
}else{                         //在当前输入的数字后面追加按钮的数字
    num = num + cur.getText().toString();
}
tv_num.setText(num);          //将数字显示在显示器中
```

接着实现小数点按钮功能,先判断当前显示屏显示的数字是否包含小数点,如果不包含,在显示的数字后面追加小数点,如果已包含小数点,则不做任何操作,以下是其参考代码。

```
if( !num.contains(".") ){      //判断当前数字是否含有小数点,如果含有则不做任何操作
    num = num + ".";
}
tv_num.setText(num);          //将数字显示在显示器中
```

紧接着实现清除按钮的功能,以下是其关键代码。

```
num = "0";
exp = "";
```

```
op = '';
tv_num.setText(num);
tv_exp.setText(exp);
```

接着实现符号位的按钮功能，以下是其关键代码。

```
if( num.contains(" - ") ){
    num = num.substring(1);
}else{
    num = " - " + num;
}
tv_num.setText(num);
```

接着实现百分号的按钮功能，以下是其关键代码。

```
float temp = Float.parseFloat(num);
num = temp/100 + "";
tv_num.setText(num);
```

接着实现运算符类按钮功能，以下是其关键代码。

```
String tp = cur.getText().toString();
op = tp.charAt(0);
exp = num + op;
tv_exp.setText(exp);
num = "0";
tv_num.setText(num);
```

最后实现等号按钮功能，以下是其关键代码。

```
String t1 = exp.substring(0, exp.length() - 1);
String t2 = num;
exp = exp + num;
tv_exp.setText(exp);
switch ( op ){
    case '+':
        if( !t1.contains(".") && !t2.contains(".") ){
        int res = Integer.parseInt(t1) + Integer.parseInt(t2);
            num = res + "";
        }else{
        float res = Float.parseFloat(t1) + Float.parseFloat(t2);
            num = res + "";}
        tv_num.setText(num);
        break;
    case '-':
        if( !t1.contains(".") && !t2.contains(".") ){
            int res = Integer.parseInt(t1) - Integer.parseInt(t2);
            num = res + "";
        }else{
            float res = Float.parseFloat(t1) - Float.parseFloat(t2);
            num = res + "";}
            tv_num.setText(num);
            break;
    case '×':
        if( !t1.contains(".") && !t2.contains(".") ){
            int res = Integer.parseInt(t1) * Integer.parseInt(t2);
            num = res + "";
```

```
        }else{
            float res = Float.parseFloat(t1) * Float.parseFloat(t2);
            num = res + ""; }
        tv_num.setText(num);
        break;
    case '÷':
        if( !t1.contains(".") && !t2.contains(".") ){
            int res = Integer.parseInt(t1)/Integer.parseInt(t2);
            num = res + "";
        }else{
            float res = Float.parseFloat(t1)/Float.parseFloat(t2);
            num = res + "";}
        tv_num.setText(num);
        break;
}
```

至此计算器的四则运算基本完成,将其运行到手机模拟器中的效果如图 4-38 所示。

4.2.4　制作一个联动一级行政地区展示页面

制作一个联动一级行政地区展示页面,即用户通过下拉列表选择行政地区的类型,在下面列表中显示相应的省名和地区名,各类型包含的省名和地区名在 array.xml 中已定义,资源名为 china 的数组表示中国一级行政地区的类型,资源名为 sheng 的数组包含了 23 个省份名称,资源名为 zizhiqu 的数组包含了自治区的地区名,资源名为 zhixiashi 的字符数组包含直辖市的地区名,资源名为 tebiexzq 的数组包含了特别行政区的地区名。

图 4-38　计算器做加法运算效果

1. 分析页面结构

由上述展示需求可知,页面上方需要一个下拉列表,用于选择行政地区的类型,可以使用 Spinner 控件实现,然后下面有一个列表,用于展示相应类型行政地区所包含的省市,可以使用 ListView 或者 RecyclerView 控件实现。

2. 实现页面布局

根据页面分析结构的描述,可知整个页面是线性的上下结构,因此使用 LinearLayout 作为布局文件的根标签,然后在 LinearLayout 标签里面添加 Spinner 和 ListView 控件,在 res/layout 目录中新建布局文件,文件名为 areas_activity.xml,以下是其参考代码。

```
< LinearLayout
    xmlns:android = "http://schemas.android.com/apk/res/android"
    android:layout_width = "match_parent"
    android:layout_height = "match_parent"
    android:orientation = "vertical">< Spinner
        android:id = "@ + id/sp_area_type"
```

```
            android:layout_width = "match_parent"
            android:layout_height = "wrap_content"
            android:entries = "@array/china"
            android:layout_margin = "20dp"/><ListView
            android:id = "@ + id/lv_city"
            android:layout_width = "match_parent"
            android:layout_height = "wrap_content"
        android:entries = "@array/sheng"/></LinearLayout>
```

由上述代码可知,两个列表控件都使用了 entries 属性设置静态的数据集合,在后续会根据下拉列表的选项值,修改 ListView 控件的数据源。

3. 实现页面逻辑功能

实现联动地区选择功能的关键是在下拉列表中选择了相应的选项值后,ListView 控件的数据进行修改并更新页面,接下来按照步骤讲解实现页面逻辑功能的过程。

步骤 1,在 java 目录的主包中创建一个页面逻辑控制类,类名为 AreasActivity,让该类继承 Activity 类,并重写 onCreate()方法,在该方法中绑定好布局,以下是其参考代码。

```
public class AreasActivity extends Activity {
    protected void onCreate(@Nullable Bundle savedInstanceState) {
        super.onCreate(savedInstanceState);
        setContentView(R.layout.areas_activity);}}
```

接着在清单文件中将 AreasActivity 设置为应用程序的启动页面,以下是将该类修改为启动页面的关键代码。

```
< activity android:name = ".AreasActivity"> < intent - filter >
        < action android:name = "android.intent.action.MAIN" />
        < category android:name = "android.intent.category.LAUNCHER" />
    </intent - filter ></activity >
```

步骤 2,在 AreasActivity 类中定义相应的控件属性和数据变量,以下是其参考代码。

```
Spinner sp_type;
ListView lv_city;
String citys[];              //保存当前选中行政地区类型包含的城市名
```

步骤 3,在 onCreate()方法中初始化步骤 2 定义的控件变量,以下是其参考代码。

```
sp_type = findViewById(R.id.sp_area_type);
lv_city = findViewById(R.id.lv_city);
```

步骤 4,为下拉列表控件变量注册选项选择监听事件,并实现监听事件,在 onItemSelected()方法中根据选项的序号,获取相应地区类型的城市,以下是其参考代码。

```
sp_type.setOnItemSelectedListener(new AdapterView.OnItemSelectedListener() {
    public void onItemSelected(AdapterView <?> adapterView, View view, int i, long l) {
        switch (i){case 0:citys = getResources().getStringArray(R.array.sheng);break;
            case 1:citys = getResources().getStringArray(R.array.zizhiqu);break;
            case 2:citys = getResources().getStringArray(R.array.zhixiashi);break;
            case 3:citys = getResources().getStringArray(R.array.tebiexzq);break;}
ArrayAdapter < String > aad = new ArrayAdapter <>(AreasActivity.this,
android.R.layout.simple_list_item_1,citys);lv_city.setAdapter(aad);}
        public void onNothingSelected(AdapterView <?> adapterView) {}}});
```

至此联动一级行政地区的选择页面就制作完成,将应用程序运行到手机模拟器里的效果如图 4-39 所示。

4.2.5　实现注册页面协议内容对话框功能

本次课堂任务是实现注册页面协议内容对话框,即当单击注册页面的《软件许可及服务协议》时弹出窗口,展示《软件许可及服务协议》的内容,用户看完协议后,单击对话框里的"同意"或者"拒绝"按钮,同意则可以单击注册页面的"下一步"按钮,否则不能单击"下一步"按钮。

1. 任务分析

根据任务需求描述,首先需要将《软件许可及服务协议》的内容保存在 txt 文件中,方便读取为字符串,放入到对话框的消息中,由于对话框的结构与消息对话框的结构相同,因此可以直接创建一个消息对话框。

图 4-39　联动一级行政地区的选择页面

2. 创建消息对话框

根据 4.1.5 节消息对话框的介绍,在注册页面里将创建对话框的代码封装成一个方法,将方法设计为带两个参数,一个是上下文,一个是消息内容,以下是其参考代码。

```
public void messageDialog(Context con,String msg ){
    AlertDialog.Builder builder = new AlertDialog.Builder(con);    //创建 Builder 对象
    builder.setTitle("软件许可及服务协议");                        //设置标题
    builder.setIcon(R.mipmap.ic_launcher);                       //设置对话框标题图标
    builder.setMessage(msg);                                     //设置消息信息
    builder.setPositiveButton("同意", new DialogInterface.OnClickListener() {
public void onClick(DialogInterface dialogInterface, int i) {    //编写确定逻辑功能代码
            cb_agree.setChecked(true);                           //将复选框设置为选中
            dialogInterface.dismiss();}});
 builder.setNegativeButton("拒绝", new DialogInterface.OnClickListener() {
public void onClick(DialogInterface dialogInterface, int i) {    //编写取消逻辑功能代码
            cb_agree.setChecked(false);                          //将复选框设置为未选中
            dialogInterface.dismiss();}});
        builder.show(); }
```

3. 获取消息对话框消息内容

为了方便获取《软件许可及服务协议》内容,可以先把保存在 txt 文件的《软件许可及服务协议》复制到项目 assets 目录中,然后在 RegisterActivity 中编写一个方法获取 assets 目录中的协议内容,并返回一个字符串给调用者,传入到消息对话框中,获取《软件许可及服务协议》内容的方法代码如下:

```
public String getFromAssets(String fileName){    //从 assets 文件夹中获取文件并读取数据
    String result = "";
```

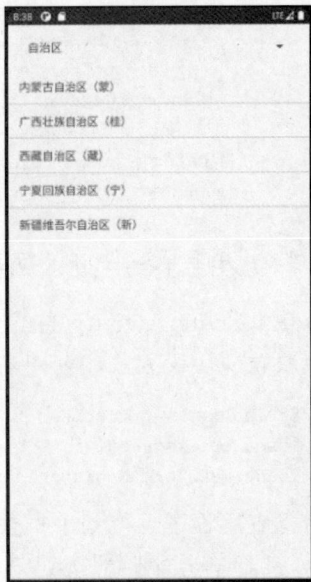

```
        try {InputStream in = getResources().getAssets().open(fileName);
            int lenght = in.available();              //获取文件的字节数
            byte[] buffer = new byte[lenght];         //创建 byte 数组
            in.read(buffer);                          //将文件中的数据读到 byte 数组中
            result = new String(buffer);              //将字节流数据转换为字符串
        } catch (Exception e) {e.printStackTrace(); }
    return result;}
```

4. 调用获取软件协议方法和创建消息对话框方法

在 RegisterActivity 类的 onClick()方法的 case R. id. tv_register_protocel 语句下面调用获取软件协议方法和创建消息对话框方法,以下是其参考代码。

```
String msg = getFromAssets("agreement.txt");      //获取服务协议内容
messageDialog(RegisterActivity.this,msg);         //弹出对话框,用户查看协议
Toast.makeText(RegisterActivity.this,"服务协议",Toast.LENGTH_SHORT).show();
```

然后将应用程序运行到手机模拟器中,单击《软件许可及服务协议》后其运行效果如图 4-40 所示,接着单击"同意"按钮返回到注册页面,"我已阅读并同意"的复选框被选中,其效果如 4-41 所示。

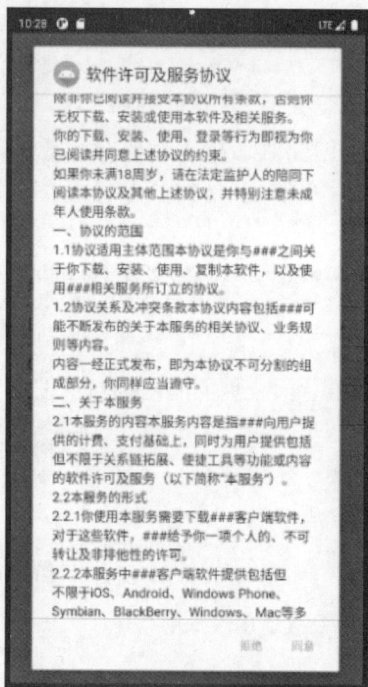

图 4-40   服务协议对话框效果

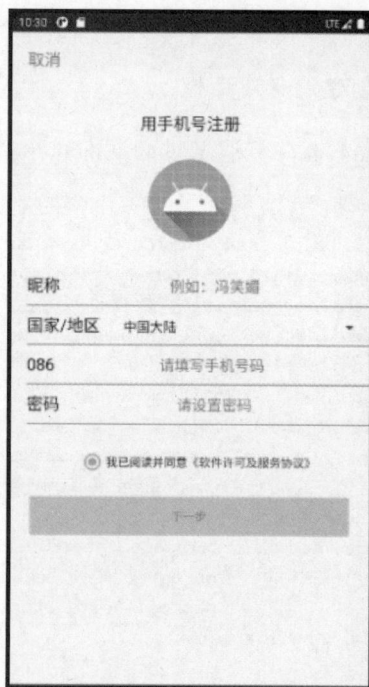

图 4-41   单击"同意"按钮后注册页面复选框状态

🔑 4.3   课后学习任务:设计并实现完善个人信息页面

请各位读者使用已学知识设计实现完善个人信息页面,一般的完善个人信息页面需要根据客户的需要收集用户相关的信息,在此要求收集用户的姓名、性别、籍贯和兴趣等信息,

兴趣需要从给出的五个选项中进行选择,五个选项是:唱歌、跳舞、运动、旅游、阅读,可以选择多个兴趣,籍贯要求能实现用户选择,不需要用户进行输入。

4.3.1　页面分析

用户可以根据上述页面的需求,先分析页面应该选用哪种布局,再确定页面中展示哪些内容,需要什么功能,需要使用什么控件实现等方面进行分析。

4.3.2　页面设计

根据页面需求和页面分析使用 Axure 等原型工具进行页面设计,让页面布局更加合理,更加符合大众审美,提高应用程序的交互性,为用户提供良好的使用体验。

4.3.3　实现页面结构

根据页面设计的效果图在布局文件中选用合适的布局方式和控件实现页面相应的展示效果和功能。

4.3.4　页面功能设计

根据页面需求和页面分析,得出实现页面功能所需的控件、数据变量,并画出实现页面功能的流程图。

4.3.5　实现页面功能

根据页面功能设计的数据和流程图编写代码实现相应的功能,并完成配套资料的页面逻辑功能实现报告。

CHAPTER **5**

第**5**章

Android页面交互的
控制者

学习目标：

熟悉 Activity 的生命周期和启动模式，实现页面相应功能，为用户提供良好的交互性。

熟悉 Intent 的结构，实现页面之间灵活的跳转和数据传递。

熟悉 Fragment 的生命周期和加载原理，实现页面局部数据更新。

熟悉 ViewPager 的属性及其页面间的快速切换原理。

职业技能目标：

能够根据设计的应用程序架构，选择相应的组件实现应用程序的框架。

课程思政育人目标：

让学生理解我国外交政策基本原则，锻炼学生为人处世的达者胸怀。

学习导读：

为了更好地掌握本章内容，请读者按照项目导读进行学习。

首先，在进行课堂学习之前，请先带着 Activity、Intent、Fragment、ViewPager 是什么及其工作原理是什么等问题完成课前学习任务。

其次，在课堂上通过完成课堂任务，深入学习 Android 中 Activity、Fragment 的使用技巧，使学生能够根据项目需求实现页面良好的交互操作。

最后，通过课后案例，复习巩固已学习的知识。

5.1　课前学习任务：熟悉 Activity

本节课前学习任务旨在让读者对 Activity、Intent、Fragement 和 ViewPager 的概念有一定的了解，请各位读者带着以下问题进行学习。

（1）Activity 是什么？ 有什么作用？ 如何创建和使用？

（2）Intent 是什么？ 有什么作用？ 如何创建和使用？

（3）Fragment 是什么？ 有什么作用？ 如何创建和使用？

（4）ViewPager 是什么？ 有什么作用？ 如何创建和使用？

希望通过本章的学习，能够帮助各位读者对 Android 四大组件之一的 Activity 有深刻的理解，并能使用 Fragment 和 ViewPager 等控件实现 Android 应用程序界面的整体架构，同时能够使用 Intent 等类搭建 Android 应用程序数据传递的机制，提高应用程序的整体功能。

5.1.1　活动 Activity

Activity 是 Android 四大组件之一，它在屏幕上提供了一个区域，允许用户在上面做一些交互性的操作，例如打电话、照相、发邮件或者显示地图等。 也可以将 Activity 理解成一个绘制用户界面的窗口，该窗口可以填满整个屏幕，也可以比屏幕小或者浮动在其他窗口的上方。

总的来说 Activity 用于显示用户界面，用户通过 Activity 与应用程序进行交互完成相关的操作，一个应用程序可以有多个 Activity，接下来详细学习 Activity。

1. Activity 的创建

在完成第 4 章的学习任务时，已经讲解和使用过 Activity，相信大家对 Activity 的创建过程已经很熟悉，其创建过程如下。

（1）在 java 目录的主包中创建一个类，类名命名格式为 XXXActivity，并让该类继承 Activity 或者它的子类，其关键代码如下：

```
public class XXXActivity extends Activity{
    //类体
}
```

（2）在第（1）步创建的类中重写 onCreate()方法，并在该方法中调用 setContentView() 方法绑定相应的布局，其关键代码如下：

```
protected void onCreate(@Nullable Bundle savedInstanceState) {
    super.onCreate(savedInstanceState);
    setContentView(R.layout.布局文件名);
}
```

（3）在清单文件 AndroidManifest.xml 中配置 Activity，以下是其参考代码。

```
< activity
    android:icon = "图标"
```

```
android:name = "类名"
android:label = "Activity 显示的标题"
android:theme = "要应用的主题"></activity>
```

如果需要将 Activity 设置为启动页面,则可以在 activity 标签里添加以下意图过滤器的配置代码。

```
< intent - filter >< action android:name = "android.intent.action.MAIN" />
    < category android:name = "android.intent.category.LAUNCHER" /></intent - filter >
```

需要注意的是 Android 应用程序只能设置一个启动页面,如果在清单文件中定义多个 Activity 为启动页面,先定义的 Activity 为启动页面。

(4) 启动 Activity 的方法是在需要打开该页面的地方调用 startActivity(Intent intent) 方法。

(5) 关闭 Activity 的方法是调用 finish()方法,即打开新页面后,原来的页面被切换到后台运行,这时可以在 startActivity()方法后面调用 finish()方法,关闭原来页面的 Activity。

2．Activity 的生命周期

Activity 生命周期是一个 Activity 从构建到销毁的整个过程,Android 中 Activity 的生命周期总共分为七个阶段,包括创建、开始、恢复、暂停、停止、重新开始、销毁,其生命周期流程如图 5-1 所示,每个阶段都会涉及相应的回调方法来实现相应的功能,接下来分阶段讲解 Activity 每个阶段中所涉及的方法及其作用。

1) 创建阶段

在 Activity 的创建阶段,必须实现的回调方法是 onCreate()方法,该方法会在系统创建 Activity 时触发,该方法承担了初始化 Activity 中基本控件、创建视图并将数据绑定到列表等职责,在上一小节讲解 Activity 创建时,就重写了 onCreate()方法,是因为该方法是 Activity 必需的生命周期方法,有了该方法 Activity 才能创建出来。onCreate()方法执行完成后,创建 Activity 的资源就已经准备好了,进入下一个阶段。需要注意的是该方法在 Activity 的整个生命周期中只会被调用一次。

2) 开始阶段

onCreate()方法退出后,Activity 将进入已启动状态,并对用户可见,但不能与用户进行交互,在该阶段的回调方法 onStart()方法的作用是为进入前台交互做准备,即结合应用当前状态,将页面提前绘制到内存中。

3) 恢复阶段

恢复阶段的主要任务是将 Activity 对象的界面渲染到前台,并让应用程序一直处于这个阶段,直到发生中断事件使程序进入暂停阶段为止。该阶段涉及的回调方法 onResume()方法会在 Activity 开始与用户交互之前被调用,帮助 Activity 取得焦点,使 Activity 可以和用户进行交互。

当 Activity 进入已恢复状态时,与 Activity 生命周期相关联的所有生命周期感知型组件都将收到 ON_RESUME 事件。这时,生命周期组件可以启用在组件可见且位于前台时需要运行的任何功能,例如启动相机预览功能。当发生中断事件时,Activity 进入已暂停状

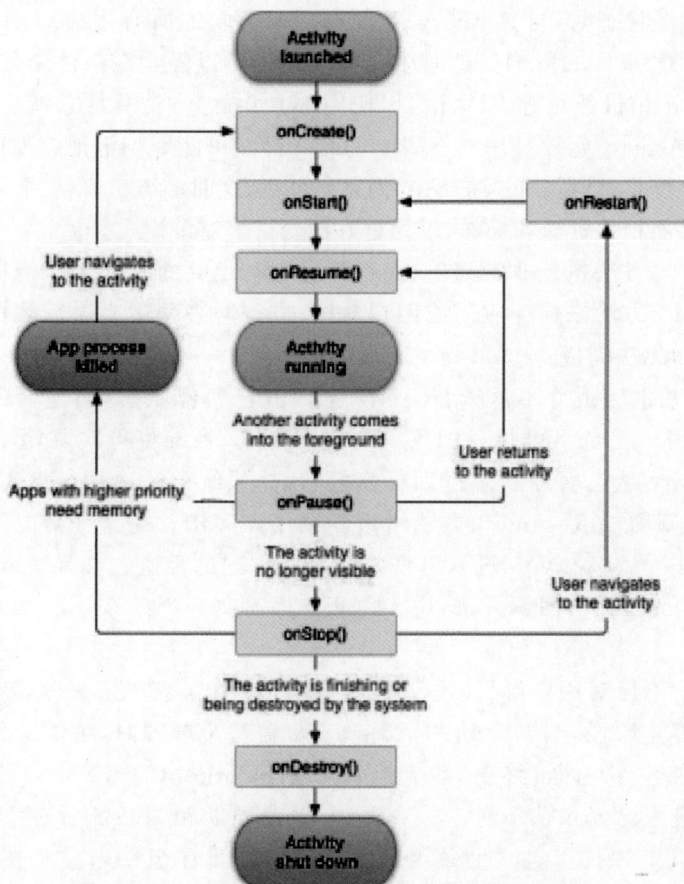

图 5-1　Android 官网提供的 Activity 流程图

态，系统调用 onPause()回调方法。

如果 Activity 从已暂停状态返回已恢复状态，系统将再次调用 onResume()方法。因此，应该实现 onResume()方法以初始化在 onPause()方法期间释放的控件，并执行每次 Activity 进入已恢复状态时必须完成的初始化操作。无论选择在哪个构建事件中执行初始化操作，都务必使用相应的生命周期事件来释放资源。如果在收到 ON_START 事件后初始化某些内容，请在收到 ON_STOP 事件后释放或终止相应内容。如果在收到 ON_RESUME 事件后初始化某些内容，请在收到 ON_PAUSE 事件后将其释放。

4) 暂停阶段

当 Activity 失去焦点时就会调用该阶段的回调方法 onPause()方法，Activity 进入暂停状态的原因有很多，例如正在看腾讯视频，看到微信消息提醒，单击后打开了微信聊天界面，这时腾讯视频的界面就会调用 onPause()方法进入暂停阶段。在暂停阶段 Activity 处于暂停状态，即该界面被部分遮盖，一般情况下界面被全部遮盖后就会调用 onStop()方法，如果是调用对话框样式的 Activity，关闭对话框时原来的 Activity 就会调用 onResume()方法，这种情况比较罕见。

调用 onPause()方法表示 Activity 不再位于前台，因此可以在 onPause()方法中暂停或调整 Activity 处于已暂停状态时不继续或有节制地操作以及希望很快恢复的操作。当

Activity 进入已暂停状态时,与 Activity 生命周期相关联的所有生命周期感知型组件都将会受到 ON_PAUSE 事件的影响。这时生命周期组件可以停止在组件未位于前台时无须运行的功能,例如停止相机预览等。因此可以使用 onPause()方法释放系统资源、传感器(例如 GPS)手柄等或当 Activity 暂停且用户不需要它们时仍然可能影响电池续航时间的任务资源。如果是处于多窗口模式,已暂停的 Activity 仍完全可见,这时应该考虑使用 onStop()方法来完全释放或调整与界面相关资源和操作,以便更好地支持多窗口模式。

由于 onPause()方法执行非常简单,而且不一定有足够的时间来执行保存操作,因此不应该使用 onPause()方法来保存应用或用户数据、进行网络调用或执行数据库事务,以防该方法结束这类工作无法完成。

onPause()方法的完成并不意味着 Activity 离开已暂停状态,而是会保持此状态,直到其恢复或变成对用户完全不可见。如果 Activity 恢复,系统将再次调用 onResume()回调方法。如果 Activity 从已暂停状态返回已恢复状态,系统会让 Activity 实例继续驻留在内存中,并会在系统调用 onResume()方法时重新调用该实例。在这种情况下,无须重新初始化由任何回调方法导致 Activity 进入已恢复状态时创建的足迹。如果 Activity 变为完全不可见,系统会调用 onStop()回调方法,进入停止阶段。

5) 停止阶段

如果 Activity 不再对用户可见,说明其已进入已停止状态,系统将调用 onStop()方法让 Activity 处于停止阶段,当新启动的 Activity 覆盖整个屏幕时,可能会发生这种情况,或者 Activity 已结束运行并即将终止,系统还可以调用 onStop()方法。

当 Activity 进入已停止状态时,与 Activity 生命周期相关联的所有生命周期感知型组件将收到 ON_STOP 事件。这时生命周期组件可以停止在组件未显示在屏幕上时无须运行的功能。

onStop()方法可以释放或调整在应用对用户不可见时的无用资源,例如应用可以暂停动画效果、从精确位置更新切换到粗略位置更新等。使用 onStop()方法处理这些资源可确保与界面相关的工作继续进行,即使用户在多窗口模式下查看 Activity 也能保持应用程序连续工作,使用 onPause()方法则可能做不到。还应使用 onStop()方法执行 CPU 相对密集的关闭操作,例如无法找到更合适的时机来将信息保存到数据库中,可以在 onStop()方法中执行此操作。

当 Activity 进入已停止状态时,Activity 对象会继续驻留在内存中,该对象将维护所有状态和成员信息,但不会附加到窗口管理器。Activity 恢复后,Activity 会重新调用这些信息。无须重新初始化由回调方法导致 Activity 进入已恢复状态期间创建的组件。系统还会追踪布局中每个 View 对象的当前状态,例如用户在 EditText 控件中输入文本,系统将保留文本内容,无须保存和恢复文本。

6) 重新开始阶段

重新开始阶段表示用户打开了一个新的 Activity 时,当前的 Activity 就会被全部遮盖(onPause()方法和 onStop()方法都被执行了),接着又返回到当前 Activity 页面时就会调用 onRestart()方法启动 Activity 重新开始。

7) 销毁阶段

Activity 进入销毁阶段的原因有 Activity 即将结束(用户彻底关闭 Activity 或者系统

为 Activity 调用 finish()方法)或者由于配置变更(设备选择或多窗口模式)系统暂时销毁 Activity。

当 Activity 进入已销毁状态时,与 Activity 生命周期相关联的所有生命周期感知型组件都将受到 ON_DESTROY 事件的影响。这时生命周期组件可以在 Activity 被销毁之前清理所需的任何数据。

如果 Activity 即将结束,onDestroy()方法是 Activity 调用的最后一个生命周期回调方法。如果由于配置变更而调用 onDestroy()方法,系统会立即新建 Activity 实例,然后在新配置中为新实例调用 onCreate()方法。onDestroy()回调方法应释放先前的回调方法(如onStop()方法)尚未释放的所有资源。

3. Activity 的管理

在 Android 系统中会根据每个 Activity 打开的顺序排列在一个返回堆栈中,在返回堆栈中的 Activity 就组成了一个任务。Android 7.0(API 级别 24)及更高版本支持多窗口环境,当多个应用在这种环境中同时运行时,系统会单独管理每个窗口的任务,而每个窗口可能包含多项任务,系统按窗口管理任务或任务组。

大多数任务都从设备主屏幕上启动,当用户单击应用启动器中的图标(或主屏幕上的快捷方式)时,该应用程序的任务就会转到前台运行。如果该应用程序没有任务存在(应用最近没有使用过),则会创建一个新的任务,并且该应用程序的启动页面 Activity 将会作为堆栈的根打开。当前 Activity 启动另一个 Activity 时,新的 Activity 将被推送到堆栈顶部并获得焦点。上一个 Activity 仍保留在堆栈中,但会停止。当 Activity 停止时,系统会保留其界面的当前状态。当用户单击"返回"按钮时,当前 Activity 会从堆栈顶部退出(该 Activity会被销毁),上一个 Activity 会恢复(界面会恢复到上一个状态)。堆栈中的 Activity 永远不会重新排列,只会被送入和退出,在当前 Activity 启动时被送入堆栈,在用户单击"返回"按钮离开时从堆栈中退出。因此,返回堆栈按照"后进先出"的结构运作。图 5-2 是 Android帮助文档中借助一个时间轴直观地显示堆栈中 Activity 进出栈的过程。

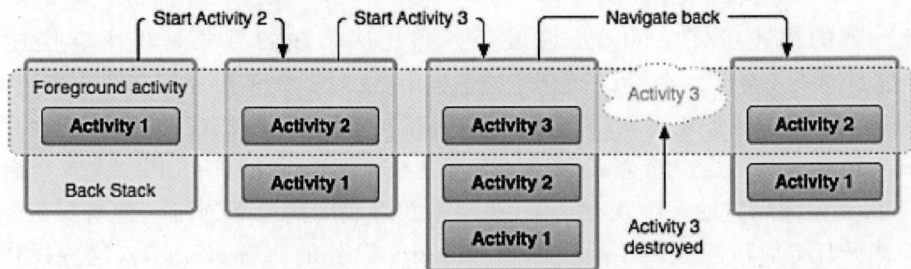

图 5-2　Activity 之间每个时间点的进出堆栈的示意图

如果用户继续单击"返回"按钮,则堆栈中的 Activity 会逐个退出,以显示前一个Activity,直到用户返回到主屏幕(或任务开始时运行的 Activity)。移除堆栈中的所有Activity 后,该任务将不复存在。

任务是一个整体单元,当用户开始一个新任务或通过主屏幕按钮进入主屏幕时,任务可移至后台。在后台时,任务中的所有 Activity 都会停止,但任务的返回堆栈会保持不变,当其他任务启动时，当前任务只是失去了焦点，这样一来，任务就可以返回到前台，以便用户可以从他们离开的地方继续操作。如图 5-3 所示，当前任务 A 的堆栈中有 2 个 Activity。用户单击主屏幕按钮，然后从应用启动器中启动新应用。主屏幕出现后，任务 A 转到后台。当新应用启动时，系统会启动该应用的任务 B，该任务具有自己的 Activity 堆栈。与该应用互动后，用户再次返回到主屏幕并选择最初启动任务 A 的应用。现在，任务 A 进入前台，其堆栈中的两个 Activity 都完好如初，堆栈顶部的 Activity 恢复运行。此时，用户仍可通过转到主屏幕并选择启动该任务的应用图标（或者从最近使用的应用屏幕中选择该应用的任务）切换到任务 B，这就是在 Android 上进行多任务处理的一个例子。

由于返回堆栈中的 Activity 不会被重新排列，如果应用允许用户从多个 Activity 中启动特定的 Activity，系统便会创建该 Activity 的新实例并将其推送到堆栈中（而不是将该 Activity 的某个先前实例移至堆栈顶部）。这样一来，应用中的一个 Activity 就可能被多次实例化（甚至是从其他任务对其进行实例化），如图 5-4 所示。因此，如果用户使用"返回"按钮向后导航，Activity 的每个实例将按照它们被打开的顺序显示出来（每个实例都有自己的界面状态）。不过，如果不希望某个 Activity 被实例化多次，可以修改此行为。有关如何实现此操作，将在下一节 Activity 的加载模式中讲解。

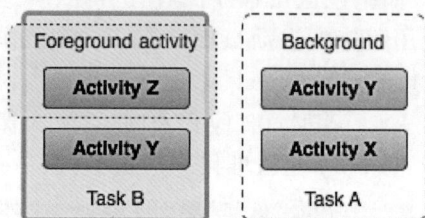

图 5-3   任务之间的切换

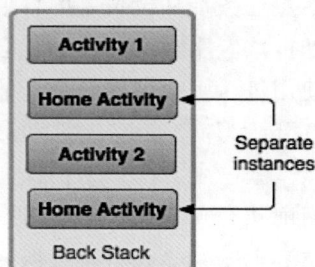

图 5-4   Activity 在同一个堆栈中多次实例化

4. Activity 的启动模式

由上一节的描述可知 Android 管理任务和返回堆栈的方式是将所有接连启动的 Activity 放到同一任务和一个"后进先出"的堆栈中，这对于大多数应用都很有效，而且不必担心 Activity 如何与任务相关联，或者它们如何存在于返回堆栈中。如果希望应用中的某个 Activity 在启动时开启一个新的任务（而不是被放入当前的任务中），或者当启动某个 Activity 时，希望调用它的一个现有实例（而不是在返回堆栈顶部创建一个新实例），或者希望在用户离开任务时清除返回堆栈中除根 Activity 以外的所有 Activity，这些操作可以借助 <activity> 标签中的属性以及传递给 startActivity() 方法的 Intent 标记来实现，即通过启动模式定义 Activity 的新实例如何与当前任务关联，可以通过使用清单文件或使用 Intent 标记，下面详细讲解这两种方式的过程。

1）使用清单文件设置启动模式

在清单文件中声明 Activity 时，可以使用 <activity> 标签的 launchMode 属性指定 Activity 应该如何与任务管理相关联，同时也说明 Activity 如何启动到任务中，其属性值与含义如表 5-1 所示。

表 5-1　activity 元素的 launchMode 属性取值说明

属 性 值 名	属性值说明	特　　征
standard	默认值,系统在启动该 Activity 的任务中创建 Activity 的新实例,并将 Intent 传送给该实例	Activity 可以多次实例化,每个实例可以属于不同的任务,一个任务可以拥有多个实例
singleTop	如果当前任务的顶部已存在 Activity 的实例,则系统会通过调用其 onNewIntent() 方法来将 Intent 转送给该实例,而不是创建 Activity 的新实例	Activity 可以多次实例化,每个实例可以属于不同的任务,一个任务可以拥有多个实例(但前提是返回堆栈顶部的 Activity 不是该 Activity 的现有实例)
singleTask	系统会创建新任务,并实例化新任务的根 Activity。但是,如果另外的任务中已存在该 Activity 的实例,则系统会通过调用其 onNewIntent() 方法将 Intent 转送到该现有实例,而不是创建新实例	Activity 一次只能有一个实例存在
singleInstance	与 singleTask 相似,唯一不同的是系统不会将任何其他 Activity 启动到包含该实例的任务中	该 Activity 始终是其任务唯一的成员,由该 Activity 启动的任何 Activity 都会在其他的任务中打开

2) 使用 Intent 标记设置启动模式

启动 Activity 时,可以在传送给 startActivity() 方法的 Intent 中添加相应的标记来修改 Activity 与其任务的关联方式。可以使用以下标记来修改默认行为。

(1) FLAG_ACTIVITY_NEW_TASK,在新任务中启动 Activity,如果现在启动的 Activity 已经有任务在运行,则系统会将该任务转到前台并恢复其最后的状态,而 Activity 将在 onNewIntent() 方法中收到新的 Intent。这与上一节中介绍的 launchMode 属性值为 singleTask 时产生的行为相同。

(2) FLAG_ACTIVITY_SINGLE_TOP,如果要启动的 Activity 是当前 Activity(即位于返回堆栈顶部的 Activity),则现有实例会收到调用 onNewIntent() 方法的请求,而不会创建 Activity 的新实例。这与上一节中介绍的 launchMode 属性值为 singleTop 时产生的行为相同。

(3) FLAG_ACTIVITY_CLEAR_TOP,如果要启动的 Activity 已经在当前任务中运行,则不会启动该 Activity 的新实例,而是会销毁位于它之上的所有其他 Activity,并通过 onNewIntent() 方法将此 Intent 传送给它的已恢复实例(现在位于堆栈顶部)。FLAG_ACTIVITY_CLEAR_TOP,经常与 FLAG_ACTIVITY_NEW_TASK 结合使用。将这两个标记结合使用,可以查找其他任务中的现有 Activity,并将其置于能够响应 Intent 的位置。

5.1.2　意图 Intent

Android 中提供了 Intent 机制来协助应用间的交互和通信,或者采用更准确的说法,Intent 不仅可用于应用程序之间,也可用于应用程序内部的 Activity、Service 和 BroadcastReceiver 之间的交互。Intent 这个英语单词的本意是"目的、意向、意图"。Intent 是一种运行时绑定(Runtime Binding)机制,它能在程序运行过程中连接两个不同的组件。

通过 Intent,程序可以向 Android 表达某种请求或者意愿,Android 会根据意愿的内容选择适当的组件来响应。Activity、Service 和 BroadcastReceiver 之间是通过 Intent 进行通信的,而另外一个组件 ContentProvider 本身就是一种通信机制,不需要通过 Intent。Intent 基本用途有以下三个。

(1) 启动 Activity,Activity 表示应用中的一个屏幕,通过将 Intent 传递给 startActivity()方法,可以启动新的 Activity 实例。Intent 用于描述要启动的 Activity,并携带相应的数据。如果希望得到新 Activity 处理后的结果,请调用 startActivityForResult()方法启动新页面,并在原 Activity 的 onActivityResult()回调方法中通过 Intent 对象获取新 Activity 页面处理的结果。

(2) 启动服务,通过将 Intent 传递给 startService()方法,可以启动服务执行一次性操作(例如下载文件)。Intent 用于描述要启动的服务,并携带相应的数据。如果服务是客户端连接服务器的接口,则通过将 Intent 传递给 bindService()方法,可以从其他组件绑定到此服务。

(3) 传递广播,广播是任何应用均可接收的消息。系统将针对系统事件(例如:系统启动或设备开始充电时)传递各种广播。通过 Intent 传递给 sendBroadcast()方法或 sendOrderedBroadcast()方法,可以将广播传递给其他应用。

1. Intent 的构成

Intent 对象携带 Android 系统用来确定要启动哪个组件的信息(例如准确的组件名称或应当接收该 Intent 的组件类别),以及收件人组件为了正确执行操作而使用的信息(例如要采取的操作以及要处理的数据)。Intent 中包含组件名、操作、数据、类别、Extra、标志等信息,下面介绍这些信息的作用。

1) 组件名

要启动的组件名称,这是可选项,但也是构建显式 Intent 的一项重要信息,这意味着 Intent 应当仅传递给由组件名称定义的应用组件。如果没有组件名称,则 Intent 为隐式,且系统将根据其他 Intent 信息(例如操作、数据和类别)决定哪个组件应当接收 Intent。如需在应用中启动特定的组件,则应指定该组件的名称。

Intent 的这一字段是 ComponentName 对象,可以使用目标组件的完全限定类名指定此对象,其中包括应用软件的包名称(例如 com. example. ExampleActivity)。可以使用 setComponent()方法、setClass()方法、setClassName()方法或 Intent 构造方法设置组件名称,例如设置从 ActivityA 页面跳转到 ActivityB 页面,格式为

```
Intent intent = new Intent();
intent.setClass(ActivityA.this,ActivityB.class);
startActivity(intent);
```

以下是其另一种格式:

```
Intent intent = new Intent(ActivityA.this,ActivityB.class);
startActivity(intent);
```

这是最常见的设置组件名的方法。

2) 操作

指定要执行的通用操作(例如查看或选取)的字符串,对于广播 Intent,这是指已发生且正在报告的操作。操作会在很大程度上决定其余 Intent 的构成,特别是数据和 extra 中包含的内容。可以指定自己的操作,供 Intent 在应用内使用(或者供其他应用在自己的应用中调用组件)。但是,通常应该使用由 Intent 类或其他框架类定义的操作常量,用于启动 Activity 的常见操作常量有以下。

(1) ACTION_VIEW,如果拥有一些 Activity 可向用户显示的信息(例如要使用图库应用查看的照片或者要使用地图应用查看的地址),可以通过 Intent 将此操作与 startActivity()方法结合使用。

(2) ACTION_SEND,这也称为共享 Intent,如果拥有一些用户可通过其他应用(例如电子邮件应用或社交共享应用)共享的数据,则应使用 Intent 将此操作与 startActivity()方法结合使用。

有关更多通用操作常量的定义,请查阅 Intent 类参考文档。其他操作在 Android 框架中的其他位置定义。例如对于在系统的设置应用中打开特定屏幕的操作,将在 Settings 中定义。可以使用 setAction()方法或 Intent 构造方法为 Intent 指定操作。如果定义自己的操作,请加入应用软件的主包名称作为前缀,其格式为“**static final String ACTION_TIMETRAVEL = "com. example. action. TIMETRAVEL";**”。

3) 数据

数据一般是 MIME 类型的 URI(URI 对象)。提供的数据类型通常由 Intent 的操作决定。例如操作是 ACTION_EDIT,则数据应包含待编辑文档的 URI。创建 Intent 时,除了指定 URI 以外,指定数据类型(如 MIME 类型)往往也很重要。例如能够显示图像的 Activity 可能无法播放音频文件,即便 URI 格式十分类似时也是如此。因此,指定数据的 MIME 类型有助于 Android 系统找到接收 Intent 的最佳组件。但有时 MIME 类型可以从 URI 中推断得出,特别当数据是 content:URI 时尤其容易。content:URI 表明数据位于设备中,且由 ContentProvider 控制,这使得数据 MIME 类型对系统可见。如果只需要设置数据的 URI,请调用 setData()方法。如果只需要设置 MIME 类型,请调用 setType()方法。如果两者都要设置,则可以使用 setDataAndType()方法。接着以案例讲解 Action 和 Data 设置 Intent 打开相应的网页,以下是其参考代码。

```
Intent intent = new Intent();
intent.setAction(Intent.ACTION_VIEW);
Uri data = Uri.parse("http://www.baidu.com");
intent.setData(data);
startActivity(intent);
```

也可简写为如下代码:

```
Intent intent = new Intent(Intent.ACTION_VIEW);
intent.setData(Uri.parse("http://www.baidu.com"));
startActivity(intent);
```

4) 类别 Category

Category 是一个包含应处理 Intent 组件类型的附加信息的字符串,可以将任意数量的类别描述放入一个 Intent 中,但大多数 Intent 均不需要类别。以下两个是常见的类别。

（1）CATEGORY_BROWSABLE，目标 Activity 允许页面通过网络浏览器启动，以显示链接使用的数据，如图像或电子邮件。

（2）CATEGORY_LAUNCHER，该 Activity 是应用程序任务的初始 Activity，在系统的应用启动器中列出。有关类别的完整列表，请参阅 API 中 Intent 类的描述，可以使用 addCategory()方法指定类别。以上列出的这些属性（组件名称、操作、数据和类别）表示 Intent 的既定特征。通过读取这些属性，Android 系统能够解析应当启动哪个应用组件。但是 Intent 也有可能会携带一些不影响其如何解析应用组件的信息，后续通过案例来讲解。

可以借助 Category 和 Action 一起确定组件名称，其使用步骤如下。

首先，在清单文件中声明页面逻辑控制类，其格式为：

```
< activity name = "全类名">< intent - filter >
    < action android:name = "主包名.动作名"/>
    < category android:name = "android.intent.category.DEFAULT"/>
</ intent - filter ></activity >
```

然后在当前页面的逻辑控制类需要跳转到上述定义的 Activity 的地方，编写以下的跳转代码。

```
Intent intent = new Intent();
intent.setAction(主包名.动作名);
startActivity(intent);
```

如果需要添加自定义的 category，也必须在 Intent 过滤器中保留默认的 category，同样在页面跳转时也需要通过 addCategory()方法添加自定义的类别，才能识别出相应的组件。以下是添加自定义类别的 Activity 注册代码。

```
< activity name = "全类名">
    < intent - filter >
        < action android:name = "主包名.动作名"/>
        < category android:name = "android.intent.category.DEFAULT"/>
    < category android:name = "主包名.类别名"/>
    </ intent - filter >
</activity>
```

接着在当前页面的逻辑控制类需要跳转到上述定义的 Activity 的跳转代码中也添加自定义类别，以下是其参考代码。

```
Intent intent = new Intent();
intent.setAction(主包名.动作名);
intent.addCategory(主包名.类别名);
startActivity(intent);
```

后面会通过真实的案例来讲解通过隐式 Intent 调用相应组件的详细过程。

5）Extra

Extra 是携带完成请求操作所需的附加信息的键值对。正如某些操作使用特定类型的数据 URI 一样，有些操作也使用特定的 Extra。可以使用各种 putExtra()方法添加 Extra 数据，每种方法均接收两个参数（键名和值）。还可以创建一个包含所有 Extra 数据的 Bundle 对象，然后使用 putExtras()方法将 Bundle 插入到 Intent 中。例如使用 ACTION_SEND 创建用

于发送电子邮件的 Intent 时,可以使用 EXTRA_EMAIL 键指定目标收件人,并使用 EXTRA_
SUBJECT 键指定主题。Intent 类将为标准化的数据类型指定多个 EXTRA_∗ 常量。如需声
明自己的 Extra 键,请将应用软件的主包名称作为前缀,示例为"static final String EXTRA_
GIGAWATTS ="com. example. EXTRA_GIGAWATTS ";"。需要注意的是如果需要通过
Intent 将对象数据发送给另一个应用,请必须使用 Parcelable 或 Serializable 数据。如果某个应
用尝试访问 Bundle 中的对象数据,但对象没有打包或实现序列化,则系统将提出一个
RuntimeException。

6) 标志

标志在 Intent 类中定义,充当 Intent 的元数据。标志可以指示 Android 系统如何启动
Activity(例如 Activity 应属于哪个任务),以及启动之后如何处理(例如 Activity 是否属于
最近的 Activity 列表)等,如需了解详细信息,请查阅 setFlags()方法。

2. Intent 类型

Intent 分为两种类型,分别是显式 Intent 和隐式 Intent,它们的含义、作用和使用方法如下。

1) 显式 Intent

显式 Intent 通过提供目标应用的软件包名称或完全限定的组件类名来指定可处理
Intent 的应用。通常会在自己开发的应用中使用显式 Intent 来启动组件,因为程序员知道
要启动的 Activity 或服务的类名。显式 Intent 是指用于启动某个特定应用组件(例如应用
中的某个特定 Activity 或服务)的 Intent。要创建显式 Intent,请为 Intent 对象定义组件名
称。例如在应用中构建一个名为 DownloadService 的服务用于从网页下载文件,则可使用
以下代码启动该服务:

```
// Executed in an Activity, so 'this' is the Context
// The fileUrl is a string URL, such as "http://www.example.com/image.png"
Intent downloadIntent = new Intent(this, DownloadService.class);
downloadIntent.setData(Uri.parse(fileUrl));
startService(downloadIntent);
```

Intent(Context,Class)构造方法分别为应用和组件提供 Context 和 Class 对象。因此,
Intent 将指定启动该应用中的 DownloadService 类。

2) 隐式 Intent

隐式 Intent 不会指定特定的组件,而是声明要执行的常规操作,从而允许其他应用中
的组件来处理。使用隐式 Intent 时,Android 系统通过将 Intent 的内容与在设备上其他应
用的清单文件中声明的 Intent 过滤器进行比较,从而找到要启动的相应组件。如果 Intent
与 Intent 过滤器匹配,则系统将启动该组件,并向其传递 Intent 对象。如果多个 Intent 过
滤器兼容,则系统会弹出一个对话框,支持用户选取要使用的应用。以下是在清单文件中声
明 Intent 过滤器的格式。

```
< intent - filter > < action android:name = "动作名" />
    < category android:name = "android. intent. category. LAUNCHER" /> </ intent - filter >
```

一般 Intent 过滤器会放在 activity、service 等组件标签里。

隐式 Intent 可以在设备上调用任意应用的操作。如果有应用无法执行该操作而其他
应用可以,且希望用户选取要使用的应用,则使用隐式 Intent 非常合适。

3. Intent 常见应用

1）打开指定网页

```
Intent intent = new Intent(Intent.ACTION_VIEW);
intent.setData(Uri.parse("http://www.baidu.com"));
startActivity(intent);
```

2）打开拨打电话的界面

```
Intent intent = new Intent(Intent.ACTION_DIAL);
intent.setData(Uri.parse("tel:手机号"));
startActivity(intent);
```

3）直接拨打电话

```
Intent intent = new Intent(Intent.ACTION_CALL);
intent.setData(Uri.parse("tel:手机号"));
startActivity(intent);
```

直接拨打电话还需要在清单文件中添加拨打电话权限，以下是其参考代码。

```
< uses - permission android:name = "android.permission.CALL_PHONE"/>
```

4）打开发送短信的界面

```
Intent intent = new Intent(Intent.ACTION_VIEW);
intent.setType("vnd.android - dir/mms - sms");
intent.putExtra("sms_body", "具体短信内容");          //"sms_body"为固定内容
startActivity(intent);
```

5）打开发短信的界面（同时指定电话号码）

```
Intent intent = new Intent(Intent.ACTION_SENDTO);
intent.setData(Uri.parse("smsto:手机号"));
intent.putExtra("sms_body", "具体短信内容");          //"sms_body"为固定内容
startActivity(intent);
```

6）播放指定路径音乐

```
Intent intent = new Intent(Intent.ACTION_VIEW);
Uri uri = Uri.parse("file:///storage/sdcard0/音乐名.mp3");          //路径根据实际写
intent.setDataAndType(uri, "audio/mp3");
startActivity(intent);
```

7）卸载程序

```
Intent intent = new Intent(Intent.ACTION_DELETE);
Uri data = Uri.parse("package:主包名");
intent.setData(data);
startActivity(intent);
```

8）安装程序

```
Intent intent = new Intent(Intent.ACTION_VIEW);
Uri data = Uri.fromFile(new File(".apk 所在路径"));
//Type 的字符串为固定内容
intent.setDataAndType ( data," APPlication/vnd. android. package - archive"); startActivity
(intent);
```

9）拍摄照片或视频并将其返回

```
public void capturePhoto(String targetFilename) {
    Intent intent = new Intent();
    intent.setAction(MediaStore.ACTION_IMAGE_CAPTURE);     //调取手机摄像头
      startActivityForResult(intent, 请求代码);            //打开拍照页面,请求代码为整数
}
@Override
protected void onActivityResult(int requestCode, int resultCode, Intent data) {
    if (requestCode == 请求代码 && resultCode == RESULT_OK) {
        Bitmap thumbnail = data.getParcelableExtra("data");
        //使用摄像头拍照获取的 Bitmap 资源
    }}
```

10）获取照片

```
Intent intent = new Intent(Intent.ACTION_PICK);
intent.setType("image/ * ");
startActivityForResult(intent, REQUEST_IMAGE_GET);
```

如果需要获取所选择照片的路径还需要其他代码才能实现,代码请参照设置头像案例的实现过程。

4. Activity 生命周期和启动模式案例

创建三个 Activity 及其布局,类名分别为 AActivity、BActivity、CActivity 并在三个 Activity 中分别重写其 7 个生命周期相关的方法,三个布局文件名分别为 activity_a、activity_b、activity_c,在每个布局文件中分别添加一个 TextView 控件和两个按钮,用于显示当前页面和跳转到相邻的页面,其中 AActivity 是应用程序启动页面,BActivity 使用隐式 Intent 进行注册,CActivity 是对话框模式,设置每个 Activity 的启动模式,观察控制台输出的信息,探索启动模式对 Activity 的运行和切换过程的影响及其关系。

步骤 1,根据上述案例描述,创建三个页面的布局,以下是布局文件 activity_a 的代码。

```
< RelativeLayout
    xmlns:android = "http://schemas.android.com/apk/res/android"
    android:layout_width = "match_parent"
    android:layout_height = "match_parent"
    android:orientation = "vertical">
    < TextView
        android:id = "@ + id/tv_first"
        android:layout_width = "wrap_content"
        android:layout_height = "wrap_content"
        android:text = "第一个页面"
        android:textSize = "32sp"/>
    < Button
        android:id = "@ + id/bt_fttw"
        android:layout_width = "wrap_content"
        android:layout_height = "wrap_content"
        android:text = "第二页面"
        android:textSize = "32sp"
        android:layout_below = "@id/tv_first"/>
    < Button
        android:id = "@ + id/bt_fthr"
```

```
        android:layout_width = "wrap_content"
        android:layout_height = "wrap_content"
        android:text = "第三页面"
        android:textSize = "32sp"
        android:layout_below = "@id/tv_first"
        android:layout_toRightOf = "@id/bt_fttw"/>
</RelativeLayout>
```

以下是第二个布局 activity_b.xml 的布局代码。

```
<RelativeLayout
    xmlns:android = "http://schemas.android.com/apk/res/android"
    android:layout_width = "match_parent"
    android:layout_height = "match_parent"
    android:orientation = "vertical">
    <TextView
        android:id = "@ + id/tv_first"
        android:layout_width = "wrap_content"
        android:layout_height = "wrap_content"
        android:text = "第二个页面"
        android:textSize = "32sp"/>
    <Button
        android:id = "@ + id/bt_ttf"
        android:layout_width = "wrap_content"
        android:layout_height = "wrap_content"
        android:text = "第一页面"
        android:textSize = "32sp"
        android:layout_below = "@id/tv_first"/>
    <Button
        android:id = "@ + id/bt_tthr"
        android:layout_width = "wrap_content"
        android:layout_height = "wrap_content"
        android:text = "第三页面"
        android:textSize = "32sp"
        android:layout_below = "@id/tv_first"
        android:layout_toRightOf = "@id/bt_ttf"/>
</RelativeLayout>
```

以下是第三个布局文件 activity_c.xml 文件的代码。

```
<RelativeLayout
    xmlns:android = "http://schemas.android.com/apk/res/android"
    android:layout_width = "match_parent"
    android:layout_height = "match_parent"
    android:orientation = "vertical">
    <TextView
        android:id = "@ + id/tv_first"
        android:layout_width = "wrap_content"
        android:layout_height = "wrap_content"
        android:text = "第三个页面"
        android:textSize = "32sp"/>
    <Button
        android:id = "@ + id/bt_thtf"
        android:layout_width = "wrap_content"
        android:layout_height = "wrap_content"
        android:text = "第一页面"
```

```
        android:textSize = "32sp"
        android:layout_below = "@id/tv_first"/>
    < Button
        android:id = "@ + id/bt_thtt"
        android:layout_width = "wrap_content"
        android:layout_height = "wrap_content"
        android:text = "第二页面"
        android:textSize = "32sp"
        android:layout_below = "@id/tv_first"
        android:layout_toRightOf = "@id/bt_thtf"/></RelativeLayout>
```

步骤 2,为步骤 1 的三个布局文件创建相应的页面逻辑控制类,实现 OnClickListener 接口,重写 7 个生命周期回调方法,并在 onCreate()方法中绑定布局,初始化按钮,给按钮注册单击监听器,实现 onClick()方法,并在该方法中根据单击按钮实现跳转到不同界面,以下是 AActivity 的代码。

```java
public class AActivity extends Activity implements View.OnClickListener {
    Button bt_two,bt_three;
    Intent intent;
    protected void onCreate(@Nullable Bundle savedInstanceState) {
        super.onCreate(savedInstanceState);
        setContentView(R.layout.activity_a);
        bt_two = findViewById(R.id.bt_fttw);
        bt_three = findViewById(R.id.bt_fthr);
        bt_two.setOnClickListener(this);
        bt_three.setOnClickListener(this);
        Log.i("AActivity","onCreate");}
    protected void onStart() {
        super.onStart();
        Log.i("AActivity","onStart");}
    protected void onRestart() {
        super.onRestart();
        Log.i("AActivity","onRestart"); }
    protected void onResume() {
        super.onResume();
        Log.i("AActivity","onResume"); }
    protected void onPause() {
        super.onPause();
        Log.i("AActivity","onPause"); }
    protected void onStop() {
        super.onStop();
        Log.i("AActivity","onStop"); }
    protected void onDestroy() {
        super.onDestroy();
        Log.i("AActivity","onDestroy"); }
    public void onClick(View view) {
        switch (view.getId()){
            case R.id.bt_fttw:
                intent = new Intent();
                intent.setAction("com.example.helloworld.two");
                intent.addCategory("com.example.helloworld.two");
                startActivity(intent);
                break;
            case R.id.bt_fthr:
```

```
            intent = new Intent(this,CActivity.class);
            startActivity(intent);
            finish();
            break; } }}
```

以下是第二个页面逻辑控制类 BActivity 的代码。

```
public class BActivity extends Activity implements View.OnClickListener {
    Button bt_one,bt_three;
    Intent intent;
    protected void onCreate(@Nullable Bundle savedInstanceState) {
        super.onCreate(savedInstanceState);
        setContentView(R.layout.activity_b);
        bt_one = findViewById(R.id.bt_ttf);
        bt_three = findViewById(R.id.bt_tthr);
        bt_one.setOnClickListener(this);
        bt_three.setOnClickListener(this);
        Log.i("BActivity","onCreate"); }
    protected void onStart() {
        super.onStart();
        Log.i("BActivity","onStart"); }
    protected void onRestart() {
        super.onRestart();
        Log.i("BActivity","onRestart"); }
    protected void onResume() {
        super.onResume();
        Log.i("BActivity","onResume"); }
    protected void onPause() {
        super.onPause();
        Log.i("BActivity","onPause"); }
    protected void onStop() {
        super.onStop();
        Log.i("BActivity","onStop"); }
    protected void onDestroy() {
        super.onDestroy();
        Log.i("AActivity","onDestroy"); }
    public void onClick(View view) {
        switch (view.getId()){
            case R.id.bt_ttf:
                intent = new Intent(this,Activity.class);
                startActivity(intent);
                break;
            case R.id.bt_tthr:
                intent = new Intent(this,CActivity.class);
                startActivity(intent);
                finish();
                break; } }}
```

以下是第三个页面逻辑控制类 CActivity 的代码。

```
public class CActivity extends Activity implements View.OnClickListener {
    Button bt_two,bt_one;
    Intent intent;
    protected void onCreate(@Nullable Bundle savedInstanceState) {
        super.onCreate(savedInstanceState);
        setContentView(R.layout.activity_c);
```

```
        bt_two = findViewById(R.id.bt_thtt);
        bt_one = findViewById(R.id.bt_thtf);
        bt_two.setOnClickListener(this);
        bt_one.setOnClickListener(this);
        Log.i("CActivity","onCreate"); }
    protected void onStart() {
        super.onStart();
        Log.i("CActivity","onStart"); }
    protected void onRestart() {
        super.onRestart();
        Log.i("CActivity","onRestart"); }
    protected void onResume() {
        super.onResume();
        Log.i("CActivity","onResume"); }
    protected void onPause() {
        super.onPause();
        Log.i("CActivity","onPause"); }
    protected void onStop() {
        super.onStop();
        Log.i("CActivity","onStop"); }
    protected void onDestroy() {
        super.onDestroy();
        Log.i("CActivity","onDestroy"); }
    public void onClick(View view) {
        switch (view.getId()){
            case R.id.bt_thtt:
                intent = new Intent();
                intent.setAction("com.example.helloworld.two");
                intent.addCategory("com.example.helloworld.two");
                startActivity(intent);
                break;
            case R.id.bt_thtf:
                intent = new Intent(this,AActivity.class);
                startActivity(intent);
                finish();
                break; } }}
```

步骤 3,在清单文件中注册 Activity,以下是其参考代码。

```
<activity android:name = ".AActivity"
        android:screenOrientation = "sensor"><intent-filter>
                <action android:name = "android.intent.action.MAIN" />
                <category android:name = "android.intent.category.LAUNCHER" />
        </intent-filter></activity>
<activity android:name = ".BActivity"><intent-filter>
                <action android:name = "com.example.helloworld.two"/>
                <category android:name = "android.intent.category.DEFAULT"/>
                <category android:name = "com.example.helloworld.two"/>
        </intent-filter></activity>
<activity android:name = ".CActivity"
        android:theme = "@style/Theme.APPCompat.Dialog"/>
```

步骤 4,将应用程序运行到手机模拟器中,单击按钮从第一个页面跳转到第二个页面,其运行效果及控制台输出情况如图 5-5 所示,从第二个页面跳转到第三个页面,其运行效果及其控制台输出情况如图 5-6 所示,再从第三个页面跳转到第二个页面,其运行效果及控制台输出情况如图 5-7 所示。

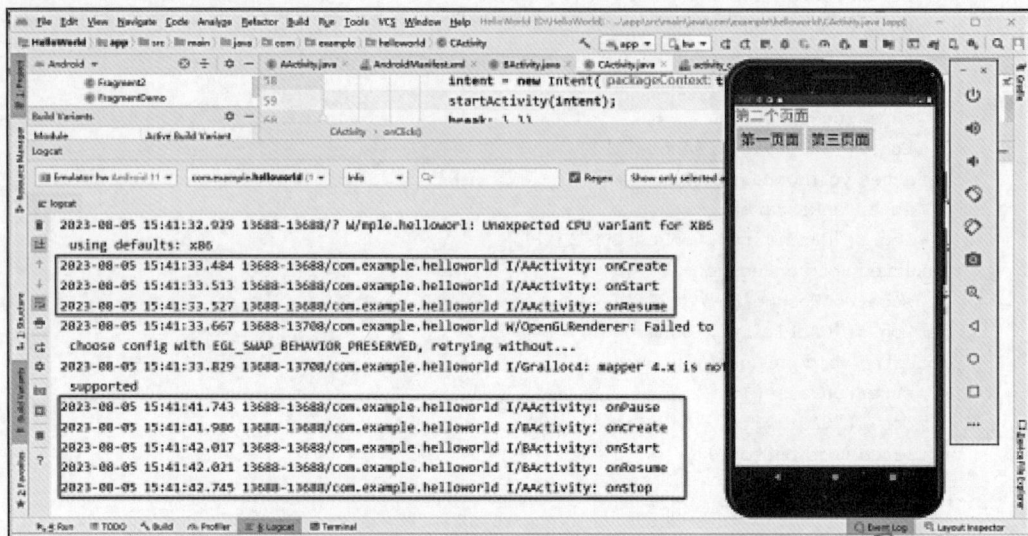

图 5-5　**AActivity 跳转到 BActivity 运行效果及控制台输出**

图 5-6　**BActivity 跳转到 CActivity 运行效果及控制台输出**

步骤 5,在清单文件中为三个 Activity 设置启动模式,即在< activity >标签中添加 android: launchMode 属性,三个 Activity 分别设置为 singleInstance、singleTop 、singleTask,然后将其运行到手机模拟器中,单击按钮从第一个页面跳转到第二个页面,其运行结果及控制台输出如图 5-8 所示,第二个页面跳转到第三个页面,其运行效果及控制台输出如图 5-9 所示,第三个页面跳转到第二个页面,其运行效果及控制台输出如图 5-10 所示,第二个页面跳转到第一个页面,其运行效果及控制台输出如图 5-11 所示。

各位读者可以继续单击按钮在各个页面之间进行调整,然后观察控制台的输出情况,探索启动模式对 Activity 生命周期的影响。

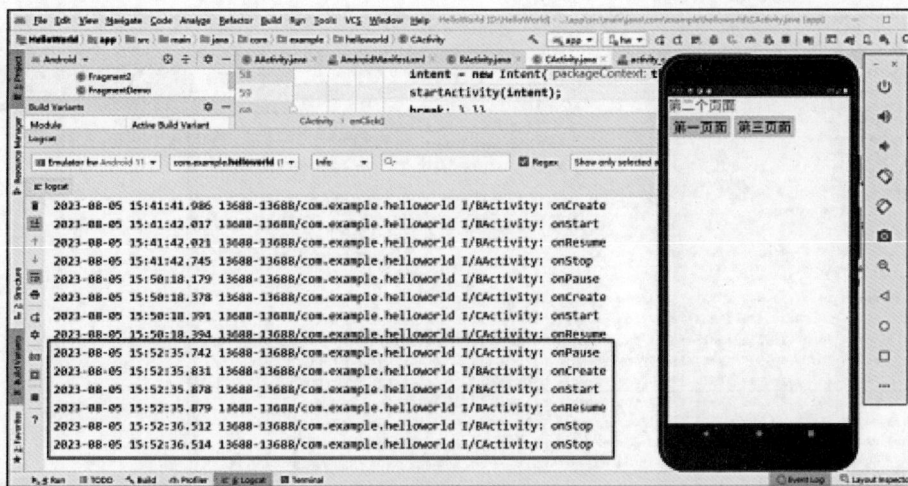

图 5-7　CActivity 跳转到 BActivity 的运行效果及控制台输出

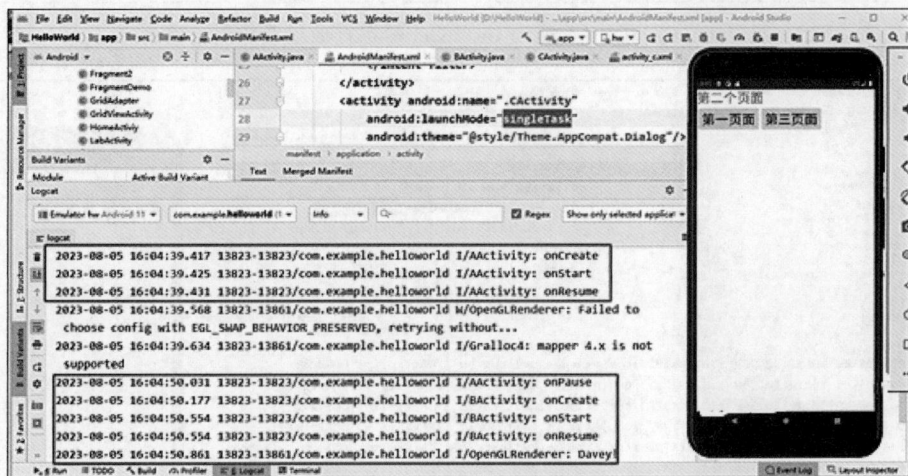

图 5-8　AActivity 跳转到 BActivity 的运行效果及控制台输出

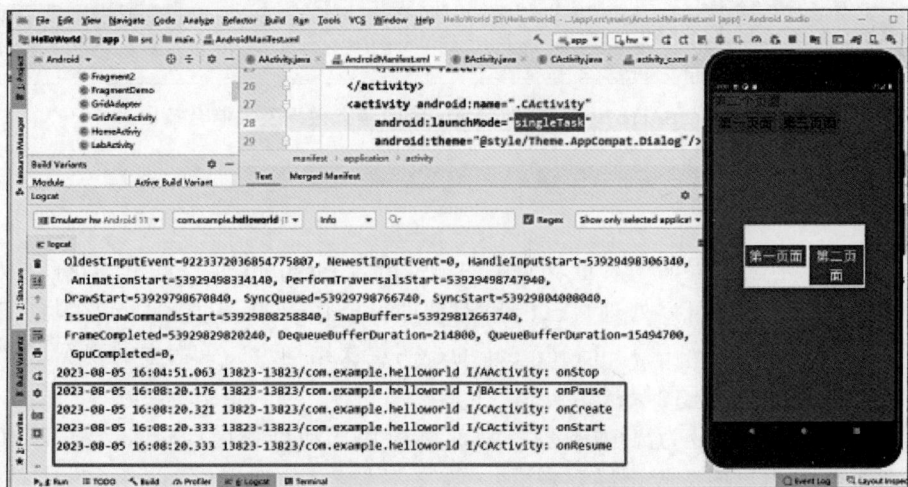

图 5-9　BActivity 跳转到 CActivity 的运行效果及控制台输出

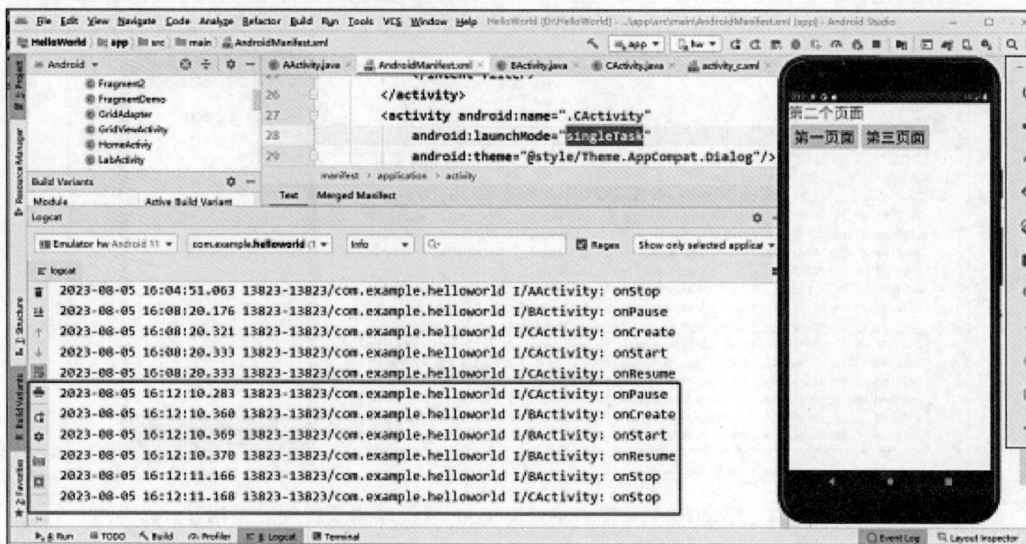

图 5-10　CActivity 跳转到 BActivity 的运行效果及控制台输出

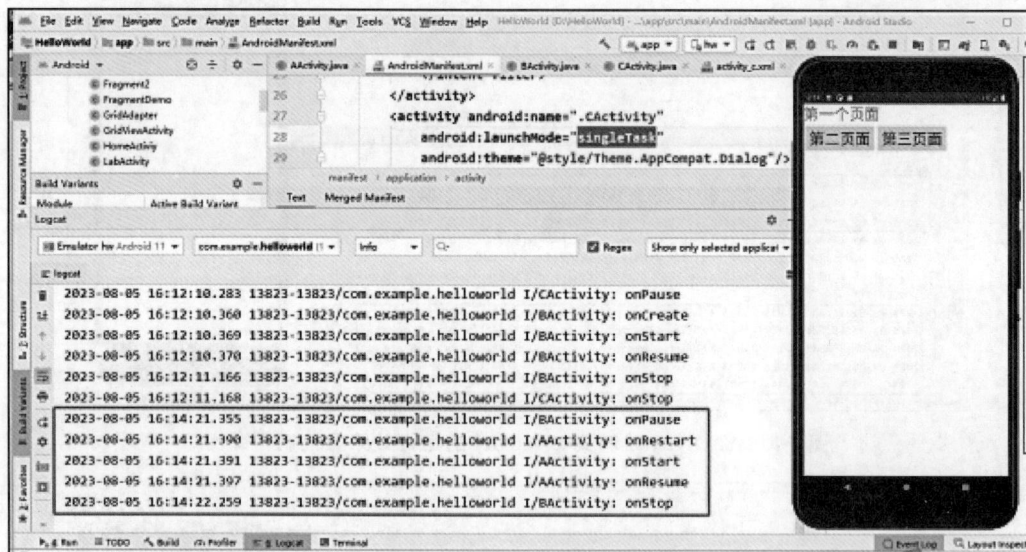

图 5-11　BActivity 跳转到 AActivity 的运行效果及控制台输出

5.1.3　Fragment

Fragment 表示应用界面中可重复使用的一部分，Fragment 定义和管理自己的布局，具有自己的生命周期，并且可以处理自己的输入事件。Fragment 不能独立存在，它们必须由 Activity 或其他 Fragment 托管。Fragment 的视图层次结构会成为宿主的视图层次结构的一部分，或附加到宿主的视图层次结构。

Fragment 将界面划分为离散的区块，从而将模块化和可重用性引入 Activity 的界面。Activity 是围绕应用界面放置全局元素（如抽屉式导航栏）的理想位置。相反，Fragment 更适合定义和管理单个屏幕或部分屏幕的界面。

假设有一个适应各种屏幕尺寸的应用,在大屏设备上,用户希望应用以网格布局显示静态抽屉式导航栏和列表。在小屏设备上,用户希望应用以线性布局显示底部导航栏和列表。

Fragment 的出现就是为了解决这样的问题,可以把 Fragment 当成 Activity 界面的一个组成部分,甚至 Activity 界面可以完全由不同的 Fragment 组成,更帅气的是 Fragment 拥有自己的生命周期和接收、处理用户的事件,这样就不必在 Activity 写一堆控件的事件处理代码了。更为重要的是,可以动态地添加、替换和移除某个 Fragment。

将界面划分为 Fragment 可以更轻松地在运行时修改 Activity 的外观。当 Activity 处于 STARTED 生命周期状态或更高的状态时,可以添加、替换或移除 Fragment。此外,还可以将这些更改的记录保留在由 Activity 管理的返回堆栈中,以便撤销这些更改。

开发者可以在同一个 Activity 或多个 Activity 中使用同一个 Fragment 类的多个实例,甚至可以将其用作另一个 Fragment 的子级。考虑到这一点,请仅为 Fragment 提供管理其自身界面所需的逻辑,但不建议在 Fragment 里面嵌套 Fragment,因为嵌套在里面的 Fragment 生命周期不可控。

1. Fragment 的创建

一个 Fragment 必须被嵌入到一个 Activity 中,它的生命周期直接被其所属的宿主 Activity 生命周期影响,它的状态会随宿主的状态变化而变化。要创建一个 Fragment 必须创建一个 Fragment 的子类,或者继承另一个已经存在的 Fragment 的子类并重写 onCreateView()方法,在这个方法中加载配套的布局文件,以下是其参考代码。

```
public class FragmentDemo extends Fragment {
    View view;
    public View onCreateView (@ NonNull LayoutInflater inflater, @ Nullable ViewGroup
container, @Nullable Bundle savedInstanceState) {
        view = inflater.inflate(R.layout.布局文件名,container,false);
        return view;
    }
}
```

需要注意的是在导入 Fragment 时,应该选择的是 androidx 包中的 Fragment,导入其他包的 Fragment 可能实现不了分片的功能。

2. Fragment 生命周期

Fragment 必须是依存于 Activity 而存在的,因此 Activity 的生命周期会直接影响到 Fragment 的生命周期。Fragment 的生命周期主要有初始化(INITIALIZED)、创建(CREATED)、开始(STARTED)、恢复(RESUMED)和销毁(DESTROYED)五个阶段,其生命周期与回调方法的关系如图 5-12 所示。

由图 5-12 可知 Fragment 的生命周期与 Activity 的生命周期相似,各位读者可参考 Activity 的生命周期方法,在相应的方法中进行数据的初始化和资源的释放。

3. Fragment 管理

Android 中使用 FragmentManager 类管理应用程序中的 Fragment,可以使用

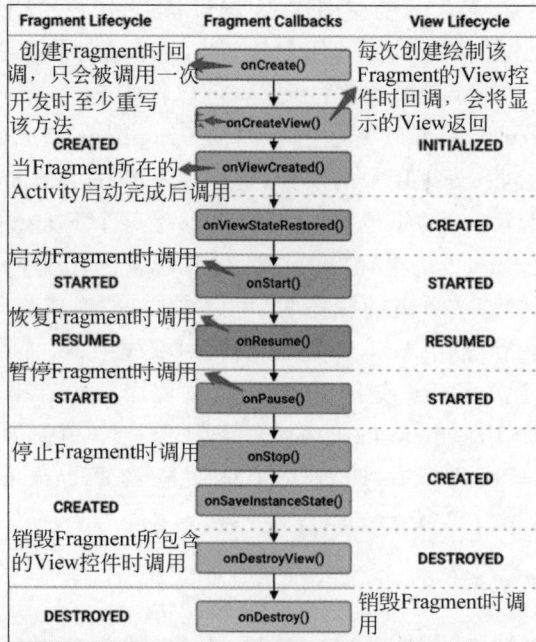

图 5-12　**Fragment 生命周期及其回调方法的关系**

FragmentManager 来添加、删除或替换 Fragment 对象，并将相应的操作添加到返回堆栈中，方便 Activity 等宿主进行撤销等管理工作。

1）访问 FragmentManager

在 Activity 及其子类中可以通过 getSupportFragmentManager()方法获取 FragmentManager 对象管理 Activity 中的 Fragment 对象。在宿主 Fragment 中可以通过 getChildFragmentManager()方法获取管理子级 Fragment 对象。在子级 Fragment 中可以通过 getParentFragmentManager()方法获取管理父级 Fragment 的对象。FragmentManager 提供了以下的方法对 Fragment 进行管理。

（1）popBackStack()方法用于把最上面的 Fragment 事务从堆栈中弹出。

（2）addToBackStack()方法用于当对事务调用 addToBackStack()方法时，事务可以包括任意数量的操作，例如添加多个 Fragment、替换多个容器中的 Fragment。

（3）findFragmentById()方法用于查找已有的分片。

2）执行事务

在布局容器中显示 Fragment，需要使用 FragmentManager 创建 FragmentTransaction，一个 FragmentTransaction 就是一个事务。在 FragmentTransaction 中提供了以下的方法处理 Fragment 对象。

（1）add()方法用于添加 Fragment 对象。

（2）replace()方法用于替换 Fragment 对象。

（3）commit()方法用于提交事务操作。

需要注意的是无论使用 add()方法还是 replace()方法更新 Fragment 对象，最后都要调用 commit()方法提交事务。

4. Activity 中添加 Fragment

在 Activity 中添加 Fragment 有两种方法,一种是通过布局文件定义 Fragment,在 Activity 的 onCreate( )方法中通过 setContentView( )方法使用该布局即可静态加载 Fragment。另一种是通过 Java 源代码将 Fragment 添加到 Activity 中。接下来分别讲解这 两种在 Activity 中添加 Fragment 的过程。

1) 静态加载 Fragment

步骤 1,定义 Fragment 的布局,布局文件名为 fragment_demo,以下是其参考代码。

```xml
< LinearLayout
    xmlns:android = "http://schemas.android.com/apk/res/android"
    android:layout_width = "match_parent"
    android:layout_height = "match_parent"
    android:orientation = "vertical">
    < TextView
        android:layout_width = "wrap_content"
        android:layout_height = "wrap_content"
        android:text = "静态加载 Fragment 布局内容"
        android:textSize = "32sp"/></LinearLayout >
```

步骤 2,创建一个 Fragment 类,类名为 FragmentDemo,需要继承 Fragment 或者它的 子类,重写 onCreateView()方法 在该方法中调用 inflater.inflate()方法加载 Fragment 的 布局文件,接着返回加载的 View 对象,以下是其参考代码。

```java
public class FragmentDemo extends Fragment {
    View view;
    public View onCreateView ( @ NonNull LayoutInflater inflater, @ Nullable ViewGroup
container, @Nullable Bundle savedInstanceState) {
        view = inflater.inflate(R.layout.fragment_demo,container,false);
    return view; }}
```

需要注意的是父类 Fragment 需要导入的是 android.app.Fragment,否则在布局中加 载不了,布局中的 fragment 标签对应的是 android.app.Fragment 类。

步骤 3,创建 Activity 的布局,布局文件名为 activity_fragment,以下是其参考代码。

```xml
< LinearLayout
    xmlns:android = "http://schemas.android.com/apk/res/android"
    android:layout_width = "match_parent"
    android:layout_height = "match_parent"
    android:orientation = "vertical">
    < fragment
        android:id = "@ + id/fg_st"
        android:name = "com.example.helloworld.FragmentDemo"
        android:layout_width = "wrap_content"
        android:layout_height = "0dp"
        android:layout_weight = "1"/>< View
        android:layout_width = "match_parent"
        android:layout_height = "1dp"
        android:background = "#000"/>
    < LinearLayout
        android:id = "@ + id/ll_fg"
```

```
android:layout_width = "match_parent"
android:layout_height = "0dp"
android:layout_weight = "1"
android:orientation = "vertical"/></LinearLayout >
```

步骤 4,为上述布局文件创建一个页面逻辑.控制类 FgDemoActivity,并在重写的 onCreate()方法中绑定步骤 3 的布局文件,以下是其参考代码。

```
public class FgDemoActivity extends Activity {
    @Override
    protected void onCreate(@Nullable Bundle savedInstanceState) {
        super.onCreate(savedInstanceState);
        setContentView(R.layout.activity_fragment);}}
```

在清单文件中将该类设置为应用程序启动页面,以下是设置启动页面的关键代码。

```
< activity android:name = ".FgDemoActivity"><intent - filter >
    < action android:name = "android.intent.action.MAIN" />
    < category android:name = "android.intent.category.LAUNCHER" />
 </intent - filter ></activity>
```

步骤 5,将应用程序运行到手机模拟器中,其效果如图 5-13 所示。

图 5-13　静态加载 Fragment
　　　　效果

2) 动态加载 Fragment

步骤 1,创建两个 Fragment 的布局文件,文件名为 fragment1、fragment2,两个布局中都只包含一个 TextView 控件,fragment1 的布局背景为绿色,fragment2 的布局背景为黄色,以下是 fragment1. xml 的参考代码。

```
< LinearLayout
    xmlns:android = "http://schemas.android.com/apk/res/android"
    android:layout_width = "match_parent"
    android:layout_height = "match_parent"
    android:orientation = "vertical"
    android:background = "#8BC34A"><TextView
        android:layout_width = "wrap_content"
        android:layout_height = "wrap_content"
        android:text = "竖屏 Fragment"
        android:textSize = "32sp"/></LinearLayout >
```

以下是布局文件 fragment2. xml 的参考代码。

```
< LinearLayout
    xmlns:android = "http://schemas.android.com/apk/res/android"
    android:layout_width = "match_parent"
    android:layout_height = "match_parent"
    android:orientation = "vertical"
    android:background = "#FFEB3B">
< TextView
        android:layout_width = "wrap_content"
        android:layout_height = "wrap_content"
        android:text = "横屏 Fragment"
        android:textSize = "32sp"/></LinearLayout >
```

步骤 2,创建两个 Fragment 子类,类名分别为 Fragment1、Fragment2,并重写 onCreateView() 方法,在方法中分别加载 fragment1 和 fragment2,以下是 Fragment1 类的参考代码。

```
public class Fragment1 extends Fragment{
    public View onCreateView (@ NonNull LayoutInflater inflater, @ Nullable ViewGroup
container, @Nullable Bundle savedInstanceState) {
        View view = inflater. inflate(R. layout. fragment1,container,false);
        return view;}
}
```

以下是 Fragment2 类的参考代码。

```
public class Fragment2 extends Fragment{
    public View onCreateView (@ NonNull LayoutInflater inflater, @ Nullable ViewGroup
container, @Nullable Bundle savedInstanceState) {
        View view = inflater. inflate(R. layout. fragment2,container,false);
        return view;}}
```

步骤 3，创建 Activity 类的布局，并创建 Activity 类，在此直接使用静态加载 Fragment 的布局和页面逻辑控制类 FgDemoActivity，但需要将继承 Activity 修改为继承 FragmentActivity。

步骤 4，在 FgDemoActivity 类中使用 FragmentManager 加载 Fragment，如果是竖屏则加载 Fragment1，如果是横屏则加载 Fragment2，以下是 FgDemoActivity 类的参考代码。

```
public class FgDemoActivity extends FragmentActivity {
    FragmentTransaction ft;
    @Override
    protected void onCreate(@Nullable Bundle savedInstanceState) {
        super. onCreate(savedInstanceState);
        setContentView(R. layout. activity_fragment);
        ft = getSupportFragmentManager(). beginTransaction();
        //获取手机屏幕尺寸
        Display dis = getWindowManager(). getDefaultDisplay();
        //判断屏幕的宽是否大于屏幕的高来决定横屏还是竖屏
        if( dis. getWidth()< dis. getHeight()){
            Fragment1 fg = new Fragment1();
            ft. replace(R. id. ll_fg,fg);
        }else{
            Fragment2 fg1 = new Fragment2();
            ft. replace(R. id. ll_fg,fg1);
        }
        ft. commit(); }}
```

需要注意的是 Fragment 有多个版本，静态加载 Fragment 案例中，创建 Fragment 时导入的是 android. app. Fragment 中的 Fragment，这个是旧版本的 Fragment，如果需要在布局文件中定义 Fragment，就需要导入旧版本的 Fragment。而动态加载 Fragment 案例中创建的 Fragment1 和 Fragment2 继承的是 androidx. fragment. app. Fragment 中的 Fragment，这个版本的 Fragment 比静态加载 Fragment 案例中继承的 Fragment 的版本高一些，目前推荐使用高版本。注意如果创建的是 androidx. fragment. app. Fragment，那么主页面的页面逻辑控制类就需要继承 FragmentActivity，通过 getSupportFragmentManager()方法获取 FragmentManager 对象，才能获取 androidx. fragment. app. FragmentTransaction 的 FragmentTransaction 对象。

综上所述，创建的 Fragment 版本必须与 FragmentManager、FragmentTransaction 的版本一致，否则会报错。定义时需要注意它们的包名是否一致，不一致则出错。

步骤 5,在清单文件的< activity >标签中添加屏幕方向属性,属性值设置为 sensor,让其根据手机感应器设置手机屏幕方向,其代码为"android:screenOrientation="sensor""。

添加完属性后,将应用程序运行在手机模拟器中,其竖屏运行效果如图 5-14 所示,横屏效果如图 5-15 所示。由图 5-14、图 5-15 可知,页面下半部分能够根据手机横竖屏的变化而变化,实现动态更新页面中的局部区域。

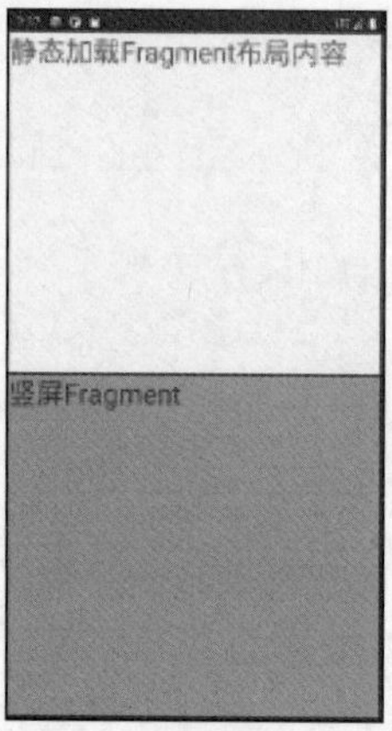

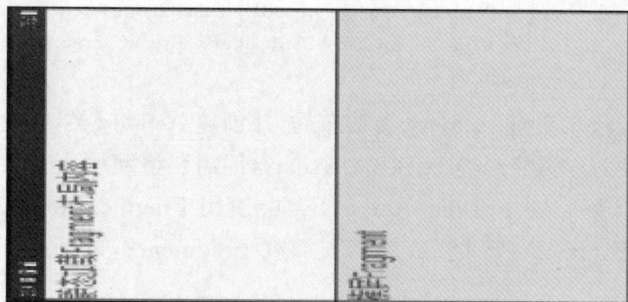

图 5-14　动态加载 Fragment 竖屏效果

图 5-15　动态加载 Fragment 横屏效果

5. Fragment 与 Activity 通信

由于 Fragment 要依赖于 Activity 存在,所以 Fragment 与 Activity 进行数据传递并不难。Fragment 与 Activity 可以通过访问相互的控件进行数据传递,也可以直接进行数据访问。接下来讲解 Fragment 与 Activity 相互访问控件和数据的过程。

1) Fragment 与 Activity 相互访问控件

(1) Fragment 获得 Activity 中控件的代码为"**getActivity(). findViewById(R. id. 控件 id 名)**"。

(2) Activity 根 据 id 获 得 Fragment 中 的 控 件 的 代 码 为 "**getFragmentManager. findFragmentByid(R. id. fragment1)**"。

(3) Activity 根 据 tag 获 得 Fragment 中 的 控 件 的 代 码 为 "**getFragmentManager. findFragmentByTag(tag)**"。

2) Fragment 与 Activity 相互访问数据

(1) Activity 传 递 数 据 给 Fragment,可 以 在 Activity 中 创 建 Bundle 数 据 包,调 用 Fragment 实 例 的 setArguments(bundle)方法从而将 Bundle 数据包传给 Fragment, Fragment 调用 getArguments()方法获得 Bundle 对象,然后进行解析即可。

(2) Fragment 传递数据给 Activity 时可以在 Fragment 中定义一个内部回调接口,再让包含该 Fragment 的 Activity 实现该回调接口,Fragment 就可以通过回调接口传数据了,具体过程如下。

Step 1,在 Fragment 中定义一个回调接口,以下是其参考代码。

```
public interface CallBack{      /*接口*/
    /*定义一个获取信息的方法*/
```

```
        public void getResult(String result);
}
```

Step 2，在 Fragment 获取数据的方法中实现接口回调方法。

```
public void getData(CallBack callBack){           /*接口回调*/
    /*获取文本框的信息，也可以看需求传其他类型的参数*/
    String msg = editText.getText().toString();
    callBack.getResult(msg);
}
```

Step 3，在 Activity 中使用接口回调方法读数据，以下是其参考代码。

```
leftFragment.getData(new CallBack() {               /* 使用接口回调的方法获取数据 */
@Override
        public void getResult(String result) {      /*打印信息*/
            Toast.makeText(MainActivity.this, "-->>" + result, 1).show();
        }
    });
```

综上所述，首先在 Fragment 定义一个接口，接口中定义抽象方法，要传什么类型的数据参数就设置为什么类型；接着还要写一个调用接口的抽象方法，把要传递的数据传过去；然后 Activity 调用 Fragment 提供的那个方法，最后重写抽象方法的时候进行数据的读取即可。

3) Fragment 与 Fragment 之间的数据互传

Fragment 之间数据传递，需要找到接收数据的 Fragment 对象，然后直接调用 setArgument()方法，并将数据传进去。通常使用 replace()方法实现 Fragment 跳转并传递数据，然后在初始化要跳转的 Fragment 后调用它的 setArguments()方法传入数据。如果是两个 Fragment 需要即时传数据，而非跳转，就需要先在 Activity 获得 Fragment 1 传过来的数据，再传到 Fragment 2。

接下来在加载 Fragment 的案例的基础上实现一下，在讲解实现过程之前，先在布局 activity_fragment. xml 最上方添加一个 TextView 控件，以下是其参考代码。

```
<TextView
        android:id = "@ + id/tv_activity"
        android:layout_width = "wrap_content"
        android:layout_height = "wrap_content"
        android:text = "activity 中的 TextView"
        android:textSize = "32sp"/>
```

在 Activity 中获取 Fragment 中控件的案例要求先在 FgDemoActivity 类中获取静态加载的 FragmentDemo 中的 TextView 控件，并将 TextView 控件中的内容修改为"我是静态加载的 Fragment 文本控件，但被 Activity 修改了。"

根据上述案例要求，首先在布局文件 fragment_demo. xml 的 TextView 控件中添加 id 属性方便获取该控件，并修改其控件的内容。

接着在类中定义一个 TextView 控件变量，其代码为"**TextView tv;**"。

然后在 onCreateView()方法中初始化 TextView 变量，其代码为"**tv = view. findViewById (R. id. tv_fgdemo);**"。注意控件变量的初始化要在 onCreateView()方法的 return 语句之前。

再在 FragmentDemo 类中定义一个方法返回 TextView 变量，以下是其参考代码。

```
public TextView getTv(){
    return tv;
}
```

然后在 FgDemoActivity 类中,定义一个 Fragment 变量,其代码为"**Fragment fg;**"。

紧接着,在 onCreate()方法中,通过 FragmentManager 的 findFragmentById()方法初始化 Fragment 对象,其代码为"**fg = getFragmentManager().findFragmentById(R.id.fg_st);**"。需要注意的是静态加载的 Fragment 是 android.app 里的,因此要使用 android.app 包里的 getFragmentManager()方法来获取 FragmentManager 对象。

接着定义一个 TextView 对象接收从 FragmentDemo 对象的 getTv()方法返回的 TextView 对象,并修改 TextView 对象里的内容,以下是其参考代码。

```
TextView tv = ((FragmentDemo)fg).getTv();
tv.setText("我是静态加载的 Fragment 文本控件,但被 Activity 修改了。");
```

需要注意的是 fg 是一个 Fragment 对象,我们需要将其强制转换为子类对象,才能调用子类的 getTv()方法。

最后将应用程序运行到手机模拟器中,其效果如图 5-16 所示。

在 Fragment 中获取 Activity 的控件案例要求在 FragmentDemo 获取 Activity 的 TextView 控件,并将其显示的内容修改为"我是 Activity 里的 TextView,但被 Fragment 修改了"。

根据上述案例的描述,直接打开 FragmentDemo,重写 onActivityCreated()方法,在该方法中获取 Activity 的 TextView 控件并修改其显示内容,以下是其参考代码。

```
public void onActivityCreated(@Nullable Bundle savedInstanceState) {
    super.onActivityCreated(savedInstanceState);
    TextView tv1 = getActivity().findViewById(R.id.tv_activity);
    tv1.setText("我是 Activity 里的 TextView,但被 Fragment 修改了");
}
```

需要注意的是在 Fragment 中获取 Activity 的控件时一定要确保 Activity 已经加载完全,因此不能在 onCreateView()方法中直接获取,要在 onActivityCreated()方法中获取,否则会报 NullPointerException 错误,因为 Activity 没有加载完成,Fragment 获取不到 Activity 中的控件。然后就可以将其运行到手机模拟器中,其效果如图 5-17 所示。

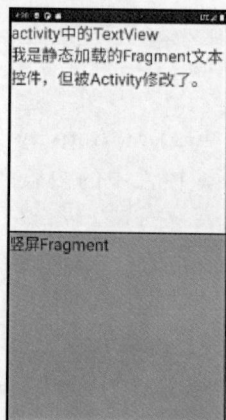

图 5-16   在 Activity 中控制 Fragment
的控件效果

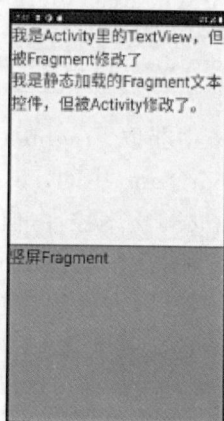

图 5-17   在 Fragment 中控制 Activity
的控件效果

　　Activity 向 Fragment 传递数据案例要求在动态加载的 Fragment1 中接收的 Activity 消息,并在 Fragment1 的 TextView 控件中显示出来,传输的消息是"我是 Activity 的消息,被 Fragment1 接收显示出来了"。

　　根据案例描述可先在 FgDemoActivity 类中定义一个变量保存消息,其代码为**"String msg = "我是 Activity 的消息,被 Fragment1 接收显示出来了。";"**。

　　接着在"Fragment1 fg = new Fragment1();"语句下边使用 Bundle 对象保存数据,然后放入 Fragment1 对象里,以下是其参考代码。

```
Bundle b = new Bundle();
b.putString("msg",msg);
fg.setArguments(b);
```

需要注意的是不能直接使用 onCreate()方法参数列表中的 Bundle 对象来保存数据,否则接收不了。

　　然后在 Fragment1 的 onCreateView()方法中进行接收,并在布局文件的 TextView 控件中显示出来,以下是其参考代码。

```
TextView tv = view.findViewById(R.id.tv_fg1);
Bundle bn = getArguments();
String msg = bn.getString("msg");
tv.setText(msg);
```

需要注意的是这些代码需要写在加载完 Fragment1 的布局之后。否则会获取不了 TextView 控件,最后将应用程序运行在手机模拟器中,效果如图 5-18 所示。

　　Fragment 向 Activity 传递数据案例要求将 Fragment1 中的信息传递给 Activity,并在 Activity 的 TextView 控件中显示出来,Fragment1 中的消息为:"我是 Fragment1 的消息,被 Activity 接收显示出来了。"

　　首先在 Fragment1 类中定义一个消息属性,以下是其参考代码。

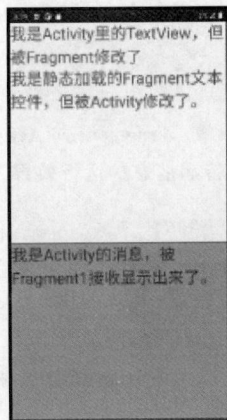

String message = "我是 Fragment1 的消息,被 Activity 接收显示出来了。";

接着在 Fragment1 中定义一个回调接口,并在接口中编写一个获取回调结果的抽象方法,以下是其参考代码。

图 5-18　Activity 向 Fragment
传递数据效果

```
public interface CallBack{
        /*定义一个获取信息的方法*/
        public void getResult(Object result);
    }
```

需要注意的是抽象方法的参数列表中,参数类型为 Object,接收任意数据类型。

　　接着在 Fragment1 类中定义一个方法用于 Activity 类的调用,获取 Fragment1 中的消息,以下是其参考代码。

```
//编写一个供 Activity 类进行调用的方法
public void getMessage( CallBack cb){
```

```
        cb.getResult(message);
    }
```

接着在 Activity 中通过 Fragment1 对象调用 getMessage()方法,并实现回调方法,在回调中将消息在 TextView 控件中显示出来,以下是其参考代码。

```
fg.getMessage(new Fragment1.CallBack() {
    @Override
    public void getResult(Object result) {
        Log.i("result:",result + "");
        TextView tv1 = findViewById(R.id.tv_activity);
        tv1.setText(result + "");
    }
});
```

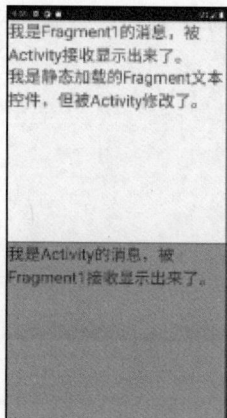

图 5-19　Fragment 向 Activity
传递消息的运行效果

注意要先将 FragmentDemo 类 onActivityCreated()方法中的代码注释掉,才能显示出来,反之会在 FragmentDemo 类中重新覆盖掉。应用程序运行到手机模拟器中的效果如图 5-19 所示。

5.1.4　ViewPager

ViewPager 控件是一个页面切换组件,可以在 ViewPager 控件中添加多个 View,可以左右滑动切换不同的 View,可以通过 setPageTransformer()方法为 ViewPager 设置切换时的动画效果。和 ListView 控件、GridView 控件一样,也需要一个 Adapter(适配器)将 View 和 ViewPager 控件进行绑定,而 ViewPager 控件有一个特定的 Adapter(PagerAdapter)。Google 官方建议使用 Fragment 来填充 ViewPager 控件,这样可以更加方便地生成每个 Page,管理每个 Page 的生命周期,还提供了两个 Fragment 专用的 Adapter(FragmentPageAdapter 和 FragmentStatePagerAdapter)。

1. 定义 ViewPager 控件

ViewPager 控件可以在布局中进行定义,以下是其定义格式。

```
< androidx.viewpager.widget.ViewPager
        android:id = "@ + id/vp"
        android:layout_width = "match_parent"
        android:layout_height = "wrap_content"/>
```

2. ViewPager 控件常用属性

ViewPager 控件常用属性主要包括 orientation、layout_gravity 等,具体如表 5-2 所示。

3. ViewPager 控件的适配器

ViewPager 控件的专用适配器有 PagerAdapter、FragmentPageAdapter 和 FragmentStatePagerAdapter,接下来详细讲解这三个适配器的使用步骤和区别。

表 5-2　ViewPager 控件的常用属性

属　性　名	属　性　作　用	属　性　值　说　明
android:clipChildren	设置是否允许子视图超出父视图的边界	属性值为 true 或 false
android:clipToPadding	设置是否允许子视图超出父视图的内边距边界	属性值由数值和单位组成
android:orientation	设置 ViewPager 控件的滑动方向	可以选填 horizontal 或 vertical
android:layout_gravity	设置 ViewPager 控件的位置	可以选填 top、bottom、left、right 或 center
android:padding	设置 ViewPager 控件的内边距	属性值由数值和单位组成
android:pageMargin	设置 ViewPager 控件的页面间距	属性值由数值和单位组成
android:offscreenPageLimit	设置 ViewPager 控件缓存的页面数量	整数值

1) PagerAdapter

PagerAdapter 与 BaseAdapter 有些区别,因为 BaseAdater 是绑定数据和控件,而 PagerAdapter 是页面(单个 View)的合集。使用 PagerAdapter 需要重写以下四个方法。

(1) getCount()方法用于获得 ViewPager 控件中有多少个 View。

(2) destroyItem()方法用于移除一个给定位置的页面。适配器有责任从容器中删除这个视图。这是为了确保在 finishUpdate(ViewGroup)方法返回时 View 能够被移除。

(3) instantiateItem()方法一个作用是将给定位置的 View 添加到 ViewGroup(容器)中,创建并显示出来;另一个作用是返回一个代表新增页面的 Object(key),通常都是直接返回 View 本身,当然也可以自定义 Key,但是 Key 和每个 View 要一一对应。

(4) isViewFromObject()方法用于判断 instantiateItem(ViewGroup, int position)方法所返回的 Key 与一个页面视图是否代表的是同一个视图(即它俩是否是对应的,对应的表示是同一个 View),通常直接写"return view == object"。

2) FragmentPageAdapter

FragmentPagerAdapter 是 PagerAdapter 的一种实现,它将每一个页面表示为一个 Fragment,并且每一个 Fragment 都将会保存到 FragmentManager 当中。而且,当用户没可能再次回到页面的时候,FragmentManager 会将这个 Fragment 销毁。这种 Pager 十分适用于有一些静态 Fragment 的时候。每个页面对应的 Fragment 当用户可以访问时会一直存在内存中;当这个页面不可见时,View Hierarchy 将会被销毁。但页面过多时会导致应用程序占用太多资源,因此推荐页面少时使用这个适配器。使用该适配器需要重写以下方法。

(1) getCount()方法用于获得 ViewPager 控件中有多少个 View。

(2) getItem(int)方法用于获取当前展示的 View 对象,返回的是一个 Fragment 对象。

3) FragmentStatePagerAdapter

FragmentStatePagerAdapter 和 FragmentPagerAdapter 类似,也是 PagerAdapter 的子类。FragmentStatePagerAdapter 实现的 ViewPager 控件将只保留当前页面,当页面离开视线后,就会被消除,释放其资源;而在页面需要显示时,再生成新的页面。这样实现的好处就是当拥有大量的页面时,不必在内存中占用大量的内存。该适配器实现时需要重写以下的方法。

（1）getItem（）方法用于获取当前展示的 View 对象，返回的是一个 Fragment 对象。

（2）instantiateItem（）方法除了碰到 FragmentManager 刚好从 SavedState 中恢复了对应的 Fragment 的情况，该方法将会调用 getItem（）方法，生成新的 Fragment 对象。新的对象将被 FragmentTransaction. add（）添加到 Activity 的容器视图中。FragmentStatePagerAdapter 就是通过这种方式，每次都创建一个新的 Fragment，而在不用后就立刻释放其资源，来达到节省内存占用的目的。

4. ViewPager 控件使用案例

步骤 1，为 ViewPager 控件的每个页面创建一个布局，这里先创建三个页面，每个页面的布局都只有一个 TextView 控件，内容显示第一个、第二个、第三个页面，页面颜色分别为红色、绿色和蓝色。布局文件名称分别为 page1、page2、page3，以下是 page1 布局的参考代码。

```
< LinearLayout xmlns:android = "http://schemas. android.com/apk/res/android"
    android:layout_width = "match_parent"
    android:layout_height = "match_parent"
    android:orientation = "vertical"
    android:background = "♯F44336"
    android:gravity = "center">
    < TextView
        android:id = "@ + id/tv_page1"
        android:layout_width = "wrap_content"
        android:layout_height = "wrap_content"
        android:text = "第一个页面"
        android:textSize = "32sp"/>
</LinearLayout >
```

以下是第二个布局 page2 的参考代码。

```
< LinearLayout
    xmlns:android = "http://schemas. android.com/apk/res/android"
    android:layout_width = "match_parent"
    android:layout_height = "match_parent"
    android:orientation = "vertical"
    android:background = "♯8BC34A"
    android:gravity = "center">
    < TextView
        android:id = "@ + id/tv_page2"
        android:layout_width = "wrap_content"
        android:layout_height = "wrap_content"
        android:text = "第二个页面"
        android:textSize = "32sp"/>
</LinearLayout >
```

以下是第三个布局 page3 的参考代码。

```
< LinearLayout
    xmlns:android = "http://schemas. android.com/apk/res/android"
    android:layout_width = "match_parent"
    android:layout_height = "match_parent"
    android:orientation = "vertical"
```

```
    android:background = "#00BCD4"
    android:gravity = "center">
    < TextView
        android:id = "@ + id/tv_page1"
        android:layout_width = "wrap_content"
        android:layout_height = "wrap_content"
        android:text = "第三个页面"
        android:textSize = "32sp"/>
</LinearLayout >
```

步骤 2,定义 PagerAdapter,在 java 目录的主包中创建一个类,类名改为 DemoPagerAdapter,让该类继承 PagerAdapter,重写相应的方法,并定义数据集合 List 和构造方法用于初始化 List,以下是其参考代码。

```
public class DemoPagerAdapter extends PagerAdapter {
    List < View > lst;
    public DemoPagerAdapter(List < View > lst) {
        this.lst = lst;
    }
    public int getCount() {
        return lst.size();
    }
    public boolean isViewFromObject(@NonNull View view, @NonNull Object object) {
        return view == object;
    }
    public Object instantiateItem(@NonNull ViewGroup container, int position) {
        container.addView(lst.get(position));
        return lst.get(position);
    }
     public void destroyItem (@NonNull ViewGroup container, int position, @NonNull Object
object) {
        container.removeView(lst.get(position));
    }
}
```

步骤 3,编写主页面布局,布局文件名为 activity_viewpager,以下是其参考代码。

```
< LinearLayout
    xmlns:android = "http://schemas.android.com/apk/res/android"
    android:layout_width = "match_parent"
    android:layout_height = "match_parent"
    android:orientation = "vertical">
    < androidx.viewpager.widget.ViewPager
        android:id = "@ + id/vp"
        android:layout_width = "match_parent"
        android:layout_height = "wrap_content"/></LinearLayout >
```

步骤 4,创建主页面的页面逻辑控制类,类名为 PagerDemoActivity,让该类继续 Activity,重写 onCreate()方法,绑定布局,并设置为启动页面。以下是该类的参考代码。

```
public class PagerDemoActivity extends Activity {
    List < View > lst;
    ViewPager viewPager;
    @Override
    protected void onCreate(@Nullable Bundle savedInstanceState) {
```

```
            super.onCreate(savedInstanceState);
            setContentView(R.layout.activity_viewpager);
            lst = new ArrayList<>();
            View v1 = View.inflate(this,R.layout.page1,null);
            lst.add(v1);
            View v2 = View.inflate(this,R.layout.page2,null);
            lst.add(v2);
            View v3 = View.inflate(this,R.layout.page3,null);
            lst.add(v3);
            DemoPagerAdapter dpa = new DemoPagerAdapter(lst);
            viewPager = findViewById(R.id.vp);
            viewPager.setAdapter(dpa);
        }
    }
```

步骤 5,将应用程序运行到手机模拟器中,其运行效果如图 5-20 所示。

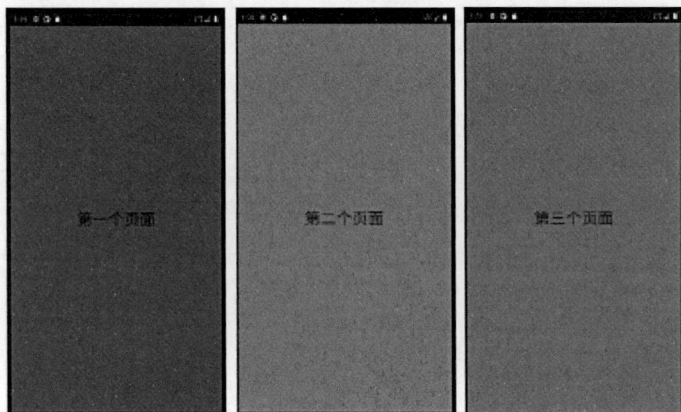

图 5-20　ViewPager 案例效果

🔑 5.2　课堂学习任务:实现页面之间的跳转与数据传递

本节的课堂任务是让学生掌握好 Activity、Intent 的创建和使用,熟悉 Activity 的生命周期和启动模式,会使用 Intent 实现页面间的跳转、数据传递和调用系统内的资源。

5.2.1　实现注册页面与登录页面的跳转

本次课堂任务在于加深学习和巩固页面跳转的方式,促进读者对 Activity 和 Intent 的理解,使用它们实现应用程序相应的功能。

本次课堂任务是实现注册页面和登录页面的跳转,即在注册页面中,单击"取消"按钮后,页面跳回登录页面,在登录页面单击"跳转注册"按钮则跳到注册页面,在实现跳转之前需要对登录页面进行适当的修改,要求用户可以在登录页面输入手机号。

1. 课前学习测试

(1) 请列举出 Activity 的启动模式及其特点。

（2）请列举说明 Intent 的类型及其使用特点。

（3）页面跳转有哪些方式,请列出各种跳转方式的关键代码。

2. 课堂任务分析

由课堂任务描述可以知道,需要找到注册页面的"取消"按钮和登录页面的"跳转注册"按钮,并在页面逻辑控制类中定义相应的控件变量,与布局中的控件进行绑定,实现其单击监听事件接口,在两个页面的 onClick()方法中编写跳转页面逻辑。

1) 课堂任务计划

根据课堂任务要求和任务分析制定课堂任务计划,要完成任务,首先要将登录页面的布局文件中手机号码修改为用户可输入,将"紧急冻结"的 TextView 控件显示的文本修改为"跳转注册"。接着为登录页面创建一个页面逻辑控制类,在该类中定义相应的控件变量用于控制布局中相应的控件。紧接着在相应按钮的单击监听事件实现方法中添加跳转代码。最后在清单文件中注册 Activity,然后将应用程序运行在手机模拟器中,案例即可完成。

2) 课堂任务实施

步骤 1,先将 layout/weixin_login_r. xml 布局文件中的"紧急冻结"修改为"跳转注册",显示手机号码的文本框修改成输入文本框。

步骤 2,为步骤 1 的登录页面布局创建一个页面逻辑控制类,类名为 LoginActivity,让其继承 Activity 和实现 OnClickListener 接口,然后重写 onCreate()方法,在该方法中使用 setContentView()方法绑定布局,在 LoginActivity 中定义相应的控件变量,并在 onCreate()方法中将这些变量与布局页面中相应 id 的控件绑定在一起,为相应按钮控件注册单击事件监听器,实现 onClick()方法,并在该方法中实现相应的页面逻辑功能,以下是其参考代码。

```java
public class LoginActivity extends Activity implements View.OnClickListener{
        ImageView iv_icon;
        TextView tv_check,tv_find,tv_register,tv_more;
        EditText et_phone,et_psw;
        Button bt_login;
        protected void onCreate(@Nullable Bundle savedInstanceState) {
            super.onCreate(savedInstanceState);
            setContentView(R.layout.weixin_login_r);
            iv_icon = findViewById(R.id.iv_login_r_icon);
            tv_check = findViewById(R.id.tv_login_r_findpsw);
            tv_find = findViewById(R.id.tv_login_r_findpsw);
            tv_register = findViewById(R.id.tv_login_r_emerge);
            tv_more = findViewById(R.id.tv_login_r_more);
            et_phone = findViewById(R.id.et_wx_login_phone);
            et_psw = findViewById(R.id.et_wx_login_psw);
            bt_login = findViewById(R.id.bt_longin_r_islogin);
            tv_register.setOnClickListener(this);
            bt_login.setOnClickListener(this);}
        public void onClick(View view) {
        switch (view.getId()){
            case R.id.tv_login_r_emerge:
                Intent intent = new Intent(this,RegisterActivity.class);
                startActivity(intent);
                break;
```

```
            case R. id. bt_longin_r_islogin:
                break; } } }
```

步骤 3，在清单文件中注册 LoginActivity，以下是其参考代码。

```
< activity android:name = ". LoginActivity"/>
```

步骤 4，在注册页面的页面逻辑控制类 RegisterActivity 的 onClick()方法中添加页面跳转的功能代码，以下是其参考代码。

```
Intent intent = new Intent(this,LoginActivity.class);
startActivity(intent);
```

步骤 5，将 RegisterActivity 注册为应用程序的启动页面，以下是其参考代码。

```
< activity android:name = ". RegisterActivity"
            android:screenOrientation = "sensor"
            android:launchMode = "singleInstance">
    < intent – filter >
        < action android:name = "android. intent. action. MAIN" />
        < category android:name = "android. intent. category. LAUNCHER" />
    </ intent – filter >
</activity >
```

步骤 6，将应用程序运行到手机模拟器中，其运行效果如图 5-21 所示。

图 5-21　注册页面和登录页面相互跳转效果

5.2.2　实现注册页面与登录页面的数据传递

本课堂任务目标是通过实现注册页面与登录页面的数据传递，让学生掌握页面之间数据传递的技巧。

本次案例需要将注册页面用户填写的信息传递到登录页面,当登录页面用户填写的信息与注册信息一致时跳出"登录成功"的提示信息,否则提示"登录失败"。

1．课前学习测试

(1) 请写出 Intent 的作用及其类型。

(2) Android 中页面间传递数据的方法有哪些? 写出各种方法的关键步骤。

2．课堂任务分析

Android 应用程序中页面间通过 Intent 传递数据的方法有以下几种。

1) 使用 Intent 的 putExtra()方法传递

可以通过 Intent 的 Extra 元素进行页面传递信息,将 Java 中的基本类型和字符串直接以键值对的形式使用 putExtra()方法将数据保存在 Intent 对象中,也可以使用 Bundle 对象保存数据,再将 Bundle 对象保存在 Intent 对象中,如果想传递的是自定义类的对象,那么要将自定义类序列化后才能存入到 Intent 对象中,下面讲解通过 Intent 对象传递各类数据的过程。

(1) 传递 Java 基本数据和字符串,在起始页面中将数据存入 Intent 对象,以下是其参考代码。

```
Intent intent = new Intent(this,XXXActivity.class);     //创建 Intent 对象
intent.putExtra(key,数据);          //设置传递键值对,key 是一个常量字符串
startActivity(intent);                              //启动新 Activity 页面
```

一般在另一个页面的 onCreate()方法中接收数据,以下是接收页面的参考代码。

```
Intent intent = getIntent();                        // 获取 Intent 对象
//获取传递的值,注意接收的 key 与传递的 key 要一致
类型 变量名 = intent.get 类型 Extra(key);
```

(2) 使用 Bundle 对象传递数据,在起始页面将数据保存在 Bundle 对象中,以下是其参考代码。

```
Intent intent = new Intent(this,XXXActivity.class);   //创建 Intent 对象
Bundle bundle = new Bundle();                       //用数据捆传递数据
bundle.put 类型(key, 数据);
intent.putExtra(key, bundle);                       //把数据与 Intent 捆绑在一起
startActivity(intent);                              //启动新 Activity 页面
```

一般在接收数据页面的 onCreate()方法中接收数据,以下是其参考代码。

```
Intent intent = getIntent();
//获取 Bundle 时与传递页面在 Intent 对象中存入 Bundle 对象时的 key 必须一致
Bundle bundle = intent.getBundleExtra(key);
类型 变量名 = bundle.get 类型(key);          //与数据存入 Bundle 对象时必须一致
```

(3) 传递序列化对象数据,以下是其实现的步骤。

步骤 1,创建一个序列化实体类,以下是其参考代码。

```
public class DataEntity implements Serializable{
    //类体
}
```

步骤 2，将对象数据存储在 Intent 对象中，以下是其参考代码。

```
Intent intent = new Intent(this,XXXActivity.class);      //创建 Intent
//创建实体类对象,并将相应的变量传入初始化实体类中的属性
DataEntity de = new DataEntity (参数列表);
intent.putExtra(key, bean);                             //将序列化对象存入 Intent 对象
startActivity(intent);                                  //启动新 Activity 页面
```

步骤 3，在接收页面的 onCreate()方法中接收数据，以下是其参考代码。

```
Intent intent = getIntent();                            //接收 Intent 对象
//获取序列化对象,注意 key 必须与存储时的 key 保持一致
Serializable aerialize = intent.getSerializableExtra(key);
 if(aerialize instanceof DataEntity){                   //判断该对象是否为 DataEntity 对象
    //获取携带数据的 DataBean 对象 db
    DataEntity db = (DataEntity) aerialize;
    //可以获取实体对象的数据
 }
```

2）使用 Activity 回调方法传递数据

首先，在启动的新 Activity 中使用 setResult()方法将 Intent 对象返回到起始 Activity 中，以下是其参考代码。

```
Intent intent = new Intent();                          //创建 Intent 对象
intent.putExtra(key, 数据);                            //将数据保存在 Intent 对象里
setResult(数据返回代码,intent);                        //设置返回的数据,数据返回代码是一个整数
finish();                                              //关闭当前 Activity
```

其次，在起始 Activity 中通过 **startActivityForResult**()**方法**跳转到新 Activity 页面，以下是其参考代码。

```
Intent intent = new Intent( this,XXXActivity.class );
//需要返回启动 Activity 的方式,请求代码是整数
startActivityForResult( intent,请求代码 );
```

最后，在起始 Activity 中重写 onActivityResult()方法，并在该方法中接收数据，以下是其参考代码。

```
protected void onActivityResult(int requestCode, int resultCode, Intent data) {
    super.onActivityResult(requestCode, resultCode, data);
    //key 与存入 Intent 对象时的 key 必须一致.
    类型 变量名 = data.get 类型 Extra( key );
}
```

3）使用静态变量传递数据

在接收数据页面中定义相应的静态变量，并进行使用，以下是其参考代码。

```
public static 类型 变量名;          //静态变量
```

在需要的地方使用 Log.i(Tag,变量名)语句输出静态变量的内容或者使用变量。

在传递数据的页面中，在需要传递数据的地方，直接对接收数据页面的静态变量进行修改，以下是其参考代码。

```
Intent intent = new Intent( this,XXXActivity.class );      //创建 Intent 对象
XXXActivity.变量名 = 数据值;          //修改接收数据页面的静态变量
startActivity(intent);                                      //启动新 Activity
```

以上两种就是实现 Activity 页面间常用的数据传递的方法,读者们可以根据项目需求选择恰当的方法实现应用程序中两个组件之间数据的传递。

3. 课堂任务计划

根据课堂任务描述和分析,注册页面需要用户输入的信息有手机号码、密码、地区及其代码、是否同意协议等内容,信息量较多,因此可以先将这些信息封装成一个序列化实体类。然后再通过 Intent 对象进行传递。

4. 课堂任务实施

步骤 1,根据课堂任务计划实施课堂任务,先在 java 包的主包里创建一个实体类,并实现序列化接口,定义好各个属性,并为各个属性编写一对 set、get 方法和相关的构造方法,以下是其参考代码。

```java
public class UserInfo implements Serializable {
    private String phone;
    private String nick;
    private String area;
    private String areaCod;
    private String psw;
    public String getPsw() {
        return psw; }
    public void setPsw(String psw) {
        this.psw = psw; }
    private boolean isAgree;
    public UserInfo() { }
    public String getPhone() {
        return phone; }
    public void setPhone(String phone) {
        this.phone = phone; }
    public String getNick() {
        return nick; }
    public void setNick(String nick) {
        this.nick = nick; }
    public String getArea() {
        return area; }
    public void setArea(String area) {
        this.area = area; }
    public String getAreaCod() {
        return areaCod; }
    public void setAreaCod(String areaCod) {
        this.areaCod = areaCod; }
    public boolean isAgree() {
        return isAgree; }
    public void setAgree(boolean agree) {
        isAgree = agree; }
    public UserInfo(String nick, String area, String areaCod, boolean isAgree,String psw ) {
        this.nick = nick;
        this.area = area;
```

238 **Android 移动应用开发技术基础项目化教程**

```
this.areaCod = areaCod;
this.isAgree = isAgree;
this.psw = psw; }}
```

步骤 2，在 RegisterActivity 类，实现单击"下一步"按钮时，获取用户输入的所有信息，创建数据实体对象，存入 Intent 对象，并使用 startActivity()方法跳转到登录页面，以下是其参考代码。

```
UserInfo user = new UserInfo(name,area,code,isAgree,psw);
intent = new Intent( this,LoginActivity.class );
intent.putExtra("user",user);
startActivity(intent);
finish();
```

由于在之前的教学案例中已讲解了在 RegisterActivity 类中接收用户输入信息的过程，在此不再赘述。

步骤 3，在 LoginActivity 类中接收 RegisterActivity 传递过来的信息，首先要在 LoginActivity 类中定义一个 Intent 变量和 UserInfo 对象作为该类的属性，以下是其参考代码。

```
Intent intent;
UserInfo user;
```

接着在 onCreate()方法中初始化这两个属性变量，以下是其参考代码。

```
intent = getIntent();
user = (UserInfo) intent.getSerializableExtra("user");
```

步骤 4，在单击登录按钮时获取登录页面用户输入的信息，并将用户输入的信息与注册页面传过来的信息进行比较，如果一致，则弹出窗口提示用户登录成功，否则提示用户登录失败。在 onClick()方法的"case R.id.bt_wx_login_login"语句下编写逻辑代码，以下是其参考代码。

```
String phone = et_phone.getText().toString();
String psw = et_psw.getText().toString();
if( !TextUtils.isEmpty(phone) && !TextUtils.isEmpty(psw) ){
    if( user.getPhone().equals(phone) && user.getPsw().equals(psw)){
        Toast.makeText(this,"登录成功",Toast.LENGTH_SHORT).show();
    }else{
        Toast.makeText(this,"登录失败",Toast.LENGTH_SHORT).show();}
}else{
    Toast.makeText(this,"用户信息不能为空",Toast.LENGTH_SHORT).show();
}
```

步骤 5，将应用程序运行到手机模拟器中，其运行效果如图 5-22 所示。

由图 5-22 可知，用户注册完成后，在登录页面输错了账号名和密码，则提示登录失败，输入的账号和密码正确后，则提示登录成功。课堂任务要求已实现，各位读者可以在上述功能的基础上进行优化。

5. 课堂实践任务

请实现登录页面与完善个人信息页面的跳转和信息传递功能，要求用户如果登录成功，

图 5-22　注册页面与登录页面功能实现效果

判断用户是否为第一次登录,如果是则跳转到完善个人信息页面,并将用户的相应信息传递到完善个人信息页面。

5.2.3　实现注册页面头像选择功能

本次课堂任务通过实现注册页面拍摄头像功能案例,使读者掌握使用 Intent 调用系统资源的过程。

本次案例需要实现当用户单击注册页面的头像时,可以选择进行拍照还是选择手机相册的照片作为用户的头像,并能将其头像图片保存下来,进行页面间的传递。

1. 课前学习测试

(1) 请写出调用拍照功能的 Intent 关键代码。
(2) 请写出调用手机相册功能的 Intent 关键代码。

2. 课堂任务分析

本次课堂任务在于巩固隐式 Intent 的使用,使读者能够根据系统功能需求使用隐式 Intent 调用 Android 系统里的资源。本次课堂任务需要找到注册页面的头像,并在 RegisterActivity 类中为头像控件添加单击监听事件并实现事件。在单击头像时,会弹出一个消息提示框,让用户选择拍照或选择相册里的照片,选择完后在注册页面中显示出来,并将图片的路径保存下来。

3. 课堂任务计划

根据课堂任务需求,分析得出要实现用户头像设置功能,首先需要在 RegisterActivity

类中定义相应的 ImageView 控件变量,并在 onCreate()方法中让控件变量与布局中的控件
进行绑定,并为其注册单击监听事件,在 onClick()方法中添加相应的 case 语句或 if 语句,
在语句中调用弹出对话框的方法,然后根据用户选择相册还是拍照,实现打开相册或者摄像
头拍照功能。

4. 课堂任务实施

根据课堂任务分析和计划,实现用户设置头像的功能,先在注册页面的页面逻辑控制类
中定义好 ImageView 控件变量,其变量名为 iv_icon,在 onCreate()方法中初始化控件变量
并为其注册单击监听事件,以下是其参考代码。

```
iv_icon = findViewById(R.id.iv_register_icon);
iv_icon.setOnClickListener(this);
```

紧接着在 onClick()方法的 switch 语句中添加 case 语句,以下是其参考代码。

```
case R.id.iv_register_icon:
    break;
```

接着按照以下的步骤实现相应的功能。

步骤1,编写一个方法实现产生一个对话框供用户选择头像设置的方式,由任务描述和
分析可知该对话框中需要提示用户信息和两个按钮,一个按钮显示相册,另一个按钮显示拍
照,以下是其参考代码。

```
public void iconDialog(){//编写对话框供用户选择设置头像的方式
    AlertDialog.Builder builder = new AlertDialog.Builder(this);
    builder.setTitle("设置头像方式");
    builder.setMessage("请选择设置头像的方法");
  builder.setPositiveButton("相册", new DialogInterface.OnClickListener() {
      @Override
      public void onClick(DialogInterface dialogInterface, int i) {
            //调用相册的代码
        }
    });
    builder.setNegativeButton("拍照", new DialogInterface.OnClickListener() {
        @Override
          public void onClick(DialogInterface dialogInterface, int i) {
              //调用摄像头代码
          }
      });
      builder.show();
    }
```

上述代码编写完后在 **onClick**()方法的 **switch** 语句的"**case R.id.iv_register_icon**"语句中调
用,调用后将应用程序运行到手机模拟器中,其运行效果如图 5-23 所示。

步骤2,在清单文件中添加访问手机存储器和摄像头权限,以下是其参考代码。

```
< uses - permission android:name = "android.permission.READ_EXTERNAL_STORAGE"/>
< uses - permission android:name = "android.permission.WRITE_EXTERNAL_STORAGE"/>
< uses - permission android:name = "android.permission.CAMERA"/>
```

接着在 RegisterActivity 类中先编写一个数组用于保存该应用程序所需的权限,再编写动态

获取权限的方法,以下是其参考代码。

```
//定义一个权限数组用于保存整个项目所需获取的所有权限
final static String permission[] = {Manifest. permission. WRITE_
EXTERNAL_STORAGE, Manifest. permission. READ_EXTERNAL_STORAGE,
Manifest. permission. CAMERA};
    //定义一个获取权限的方法,统一获取权限
    private void getPermission(){
        //判断当前系统的版本号,Android6.0 及以上的系统需要
//动画获取权限(API23)
        if(Build. VERSION. SDK_INT > Build. VERSION_CODES. LOLLIPOP_
MR1){
            for( String per:permission ){
                //判断当前系统是否已获取了权限
                if(ActivityCompat. checkSelfPermission(this,
per) !=
                    PackageManager. PERMISSION_GRANTED){
                    //动态申请该权限
                    ActivityCompat. requestPermissions(this,
permission,1);
                }
            }
        }
    }
```

图 5-23　设置头像对话框
运行效果

在 onCreate()方法中调用该方法,并重写 onRequestPermissionsResult()方法,以下是其参考代码。

```
public void onRequestPermissionsResult(int requestCode,
@NonNull String[] permissions, @NonNull int[] grantResults) {
    super.onRequestPermissionsResult(requestCode, permissions, grantResults);
    if( 1 == requestCode ){
        Log. i("permission","权限已获取,请进行操作");
    }
}
```

上述方法可以检测是否已获取到相应的权限。

步骤 3,编写打开相册的方法,并在单击对话框的相册按钮时调用该方法,以下是其参考代码。

```
public void selectImage() {          //选择相册照片方法
    Intent intent = new Intent(Intent. ACTION_PICK);
    intent. setType("image/ * ");
    startActivityForResult(intent,1);
}
```

需要注意的是创建 Intent 时,传进去的 Action 决定着访问 Android 系统资源的方式,访问方式不同图片的 URI 地址也不同,URI 地址并不是图片真正的路径。接着重写 onActivityResult()方法,在该方法中通过返回的 Intent 可以获取到图片资源的 URI,但是不能获取到图片,以下是其参考代码。

```
protected void onActivityResult(int requestCode, int resultCode, Intent data) {
    if (requestCode == 1 && resultCode == RESULT_OK) {
        Uri uri = data. getData();
```

```
        Log.i("uri",uri.toString());
        Bitmap bm = BitmapFactory.decodeFile(uri.toString());
        iv_icon.setImageBitmap(bm);
    }
}
```

因为访问手机里的资源时,不同的访问方式获取的图片地址 URI 格式不同,不能直接通过获取到的 URI 获取图片的路径。因此需要对获取到的图片 URI 进行相应处理才能获取图片真正的路径。

步骤 4,先编写根据图片 URI 获取图片的真正路径的方法,以下是其参考代码。

```
private String getImagePath(Uri uri, String selection) {
    String path = null;
    //通过 URI 和 selection 来获取真实的图片路径
    Cursor cursor = getContentResolver().query(uri, null, selection, null, null);
    if (cursor != null) {
        if (cursor.moveToFirst()) {
    path = cursor.getString(cursor.getColumnIndex(MediaStore.Images.Media.DATA));}
        cursor.close();}
        Log.e("TAG", "getImagePath: " + path);
        return path;}
```

接着编写一个方法,根据选择图片返回的 URI 类型选择不同返回图片真正路径的方法,以下是其参考代码。

```
private void handleImageUri(Intent intent ){
    Uri uri = intent.getData();                          //通过 Intent 获取数据的 URI;
    //根据不同的文件类型来进行不同处理:获取图片的 URI 和路径
    if(DocumentsContract.isDocumentUri(this,uri)){
        String docid= DocumentsContract.getDocumentId(uri);   //获取 document 的 id
        if("com.android.providers.media.documents".equals(uri.getAuthority())){
            String id = docid.split(":")[1];
            String selection = MediaStore.Images.Media._ID + " = " + id;
    imgPath = getImagePath(MediaStore.Images.Media.EXTERNAL_CONTENT_URI, selection);
        Log.i("imPath1:",imgPath);
    } else if(
"com.android.providers.downloads.documents".equals(uri.getAuthority())){
Uri contenturi= ContentUris.withAPPendedId(               //获取下载的图片的 URI
Uri.parse("content://downloas/public_downloads"),Long.valueOf(docid));
        imgPath = getImagePath(contenturi,null);
        Log.i("imPath2:",imgPath);}
}else if("content".equalsIgnoreCase(uri.getScheme())){    //其他获取图片的路径
    imgPath = getImagePath(uri,null);
    Log.i("imPath3:",imgPath);
}else if("file".equalsIgnoreCase(uri.getScheme())){
    imgPath = uri.getPath(); }}
```

编写完上述方法的代码后在 onActivityResult()方法中进行调用,以下是其参考代码。

```
if (requestCode == 1 && resultCode == RESULT_OK) {
    handleImageUri(data);
    Log.i("imgPath:",imgPath);
    Bitmap bm = BitmapFactory.decodeFile(imgPath);
    iv_icon.setImageBitmap(bm);
}
```

然后将应用程序运行到手机模拟器中,其效果如图 5-24 所示。通过手机相册设置用户头像的功能就实现完成。

步骤 5,编写打开摄像头进行拍照的方法,并在单击对话框的拍照按钮时调用该方法,以下是该方法的参考代码。

```
//编写调用手机摄像头拍照功能的方法
private void takePhotos(){
    Intent intent = new Intent();
    intent.setAction(MediaStore.ACTION_IMAGE_CAPTURE);     //调取手机摄像头
    startActivityForResult(intent, 2);                     //打开拍照页面,并将拍照结果
                                                           //进行返回

}
```

然后在 onActivityResult()方法中获取拍照后返回的照片,以下是其参考代码。

```
if( requestCode == 2){
    Bitmap thumbnail = data.getParcelableExtra("data");
    iv_icon.setImageBitmap(thumbnail);
    }
```

将应用程序运行到手机模拟器中,其运行效果如图 5-25 所示。由图 5-25 可知,虽然在注册页面能够实现拍照显示的效果,但是,该照片并不能保存在手机相册里面,也不能进行传递,因此,这个效果不符合课堂任务的需求。

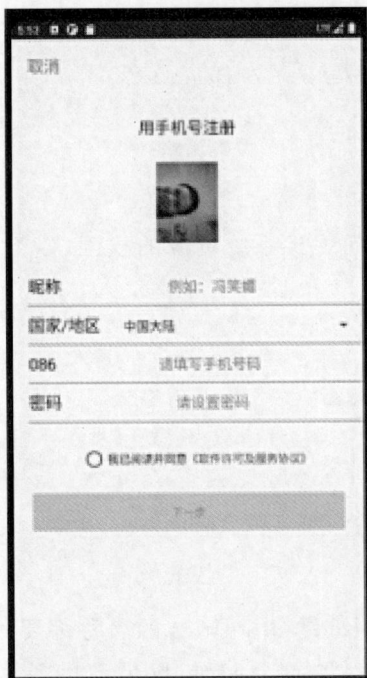

图 5-24　手机相册选择头像效果

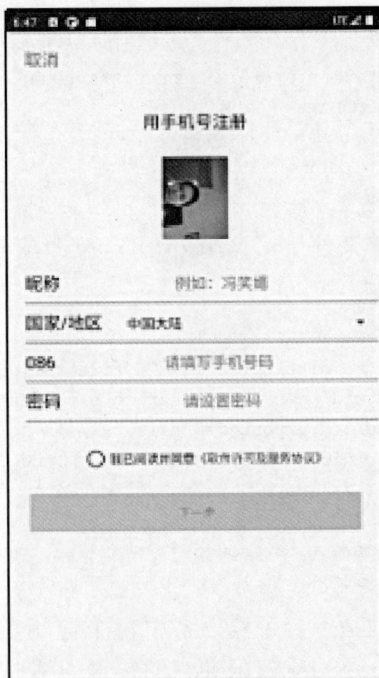

图 5-25　拍照设置头像

步骤 6,实现保存拍照的图片,编写一个创建文件的方法,以下是其参考代码。

```
File imgFile = null;                    //定义一个文件用于保存照片的信息
private void createFile(){
    //定义保存文件的目录
```

```
File dir = new File(Environment.getExternalStorageDirectory().getPath() + "/Pictures");
    //在存储器中创建该目录
    if (!dir.exists()){
        dir.mkdirs();                        //在磁盘中创建目录
    }
    //在内存中定义一个文件对象
    imgFile = new File(dir.getPath() + "/" + System.currentTimeMillis() + ".jpg");
    try {
            imgFile.createNewFile();        //将文件在存储器中创建出来
    } catch (IOException e) {
        e.printStackTrace();
    }
}
```

接着在 takePhotos()方法的"startActivityForResult"语句前面添加以下代码。

```
//判断版本号
if(Build.VERSION.SDK_INT >= 24){//根据不同的版本将照片保存在相应的文件中
intent.putExtra(MediaStore.EXTRA_OUTPUT,FileProvider.getUriForFile(this,
"myfileprovider",imgFile));
}else{
    intent.putExtra(MediaStore.EXTRA_OUTPUT,Uri.fromFile(imgFile));
}
```

步骤 7,在 res 中创建一个 xml 目录,然后新建一个 xml 文件设置图片保存的路径,以下是其参考代码。

```
< paths xmlns:android = "http://schemas.android.com/apk/res/android">
    < external - path
        name = "Pictures"
        path = "."/>
</paths>
```

然后在清单文件中定义 provider,声明应用程序访问手机系统资源的权限,以下是其参考代码。

```
< provider
    android:authorities = "myfileprovider"
    android:name = "androidx.core.content.FileProvider"
    android:exported = "false"
    android:grantUriPermissions = "true"
    tools:ignore = "WrongManifestParent">
    < meta - data android:name = "android.support.FILE_PROVIDER_PATHS"
        android:resource = "@xml/path"/>
</provider >
```

需要注意的是一台手机设备中每个应用程序的 android:authorities 的名称都要不一样,否则会出现 provider 权限冲突的错误。清单文件中定义的 android:authorities 的名称需要在源代码中使用,即在"**intent. putExtra(MediaStore. EXTRA_OUTPUT,FileProvider. getUriForFile (this,"myfileprovider",imgFile))**"语句中的"**FileProvider. getUriForFile(this,"myfileprovider",imgFile)**"语句的第二个参数使用。需要使用双引号引起来。

步骤 8,将 onActivityResult()方法中的"if(requestCode==2)"的语句修改为

```
if( requestCode == 2){
```

```
Bitmap bm = BitmapFactory.decodeFile(imgFile.getPath());    //获取数据
imgPath = imgFile.getPath();
Log.i("imgPath",imgPath);
iv_icon.setImageBitmap(bm);
}
```

然后将应用程序运行到手机模拟器中,其效果如图 5-25 所示,至此本次课堂任务就完成了。本次课堂任务侧重于讲解 Intent 的使用,对于图片的美化和截取读者们感兴趣可以课后进行研究交流。

5. 课堂实践任务

请将注册页面设置的头像传递到登录页面并显示出来,要求如果用户已注册,则将注册时选择的头像显示在登录页面。

5.2.4　实现主页面分页功能

本次课堂任务是让读者加深学习 Fragment、ViewPager 等常用控件,通过实现主页面实例,让读者对应用程序的框架有一定的了解。

本次课堂任务的内容是在项目四所实现的底部导航栏的基础上添加 4 个分页到主页里,可以通过左右滑动切换页面,也可以单击按钮切换页面。

1. 课前学习测试

(1) 创建 Fragment 类必须重写哪些方法?
(2) ViewPager 控件可以使用哪些适配器配合实现效果,其区别是什么?

2. 课堂任务分析

根据课堂任务描述,需要使用 4 个 Fragment 实现 4 个分页,需要左右滑动切换页面,可以使用 ViewPager 控件实现,需要为 ViewPager 对象注册滑动监听事件,在实现滑动监听事件接口时,在页面滑动时切换到相应的页面。

3. 课堂任务计划

根据课堂任务描述和分析,首先需要创建 4 个 Fragment 及其布局文件,然后需要为 ViewPager 控件创建一个适配器,将 4 个 Fragment 与 ViewPager 控件绑定在一起,实现一个页面包含 4 个分页的效果。

4. 课堂任务实施

根据课堂任务分析与计划的要求,完成课堂任务。首先需要找到 HomeActivity 和 activity_home 布局文件,先在布局文件 activity_home 中添加 ViewPager 控件,以下是其参考代码。

```
< androidx.viewpager.widget.ViewPager
    android:id = "@ + id/vp_home_pages"
    android:layout_width = "match_parent"
```

```
android:layout_height = "wrap_content"/>
```

接下来按照以下的步骤,实现主页面的效果。

步骤 1,创建 4 个 Fragment 及其布局文件,目前 4 个页面的内容尚未确定,因此先创建 4 个自带一个 TextView 控件的布局文件,控件上分别显示第一页、第二页、第三页和第四页,4 个布局文件名分别为 **activity_info. xml**、**activity_contact. xml**、**activity_find. xml**、**activity_me. xml**,同样 4 个 Fragment 类名分别为 **InfoFragment**、**ContactFragment**、**FindFragment**、**MeFragment**。在此只放第一个 Fragment 及布局文件的代码供读者参考,其他 Fragment 及其布局文件的代码各位读者参考第一个 Fragment 及布局文件的代码编写即可。以下是布局文件 activity_info. xml 的参考代码。

```
< LinearLayout
    xmlns:android = "http://schemas. android. com/apk/res/android"
    android:layout_width = "match_parent"
    android:layout_height = "match_parent"
    android:orientation = "vertical">
< TextView
    android:layout_width = "wrap_content"
    android:layout_height = "wrap_content"
    android:text = "第一个页面"
    android:textSize = "32sp"/></LinearLayout >
```

为了后续管理代码方便可以在 java 目录的主包里先建一个 home 目录,然后在 home 目录里创建 4 个 Fragment,以下是第一个 Fragment(InfoFragment)类的参考代码。

```
public class InfoFragment extends Fragment {
View view;
public View onCreateView(LayoutInflater infl,ViewGroup contain, Bundle save) {
        view = inflater. inflate(R. layout. activity_info,container,false);
        return view;}}
```

步骤 2,创建适配器,在本案例中因为每个页面都是一个 Fragment 类,因此使用 FragmentPagerAdapter,在步骤 1 创建的 home 目录中创建一个主页用的适配器,其类名为 HomeAdapter,并让其继承 FragmentPagerAdapter,定义一个 List 数据集合对象,重写相应的方法和创建适当的构造方法,以下是其参考代码。

```
public class HomeAdapter extends FragmentPagerAdapter {
    List < Fragment > lst;
    public HomeAdapter(FragmentManager fm, List < Fragment > lst ){
        this(fm);
        this. lst = lst;}
    public HomeAdapter(@NonNull FragmentManager fm) {
        super(fm); }
    public Fragment getItem(int position) {
        return lst. get(position); }
    public int getCount() {
        return lst. size(); }}
```

步骤 3,在 HomeActivity 中编写相应的代码实现逻辑功能,先将 HomeActivity 的父类修改为 FragmentActivity,并在该类中定义 ViewPager 和 List 对象作为属性,以下是其参考代码。

```
ViewPager vp_pages;
List < Fragment > lst;
```

接着先在 onCreate()方法中初始化 lst 对象,创建适配器和初始化 ViewPager 对象,并将 ViewPager 对象与适配器进行绑定,以下是其参考代码。

```
lst = new ArrayList <>();
InfoFragment ifg = new InfoFragment();
lst.add(ifg);
ContactFragment cfg = new ContactFragment();
lst.add(cfg);
FindFragment ffg = new FindFragment();
lst.add(ffg);
MeFragment mfg = new MeFragment();
lst.add(mfg);
HomeAdapter hada = new HomeAdapter(getSupportFragmentManager(),lst);
vp_pages = findViewById(R.id.vp_home_pages);
vp_pages.setAdapter(hada);
```

步骤 4,为 ViewPager 对象注册滑动变化监听事件,并实现滑动变化监听接口,并在实现方法中编写页面切换和修改按钮状态等功能,以下是其参考代码。

```
vp_pages.setOnPageChangeListener(new ViewPager.OnPageChangeListener() {
    @Override
    public void onPageScrolled(int position, float posOffset, int Offset) {}
        @Override
        public void onPageSelected(int position) {
            resetMenu();
            setMenus(position,menus[position]);
        }
        @Override
        public void onPageScrollStateChanged(int state) {}
    });
```

注意上述代码需要添加在"setMenus(0,menus[0])"语句之前,并在 setMenus()方法的最后面添加"vp_pages.setCurrentItem(pos)"语句,这样就可以实现滑动切换页面时,底部导航栏的状态跟着改变,单击底部导航栏时,也可以切换页面,将应用程序运行到手机模拟器中,其运行效果如图 5-26 所示。

图 5-26　主页面加入分页运行效果

5. 课堂任务实践

根据本次课堂任务制作一个应用程序的主页面,要求底部导航栏至少有 4 个按钮。

🔑 5.3　课后学习任务:请实现用户登录成功后进入主页面中的"我的页面"

随着本章学习的结束,相信各位读者已经掌握好设计和实现应用程序主页面的知识和技巧,本章的课后学习任务是将读者已实现的应用程序界面按照系统需求说明书的要求实现页面间的跳转和信息传递,具体的需求是在"我的页面"中显示用户头像、用户昵称等基本信息,还可以跳转到完善个人信息、修改密码等页面,各位读者按照常用应用的"我的页面"设计出自己应用程序的"我的页面",并完成配套资料的实训报告。

第6章

Android中的数据存储

CHAPTER *6*

学习目标：

了解文件存储信息的原理。

熟悉使用 SharedPreference 存储应用程序的配置信息。

熟悉使用 SQLite 数据库保存和管理数据。

职业技能目标：

熟悉 Android 中数据存储的方式，能够根据项目需求选择恰当的方式保存数据。

课程思政育人目标：

让学生熟知数据存储的重要性，培养学生信息安全的意识和科技向善的意识，树立良好的国家信息安全观。

学习导读：

为了更好地掌握本章的内容，请读者按照学习导读进行学习。

首先，在进行课堂学习之前，请先带着 Android 中有哪些数据存储方式等问题完成课前学习任务。

其次，在课堂上通过完成相应的学习任务，加深理解 Android 中数据存储的原理，熟练掌握各种存储方式的操作步骤。

最后，通过课后案例，复习巩固已学习的知识。

6.1　课前学习任务：了解数据存储

在前五章中讲解了 Android 界面的实现过程，接下来讲解应用程序的数据存储问题。数据是应用程序的处理核心，数据也是一个企业的机密，因此在设计程序前需要先设计和实现数据结构和数据库。请各位读者带着以下问题进行课前学习。

（1）Android 中支持哪几种数据存储的方式？

（2）SharedPreferences 是什么？有什么作用？

（3）SQLite 是什么？有什么作用？

希望各位读者能够在课前把上述三个定义性问题的答案找出来，并能使用自己的语言把它描述出来，加深对知识点的理解，便于在课堂学习环节应用相应的知识点，实现应用程序中数据的存储。

6.1.1　Android 中数据存储的简介

Android 使用的文件系统类似于其他平台上基于磁盘的文件系统，该系统为用户提供了以下几种保存应用数据的方式。

1. 文件存储

存储仅供应用使用的数据集可以使用文件存储，文件存储到设备内部存储器中的专属目录或外部存储空间中的其他专属目录。使用设备内部存储空间中的目录保存其他应用程序数据时，应确保其他应用程序不能访问设备的敏感信息。

2. SharedPreferences 存储

如果要保存的数据是较小的键值对集合，则可以使用 SharedPreferences API。SharedPreferences 对象指向包含键值对的文件，并提供读写这些键值对的方法。每个 SharedPreferences 文件均由框架进行管理，可以是私有文件，也可以是共享文件。

3. 数据库

对于重复数据或结构化数据（例如联系人信息），将数据保存到数据库是理想选择。学习本小节内容需要各位读者已掌握 SQL 数据库，这样可能帮助各位读者快速地在 Android 上使用 SQLite 数据库。android.database.sqlite 软件包中提供了在 Android 上使用数据库所需的 API。

4. 网络数据格式

在实际的应用程序中，大部分的数据并不是存储在应用程序内部，也不是存储在设备内存中，而是通过请求远程服务，读取远程服务器返回的数据，这些数据的格式一般是 XML 文件或 JSON 文件，而 Android 中也提供了创建和读取这两种文件数据的接口。

6.1.2 文件存储

文件存储的实现需要使用 I/O 流操作将数据分别读取和写入到设备指定的文件里。这种存储方式适用于存储容量比较大的数据,例如图片、视频、文本等。根据数据存储的文件是否在应用程序内,文件存储又可分为内部存储和外部存储。内部存储的文件默认保存在设备的"/data/data/<包>/files/"目录下,而外部存储的文件默认保存在设备的"mnt/sdcard/"目录下,这两种存储方式的特点如表 6-1 所示。

表 6-1 文件存储两种方式的特点

	内 部 存 储	外 部 存 储
存储位置	将数据以文件的形式存储到应用中	将数据以文件的形式存储到外部设备上
存储路径	"/data/data/<包>/files/"目录下	"mnt/sdcard/"目录下
其他应用是否可操作	需要设置权限	不用设置权限,会被其他应用共享
删除文件	当应用被卸载时,该文件也会被删除	该文件可在应用外删除,使用前需要确认外部设备是否可用
操作数据	通过 openFileOutput()方法和 openFileInput()方法获取 FileOutputStream 和 FileInputStream 操作对象	FileOutputStream 和 FileInputStream 操作对象

随着存储介质技术的发展,存储器的成本越来越低,手机设备的内存越来越大,外部存储设备 SD card 目前已逐渐退出市场,因此接下来主要讲解内部存储的实现过程。

1. 输入输出流

Java 中的输入输出流主要分为字节流和字符流,实现文件存储主要用到字节流相关的知识,即 FileOutputStream 和 FileInputStream 两个类。接下来讲解这两个类的用法。

1) FileOutputStream

文件字节输出流,用于将数据存储在文件中,其对象定义的参考代码为"FileOutputStream fos=openFileOutput(String name,int mode);",需要注意的是 openFileOutput()方法参数列表中的参数含义如下。

第一个参数 name 表示文件名称,文件名称由文件名和后缀名组成。

第二个参数 mode 表示打开文件的模式,该参数可选的属性值及其含义如下。

(1) MODE_PRIVATE:该文件只能被当前程序读写。

(2) MODE_APPEND:该文件的内容可以追加。

(3) MODE_WORLD_READABLE:该文件的内容可以被其他程序读。

(4) MODE_WORLD_WRITEABLE:该文件的内容可以被其他程序写。

2) FileInputStream

文件字节输入流,用于打开文件读取文件中的内容,其对象定义的参考代码为"FileInputStream fis = openFileInput(String name);",在该方法的参数列表中需要传入所需读取的文件名。

2. 文件写入步骤

文件写入的实现可以使用 FileOutputStream,将数据写入文件的步骤如下。

(1) 准备好写入数据内容和文件名,文件名一般使用字符串类型进行保存,其定义的参考代码为"String fileName="文件名.后缀名";"。存入文件中的数据一般可以使用字符串进行保存,因为字符串可以直接转换为字节流,其定义的参考代码为"String content="待保存的数据内容";"。需要注意的是保存的数据如果不是字符串类型,就需要先将所有数据转换为字符串类型,才能保存到文件中。

(2) 创建 FileOutputStream 对象,FileOutputStream 对象可以通过 openFileOutput() 方法打开文件得到,其定义的参考代码为"FileOutputStream fos = openFileOutput(fileName, MODE_PRIVATE);"。

(3) 将待保存内容转换为字节流,并写入文件中,可以通过字符串对象的 getBytes() 方法将字符串内容转换为字节流,然后通过 write() 方法将数据写入文件中,其参考代码为"fos.write(content.getBytes());"。

(4) 关闭 FileOutputStream 对象,一般对文件操作完成后就需要对 FileOutputStream 对象进行关闭操作,否则可能会引起系统内存溢出等错误,关闭 FileOutputStream 对象的参考代码为"fos.close();"。

到此文件写入操作就完成了,可以将文件写入操作封装成一个方法,方便后续使用,可以将文件名和存储的数据内容作为方法的参数。

3. 文件读取步骤

文件读取的实现需要使用 FileInputStream 对象,其实现步骤如下。

(1) 定义一个字符串对象用于接收读取的文件内容,由于通过 FileInputStream 对象打开文件后,读取文件的内容是字节流类型,字节流类型用户无法识别,需要将字节流类型转换为字符串类型才能让用户识别,因此需要定义一个字符串对象去接收文件读取出来的内容,字符串定义的代码为"**String content ="";**"。

(2) 确定打开文件的名称,使用字符串保存文件的名称,其定义的参考代码为"**String filename = "文件名.后缀名";**"。

(3) 定义 FileInputStream 对象,可以通过 openFileInput() 方法打开指定文件,获取 FileInputStream 对象,其定义的参考代码为"**FileInputStream fis = openFileInput(filename);**"。注意需要确保传入的文件名与真实存在的文件名相对应。

(4) 根据 FileInputStream 的长度创建字节数组对象,打开文件后,读取到的数据是字节流数据,而不是字符串,因此需要先定义一个字节流数组对象保存文件中的数据,需要获取 FileInputStream 的长度来创建相应长度的数组用于保存从文件中读取到的数据,其定义的参考代码为"**byte[] buffer = new byte[fis.available()]; //创建缓冲区,并获取文件长度**"。可以通过 FileInputStream 对象调用 available() 方法来获取 FileInputStream 的长度,通过这个长度可以确定保存数据的缓冲区的空间。

(5) 将 FileInputStream 对象的数据读取到缓冲区,FileInputStream 对象里的数据,不能直接处理,需要将数据读取到缓冲区才能进行处理,其定义的参考代码为"**fis. read**

（**buffer**）；//**将文件内容读取到 buffer 缓冲区**"。通过 FileInputStream 对象调用 read( )方法，可以将数据输入到缓冲区。

（6）将字节流数据转换为字符串，由于字节流数据用户无法读取，因此需要将字节流数据转换为字符串，可以使用字符串构造方法将字节流数组转换为字符串，其定义的参考代码为"**content ＝ new String(buffer)；//转换成字符串**"。需要注意的是要确保 buffer 字节流数组被初始化并且已经将数据存储进去。

（7）关闭 FileInputStream 对象，与 FileOutputStream 对象类似，完成了文件读取操作后，必须要关闭 FileInputStream 对象，其参考代码为"**fis. close( )；//关闭输入流**"。读取文件数据结束，同样为了便于用户调用，可以将读取文件操作的过程封装成一个方法，可将该方法设计为带参数和返回值的方法，参数列表中需要一个文件名，读取到的数据通过一个字符串类型变量进行返回。

4. 文件存取案例

本案例通过讲解存储和读取检索关键字来复习巩固文件存储和读取的过程。本案例要求当用户输入搜索的关键字后，在软键盘中单击"检索"按钮时，将检索的关键字保存到指定的文件中，文件名可以指定为 search. txt，下次启动页面时，将上次检索的关键字直接显示在输入框的提示属性中。讲解案例实现过程之前，先将上节课使用的 HelloWorld 项目导入 Android Studio 中，接着在清单文件中将 SearchActivity 设置为应用程序的启动页面，并打开 SearchActivity 类为后续的操作做好准备。

步骤 1，在 java 目录的主包里创建一个 utils 包，并在该包中创建一个 FileUtil 工具类。

步骤 2，在 FileUtil 类中定义一个静态方法，用于保存数据，以下是其参考代码。

```
public static boolean fileSave(Context con, String filename, String content){
        FileOutputStream fos = null;
        try {fos = con.openFileOutput(filename, Context.MODE_PRIVATE);
            fos.write(content.getBytes());          //将数据写入文件中
            fos.close();                            //关闭输出流
            return true;
        } catch (FileNotFoundException e) {
            e.printStackTrace();
        } catch (IOException e) {
            e.printStackTrace();
        }
        return false;
    }
```

步骤 3，在 FileUtil 类中定义一个静态方法，用于读取文件中的数据，以下是其参考代码。

```
public static String readFile( Context con, String filename ){
        String res = "";
        FileInputStream fis = null;                 //获得文件输入流对象
        try {fis = con.openFileInput( filename );
            byte[] buffer = new byte[fis.available()];
            fis.read(buffer);                        // 将文件内容读取到 buffer 缓冲区
            res = new String(buffer);                //转换成字符串
```

```
        fis.close();                              //关闭输入流
    } catch (FileNotFoundException e) {
        e.printStackTrace();
    } catch (IOException e) {
        e.printStackTrace();
    }
    return res;
}
```

步骤 4，在 SearchActivity 类中，当单击软键盘的"检索"按钮时调用保存数据到文件的方法，即在关闭软键盘的代码前面调用保存数据到文件中的方法，以下是其参考代码。

```
FileUtil.fileSave(SearchActivity.this,"search.txt",searchKey);
```

将应用程序运行到手机模拟器中，然后在输入框中输入检索关键字后，单击软键盘的"搜索"按钮后，打开设备文件管理器，在 data/data/应用程序主包名/files 目录中会看到创建的数据文件，其效果如图 6-1 所示。

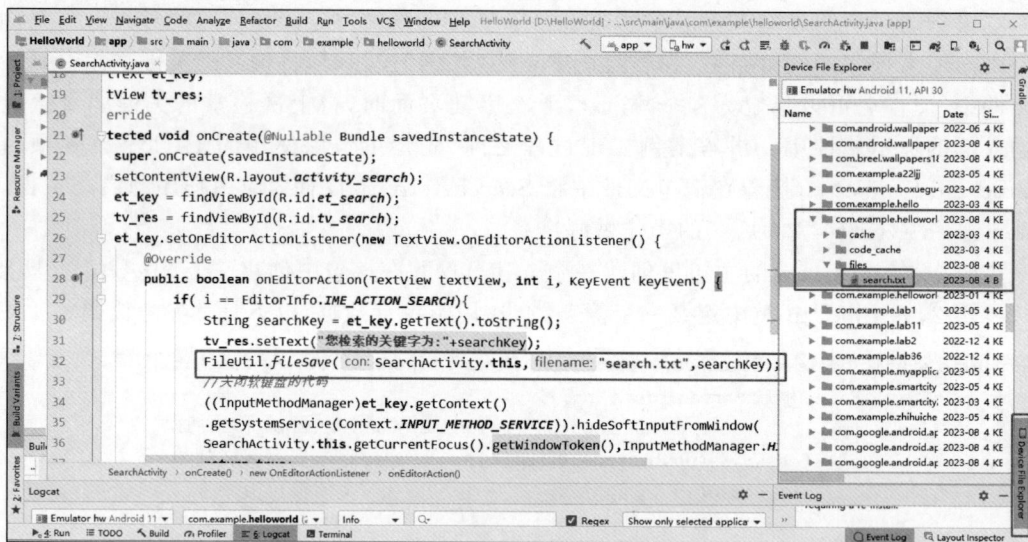

图 6-1　文件保存成功后在 data/data/应用程序主包名/files 目录生成的文件

步骤 5，实现打开页面后检查到保存搜索关键字文件内容不为空时在输入框的提示信息中显示出来，显示文字为"上次检索的内容为：检索关键字"。获取文件信息的内容语句需要在 onCreate()方法中编写，以下是其参考代码。

```
content = FileUtil.readFile(SearchActivity.this,"search.txt");
    if ( !TextUtils.isEmpty(content) ){
        et_key.setHint("上次检索的内容为:" + content);
    }
```

代码编写完成后将应用程序运行到手机模拟器中，如图 6-2 所示，成功读取了上次检索的关键字，并在输入框的提示信息中显示出来。

文件存储的过程已经完成，各位读者可以尝试使用文件存储来实现存储用户注册信息的功能，课堂上会详细讲解使用文件存储用户注册信息的过程。

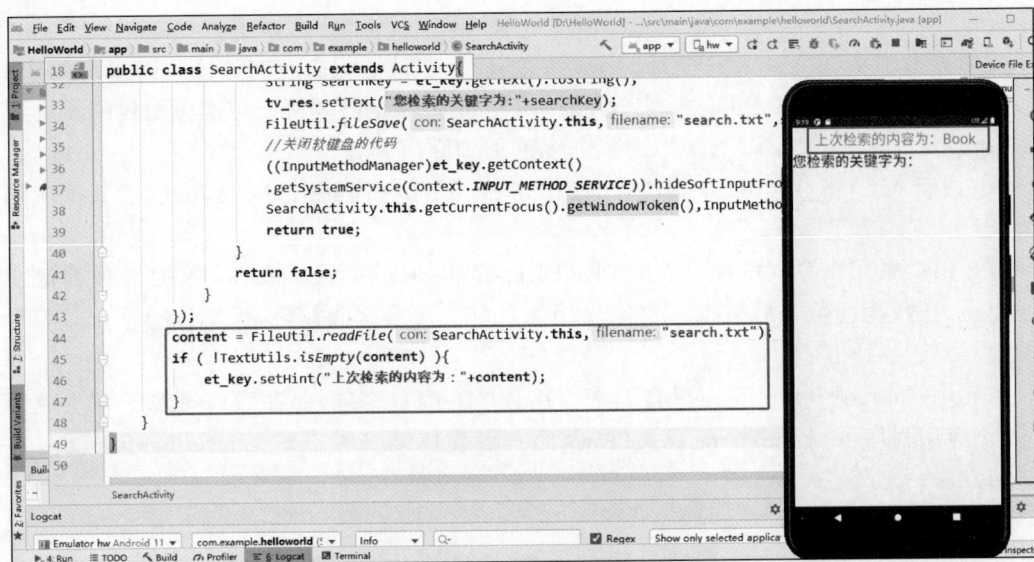

图 6-2　读取文件数据并在输入框提示信息中显示的效果

6.1.3　SharedPreferences 存储

SharedPreferences 是一个轻量级的存储类,特别适合于保存软件配置参数,其背后是用 XML 文件存放数据,文件存放在/data/data/shared_prefs 目录下。SharedPreferences 存储是以 XML 格式将数据存储到设备中,在保存和读取数据时,SharedPreferences 是以键值对进行的,操作简单、方便、易于理解,是轻量级的操作。该方法只适用于存储少量的数据,并且数据的类型只能是 Java 基本的数据类型和字符串类型,不支持系统类型和用户自定义类型,只能进行简单的添加、删除和读取操作,无法进行条件查询等操作。

1. SharedPreferences 相关接口

使用 SharedPreferences 存储数据时,需要使用 SharedPreferences 和 Editor 两个类的对象才能实现,接下来详细讲解这两个类的使用技巧。

1) 获取 SharedPreferences 对象

SharedPreferences 本身是一个接口,无法直接创建实例,通过 Context 的对象来获取 SharedPreferences 的实例对象。在 Context 类中提供了以下三个实例方法来获取 SharedPreferences 实例对象。

（1）调用 Activity 对象的 getPreferences(int mode)方法,通过 Activity 对象获取,获取的是本 Activity 私有的 Preference,保存在系统中的 XML 文件的名称为这个 Activity 的名字,因此一个 Activity 只能有一个 XML 文件,属于这个 Activity。

（2）调用 Context 对象的 getSharedPreferences(String name, int mode)方法,因为 Activity 继承了 ContextWrapper,因此也是通过 Activity 对象获取,但是属于整个应用程序,可以有多个,以第一个参数 name 为文件名保存在系统中。

（3）使用 PreferenceManager. getDefaultSharedPreferences(this)方法,PreferenceManager 的静态方法,保存 PreferenceActivity 中的设置,属于整个应用程序,但是只有一个。Android 会根

据包名和 PreferenceActivity 的布局文件来命名保存的文件。

在第一个和第二个方法中的 mode 参数，由以下四种选值决定文件读写的操作模式。

Context. MODE_PRIVATE 指定该 SharedPreferences 的数据只能被本应用程序读写。

Context. MODE_APPEND 指定新内容追加到原内容后。

Context. MODE_WORLD_READABLE 指定 SharedPreferences 数据能被其他应用程序读，但是不支持写。

Context. MODE_WORLD_WRITEABLE 指定 SharedPreferences 数据能被其他应用程序读写，新数据会覆盖原数据。可以使用加号（＋）连接这些权限，为文件操作设置多种操作模式。

一般用 SharedPreferences 保存的是应用程序的配置信息，保存的信息属于整个应用程序，一个应用程序可以有多个配置文件，因此一般使用第二种获取 SharedPreferences 实例对象的方法。

2）Editor 对象

SharedPreferences 对象本身只能获取数据而不支持存储和修改，存储和修改通过 Editor 对象实现。Editor 对象需要使用 SharedPreferences 的实例对象来获取，其参考代码为“**SharedPreferences. Editor editor＝sp. edit()；**”。获取 Editor 对象后，可以通过键值对来对数据进行添加、修改和读取等操作，以下是相关操作方法的参考代码。

```
put 类型(key, 数值);      //根据数据类型选择相应的方法存储相应类型的数据
get 类型(key,默认值);     //根据数据类型选择相应类型的 get 方法获取数据,获取的数据为空,
                        //则获取默认值
remove(key);            // 根据 key 删除相应 key 的数据
clear();                // 删除所有数据
```

学习完 SharedPreferences 和 Editor 类的相关实例方法后，接下来先学习 SharedPreferences 存储的步骤。

2. SharedPreferences 存储步骤

（1）获取 SharedPreferences 实例对象的代码为“SharedPreferences sp＝getSharedPreferences（文件名，文件操作模式）；”，在获取 SharedPreferences 实例对象时，传入的文件名不需要带后缀名，因为默认配置文件就是 XML 文件，后缀名就是 xml。

（2）获取编辑器对象的代码为“SharedPreferences. Editor editor＝sp. edit()；”。

（3）在编辑器对象中存入数据的代码为“editor. put 类型（key，数据值）；”。

（4）提交数据的代码为“editor. commit()；”。

如果应用程序中有多个配置数据需要保存，可以把存储过程封装成一个方法，将存储数据设为参数，这样就可以在需要的地方调用该方法，实现保存配置信息的功能。

3. SharedPreferences 读取步骤

（1）获取 SharedPreferences 实例对象的代码为“**SharedPreferences sp＝getSharedPreferences（文件名，文件操作模式）；**”。

（2）读取数据的代码格式为“**类型 data＝sp. get 类型（key，默认值）；**”，该方法可以根据读取数据的类型定义相应类型来接收。

4. SharedPreferences 使用案例

本案例使用 SharedPreferences 记录是否为第一次进入应用程序,如果是则不读取存储文件数据,如果不是则读取存储文件数据,并在输入框的提示信息中显示出来。在讲解本案例的实现步骤前,请将上一个案例导入 Android Studio 中,并打开 SearchActivity 类,以实现保存应用程序的配置信息的功能。

步骤 1,在 utils 包中创建一个 ShareUtils 工具类,打开 ShareUtils 工具。

步骤 2,在 ShareUtils 工具类中定义一个用于保存数据的方法,可以将该方法设计为带三个参数的方法,以下是其参考代码。

```
public static boolean saveData( Context con,String key,String value ){
  SharedPreferences sp = con.getSharedPreferences("config",Context.MODE_PRIVATE);
  SharedPreferences.Editor editor = sp.edit();
  editor.putString(key,value);
  return editor.commit();}
```

步骤 3,在 ShareUtils 工具类中定义一个读取配置信息的方法,可以将该方法设计为带字符串返回值的方法,以下是其参考代码。

```
public static String getData( Context con,String key ){
  SharedPreferences sp = con.getSharedPreferences("config",Context.MODE_PRIVATE);
  String res = sp.getString(key,"");
  return res;}
```

步骤 4,在 SearchActivity 类中,当单击软键盘的"搜索"按钮时调用保存配置信息的方法,以下是其参考代码。

```
ShareUtils.saveData(SearchActivity.this,"isfirst","0");
```

在 SearchActivity 类添加完上述代码后,将应用程序运行到手机模拟器中,当输入完检索关键字后,单击软键盘的"搜索"按钮,打开设备文件管理器,在 data/data/应用程序主包名/shared_prefs 目录中生成了一个配置文件 config.xml,如图 6-3 所示。

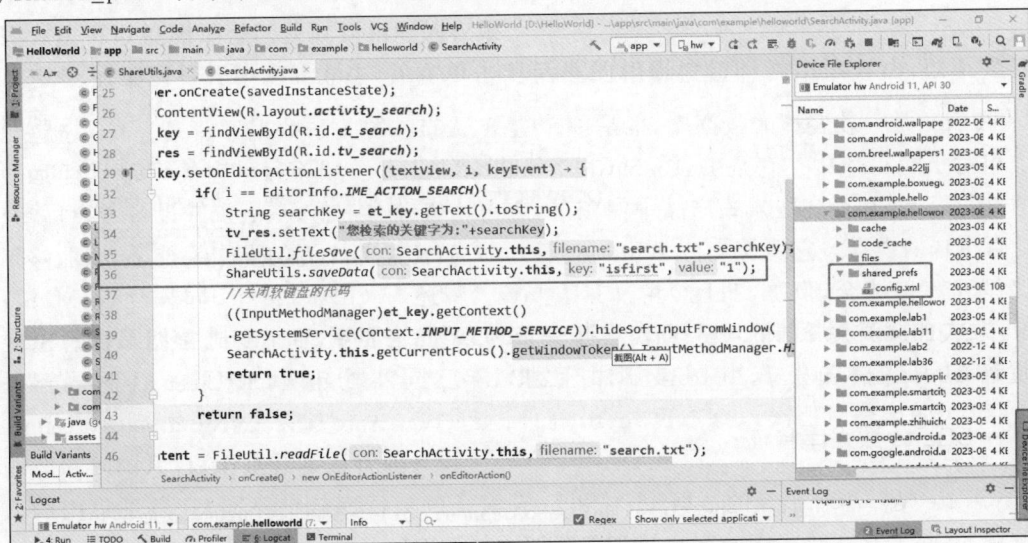

图 6-3　使用 SharedPreferences 保存配置文件效果

步骤 5,在 SearchActivity 类的 onCreate()方法中,调用读取配置文件数据的方法,并根据读取的数据决定是否读取检索过的关键字,以下是其参考代码。

```
isfirst = ShareUtils.getData(SearchActivity.this," isfirst ");
    if( isfirst.equals("0") ) {
        content = FileUtil.readFile(SearchActivity.this, "search.txt");
        if (!TextUtils.isEmpty(content)) {
                et_key.setHint("上次检索的内容为:" + content);
        }
    }
```

编写完上述代码后将应用程序运行到手机模拟器中,其运行效果如图 6-4 所示。使用 SharedPreferences 保存应用程序配置信息的相关知识就讲解完了,各位读者可以自行使用这些知识实现保存用户登录状态的功能,后续在课堂任务中会详细讲解实现过程。

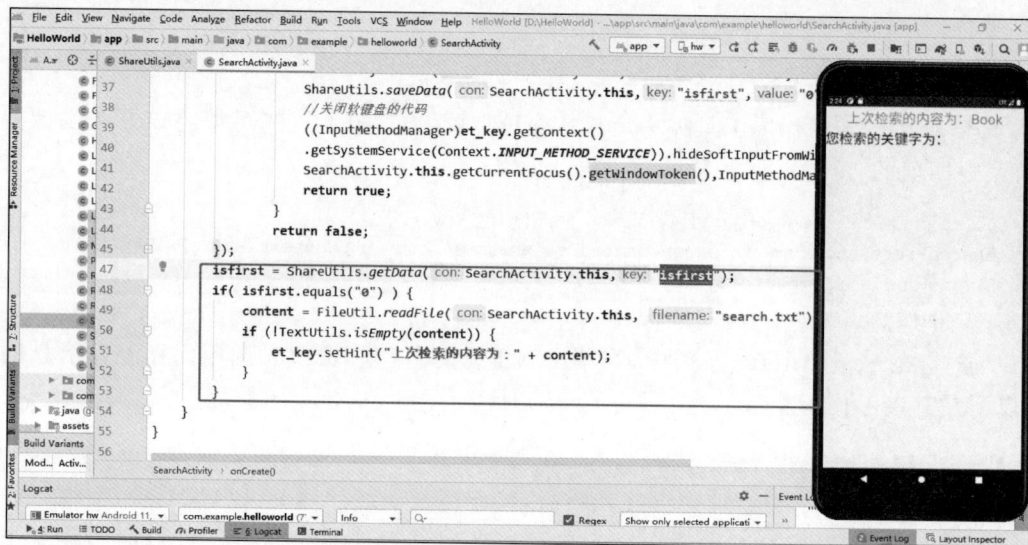

图 6-4   读取应用程序配置文件的效果

6.1.4   SQLite 数据存储

SQLite 是一款轻型的数据库,也是一个遵守 ACID 的关系数据库管理系统,它包含在一个相对小的 C 库中。它是 D. RichardHipp 建立的公有领域项目。它的设计目标是嵌入式的,而且已经在很多嵌入式产品中使用了,它占用资源非常少,在嵌入式设备中,可能只需要几百 KB 的内存。它能够支持 Windows、Linux、UNIX 等主流的操作系统,同时能够跟很多编程语言相结合,例如 Tcl、C♯、PHP、Java 等,还有 ODBC 接口,同样比起 MySQL、PostgreSQL 这两款开源的世界著名数据库管理系统,它的处理速度比它们都快。SQLite 第一个 Alpha 版本诞生于 2000 年 5 月,至 2025 年已经 25 个年头,SQLite3 已经发布。

1. SQLite 数据库特征

SQLite 是一个轻量级的数据库,它和 C/S 模式的数据库软件不同,它是进程内的数据库引擎,因此不存在数据库的客户端和服务器。使用 SQLite 一般只需要带上它的一个动态库,就可以享受它的全部功能,这个动态库的尺寸也相当小。

SQLite 数据库具有独立性,其核心引擎不依赖第三方软件,使用它不需要"安装",所以能够省去不少麻烦。

SQLite 数据库具有隔离性,数据库中所有的信息都包含在一个文件内,方便管理和维护。

SQLite 数据库具有跨平台性,其支持大部分操作系统,除了支持计算机上使用的操作系统外,在大部分的手机操作系统中也可以运行。

SQLite 数据库支持很多编程语言接口,例如 C\C++、Java、Python、dotNet、Ruby、Perl等,得到更多开发者的喜爱。

SQLite 数据的安全性比较高,通过数据库级别的独占性和共享锁来实现独立事务处理,这意味着多个进程可以在同一时间从统一数据库读取数据,但只有一个可以写入数据。在某个进程或线程向数据库执行写操作之前,必须获得独占锁。在锁定后,其他的读或写将不会再发生。

2. SQLite 数据支持的类型

SQLite 采用的是动态数据类型,需要区分是值的类型还是列的类型,值的数据类型与值本身相关联,与之对应的是静态类型,即值的数据类型由其容器决定。SQLite 有五种存储类,每个值都对应其中一种存储类,存储类比数据类型更通用,例如 INTEGER 存储类包括 7 种不同长度的整数数据类型,这在磁盘上有所不同,一旦 INTEGER 值从磁盘读取并进入内存进行处理,它们就会转换为最通用的数据类型(8 字节有符号整数)。因此在大多数情况下存储类与数据类型没有区别,两个术语可以互换使用。SQLite 的存储类型及其含义如表 6-2 所示。除 INTEGER PRIMARY KEY 列外,在 SQLite3 数据中的任何列都可以用于存放任何存储类的值。

表 6-2 SQLite 中的存储类及其含义

存 储 类	含 义
TEXT	值是一个文本字符串
INTEGER	值是一个带符号的整数,根据值的大小存储在 1、2、4、6 或 8 个字节中
REAL	值是一个浮点值,存储 8 字节的 IEEE 浮点数字
BLOB	值是一个 blob 数据,完全根据它的输入存储
NULL	值是一个 null 值

由表 6-2 可知,SQLite 没有单独的 Boolean 存储类,布尔值被存储为整数 0(false)和1(true)。

SQLite 支持列上的"类型亲和性"概念,列的亲和性由列的声明类型确定,类型亲和性即创建表时为列指定一个数据类型,系统根据类型亲和性规则将数据类型转换为存储类型,其亲和性规则如下。

(1) 如果列的声明类型包含字符串"INT",则为其分配 INTEGER 存储类。

(2) 如果列的声明类型包含"CHAR""CLOB""TEXT"等字符串,则该列具有 TEXT关联,类型 VARCHAR 包含字符"CHAR",因此也为其分配 TEXT 存储类。

（3）如果列的声明类型包含字符串"BLOB"或未指定类型，则该列会被分配为 BLOB 存储类。

（4）如果列的声明类型包含字符串"REAL""FLOAT""DOUBLE"，则该列具有 REAL 亲和性。

（5）否则该列分配为 NUMERIC 存储类。

系统进行类型转换时会按照上述亲和性规则的顺序，逐个判断是否符合，如果符合当前的规则就进行转换，否则就匹配下一条规则，直到找到匹配规则为止。

3．SQLite 数据相关的接口类

Android 中提供了一个 SQLiteOpenHelper 类对数据库进行创建和升级，SQLiteDatabase 类用于对数据库数据进行增删改查等操作。

1）SQLiteOpenHepler

SQLiteOpenHepler 是一个抽象类，使用时需要创建一个类去继承它。SQLiteOpenHelper 中有两个抽象方法，分别是 onCreate()方法和 onUpdate()方法，需要在类里重写这两个方法，然后分别在这两个方法中实现创建和升级数据库的逻辑。

SQLiteOpenHelper 中还有两个非常重要的实例方法，分别是 **getReadableDatabase()方法和 getWritableDatabase()方法**。这两个方法都可以创建或打开一个现有的数据库，并返回一个可对数据库进行读写操作的对象。不同的是，当数据库不可写入的时候，如磁盘空间已满时，getReadableDatabase()方法返回的对象将以只读的方式打开数据库，而 getWritableDatabase()方法将抛出异常。

SQLiteOpenHelper 的构造方法接收四个参数，第一个参数是 Context，必须要有 Context 对象才能对数据库进行操作。第二个参数是数据库名，创建数据库时需要在这里指定数据库名称。第三个参数允许在查询数据库的时候返回一个自定义的 Cursor，一般设置为 null。第四个参数表示当前数据库版本号，可用于数据库的升级操作，可以设置为 1。

2）SQLiteDatabase

Android 提供了创建和使用 SQLite 数据库的 API 接口。SQLiteDatabase 代表一个数据库对象，提供了操作数据库的通用方法。在 Android 的 SDK 目录下有 SQLite3 工具，可以利用它创建数据库、创建数据表和执行 SQL 语句，SQLiteDatabase 常用的方法如表 6-3 所示。

表 6-3　SQLiteDatabase 常用的方法

方　法　名	方 法 含 义
openOrCreateDatabase（String path，SQLiteDatabase.CursorFactory　factory）	打开或创建数据库
insert（String table，String nullColumnHack，ContentValues　values）	插入一条记录
delete（String table，String whereClause，String[]　whereArgs）	删除一条记录
query（String table，String[] columns，String selection，String[]　selectionArgs，String groupBy，String having，String　orderBy）	查询一条记录
update（String table，ContentValues values，String whereClause，String[]　whereArgs）	修改记录
execSQL（String sql）	执行一条 SQL 语句
close（）	关闭数据库

3）Cursor

在 Android 中查询数据是使用 Cursor 对象保存结果的，即当使用 query()方法时，会得到一个 Cursor 对象，Cursor 对象可以通过调用相应的方法指向每一条数据，它提供了很多有关遍历查询结果的方法，其常用方法及含义如表 6-4 所示。

表 6-4　Cursor 的常用方法

方 法 名	方 法 含 义	方 法 名	方 法 含 义
getCount()	获得总的数据项数	move(int offset)	移动到指定记录
isFirst()	判断是否第一条记录	isLast()	判断是否最后一条记录
moveToFirst()	移动到第一条记录	moveToLast()	移动到最后一条记录
moveToNext()	移动到下一条记录	moveToPrevious()	移动到上一条记录
getInt(int columnIndex)	获得指定列索引的 int 类型值	getString(int columnIndex)	获得指定列索引的 String 类型值
getColumnIndexOrThrow (String columnName)	根据列名称获得列索引		

4．SQLite 数据库相关操作

SQLite 数据库的操作有创建数据库、创建数据表、对数据进行增删改查等，这些操作需要使用到 SQL 相关的命令，本节先介绍 SQL 相关命令语句，接着讲解 SQLiteDatabase 相关接口，最后通过案例详解介绍数据库相关操作的过程。

1）SQL 相关命令

创建表格：create table 表名(字段名 1 类型 约束,字段名 2 类型 约束,…,字段名 n 类型 约束)。
删除表格：drop table 表名。
重命名表格：alter table 表名 rename to 新表名。
新增列：alter table 表名 add column 字段名 类型 约束。
新增数据：insert into 表名(字段名 1,…,字段名 n) values(值 1,…,值 n)。
删除数据：delete from 表名 where 条件。
更新数据：update 表名 set 字段 1 = 新值 1,…,字段 n = 新值 n where 条件。
查询数据：select * /字段列表 from 表名 where 条件。

2）创建数据库

使用 SQLite 数据库前，需要创建数据库，这里需要借助 SQLiteOpenHelper 类来创建 SQLite 数据库，其创建步骤如下。

步骤 1，创建一个类，类名自己确定，然后让该类继承 SQLiteOpenHelper，以下是其参考代码。

```
public class 类名 extends SQLiteOpenHelper{
    //类体
}
```

在编辑器中编写完上述代码后会报错，然后可以根据错误修改提示单击 implementation methods，即可自动重写 SQLiteOpenHelper 抽象类中的抽象方法，代码如步骤 2 的参考代码所示。

步骤 2，重写 onCreate()方法和 onUpdate()方法，并在 onCreate()方法中编写创建数据表代码，以下是其参考代码。

```
public class 类名 extends SQLiteOpenHelper{
    @Override
    public void onCreate(SQLiteDatabase db) {
        //定义创建数据表的 SQL 语句
        String sql = "create table 表名(字段 1 类型 约束,…,字段 n 类型 约束)";
        db.execSQL(sq);
    }
    @Override
    public void onUpgrade(SQLiteDatabase db, int oldVersion, int newVersion) {
        //编写修改数据表的语句
    }
}
```

编写完上述代码后，编辑器还是会提示出错，因为目前该类中没有与 SQLiteOpenHelper 的构造方法结构相同的构造方法，即父类中的属性不能被初始化，因此需要根据提示创建一个与父类构造方法结构一致的构造方法，其代码如步骤 3 的参考代码所示。

步骤 3，编写相应的构造方法，由于编辑器根据 SQLiteOpenHelper 的构造方法创建的构造方法带四个参数，调用时比较麻烦，因此可以自行编写一个只带一个参数的构造方法，以下是其参考代码。

```
public class 类名 extends SQLiteOpenHelper{
    public 类名(Context con){
        this(con,"数据库名.db",null,1);
    }
    public 类名(Context con, String name, CursorFactory factory, int version) {
        super(context, name, factory, version);
    }
    @Override
    public void onCreate(SQLiteDatabase db) {
        //定义创建数据表的 SQL 语句
        String sql = "create table 表名(字段 1 类型 约束,…,字段 n 类型 约束)";
        db.execSQL(sq);
    }
    @Override
    public void onUpgrade(SQLiteDatabase db, int oldVersion, int newVersion) {
        //编写修改数据表的语句
    }
}
```

在后续编写数据库操作类时就可以直接调用带一个参数的构造方法创建数据库。

3）创建数据库操作类

为了更好地管理和维护代码，可以为每个数据表创建一个操作类，这样可以方便管理，创建数据库操作类的步骤如下。

步骤 1，创建一个类，类名自行定义，在类中需要定义相应的属性，这些属性包括一个 Context、上一小节创建的数据库对象（假设上一节创建的数据库类名为 MySQLiteHelper）、SQLiteDatabase 对象，以下是其参考代码。

```
public class 类名{
    Context con;
    SQLiteDatabase db;
```

```
MySQLiteHelper mhp;
}
```

步骤 2，编写构造方法，初始化 Context 对象和 MySQLiteHelper 对象，以下是其参考代码。

```
public class 类名{
    Context con;
    SQLiteDatabse db;
    MySQLiteHelper mhp;
    public 类名( Context con ){
        this.con = con;
        mhp = new MySQLiteHelper(con);}}
```

步骤 3，编写一个方法，用于关闭数据库，为后续关闭数据库提供接口，以下是其参考代码。

```
public class 类名{
    Context con;
    SQLiteDatabase db;
    MySQLiteHelper mhp;
    public 类名( Context con ){
        this.con = con;
        mhp = new MySQLiteHelper(con);
    }
    public void closeDB(){
        mhp.close();
    }
}
```

至此数据库操作类的结构已经基本实现，在该类中添加操作数据的方法即可，接下来讲解每一种数据操作的过程。

(1) 添加数据需要使用 SQLiteDatabase 的 insert()方法，其方法原型为"long insert(String table，String nullColumnHack,ContentValues values)"，以下是添加数据方法的参数说明。

table 代表需要插入数据的数据表名。

nullColumnHack 用于指定插入 null 值的数据列的列名，一般用不到，传入 null 即可。

ContentValues 的作用类似于 Map，提供了一系列的 put 方法重载，其中 key 为数据列的列名。

返回值是插入数据所在数据表中的行号。

一般会将添加数据的步骤封装成一个方法，如果添加成功则返回 true，否则返回 false，需要添加的数据通过方法的参数列表传进来，以下是该方法的参考代码。

```
public boolean insertXXX( Object obj ){
    db = mhp.getReadableDatabase();            //获取一个 SQLiteDatabase 对象
    ContentValues cv = new ContentValues();    //创建一个 ContentValues 对象
    //存入数据
    cv.put(key,obj);         //key 是字段名,obj 是具体的数据类型值,不能是一个类的对象
    long id = db.insert( 数据库名, null, cv );   //将数据添加到数据库中
    if ( id != −1 ){                           //如果 id!=−1 则返回真,否则返回假
        return true;
    }
    return false;
}
```

（2）删除数据，SQLiteDatabase 中提供了一个 delete()方法专门用于删除数据，该方法原型为"**int delete(String table,String whereClause,String[]　whereArgs)**"，以下是删除方法的参数说明。

table 是删除数据所在的数据表表名。

whereClause 是删除的条件，一般是字段的关系表达式，使用占位符表示值。

whereArgs 是删除条件中的条件值，删除条件中有几个占位符，这里就需要几个值，要与删除条件中的顺序保持一致。

返回值返回的是删除数据的总行数。

同样也可以将删除数据的步骤封装成一个方法，让该方法返回删除的数据行数，删除的条件可以通过方法的参数列表传入，以下是其方法的参考代码。

```
public int deleteData( String value1, String value2 ){
    db = mhp.getReadableDatabase(); //获取一个 SQLiteDatabase 对象
    return db.delete(表名,"列名 1 = ?and 列名 2 >?",new String[]{value1,value2});
}
```

由上述代码可见，在删除数据前，需要确定删除的条件，条件有几个就需要在方法的参数列表中传入多少个数值，方法参数列表的参数个数需要根据实际情况确定。

（3）更新数据，SQLiteDatabase 中提供了一个非常好用的 update()方法用于更新数据，该方法的原型为"int update(String table,ContentValues values,String whereClause,String[]　whereArgs)"，以下是该方法的参数说明。

table 指明所需更新数据的表名。

values 将所需更新的数据保存在 ContentValues 中。

whereClause 是更新条件，一般是列的条件表达式，需要使用占位符表示条件值。

whereArgs 是更新条件的条件值，更新条件有几个占位符，就需要几个条件值。

返回值是更新数据的行数。

可以将更新数据的步骤封装成一个方法，在方法的参数列表中传入所需更新的数据和更新条件的条件值，其返回值为更新数据的行数，以下是其方法的参考代码。

```
public int updateData( Object obj, String val1, String val2 ){
    db = mhp.getReadableDatabase();              //获取数据库对象
    ContentValues cv = new ContentValues();      //创建 ContentValues 对象
    //将数据存入到 ContentValues 对象中
    cv.put(列名,obj);                            //obj 必须是具体的数据值,不能是一个对象
    //调用 update()方法,更新数据
    return db.update(表名,cv,"列名 1 = ? And 列名 2 <?",new String[]{val1,val2});
}
```

从上述代码可知，更新数据前需要确定更新的是哪些列的数据，可以将这些数据封装到一个对象中，也可以逐个通过方法的参数列表传入，同时也需要确定更新的条件及其数值，通过方法的参数列表传入更新的条件值，因此方法的参数列表中参数的个数需要根据实际情况确定。

（4）查询数据库类中 SQLiteDatabase 中还提供了一个 query()方法用于对数据进行查询，这个方法的参数非常复杂，最短的一个方法重载也需要传入七个参数，其方法原型为"Cursor query(String table,String[]col,String select,String[] args,String group,String having,String order)"，以下是该方法的参数说明。

table 是查询数据所在的数据表表名,对应 from table_name。

col 是所需查询的字段集合,对应 select column1,column2。

select 是查询条件,一般为字段的关系表达式,使用占位符表示条件值,指定 where 的约束条件,where column ＝ ?。

args 是查询条件值的集合,有几个占位符就需要有几个条件值,顺序与查询条件一致,为 where 中的占位符提供具体的值。

group 是分组的条件,一般为字段的关系表达式。

having 是筛选的聚合条件。

order 是排序的条件。

返回值是查询所得到的 Cursor 对象。

可以将查询数据的过程封装成方法,将查询的条件等通过方法参数列表传入方法中,以下是其方法的参考代码。

```
public List < Object > getAll( String val1, String val2){
    List lst = new ArrayList()<>;                //创建 List 对象
    db = mhp.getReadableDatabase();              //获取数据库对象
    //查询 Book 表中的所有数据,query 中除了表名外,其他参数设置为 null
    Cursor cursor = db.query( 表名, null, null, null, null, null, null, null);
    While( cursor.moveToNext() ){                //遍历 Cursor 对象
        //根据所查数据的类型定义相应的变量接收和调用相应的 get 方法获取
        类型 变量 = cursor.get 类型( cursor.getColumnIndex(字段名));
        Object obj = new Object(变量);           //将获取到的数据封装成相应的对象
        lst.add(obj);
    }
    return lst;
}
```

在查询数据前,需要先确定查询的数据是什么类型,这样就可以确定查询数据方法的返回类型,同时需要确定查询的条件值,这些条件值可以通过方法的参数列表传入方法中。

5. 商品信息管理页面案例

本案例需要制作一个商品信息管理页面,在该页面中用户添加商品信息,页面能够实时展示商品信息,包括商品序号、商品名称、商品价格、库存数量,可以在页面中修改库存数量、删除商品,要求商品名称是唯一的。

1) 案例分析

根据案例描述可知需要创建一个数据库(数据库名为 good.db),在数据库中创建一个商品信息表(goodinfo),该信息表中包含商品序号(id)、商品名称(goodname)、商品价格(goodprice)、商品库存量(goodnum)等信息。根据以上的信息就可以创建和设计出商品信息表的结构,创建商品信息表的 SQL 语句为"**create table goodinfo(id integer primary key autoincrement, goodname varchar(255), goodprice float, goodnum integer)**",接下来可以在数据库创建类的 onCreate()方法中创建商品信息表。

2) 创建商品实体类

为了后边更加方便地管理产品信息,可以先将商品信息封装成一个商品实体类,将其属性定义为私有属性,然后为它们分别设置 set、get 方法,用于修改和获取属性,再编写两个构造方法,一个构造方法的参数列表带所有属性,另一个构造方法不带参数,以下是其参考代码。

```java
public class Good {
    private int id;
    private String goodname;
    private float goodprice;
    private int goodnum;
    public Good() {
    }
    public Good(String goodname, float goodprice, int goodnum) {
        this.goodname = goodname;
        this.goodprice = goodprice;
        this.goodnum = goodnum;
    }
    public Good(int id, String goodname, float goodprice, int goodnum) {
        this.id = id;
        this.goodname = goodname;
        this.goodprice = goodprice;
        this.goodnum = goodnum;
    }
    public int getId() {
        return id;
    }
    public void setId(int id) {
        this.id = id;
    }
    public String getGoodname() {
        return goodname;
    }
    public void setGoodname(String goodname) {
        this.goodname = goodname;
    }

    public float getGoodprice() {
        return goodprice;
    }
    public void setGoodprice(float goodprice) {
        this.goodprice = goodprice;
    }
    public int getGoodnum() {
        return goodnum;
    }
    public void setGoodnum(int goodnum) {
        this.goodnum = goodnum;
    }
}
```

将商品信息封装成一个实体类后,在后续的数据处理就会很方便。

3) 创建商品数据库及其信息表

根据案例描述和分析,以及数据库的创建步骤来创建商品数据库及其信息表,具体步骤如下。

步骤 1,把 HelloWorld 项目导入 Android Studio 软件中,在该项目的 java 目录的主包里创建一个 db 包,然后在该包中创建一个数据库类,类名为 GoodOpenHelper,并让该类继承 SQLiteOpenHelper,以下是其参考代码。

```
public class GoodOpenHelper extends SQLiteOpenHelper {
}
```

GoodOpenHelper 继承父类 SQLiteOpenHelper 后，编辑器会提示错误，这时可以根据错误修复提示修复错误，单击代码上的小红灯提示，选择 Implement methods，然后选中需要重写的方法，即可重写 SQLiteOpenHelper 中所需的抽象方法。

步骤 2，重写 onCreate()方法和 onUpgrade()方法，并在 onCreate()方法中创建数据表，以下是其参考代码。

```
public class GoodOpenHelper extends SQLiteOpenHelper {
    @Override
    public void onCreate(SQLiteDatabase sqLiteDatabase) {
        //定义创建表格的 SQL 语句
        String sql = "create table goodinfo( " +
        "id integer primary key autoincrement, goodname varchar(255), "
          + "goodprice float, goodnum integer )";
        //执行 SQL 语句
        sqLiteDatabase.execSQL(sql);
    }
    public void onUpgrade(SQLiteDatabase sqLiteDatabase, int i, int i1) {
    }
}
```

重写完 onCreate()方法和 onUpgrade()方法后，编辑器还是报错，继续根据错误提示，单击代码上的小红灯提示，选择 Create constructor matching super，生成构造方法就可以解决这个问题，代码如步骤 3 的参考代码所示。

步骤 3，生成与父类结构相符的构造方法，并创建自定义的构造方法。生成与父类结构相符的构造方法时，选择参数列表中有 4 个参数的构造方法。构造方法带 4 个参数，调用时比较麻烦，需要重新定义一个带一个参数的构造方法，方便调用，以下是其参考代码。

如代码所示，在数据库操作类中，就可以通过调用带一个参数的构造方法来创建数据库和数据表。

```
public class GoodOpenHelper extends SQLiteOpenHelper {
    public GoodOpenHelper(Context context){
        this(context,"good.db",null,1);
    }
    public GoodOpenHelper(@Nullable Context context, @Nullable String name,
     @Nullable SQLiteDatabase.CursorFactory factory, int version) {
        super(context, name, factory, version);
    }
    public void onCreate(SQLiteDatabase sqLiteDatabase) {
        //定义创建表格的 SQL 语句
        String sql = "create table goodinfo( " +
        "id integer primary key autoincrement, goodname varchar(255), "
          + "goodprice float, goodnum integer )";
        sqLiteDatabase.execSQL(sql);          //执行 SQL 语句
    }
    public void onUpgrade(SQLiteDatabase sqLiteDatabase, int i, int i1) {
    }
}
```

4）创建商品信息表操作类

为商品信息表创建一个操作类，对商品信息进行增删改查等操作，其步骤如下。

步骤 1，创建工具类，类名为 GoodUtils，并为该类设置上下文属性，创建数据库类的对象和 SQLiteDatabase 对象，以下是其参考代码。

```
public class GoodUtils {
    Context con;
    GoodOpenHelper gohp;
    SQLiteDatabase db;
}
```

步骤 2，在 GoodUtils 类中创建构造方法，用于初始化类中的属性，可以通过单例模式确保数据库实例一次只能被一个应用程序所修改，以下是其参考代码。

```
public class GoodUtils {
    Context con;
    GoodOpenHelper gohp;
    SQLiteDatabase db;
    private static GoodUtils goodUtils;          //定义一个私有的 GoodUtils 对象
    //定义一个私有的构造方法,初始化上下文和创建数据库及其数据表
    private GoodUtils( Context con ){
        this.con = con;
        gohp = new GoodOpenHelper(con);
    }
    //编写一个公共静态的方法用于获取 GoodUtils 实例
    public static GoodUtils getInstance( Context con ){
        if (goodUtils == null){
            goodUtils = new GoodUtils( con );
        }
        return goodUtils;
    } }
```

在需要调用数据库的地方即可通过 getInstance()方法获取数据库操作对象，并通过该对象调用其他操作方法。

步骤 3，在 GoodUtils 类中编写一个查询商品名称是否存在的方法，以下是其方法的参考代码。

```
public boolean isExist( String name ){
    db = gohp.getReadableDatabase();          //获取数据库操作对象
    //定义一个 Cursor 对象接收查询结果
    Cursor cur = db.query("goodinfo",null,"goodname = ?",
            new String[]{name},null,null,null);
    int num = cur.getCount();
    if( num == 1 ){
        return true;
    }
    return false;
}
```

在实现添加商品信息之前需要先调用这个方法查询商品名称是否已经输入，如果数据库已存在该商品名称，则给用户相应的提示，否则执行添加商品信息的操作。

步骤 4，在 GoodUtils 类中编写添加商品信息方法，在实现添加商品信息功能前需要确

定用户输入的内容,在此案例中用户需要输入商品的名称、商品的价格和商品的数量,因为商品编号是会自动增长的,因此在添加商品信息时不需要添加商品编号,以下是其方法的参考代码。

```
public boolean insertGood( Good good ){
        if( !isExist(good.getGoodname()) ) {
            db = gohp.getReadableDatabase();              //获取数据库操作对象
            ContentValues cv = new ContentValues();        //创建 ContentValues 对象
            //存入数据,注意 key 必须是在数据表中存在的字段名
            cv.put("goodname", good.getGoodname());
            cv.put("goodprice", good.getGoodprice());
            cv.put("goodnum", good.getGoodnum());
          long id = db.insert("goodinfo", null, cv);       //将数据存入数据库中
            if (id != -1) {
                return true;
            }
        }
        return false;
    }
```

后续在添加商品信息的按钮监听事件接口的实现代码中调用该方法即可。

步骤 5,在 GoodUtils 类中编写修改商品数量的方法,案例需求中需要可以在页面中修改商品的数量,因此可以设计一个方法,将修改的商品数量和商品名称传入方法中,以下是其方法的参考代码。

```
public boolean updateGood( String name,int num ){      //修改商品库存数量方法
    db = gohp.getReadableDatabase();                   //获取操作的数据库对象
    ContentValues cv = new ContentValues();            //创建 ContentValues 对象
    cv.put("goodnum",num);
    int count = db.update("goodinfo",cv,"goodname = ?",
            new String[]{name});
    if( count == 1 ){
        return true;
    }
    return false;
}
```

步骤 6,在 GoodUtils 类中编写删除商品信息的方法,在该方法中通过商品名来进行删除,以下是其方法的参考代码。

```
public boolean deleteGood( String name ){
        db = gohp.getReadableDatabase();                  //获取操作的数据库对象
        //调用删除方法删除指定商品名称的商品信息
        int count = db.delete("goodinfo","goodname = ?",new String[]{name});
        if(count == 1){
            return true;
        }
        return false;
    }
```

在页面中单击"删除"按钮时调用该方法,并更新页面即可。

步骤 7,编写一个方法用于查询数据库中所有商品的信息,存储到 List 表中,用于传入适配器绑定到 ListView 控件中,以下是查询商品信息方法的参考代码。

```
public List<Good> getAllGoods(){
        List<Good> lst = new ArrayList<>();              //定义一个 List 对象
        db = gohp.getReadableDatabase();                 //获取数据库操作对象
        Cursor cur = db.query("goodinfo",null,null,null ,
                null,null,null);                         //查询数据库
        while (cur.moveToNext()) {                       //遍历 Cursor 里的数据
            int id = cur.getInt(cur.getColumnIndex("id"));
            String name = cur.getString(cur.getColumnIndex("goodname"));
            float price = cur.getFloat(cur.getColumnIndex("goodprice"));
            int num = cur.getInt(cur.getColumnIndex("goodnum"));
            Good good = new Good(id, name, price, num);
            lst.add(good);
        }
        return lst;}
```

上述代码编写时由于编辑器的版本不同,部分高版本的编辑器中,在获取 Cursor 对象的数据时需要加入兼容性注解@SuppressLint("Range")来解决,参考代码为"**@SuppressLint("Range") int id = cur. getInt(cur. getColumnIndex("id"));**"该方法可以在页面逻辑控制类的相应地方进行调用。

步骤 8,编写一个关闭数据库等对象的方法,需要注意的是关闭数据库的操作不能随意进行,因为数据库一旦关闭了就不能再对数据库中的数据进行操作,因此该方法应该在页面销毁时进行调用,以下是其参考代码。

```
public void closeGoodDB(){
    db.close();
    gohp.close();
}
```

可以在商品展示页面逻辑控制类的 onDestroy()方法中调用该方法。

5) 设计实现商品管理页面

由案例的描述可知,可以在该页面标题栏的右上角设置一个添加按钮,标题栏下方设置一个表头,表头展示商品编号、商品名称、商品价格、库存量、操作栏。下面接着添加一个 ListView 控件用于展示所有商品信息,每个选项中显示商品编号、商品名称、商品价格、库存量等,库存量可以进行修改,其他信息暂时不能修改,在操作栏中提供了"删除"和"保存"按钮。由上述页面描述可设计出列表的选项布局结构,以下是其参考代码,其预览效果如图 6-5 所示。

图 6-5　商品信息选项布局预览效果

```
<LinearLayout
    xmlns:android = "http://schemas. android. com/apk/res/android"
    android:layout_width = "match_parent"
    android:layout_height = "match_parent"
    android:orientation = "vertical"><LinearLayout
    android:layout_width = "match_parent"
    android:layout_height = "wrap_content"
    android:orientation = "horizontal"><TextView
```

```
        android:id = "@ + id/tv_goodid"
        android:layout_width = "wrap_content"
        android:layout_height = "wrap_content"
        android:text = "编号"
        android:textSize = "20sp"
        android:layout_margin = "20dp"/>< TextView
        android:id = "@ + id/tv_goodname"
        android:layout_width = "wrap_content"
        android:layout_height = "wrap_content"
        android:text = "名称"
        android:textSize = "20sp"
        android:layout_marginTop = "20dp"/>< TextView
        android:id = "@ + id/tv_goodprice"
        android:layout_width = "wrap_content"
        android:layout_height = "wrap_content"
        android:text = "价格"
        android:textSize = "20sp"
        android:layout_margin = "20dp"/>< EditText
        android:id = "@ + id/tv_goodnum"
        android:layout_width = "wrap_content"
        android:layout_height = "wrap_content"
        android:text = "库存"
        android:textSize = "20sp"
        android:layout_marginTop = "20dp"/>< Button
        android:id = "@ + id/bt_goodsave"
        android:layout_width = "wrap_content"
        android:layout_height = "wrap_content"
        android:text = "保存"
            android:layout_marginTop = "20sp"/>
    < Button
        android:id = "@ + id/bt_gooddelete"
        android:layout_width = "wrap_content"
        android:layout_height = "wrap_content"
        android:text = "删除"
        android:layout_marginTop = "20sp"/>
    </LinearLayout ></LinearLayout >
```

商品信息列表中的选项布局实现完成，接下来设计实现商品信息管理页面的布局，以下是布局的参考代码，预览效果如图 6-6 所示。

```
< LinearLayout
    xmlns:android = "http://schemas. android. com/apk/res/android"
    android:layout_width = "match_parent"
    android:layout_height = "match_parent"
    android:orientation = "vertical">
    < TextView
        android:layout_width = "match_parent"
        android:layout_height = "wrap_content"
        android:text = "商品信息管理"
        android:textSize = "28sp"
        android:gravity = "center"/>
    < LinearLayout
        android:layout_width = "match_parent"
        android:layout_height = "wrap_content"
```

```
            android:orientation = "horizontal">
            < EditText
                android:id = "@ + id/et_good_name"
                android:layout_width = "0dp"
                android:layout_weight = "1"
                android:layout_height = "wrap_content"
                android:hint = "商品名称"/>
            < EditText
                android:id = "@ + id/et_good_price"
                android:layout_width = "0dp"
                android:layout_weight = "1"
                android:layout_height = "wrap_content"
                android:hint = "商品价格"/>
            < EditText
                android:id = "@ + id/et_good_num"
                android:layout_width = "0dp"
                android:layout_weight = "1"
                android:layout_height = "wrap_content"
                android:hint = "商品库存"/>
            < Button
                android:id = "@ + id/bt_good_add"
                android:layout_width = "0dp"
                android:layout_weight = "1"
                android:layout_height = "wrap_content"
                android:text = "添加"/>
    </LinearLayout >
    < LinearLayout
            android:layout_width = "match_parent"
            android:layout_height = "wrap_content"
            android:orientation = "horizontal">
            < TextView
android:layout_width = "wrap_content"
android:layout_height = "wrap_content"
android:text = "编号"
android:textSize = "20sp"
android:layout_margin = "20dp"/>< TextView
android:layout_width = "wrap_content"
android:layout_height = "wrap_content"
android:text = "名称"
android:textSize = "20sp"
android:layout_marginTop = "20dp"/>< TextView
android:layout_width = "wrap_content"
android:layout_height = "wrap_content"
android:text = "价格"
android:textSize = "20sp"
android:layout_margin = "20dp"/>< TextView
android:layout_width = "wrap_content"
android:layout_height = "wrap_content"
android:text = "库存"
android:textSize = "20sp"
android:layout_marginTop = "20dp"/>< TextView
android:layout_width = "wrap_content"
android:layout_height = "wrap_content"
android:text = "操作"
```

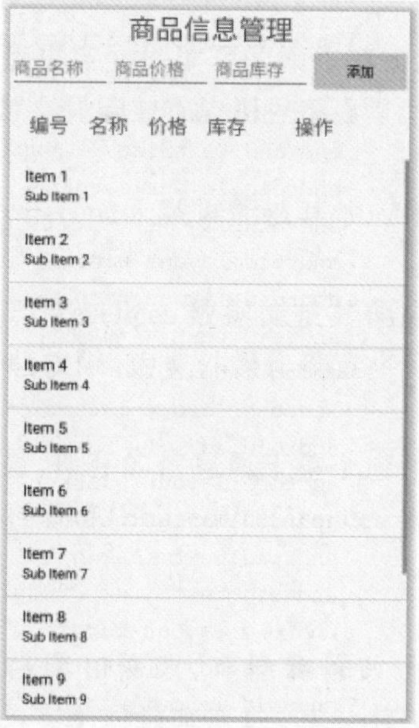

图 6-6　商品信息管理页面布局预览效果

```
android:textSize = "20sp"
android:layout_marginTop = "20dp"
android:layout_marginLeft = "50dp"/></LinearLayout>
<ListView
    android:id = "@ + id/lv_goods"
    android:layout_width = "match_parent"
    android:layout_height = "wrap_content"/>
</LinearLayout>
```

商品信息管理页面的布局已经准备完成,其运行的效果如图 6-7 所示,接下来完成该页面的逻辑功能。

6) 实现页面逻辑功能

(1) 创建商品管理页面 ListView 控件的适配器,以下是其参考代码。

图 6-7　商品信息管理页面未添加信息的运行效果

```
public class GoodAdapter extends BaseAdapter {
    Context con;
    List < Good > lst;
    public GoodAdapter(Context con, List < Good > lst) {
        this.con = con;
        this.lst = lst;}
    public int getCount() {
        return lst.size();}
    public Object getItem(int i) {
        return lst.get(i);}
    public long getItemId(int i) {
        return i;}
    public View getView(final int i, View view, ViewGroup
viewGroup) {
        if(view == null){
            view = View.inflate(con, R.layout.good_
item,null);}
        final Good g = lst.get(i);
        TextView tv_id = view.findViewById(R.id.tv_
goodid);
        tv_id.setText(g.getId() + "");
        TextView tv_name = view.findViewById(R.id.tv_goodname);
        tv_name.setText(g.getGoodname());
        TextView tv_price = view.findViewById(R.id.tv_goodprice);
        tv_price.setText(g.getGoodprice() + "");
        final EditText et_num = view.findViewById(R.id.et_goodnum);
        et_num.setText(g.getGoodnum() + "");
        Button bt_save = view.findViewById(R.id.bt_goodsave);
        bt_save.setOnClickListener(new View.OnClickListener() {
            @Override
            public void onClick(View view) {
                String num = et_num.getText().toString();
                g.setGoodnum(Integer.parseInt(num));
                GoodUtils goodUtils = GoodUtils.getInstance(con);
                if( !TextUtils.isEmpty(num) ) {
                    if(goodUtils.updateGood(g.getGoodname(), g.getGoodnum()) ){
                        notifyDataSetChanged();
        Toast.makeText(con,"商品价格更新成功",Toast.LENGTH_SHORT).show();
```

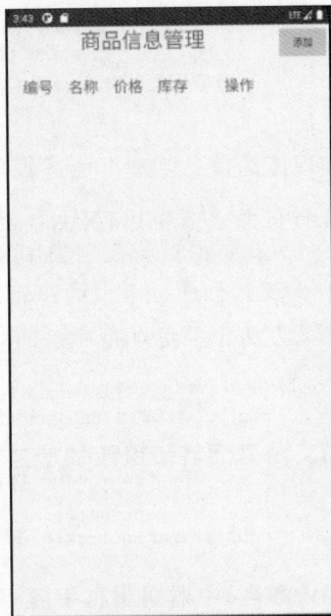

```
            } }else {
        Toast.makeText(con,"商品价格有误",Toast.LENGTH_SHORT).show();}}});
    Button bt_delete = view.findViewById(R.id.bt_gooddelete);
    bt_delete.setOnClickListener(new View.OnClickListener() {
        @Override
        public void onClick(View view) {
            GoodUtils goodUtils = GoodUtils.getInstance(con);
            if( goodUtils.deleteGood(g.getGoodname() )){
                lst.remove(g);
                notifyDataSetChanged();
        Toast.makeText(con,"商品删除成功",Toast.LENGTH_SHORT).show();
                }else{
        Toast.makeText(con,"商品删除失败",Toast.LENGTH_SHORT).show();}}});
        return view;
    }
}
```

在实现商品信息管理页面逻辑功能时创建适配器对象即可将数据与 ListView 控件绑定在一起,显示在界面上。

(2) 在页面逻辑控制类中实现商品信息管理页面逻辑功能,以下是其实现步骤。

步骤 1,创建一个页面逻辑控制类,类名为 GoodActivity,让该类实现 onCreate()方法,并在该方法中绑定好布局页面,以下是其参考代码。

```
public class GoodActivity extends Activity implements View.OnClickListener{
    protected void onCreate(@Nullable Bundle savedInstanceState) {
        super.onCreate(savedInstanceState);
        setContentView(R.layout.good_activity);
    }
    public void onClick(View view) {
    }
}
```

步骤 2,将 GoodActivity 设置为应用程序的启动页面,在清单文件中设置 GoodActivity 为启动页面的代码如下,其运行效果如图 6-7 所示。

```
< activity android:name = ".GoodActivity"
    android:screenOrientation = "sensor"
    android:launchMode = "singleInstance"><intent - filter >
            < action android:name = "android.intent.action.MAIN" />
            < category android:name = "android.intent.category.LAUNCHER" />
        </intent - filter ></activity>
```

步骤 3,在 GoodActivity 类中定义相应的控件变量、数据集合变量、适配器变量,以下是其参考代码。

```
Button bt_add;
ListView lv_good;
List < Good > lst;
GoodAdapter gad;
GoodUtils goodUtils;
EditText et_name,et_price,et_num;
```

步骤 4,在 onCreate()方法中初始化控件变量、数据集合变量、适配器变量等属性,以下是需要在 onCreate()方法中添加的代码。

```
goodUtils = GoodUtils.getInstance(this);
lst = goodUtils.getAllGoods();
bt_add = findViewById(R.id.bt_good_add);
bt_add.setOnClickListener(this);
lv_good = findViewById(R.id.lv_goods);
if( lst!= null ){
    gad = new GoodAdapter(this,lst);
    lv_good.setAdapter(gad);}
et_name = findViewById(R.id.et_good_name);
et_price = findViewById(R.id.et_good_price);
et_num = findViewById(R.id.et_good_num);
```

步骤 5，在 onClick() 方法中，实现添加商品信息的功能，以下是其参考代码。

```
public void onClick(View view) {
    switch (view.getId()){
        case R.id.bt_good_add:
            String name = et_name.getText().toString();
            String price = et_price.getText().toString();
            String num = et_num.getText().toString();
            int id = 0;
            if( lst.size() == 0 ){
                id = 1;}else {
                id = (lst.get(lst.size()-1)).getId()+1;}
    Good g = new Good ( id, name, Float. parseFloat ( price ),
Integer.parseInt(num));
            if( goodUtils.insertGood(g)){
                lst.add(g);
                GoodAdapter gad = new GoodAdapter(this,lst);
                lv_good.setAdapter(gad);
        Toast. makeText ( this," 添 加 商 品 成 功 ", Toast. LENGTH_
SHORT).show();}
            break;}}
```

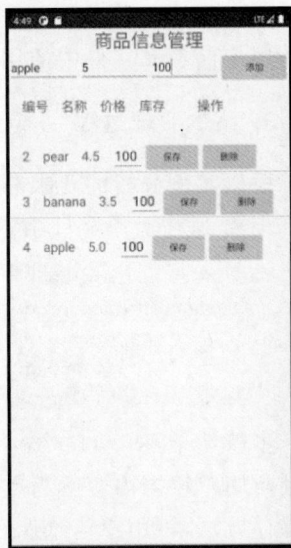

将应用程序运行到手机模拟器上，其效果如图 6-8 所示。

图 6-8　商品信息管理页面效果

6.2　课堂学习任务：实现存储用户信息

本节的课堂任务通过三个子任务使用课前学习的文件存储、SharedPreferences 和 SQLite 数据的知识，完成应用程序中相应的功能。

6.2.1　使用文件存储用户注册信息

本任务要求用户在注册页面输入用户信息，并将用户输入的个人信息存储到指定的文件中，然后在登录页面中读取文件中的个人信息，并与登录页面输入的用户信息进行比较，如果一致则跳转到主页，否则提示相应的错误。

1. 案例分析

根据案例描述可知需要将用户输入的个人信息存储到指定文件中，这里确定该文件名为 userinfo.txt。但是文件存储的内容只能是一个字符串，用户注册时需要填写多项个人信息,文件存储难以实现分别存储用户各项信息的功能,因此需要将用户注册的信息连接成一个字符串,然后再调用文件保存的方法将用户信息保存在文件中。同样读取文件信息时,也不能直接读取用户各项信息,只能读取完整的字符串,然后使用字符串切割方法(split()方法)将用户信息依据分隔符进行切割。然后在页面逻辑类中获取用户输入的用户名和密码,与文件中的用户信息进行比较,如果一致则登录成功,否则输出相应错误信息。

2. 实现计划

根据案例描述要求和分析要求,制订实现案例的计划,首先在清单文件中将注册页面设置为应用程序的启动页面,接着在注册页面的"下一步"按钮的单击事件监听器接口的实现语句中加入将用户信息拼接成一个字符串和将用户信息保存在相应文件中的代码。最后在登录页面的 onCreate()方法中读取文件中用户的信息,并在单击"登录"按钮时比较用户输入的用户信息和文件中的用户信息,如果一致则登录成功,否则给出相应的错误信息。

3. 案例实现过程

根据案例分析的要求和制订的实现计划,制定了以下案例实现的步骤。

步骤 1,在清单文件中将注册页面设置为启动页面,以下是其参考代码。

```
< activity android:name = ". RegisterActivity" android:screenOrientation = "sensor"
    android:launchMode = "singleInstance">< intent – filter >
        < action android:name = "android. intent. action. MAIN" />
        < category android:name = "android. intent. category. LAUNCHER" />
    </intent – filter></activity >
```

步骤 2,在 RegisterActivity 类的 onClick()方法里的"case R. id. bt_register_next"语句中判断用户输入内容不为空的语句里加入将用户信息拼接成字符串的代码,并调用文件存储保存方法,将用户信息保存在文件中,以下是其参考代码。

```
//将用户信息保存在指定文件中
String con = phone + "," + name + "," + area + "," + code + "," + isAgree + "," + imgPath + "," + psw;
FileUtil. fileSave(this,"userinfo.txt",con);
```

将应用程序运行到手机模拟器中,输入完用户信息,单击"下一步"按钮后,在设备文件管理器中查看其运行结果如图 6-9 所示。

步骤 3,在登录页面逻辑控制类 LoginActivity 的 onCreate()方法中读取文件中的用户信息,使用 split()方法对用户信息进行切割,先在 LoginActivity 类中定义一个字符串数组变量,其代码为"**String userinfo[];**",接着在 onCreate()方法中编写读取文件中用户信息的内容,并使用 split()方法进行切割,其代码为"**userinfo = FileUtil. readFile(this,"userinfo. txt"). split(",");**",最后在 onClick()方法的"case bt_wx_login_login:"语句中获取用户输入的手机号和密码,与从文件中获取到的用户信息进行对比,如果一致则登录成功跳转到主页面,否则给出相应的错误提示,以下是其参考代码。

```
if( userinfo. length > 0 ) {//与文件存储中的用户信息进行对比
  if (userinfo[0]. equals(phone) && userinfo[userinfo. length – 1]. equals(psw)) {
      intent = new Intent(this, HomeActiviy. class);
      startActivity(intent);
      finish();
```

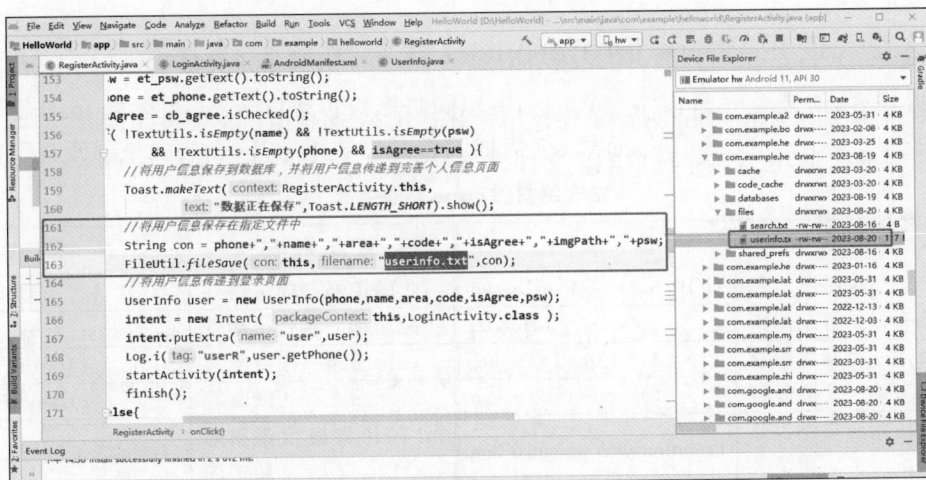

图 6-9　注册成功后在文件管理器中生成了一个保存用户信息的文件

```
} else {
    Toast.makeText(this, "登录失败", Toast.LENGTH_SHORT).show();}
}else {
    Toast.makeText(this, "没有该用户信息", Toast.LENGTH_SHORT).show();
}
```

添加完以上代码后需要将之前与接收注册页面传递过来的信息对比的代码注释掉，并将应用程序运行到手机模拟器中，其运行效果如图 6-10 所示。需要注意的是，在运行之前需要检查一下是否已经在清单文件中注册了 LoginActivity 和 HomeActivity 两个 Activity，如果没有注册会报相应 Activity 未声明的错误。

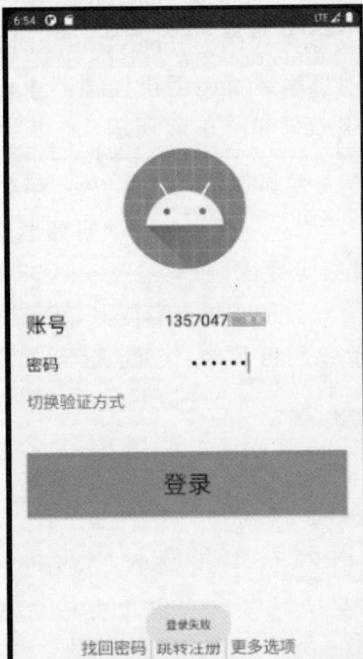

账号、密码与文件中存储不一致时的效果　　账号、密码与文件中存储一致时跳转后的效果

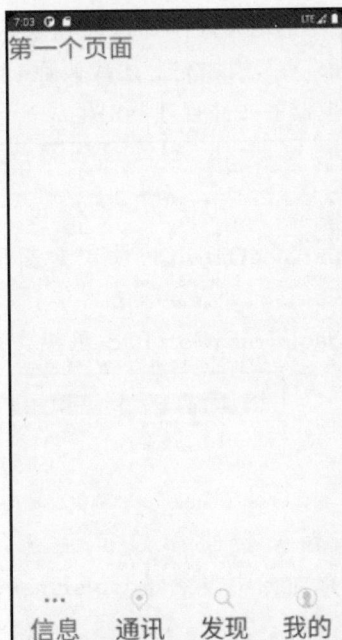

图 6-10　应用程序运行到手机模拟器里的效果

6.2.2　使用 SharedPreferences 保存用户登录状态

本案例将使用 SharedPreferences 保存用户登录状态，如果用户登录成功，则在配置文件中保存已登录的状态，在首页中读取配置文件，如果是已登录，则会自动跳转到"我的"页面。

1. 案例分析

根据案例要求，需要使用 SharedPreferences 的知识保存用户登录的状态，由课前学习可知，使用 SharedPreferences 保存用户登录状态需要使用键值对，因此需要提前确定好保存登录状态的键，键名为 isLogin。当用户在登录页面单击"登录"按钮时保存登录状态，然后在主页面中读取，如果读取到用户已登录则切换到"我的"页面。

2. 实施计划

根据案例描述和分析要求，制订实现本案例的计划，首先需要注册好用户信息，成功跳转到登录页面，在登录页面中输入账号和密码，与保存在文件中的用户信息一致则登录成功，登录成功时即可将登录状态保存在配置文件中。登录成功后，在主页面逻辑控制类的 onCreate() 方法中读取配置文件的登录状态，如果已登录，则切换到"我的"页面，否则停留在第一页。

3. 案例实现过程

根据制订的计划，逐步实现该案例，该案例的实现步骤如下。

步骤 1，在 LoginActivity 类的 onClick() 方法的 "case R. id. bt_wx_login_login："语句中判断用户登录成功的语句里添加保存登录状态的代码，其参考代码为 "**ShareUtils. saveData(this, "isLogin", "true");**"，添加完上述代码后，就可以将应用程序运行到手机模拟器中，登录成功后，在手机模拟器的文件管理器中生成一个配置文件，其效果如图 6-11 所示。

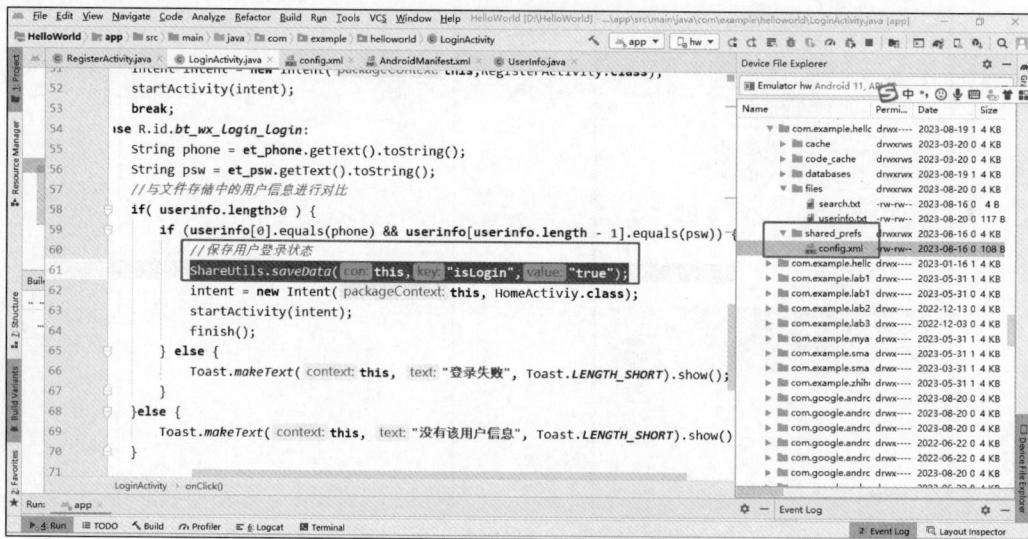

图 6-11　保存登录状态运行效果

步骤 2，在 HomeActivity 中先定义一个字符串变量属性，其参考代码为 "**String isLogin;**"，接着在 onCreate() 方法结束之前读取配置文件，以下为读取配置文件的参考代码。

```
isLogin = ShareUtils.getData(this,"isLogin");
if(isLogin.equals("true")){
    vp_pages.setCurrentItem(3);}
```

编写完上述代码后即可将应用程序运行到手机模拟器中，当登录成功后，应用程序自动切换到"我的"页面，其运行效果如图 6-12 所示。

6.2.3 使用 SQLite 数据库存储用户信息

在 6.2.1 节案例中使用文件存储用户信息来实现注册和登录功能，使用文件存储不方便实现同时存储和管理多个用户信息。本节将介绍使用 SQLite 数据库存储用户注册信息，并实现登录功能。

1. 案例分析

根据案例描述，用户注册时需要保存的用户信息项包括头像路径、昵称、手机号、手机号所在地区、地区编号、密码等信息，如果是自己设计的应用程序就按照实际需要分析出应用程序所要处理的数据项及数据的结构。根据上述数据需求，可以创建出数据库及其数据表，其数据库名为 userSys.db，数据表名为 userinfo，以下为创建数据表的 SQL 语句的参考代码。

图 6-12 登录成功后跳转到主页效果

```
create table userinfo(
    userid integer primary key autoincrement,
    userphone varchar(20) unique,
    usernick varchar(255),
    phonearea varchar(255),
    areacode varchar(10),
    userpsw varchar(50))
```

本案例中因为暂时只涉及一个数据表，因此在分析时只需要分析出该表的结构，如果涉及多个数据表，就需要分析各表的关系才能设计出数据表，再根据所设计的数据表实现数据库。

2. 制订案例实施计划

根据案例分析可知，本案例实现首先需要创建相应的数据库及数据表，接着为数据表创建一个工具类用于对数据表进行增删改查等操作，然后分别在注册页面和登录页面的逻辑控制类相应的地方调用相应的数据操作方法，实现相应的功能。

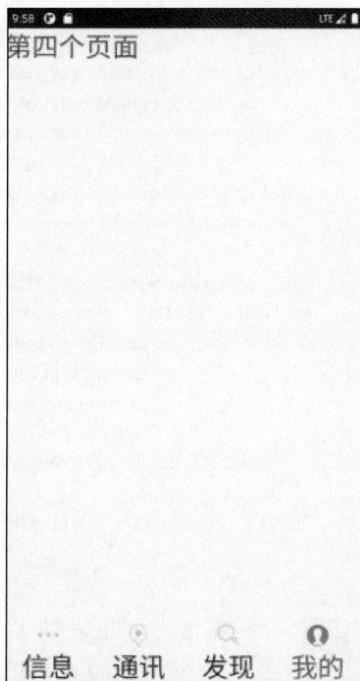

3. 案例实现步骤

根据制订的案例实施计划,实现本案例的注册和登录功能,可以参考以下的步骤进行。

步骤 1,创建数据库及数据表,创建数据库类的类名为 UserOpenHelper,让该类继承 SQLiteOpenHelper,重写 onCreate()方法和 onUpgrade()方法,并创建相应的构造方法,以下是其参考代码。

```java
public class UserOpenHelper extends SQLiteOpenHelper {
    public UserOpenHelper( Context context){
        this(context,"userSys.db",null,1);
    }
    Public UserOpenHelper(Context con,String name,CursorFactory fact,int ver) {
        super(context, name, factory, version);
    }
    public void onCreate(SQLiteDatabase sqLiteDatabase) {
        String sql = "create table userinfo(" +
                "userid integer primary key autoincrement," +
                "userphone varchar(20) unique," + "usernick varchar(255)," +
                "phonearea varchar(255)," + "areacode varchar(10)," +
                "userpsw varchar(50))";
        sqLiteDatabase.execSQL(sql);
    }
    public void onUpgrade(SQLiteDatabase sqLiteDatabase, int i, int i1) {
    }
}
```

步骤 2,创建用户信息表的工具类,在工具类中定义相应的属性,使用单例模式创建工具类对象,以下是工具类的参考代码。

```java
public class UserUtils {
    Context con;
    UserOpenHelper uohp;
    SQLiteDatabase db;
    private static UserUtils userUtils;            //定义一个私有的 UserUtils 对象
    //定义一个私有的构造方法,初始化上下文和创建数据库及其数据表
    private UserUtils(Context con) {
        this.con = con;
        uohp = new UserOpenHelper(con);}
    //编写一个公共静态的方法用于获取 UserUtils 实例
    public static UserUtils getInstance(Context con) {
        if (userUtils == null) {
            userUtils = new UserUtils(con); }
        return userUtils; }}
```

后续可以在 RegisterActivity 和 LoginActivity 相应的地方创建 UserUtils 工具类对象,调用相应的方法实现功能。

步骤 3,在 UserUtils 工具类中添加查询用户手机号是否已在数据库中存在的代码,如果存在则返回 true,如果不存在则返回 false,以下是其参考代码。

```java
public boolean isExist( String phone ){
    db = uohp.getReadableDatabase();            //获取一个可操作的数据库对象
```

```
//定义一个 Cursor 对象接收查询的结果
Cursor cur = db.query("userinfo",null,"userphone = ?",
        new String[]{phone}, null,null,null,null);
if( cur.getCount() == 1 ){
    return true; }
return false; }
```

该方法在添加用户信息到数据库前必须先调用,只有手机号码在数据库中不存在才能进行注册,否则注册失败。

步骤 4,在 UserUtils 工具类中添加增加用户信息的方法,如果添加成功则返回 true,否则返回 false,以下是其参考代码。

```
public boolean insertUser( UserInfo user ){
    if( !isExist(user.getPhone()) ) {
        db = uohp.getReadableDatabase();          //获取一个可操作的数据库对象
        ContentValues cv = new ContentValues();   //创建 ContentValues 对象
        cv.put("userid", user.getUserid());       //保存用户数据
        cv.put("userphone", user.getPhone());
        cv.put("usernick",user.getNick());
        cv.put("phonearea",user.getArea());
        cv.put("areacode",user.getAreaCod());
        cv.put("userpsw",user.getPsw());
        long id = db.insert("userinfo",null,cv);   //将数据存储在数据库中
        if( id != -1 ){
            return true; }
    }
    return false;
}
```

步骤 5,在 UserUtils 工具类中添加判断用户是否能登录的方法,传入登录页面中用户输入的手机号和密码作为在数据表中进行查询的条件,如果能查出唯一一条数据,则返回 true,否则返回 false,以下是其参考代码。

```
public boolean isLogin( String phone, String psw ){
    db = uohp.getReadableDatabase();             //获取可操作数据库对象
    Cursor cur = db.query("userinfo",null,
      "userphone = ? and userpsw = ?",new String[]{phone,psw},
            null,null,null);
    if( cur.getCount() == 1 ){
        return true;
    }
    return false;
}
```

步骤 6,在 RegisterActivity 类的 onClick()方法中的"case R.id.bt_register_next;"语句中创建完 UserInfo 对象后,加入创建 UserUtils 工具类对象的代码,并调用添加用户信息的方法将用户信息保存到数据库中,以下是其参考代码。

```
//将用户信息保存在数据库中
UserUtils userUtils = UserUtils.getInstance(this);
if( userUtils.insertUser(user)) {
    intent = new Intent(this, LoginActivity.class);
    //将用户信息传递到登录页面
    intent.putExtra("user", user);
```

```
Log.i("userR", user.getPhone());
startActivity(intent);
finish();}
```

步骤 7,在 LoginActivity 类的 onClick()方法中的"case R.id.bt_wx_login_login:"语句里获取完用户输入的手机号和密码语句后,加入创建 UserUtils 工具类对象的代码,并通过该对象调用判断用户是否能登录的方法,以下是其参考代码。

```
UserUtils userUtils = UserUtils.getInstance(this);
if( userUtils.isLogin(phone,psw) ){
    //保存用户登录状态
    ShareUtils.saveData(this,"isLogin","true");
    intent = new Intent(this, HomeActiviy.class);
    startActivity(intent);
    finish();
}else{
    Toast.makeText(this, "登录失败,用户信息不一致", Toast.LENGTH_SHORT).show();
}
```

需要注意的是添加完上述代码后需要将之前与文件存储信息进行比较的代码注释掉,然后再将应用程序运行到手机模拟器中,注册页面最终运行效果如图 6-13 所示,登录成功后最终运行效果如图 6-14 所示。

图 6-13　注册页面运行效果　　　　图 6-14　登录成功后最终运行效果

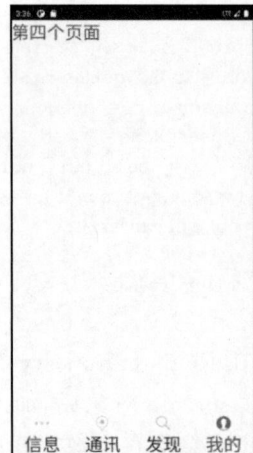

SQLiteDatabase 对象的部分内置方法可以有效防止 SQL 注入,例如 query()方法、insert()方法、update()方法和 delete()方法。另外,正确地使用 rawQuery()方法也可以防止 SQL 注入,而 execSQL()方法建议避免使用。

6.3　课后学习任务：实现"我的"页面逻辑功能

　　本次课后学习任务是让读者按照任务要求设计和实现主页中"我的"页面的逻辑功能，"我的"页面中需要显示用户头像、用户昵称等基本信息，还可以跳转到完善个人信息、修改密码等页面，请使用本章所学知识将完善个人信息、修改密码等功能的数据保存到数据库中，"我的"页面所有用户信息都需要从数据库中进行查询显示在页面中。在"我的"页面中提供退出登录的功能，用户单击"退出登录"按钮后，"我的"页面的用户昵称不再显示，而是显示未登录，单击"登录"按钮后跳转到登录页面进行登录。如果在手机中已经登录过应用程序，则打开应用程序时打开的是登录页面，否则打开的是注册页面。请各位读者按照以上描述完成应用程序的逻辑功能并完成配套资源相应的实训报告。

第7章

CHAPTER 7

数据的共享者

学习目标：

了解 ContentProvider 的工作原理。

了解 ContentProvider 的创建过程。

熟悉获取 ContentProvider 中数据的过程。

职业技能目标：

熟悉 ContentProvider 的工作原理，能够根据项目需求获取设备中的共享数据。

课程思政育人目标：

让学生了解共享的含义，培养学生保护个人隐私的习惯，树立正确的共享意识和环保意识。

学习导读：

为了更好地掌握本章的内容，请读者按照学习导读进行学习。

首先，在进行课堂学习之前，请先带着 ContentProvider 的工作原理、创建和使用步骤是什么等问题完成课前学习任务。

其次，在课堂上通过完成学习任务，加深理解 ContentProvider 的工作原理，熟练掌握获取共享数据的操作步骤。

最后，通过课后案例，复习巩固已学习的知识。

7.1 课前学习任务：了解 ContentProvider

本节将为各位读者介绍 Android 中实现数据共享的组件 ContentProvider，它是 Android 四大组件之一，主要用于在不同的应用程序之间实现数据共享，它提供了一套完整的机制，允许一个应用程序访问另一个应用程序中的数据，还能保证被访问数据的安全性。请大家带着以下几个问题进行学习。

(1) ContentProvider 是什么，有什么作用？

(2) 如何创建 ContentProvider，如何使用 ContentProvider？

(3) Android 系统中有哪些 ContentProvider？

希望各位读者通过本章的学习能够掌握以上问题的答案，并深入思考 ContentProvider 如何做到应用程序间数据的共享？接下来一起来探索。

7.1.1 ContentProvider 简介

本节介绍的 ContentProvider 是上一章数据存储的一个延伸，上一章讲解了 Android 中的数据存储方式，但是这些存储方式都只能适用于应用程序自身使用数据，若想与其他应用程序共享其数据，需要很复杂的操作，而 ContentProvider 能将一个应用程序中的指定数据集提供给其他应用程序。这些数据可以存储在文件系统、SQLite 数据库中，或以任何其他合理的方式存储，其他应用程序可以通过 ContentResolver 类从该内容提供者中获取或存入数据。

ContentProvider 和组件 Activity、Service 一样，需要在 AndroidManifest.xml 文件中配置之后才能使用。系统在安装应用程序的时候，会检查其声明的 ContentProvider，并且把这些 ContentProvider 的描述信息保存起来，其中最重要的就是 ContentProvider 的 Authority 信息。安装应用程序的时候，系统并不会把这些 ContentProvider 加载到内存中，而是采取懒加载的机制，等到第一次使用 ContentProvider 的时候，才会把它加载到内存中，这样以后再使用这个 ContentProvider 的时候，就可以直接使用第一次创建的对象了。系统使用 ContentProvider 进行共享数据的架构如图 7-1 所示。

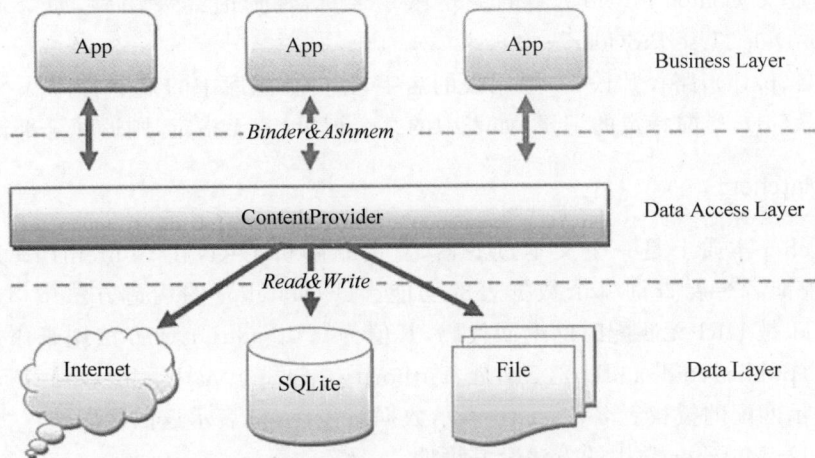

图 7-1 ContentProvider 的工作原理

使用 ContentProvider 对外共享数据时,操作与数据库类似,但是需要统一定义数据的 CRUD(增、查、改、删)操作,统一了数据的访问方式,使用数据就更方便了,其具有如下特点。

(1) ContentProvider 为存储和获取数据提供了统一的接口,使用表的形式来组织数据。

(2) 不用关心数据存储的细节,并不要求访问的数据一定要是数据库,数据类型没有限制。

(3) ContentProvider 可以在不同的应用程序之间共享数据。

(4) 具有权限控制机制,可以保护数据访问的安全,有很高的安全性。

(5) Android 为常见的一些数据提供了默认的 ContentProvider(音频、视频、图片和通讯录等),可以直接访问,获取这些数据很方便。

(6) 具有监听机制,当数据发生改变的时候可以将当前 URI 数据发生改变的事件通知到监听器,实现实时的监听效果。

了解完 ContentProvider 的工作原理和特点后,接下来学习如何创建 ContentProvider。

7.1.2　ContentProvider 的创建

在讲解创建 ContentProvider 之前,先讲解统一资源标识符和 MIME 数据类型,为创建 ContentProvider 做好资源的准备。

1. 统一资源标识符(URI)

URI 代表要操作的数据,用来标识每个 ContentProvider,可以通过指定的 URI 找到想要的 ContentProvider,从中获取或修改数据。在 Android 中 URI 的定义格式为"Uri = <schema>://<authority>/<path>/<id>",URI 结构说明如下。

(1) 主题(schema),ContentProvider 的 URI 前缀,表示是一个 Android 内容 URI,说明由 ContentProvider 控制数据,该部分是固定形式,不可更改。

(2) 授权信息(authority),URI 的授权部分,是唯一标识符,用来定位 ContentProvider。格式一般是自定义 ContentProvider 类的完全限定名称,注册时需要用到,如"com. example. helloworld. provider. UserProvider"。

(3) 表名(path),路径片段,一般用表的名字,指向数据库中的某个表。

(4) 记录(id),指向特定的记录,如表中的某个记录(若无指定,则返回全部记录)。

2. UriMatcher

UriMatcher 本质上是一个文本过滤器,有助于解析 URI,在 ContentProvider 中有过滤、分辨出查询者想要查询哪个数据表的功能。UriMatcher 的构造方法中,UriMatcher. NO_MATCH 是 URI 无匹配时的返回代码,其值为 -1。addUri()方法用来添加新的匹配项,语法为"public void addUri(String authority, String path, int code)",参数中的 authority 表示匹配的授权者名称,path 表示数据路径,code 表示返回代码。

以下是 UriMatcher 常用的方法及其说明。

public UriMatcher(int code) 用于创建一个 UriMatcher 的对象。

public void addURI(String authority，String path，int code)的作用是在 ContentProvider 添加一个用于匹配的 URI,当匹配成功时返回 code。URI 可以是精确的字符串,URI 中带有"∗"表示可匹配任意 text,"♯"表示只能匹配数字。

public int match(Uri uri)参数里的 URI 是传过来的,要进行验证,匹配的 URI 假如传过来的是:"**content://com. example. helloworld. provider. UserProvider/userinfo/♯**",则"**content://com. example. helloworld. provider. UserProvider/ userinfo /10**"可以匹配成功,这里的 10 可以是任意的数字。

UriMatcher 类用于匹配 URI 的使用步骤如下。

(1) 将需要匹配的 URI 路径进行注册,以下是其参考代码。

```
//常量 UriMatcher.NO_MATCH 表示不匹配任何路径的匹配码
UriMatcher sMatcher = new UriMatcher(UriMatcher.NO_MATCH);
//如果 match()方法匹配"content:// com. example. helloworld. provider. UserProvider/userinfo"路
径,返回匹配码 1
sMatcher.addURI("content://com. example. helloworld. provider. UserProvider","userinfo",1);
//如果 match()方法匹配"content://com. example. helloworld. provider. UserProvider/userinfo/
11"路径,返回匹配码 2
sMatcher.addURI("com. example. helloworld. provider. UserProvider","userinfo/♯", 2);
```

上述代码采用 addURI()方法注册了两个需要用到的 URI,添加第二个 URI 时,路径后面的 id 采用了通配符形式"♯",表示只要前面两部分都匹配上就可以了。需要注意的是数据表(userinfo/♯)如果后面是"∗"则表示匹配任意长度的任意字符,如果是"♯"则表示匹配任意长度的数字。

(2) 需要匹配的 URI 注册完后,可以使用 sMatcher. match (Uri)方法对输入的 URI 进行匹配,如果匹配就返回对应的匹配码,匹配码为调用 addURI()方法时传入的第三个参数。

```
switch(sMatcher. match(Uri. parse ("com. example. helloworld. provider. UserProvider/userinfo/
11"))) {
    case 1:break;              //匹配码 1 所需做的操作
    case 2: break;             //匹配码 2 所需做的操作
    default:break; }           //匹配不成功所需做的操作
```

如果需要对 URI 路径后面的 id 部分进行操作,可以使用 ContentUris 类的 withappendedId (Uri uri，long id)和 parseId(Uri uri)分别添加 id 和获取 id。

3. MIME 数据类型

MIME(Multipurpose Internal Mail Extention,多用途互联网邮件扩展类型)是一种互联网标准,用于指定某种扩展名的文件与应用程序的对应关系,一个 MIME 类型分为[主类型]+[子类型],例如. html 文件对应的 MIME 类型为 text/html,其中 text 为主类型,html 为子类型。在 ContentProvider 中,通过 getType(URI)方法来确定 URI 对应的 MIME 类型,返回值可以返回标准 MIME 类型或者自定义 MIME 类型,这是一个抽象方法,需要由子类实现。

1) 标准 MIME 类型

标准 MIME 类型中常见的主类型有声音(audio)、视频(video)、图像(image)、文本(text)四种类型,其对应的 MIME 类型如表 7-1 所示。

表 7-1　标准 MIME 类型

扩　展　名	MIME	扩　展　名	MIME
.html	text/html	.png	image/png
.txt	text/plain	.jpeg	image/jpeg

2）自定义 MIME 类型

在 Android 中，自定义 MIME 类型的主类型只有两种。

（1）单行记录：vnd.android.cursor.item。

（2）多行记录：vnd.android.cursor.dir。

例如通讯录 ContentProvider 定义了两种 MIME 类型，分别表示多条记录和单条记录。

```
public static final String CONTENT_TYPE = "vnd.android.cursor.dir/contact_directories"
public static final String CONTENT_ITEM_TYPE = "vnd.android.cursor.item/contact_directory";
```

vnd 表示这些类型和子类型是非标准的，是供应商特定的形式。Android 中类型已经固定好，不能更改，只能区别是集合还是单条记录，子类型可以按照格式自己填写。在使用 Intent 时，会用到 MIME，根据 mineType 打开符合条件的 Activity，其代码如下所示。

```
< activity android:name = ".XXXActivity">< intent - filter >
    < category android:name = "android.intent.category.DEFAULT"/>
        < data android:mimeType = "vnd.android.cursor.dir/表名"/></ intent - filter ></activity>
```

4. 创建 ContentProvider

因为 ContentProvider 是一个抽象类，不能直接创建实例对象，因此想要实现 ContentProvider 数据共享功能，需要先创建一个类，并让该类继承 ContentProvider 类，然后重写其必要的方法，其步骤如下。

（1）新建一个类，类名为 UserProvider，并让该类继承 ContentProvider，重写 ContentProvider 中的抽象方法，以下是其参考代码。

```
public class UserProvider extends ContentProvider {
    public boolean onCreate() {
        return false; }
    public Cursor query(@NonNull Uri uri, @Nullable String[] strings, @Nullable String s,
@Nullable String[] strings1, @Nullable String s1) {
        return null; }
    public String getType(@NonNull Uri uri) {
        return null;
    }
    public Uri insert(@NonNull Uri uri, @Nullable ContentValues contentValues) {
        return null;
    }
    public int delete(@NonNull Uri uri, @Nullable String s, @Nullable String[] strings) {
        return 0;
    }
    public int update(@NonNull Uri uri, @Nullable ContentValues contentValues, @Nullable
String s, @Nullable String[] strings) {
        return 0;
    }
}
```

需要注意的是当为该类设置父类后，在编辑器中会提示错误，根据错误修改提示，单击 implement methods 按钮，在弹出的窗口中选中所有的方法，然后单击 OK 按钮就可以将 ContentProvider 类中的所有抽象方法在 UserProvider 类中自动生成。

（2）定义相应的属性，实现 ContentProvider 的相应功能，以下是这些属性的参考代码。

```
public static final int USER_DIR = 0;            //定义一个变量用于标记数据是集合数据
public static final int USER_ITEM = 1;           //定义一个变量用于标记数据是单条记录
//定义一个变量用于标记 ContentProvider 的权限
public static final String AUTHORITY = "com.example.helloworld.provider";
private UserOpenHelper uoph;                      //定义一个数据库对象
private static UriMatcher uriMatcher;             //定义一个 UriMatcher 对象
static {//添加匹配的 URI 路径
    uriMatcher = new UriMatcher(UriMatcher.NO_MATCH);
    uriMatcher.addURI(AUTHORITY,"userinfo",USER_DIR);
    uriMatcher.addURI(AUTHORITY,"userinfo/#",USER_ITEM);
}
```

（3）在 onCreate()方法中获取数据库对象，以下是其参考代码。

```
public boolean onCreate() {                        //创建数据库
    uoph = new UserOpenHelper(getContext());
    return true;}
```

（4）在 getType()方法中根据匹配的 URI 地址，判断返回数据的类型是集合还是单条记录，以下是其参考代码。

```
public String getType(@NonNull Uri uri) {
    switch (uriMatcher.match(uri)){
        case USER_DIR:
return "vnd.android.cursor.dir/com.example.helloworld.provider.userinfo";
        case USER_ITEM:
return "vnd.android.cursor.item/com.example.helloworld.provider.userinfo";}
    return null;}
```

（5）在 insert()方法中编写添加用户的逻辑功能，以下是其参考代码。

```
public Uri insert(@NonNull Uri uri, @Nullable ContentValues contentValues) {
        SQLiteDatabase db = uoph.getReadableDatabase();
        Uri res = null;
        switch ( uriMatcher.match(uri)){
            case USER_DIR:
            case USER_ITEM:
                long id = db.insert("userinfo",null,contentValues);
                res = Uri.parse("content://" + AUTHORITY + "/userinfo/" + id);
                break;}
        return res;}
```

（6）在 delete()方法中编写删除指定数据的逻辑功能，以下是其参考代码。

```
public int delete(@NonNull Uri uri, @Nullable String s, @Nullable String[] strings) {
        SQLiteDatabase db = uoph.getReadableDatabase();
        int res = 0;
        switch (uriMatcher.match(uri)){
            case USER_DIR:
                res = db.delete("userinfo",s,strings);
                break;
```

```
            case USER_ITEM:
                //getPathSegments 返回的是 URI 路径中最后的数据 id 的集合
                String id = uri.getPathSegments().get(1);
                res = db.delete("userinfo","userid = ?",new String[]{id});
        }
        return res;}
```

（7）在 update()方法中编写修改用户信息的代码，以下是其参考代码。

```
public int update(Uri uri,ContentValues contentValues,String s,String[]strings) {
        SQLiteDatabase db = uoph.getReadableDatabase();
        int res = 0;
        switch (uriMatcher.match(uri)){
            case USER_DIR:
                res = db.update("userinfo",contentValues,s,strings);
                break;
            case USER_ITEM:
                String id = uri.getPathSegments().get(1);
        res = db.update("userinfo",contentValues,"userid = ?",new String[]{id});
                break;
        }
        return res;
    }
```

（8）在 query()方法中编写查询用户信息的代码，以下是其参考代码。

```
public Cursor query(Uri uri,String[] strings,String s, String[] strings1,String s1) {
    SQLiteDatabase db = uoph.getReadableDatabase();
    Cursor cur = null;
    switch (uriMatcher.match(uri)){
        case USER_DIR:
            cur = db.query("userinfo",strings,s,strings1,null,null,null);
            break;
        case USER_ITEM:
            String id = uri.getPathSegments().get(1);
        cur = db.query("userinfo",strings,"id = ?",new String[]{id},null,null,null);
            break;
    }
    return cur;
}
```

（9）在清单文件中声明 ContentProvider，以下是其参考代码。

```
< provider
    android:authorities = "com.example.helloworld.provider"
    android:name = ".provider.UserProvider"/>
```

需要注意的是 authorities 的值与 UserProvider 类中定义的 authority 的值要保持一致。name 的值就是 UserProvider 全类名。自定义 ContentProvider 中的功能代码需要根据实际情况来确定哪些数据需要跟其他应用程序进行共享来编写，读者可以参考本节的案例修改。至此 ContentProvider 就实现好了，下一节将介绍如何使用创建好的 ContentProvider。

7.1.3　ContentProvider 的使用

不管是自定义的 ContentProvider 还是 Android 系统自带的 ContentProvider 都不能指

定让用户访问其数据,需要借助 ContentResolver 类实现其向不同应用程序进行数据共享的功能。

1. ContentResolver 对象的获取

ContentResolver 对象可以通过 Context 中的 getContentResolver()方法获取该类的实例,其参考代码为"ContentResolver cr＝Context 对象.getContentResolver();",通过上述方法获取 ContentResolver 对象后,就可以通过该对象的实例方法对 ContentProvider 的数据进行添加、更新、删除和查询数据等操作。

2. ContentResolver 的常用方法

ContentResolver 类提供了 insert()、update()、delete()、query()四个方法用于对 ContentProvider 进行添加、更新、删除和查询数据等操作,与 SQLiteDatabase 不同的是,其不是直接对数据进行操作,而是通过 URI 地址进行,如表 7-2 所示。

表 7-2　ContentResolver 的常用方法

方 法 声 明	返回值	方 法 说 明
Insert(Uri uri,ContentValues value)	final Uri	返回输入所插入的 URI 地址
Delete(Uri uri,String where,String[] selectionArgs)	final int	根据指定条件在指定内容的 URI 地址中删除数据,并返回删除的条数
Update (Uri uri, ContentValues value, String where,String[] selectionArgs)	final int	根据指定条件在指定内容的 URI 地址中更新数据,并返回更新的条数
Query(Uri uri, String[]project, String selection, String[] selectionArgs,String sortOrder)	final Cursor	根据指定条件在指定内容的 URI 地址中查询数据,并返回查询结果

3. ContentProvider 的使用案例

在本次案例中,将使用 7.1.2 节中创建的 UserProvider 对数据进行共享,为了让大家看到 ContentProvider 能在不同的应用程序中共享数据,这里新建一个 Android 项目,项目名为 TestProvider,然后按照以下步骤实现 ContentProvider 的使用过程。

(1) 设计实现应用程序页面,为了方便,此处直接使用四个按钮分别实现对 ContentProvider 的增删改查功能,以下是其布局文件 activity_main.xml 的参考代码。

```
< LinearLayout
    xmlns:android = "http://schemas.android.com/apk/res/android"
    xmlns:tools = "http://schemas.android.com/tools"
    android:layout_width = "match_parent"
    android:layout_height = "match_parent"
    android:orientation = "vertical"
    tools:context = ".MainActivity">
< Button
    android:id = "@ + id/bt_query"
    android:layout_width = "match_parent"
    android:layout_height = "wrap_content"
    android:text = "查询" android:padding = "20dp"/>
```

```
< Button
    android:id = "@ + id/bt_insert"
    android:layout_width = "match_parent"
    android:layout_height = "wrap_content"
    android:text = "添加" android:padding = "20dp"/>
< Button
    android:id = "@ + id/bt_update"
    android:layout_width = "match_parent"
    android:layout_height = "wrap_content"
    android:text = "修改" android:padding = "20dp"/>
< Button
    android:id = "@ + id/bt_delete"
    android:layout_width = "match_parent"
    android:layout_height = "wrap_content"
    android:text = "删除"android:padding = "20dp"/></LinearLayout >
```

（2）让 MainActivity 实现 OnClickListener 接口，并实现 onClick()方法，在 MainActivity 类中定义一个 Button 数组和一个整型数组用于保存布局文件中四个按钮的 id 值和一个 ContentResolver 对象，以下是其参考代码。

```
Button bts[];
int ids[] = {R.id.bt_query,R.id.bt_insert,R.id.bt_update,R.id.bt_delete};
ContentResolver cr;
```

（3）在 onCreate()方法中初始化按钮数据和 ContentResolver 对象，以下是其参考代码。

```
protected void onCreate(Bundle savedInstanceState) {
        super.onCreate(savedInstanceState);
        setContentView(R.layout.activity_main);
        bts = new Button[ids.length];
        for( int i = 0;i < bts.length;i++){
            bts[i] = findViewById(ids[i]);
            bts[i].setOnClickListener(this);}
        cr = getContentResolver();}
```

（4）在 onClick()方法中先定义 URI 地址，然后通过获取的组件 id 判断目前实现的是哪个按钮的单击事件，以下是其参考代码。

```
public void onClick(View view) {
        String path = "content://com.example.helloworld.provider/userinfo";
        switch (view.getId()){
            case R.id.bt_query:break;
            case R.id.bt_insert:break;
            case R.id.bt_update:break;
            case R.id.bt_delete:break;}}
```

（5）在"case R.id.bt_query"语句中添加实现查询 ContentProvider 数据的代码，以下是其参考代码。

```
Uri uri = Uri.parse(path);
Cursor cur = cr.query(uri,null,null,null,null);
if( cur!= null ) {
    while (cur.moveToNext()) {
        String nick = cur.getString(cur.getColumnIndex("usernick"));
```

```
        String phonearea = cur.getString(cur.getColumnIndex("phonearea"));
            Log.i("用户信息:",nick + "," + phonearea);
        }}else{
        Toast.makeText(this,"查无数据",Toast.LENGTH_SHORT).show();
    }
```

　　添加完以上代码后可以先运行 HelloWorld 项目，注册一两个用户后一定要保持应用程序是在运行状态，然后再运行 TestProvider 项目，单击"查询"按钮，发现报错，错误信息为"Failed to find provider info for com. example. helloworld. provider"。这时候需要在清单文件里的 manifest 标签中添加 "**＜ queries ＞＜ package android：name ＝ "com. example. helloworld"/＞＜/queries ＞**"这句代码，添加后再重新运行 TestProvider 项目。需要注意的是上述代码不能写在 application 标签里面，queries 标签与 application 标签都是 manifest 标签的元素标签。上述代码表示在当前应用程序中获取查询访问包名为"com. example. helloworld"应用程序的权限。修复错误后，运行在手机模拟器中，并单击"查询"按钮，在 TestProvider 项目的 Logcat 控制台可以看到查询出两个用户的信息，效果如图 7-2 所示。

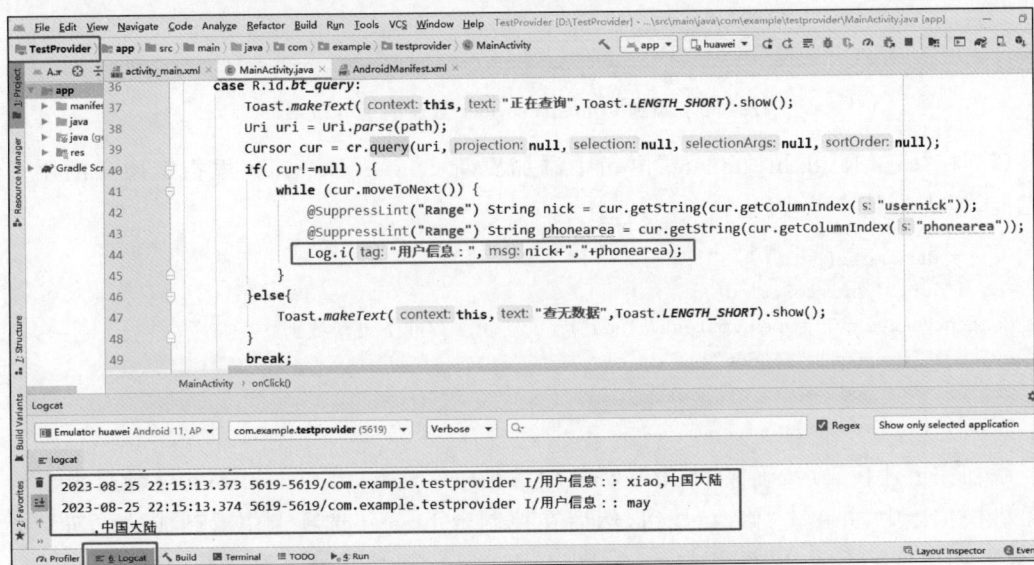

图 7-2　查询 ContentProvider 数据的运行效果

　　(6) 在"caseR. id. bt_insert"语句中实现在 ContentProvider 中添加用户信息的功能，以下是其参考代码。

```
uri = Uri.parse(path);
ContentValues cv = new ContentValues();          //存储数据
cv.put("userphone", "1368000000");
cv.put("usernick","小明");
cv.put("phonearea","中国香港");
cv.put("areacode","852");
cv.put("userpsw","123456");
Uri res = cr.insert(uri,cv);
Log.i("res:",res.toString());
```

　　上述代码编写完后，确保 HelloWorld 项目是运行状态，再运行 TestProvider 项目，打开 TestPovider 页面后单击"添加"按钮，在控制台 Logcat 选项卡中输出了所添加数据的

URI,其效果如图 7-3 所示,添加成功后在 HelloWorld 项目的登录页面用刚才添加的用户进行登录,登录成功进入应用程序的主页面。

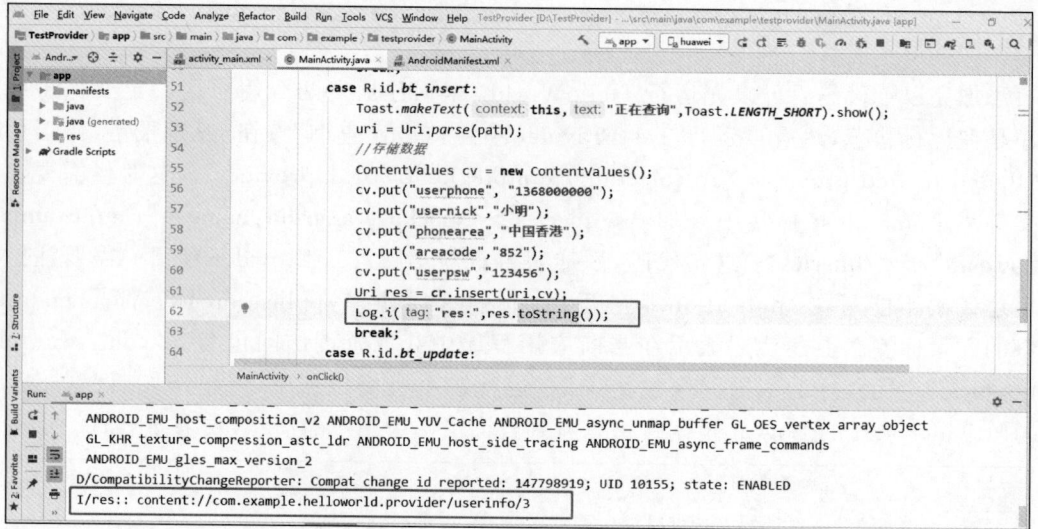

图 7-3　添加 ContentProvider 数据的运行效果

（7）在"case R. id. bt_update"语句中添加更新 ContentProvider 里指定用户的用户密码功能,以下是其参考代码。

```
uri = Uri.parse(path + "/3");
Log.i("uri:",uri.toString());
ContentValues cv1 = new ContentValues();          //准备更新数据
cv1.put("userpsw","666666");
int id = cr.update(uri,cv1,null,null);
Log.i("id:",id + "");
```

添加完上述代码后,确保 HelloWorld 项目是正常运行,将 TestProvider 项目重新运行到手机模拟器中,并单击"修改"按钮,然后在控制台 Logcat 选项卡中看到成功更新一条数据,效果如图 7-4 所示,更新完成后,在 HelloWorld 项目的登录页面用新密码进行登录,能成功进入主页面。

（8）在"case R. id. bt_delete"语句中添加在 ContentProvider 中删除指定用户信息功能,以下是其参考代码。

```
uri = Uri.parse(path + "/3");
id = cr.delete(uri,null,null);
Log.i("id:",id + "");
```

上述代码编写完后,确保 HelloWorld 是运行状态,然后将 TestProvider 运行到手机模拟器中,并单击"删除"按钮,在项目控制台的 Logcat 选项卡中可以看到成功删除了一条数据,其运行效果如图 7-5 所示,删除数据后,在 HelloWorld 项目的登录页面用删除的用户信息进行登录,显示登录失败。

如果需要让其他人使用自定义 ContentProvider,必须预先写好各个接口的说明,供用户阅读使用。

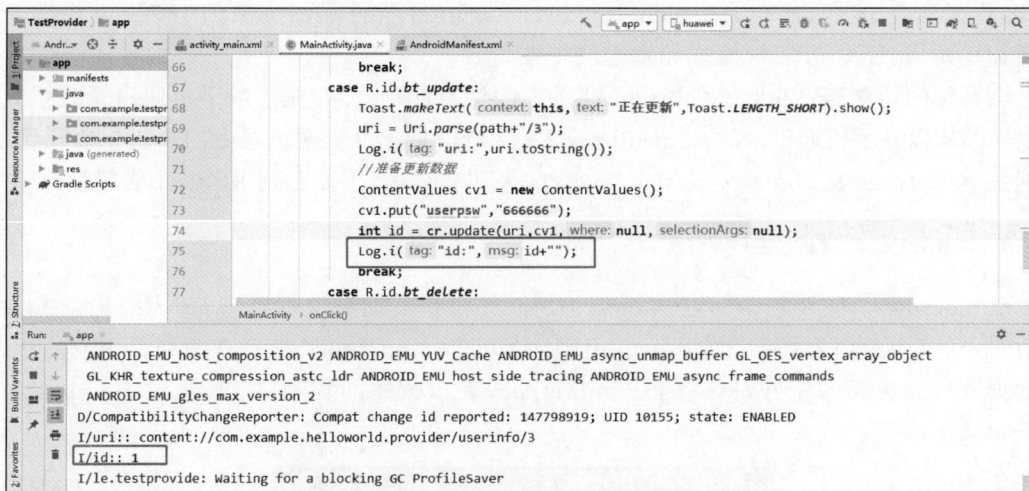

图 7-4　更新 ContentProvider 数据的运行效果

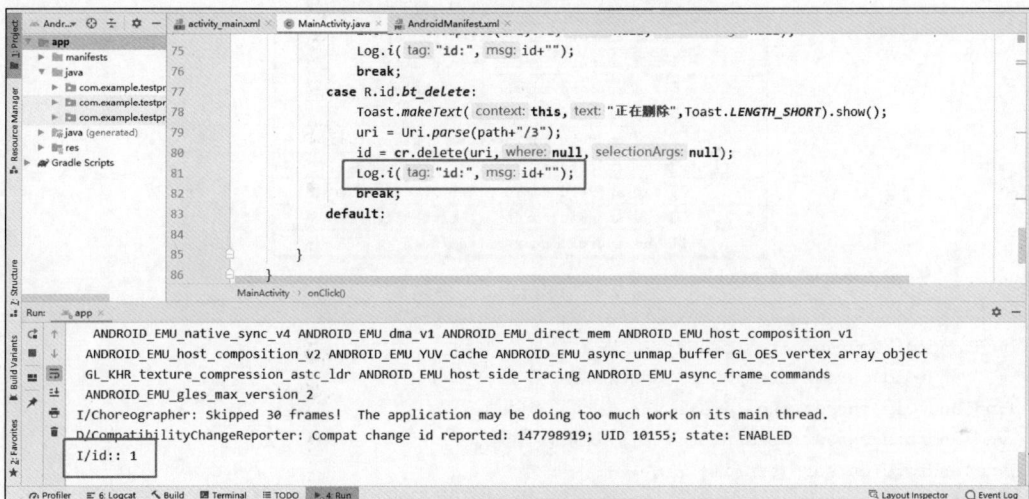

图 7-5　删除 ContentProvider 数据的运行效果

7.2　课堂学习任务：实现通讯录页面功能

　　课前讲解完自定义 ContentProvider 的创建和使用后，本次课堂项目是使用 Android 系统中常用的 ContentProvider 获取手机通讯录。

　　应用程序需要获取手机通讯录中联系人的头像、名称和手机号，可以在新创建的通讯录页面单击"拨打"按钮或者"发送信息"按钮进行操作，请在 HelloWorld 项目主页面中的通讯页面中获取手机通讯录，并以列表形式展示所获取到的联系人信息。

7.2.1　案例分析

　　根据案例描述可知，每一个联系人包含头像、姓名和手机号，以及拨打和发送按钮等信息,因此在列表子项目的布局中可以用一个 ImageView 控件显示头像,TextView 控件显示姓名和手机号,Button 实现拨打和发送两个按钮。

该案例的功能需要获取手机通讯录联系人的信息,因此需要先了解手机通讯录联系人数据表的结构以及手机通讯录的 ContentProvider 接口信息。手机通讯录由四个主要表格组成,分别是 mimetypes 表、contacts 表、raw_contacts 表和 data 表,下面分别讲解四个表的结构。

1. mimetypes 表

mimetypes 表主要用于标记 data 表中每一条数据是何种数据类型,其表中记录的内容相对稳定,其主要内容如图 7-6 所示。由图 7-6 可知 mimetypes 表只有两列,一列是_id,表示数据项标志编码的序号,另一列是 mimetype,表示数据的类型,以下是 mimetypes 表中各条记录的含义。

_id	mimetype
	Click here to define a filter
1	vnd.android.cursor.item/email_v2
2	vnd.android.cursor.item/im
3	vnd.android.cursor.item/postal-address_v2
4	vnd.android.cursor.item/photo
5	vnd.android.cursor.item/phone_v2
6	vnd.android.cursor.item/name
7	vnd.android.cursor.item/organization
8	vnd.android.cursor.item/nickname
9	vnd.android.cursor.item/group_membership
10	vnd.android.cursor.item/website
11	vnd.android.cursor.item/note

图 7-6　mimetypes 表结构

vnd.android.cursor.item/phone_v2:表示联系人电话。
vnd.android.cursor.item/name:表示联系人姓名。
vnd.android.cursor.item/email_v2:表示联系人邮箱。
vnd.android.cursor.item/photo:表示联系人图像。
vnd.android.cursor.item/im:表示联系人账号。
vnd.android.cursor.item/postal-address_v2:表示联系人邮政地址。
vnd.android.cursor.item/organization:表示联系人公司。
vnd.android.cursor.item/group_membership:表示联系人所属分组。
vnd.android.cursor.item/nickname:表示联系人的昵称。
vnd.android.cursor.item/website:表示联系人的个人主页。
vnd.android.cursor.item/note:表示联系人备注信息。

在 raw_contacts 表和 data 表中会使用该表中的_id 来设置相应数据项的类型。

2. contacts 表

contacts 表用于存储现有的 contacts 联系人的通话记录,该表由 ContentProvider 的 ContactAggregator.java 自动维护,用户不会对此表进行操作。该表保存了联系人的通话编号(contact_id)、联系次数(times_contacted)、最后一次联系的时间(latest_time_contacted)、是否含有号码(has_phone_number)、是否被添加到 Favorities 联系人(starred)等信息。contacts 表是由 raw_contacts 表经过整合而来的,一个 contacts 记录可以由一个或多个 raw_contacts 记录组合而成。raw_contacts 将关联或删除之后的联系人等信息进行处理,然后将数据整合到 contacts 表中,这个整合操作在 ContentProvider 类中自动完成。

3. raw_contacts 表

在该表中保存了所有联系人的基本信息,包括各个账户的联系人,被删除的信息,关联之前的联系人信息等,每个联系人占一行,表里 deleted 列标识该联系人是否被删除,该字段值为 1 表示已删除,否则值为 0。该表保存的 raw_contact_id 和 contact_id 将 contacts 表和 raw_contacts 表联系起来。该表还保存了联系人是否只读(raw_contacts_read_only)、联系人修改次数(version)、是否被添加到 Favorities 联系人(starred)、显示的名字(display_name)、用于排序的首字母和汉语拼音(sort_key)等信息,其 URI 的地址为"content://com.android.contacts/raw_contacts"。

4. data 表

该表保存了所有联系人的详细信息,每个字段占一行,该表通过 raw_contact_id 字段将 data 表和 raw_contacts 表联系起来。联系人的所有信息保存在列 data1 到 data15 中,该 15 列内容根据 mimetype_id 与 mimetypes 表相关联,其中信息包括邮箱信息、电话信息、是否有头像等内容,各列中保存的内容根据 mimetype_id 的不同而不同,其部分表结构如图 7-7 所示,其 URI 地址为 content://com.android.contacts/data。

mimetype_id	raw_contact_id	is_primary	is_super_primary	data_version	data1	data2
			Click here to define a filter			
5	1	1	1	2	1	1
6	1	0	0	0	A B	A
6	2	0	0	0	1 2	1
5	3	0	0	0	123	1
5	4	0	0	0	13636431707	2
5	4	0	0	0	05175732549	1
6	4	0	0	1	王刚	刚

图 7-7　data 表结构

7.2.2　案例设计与实现

根据案例描述和分析可知在主页面需要使用一个 ListView 控件来展示所有联系人信息,每个联系人获取的信息是相同的,所以每个选项的结构是相同的。在功能上需要为 ListView 控件创建一个适配器,在 ContactFragment 中获取手机通讯录的联系人信息,需要注意的是需要先在手机通讯录中添加联系人的相关信息,请按照以下步骤实现该案例。

1. 页面设计与实现

在 res/layout 目录中创建一个布局文件,文件名为 contact_item.xml,用于实现通讯录页面各个联系人信息的展示,其代码如下所示,其预览效果如图 7-8 所示。

```
<RelativeLayout
    xmlns:android="http://schemas.android.com/apk/res/android"
    android:layout_width="match_parent"
    android:layout_height="match_parent"
    android:padding="20dp">
```

```
< ImageView
    android:id = "@ + id/iv_contact_icon"
    android:layout_width = "100dp"
    android:layout_height = "100dp"
    android:src = "@mipmap/ic_launcher"/>
< TextView
    android:id = "@ + id/tv_contact_phone"
    android:layout_width = "wrap_content"
    android:layout_height = "wrap_content"
    android:layout_toRightOf = "@id/iv_contact_icon"
    android:text = "电话"
    android:textSize = "28sp"
    android:layout_marginLeft = "10dp"/>
< TextView
    android:id = "@ + id/tv_contact_name"
    android:layout_width = "wrap_content"
    android:layout_height = "wrap_content"
    android:layout_toRightOf = "@id/iv_contact_icon"
    android:text = "姓名"
    android:textSize = "24sp"
    android:layout_marginLeft = "10dp"
    android:layout_below = "@id/tv_contact_phone"
    android:layout_marginTop = "10dp"/>
< Button
    android:id = "@ + id/bt_contact_call"
    android:layout_width = "wrap_content"
    android:layout_height = "wrap_content"
    android:text = "拨打"
    android:textSize = "24sp"
    android:layout_alignParentRight = "true"/>
< Button
    android:id = "@ + id/bt_contact_sms"
    android:layout_width = "wrap_content"
    android:layout_height = "wrap_content"
    android:text = "发送"
    android:textSize = "24sp"
    android:layout_alignParentRight = "true"
    android:layout_below = "@id/bt_contact_call"/>
</RelativeLayout >
```

图 7-8　列表选项布局预览效果

接着在布局文件 activity_contact. xml 中实现主页面通讯页面的布局效果,以下是其参考代码。

```
< LinearLayout
    xmlns:android = "http://schemas. android. com/apk/res/android"
    android:layout_width = "match_parent"
    android:layout_height = "match_parent"
    android:orientation = "vertical">
    < ListView
        android:id = "@ + id/lv_contacts"
        android:layout_width = "match_parent"
        android:layout_height = "wrap_content"/>
</LinearLayout >
```

2. 创建联系人实体类

为了方便后续实现页面逻辑功能过程中的数据传递，先将联系人信息封装成联系人实体类，以下是其参考代码。

```
public class Contact {
    private Bitmap bm;
    private String name;
    private String phone;
    public Contact() { }
    public Contact(Bitmap bm, String name, String phone) {
        this.bm = bm;
        this.name = name;
        this.phone = phone; }
    public Bitmap getBm() {
        return bm;}
    public void setBm(Bitmap bm) {
        this.bm = bm; }
    public String getName() {
        return name;
    }
    public void setName(String name) {
        this.name = name;
    }
    public String getPhone() {
        return phone;
    }
    public void setPhone(String phone) {
        this.phone = phone;
    }
}
```

3. 创建适配器

由于主页面中选择使用 ListView 控件展示联系人信息，因此在这里需要创建一个适配器类，用于将联系人信息与 ListView 控件进行绑定，以下是其参考代码。拨打电话及发送信息代码请各位读者根据使用隐式 Intent 调用 Android 系统中常用资源的例子完成。

```
public class ContactAdapter extends BaseAdapter {
    List < Contact > lst;
    Context con;
    public ContactAdapter(List < Contact > lst, Context con) {
        this.lst = lst;
        this.con = con; }
    @Override
    public int getCount() {
        return lst.size();
    }
    @Override
    public Object getItem(int i) {
        return lst.get(i);
    }
```

```
        @Override
        public long getItemId(int i) {
            return i;
        }
        @Override
        public View getView(int i, View view, ViewGroup viewGroup) {
            if( view == null ){
                view = View.inflate(con, R.layout.contact_item,null);
            }
            Contact con = lst.get(i);
            ImageView iv = view.findViewById(R.id.iv_contact_icon);
           iv.setImageBitmap(con.getBm());
            TextView tv_name = view.findViewById(R.id.tv_contact_name);
            tv_name.setText(con.getName());
            TextView tv_phone = view.findViewById(R.id.tv_contact_phone);
            tv_phone.setText(con.getPhone());
            Button bt_call = view.findViewById(R.id.bt_contact_call);
            bt_call.setOnClickListener(new View.OnClickListener() {
                @Override
                public void onClick(View view) {
                    //拨打电话功能代码
                }
            });
            Button bt_sms = view.findViewById(R.id.bt_contact_sms);
            bt_sms.setOnClickListener(new View.OnClickListener() {
                @Override
                public void onClick(View view) {
                    //发送信息代码
                }});
            return view;
        }
    }
}
```

4. 实现页面逻辑功能

在 ContactFragment 中实现通讯录页面的逻辑功能,先定义相应的属性,并在 onCreateView()方法中初始化它们,以下是其参考代码。

```
public class ContactFragment extends Fragment {
    View view;
    ListView lv;
    List < Contact > lst;
    ContactAdapter cad;
    @Nullable
    @Override
    public View onCreateView (@NonNull LayoutInflater inflater, @Nullable ViewGroup
container, @Nullable Bundle savedInstanceState) {
        view = inflater.inflate(R.layout.activity_contact,container,false);
        lv = view.findViewById(R.id.lv_contacts);
        return view;
    }
}
```

5. 获取联系人信息

在 ContactFragment 中编写一个获取联系人信息的方法,该方法返回一个 List,以下是其参考代码。

```
public List < Contact > getContacts() {
List < Contact > list = new ArrayList <>();
//获取联系人信息的两个重要 URI
Uri uri = Uri.parse("content://com.android.contacts/raw_contacts");
Uri duri = Uri.parse("content://com.android.contacts/data");
Cursor cur_id = getContext().getContentResolver().query(uri, new String[]{"_id"}, null,
null, null);        //在 raw_contacts 表中获取联系人的_id
if (cur_id != null && cur_id.getCount() > 0) {
    while (cur_id.moveToNext()) {
        int id = cur_id.getInt(0);                  //第一列为_id,其列号为 0
        String select = "raw_contact_id = ?";       //编写好查询数据的条件和条件值
        String[] args = {id + ""};
         //在 data 表中查询出当前 id 的联系人的信息
        Cursor cur = getContext().getContentResolver().query(duri, new String[]{"data1",
"mimetype","data15"}, select, args, null);
        //定义三个变量分别保存当前联系人的头像路径、名字和电话号码
     String name = "", phone = "";
     Bitmap bm = null;
    if (cur != null && cur.getCount() > 0) {
        while (cur.moveToNext()) {
            String data1 = cur.getString(0);
            String mimetype = cur.getString(1);
            if (mimetype.equals("vnd.android.cursor.item/phone_v2")) {
                phone = data1;
        } else if (mimetype.equals("vnd.android.cursor.item/photo")) {
                byte[] blob = cur.getBlob(2);
    if (blob != null) {      // 将头像保存到 data/data/packageName/files/photo/ 目录下
                bm = BitmapFactory.decodeByteArray(blob, 0, blob.length);}
        }else if (mimetype.equals("vnd.android.cursor.item/name")) {
            name = data1;}}
        Contact con = new Contact(bm, name, phone);
            list.add(con);}}}
    return list; }
```

需要注意的是联系人的头像信息不是保存在 data1 列,而是保存在 data15 列,并且是以二进制的形式进行保存。

6. 获取访问通讯录权限

在清单文件中加入访问通讯录的权限,并在 RegisterActivity 的 permission 数组中也加入访问通讯录的权限(Manifest. permission. READ_CONTACTS),清单文件中添加访问通讯录的权限的代码为"**< uses-permission android：name＝"android. permission. READ_ CONTACTS"/>**"。

图 7-9　通讯录页面运行效果

7. 初始化数据

在 ContactFragment 的 onCreateView()方法中调用 getContacts()方法初始化 List 数据集合和适配器,并将适配器绑定到 ListView 控件中,以下是其参考代码。

```
lst = getContacts();
if( lst!= null ){cad = new ContactAdapter(lst,getContext());
    lv.setAdapter(cad);}
```

注意上述代码必须写在 return 语句之前,添加完上述代码后将应用程序运行到手机模拟器上,注册一个账号,登录成功跳转到主页后,滑动切换到通讯录页面,其运行效果如图 7-9 所示。

7.3　课后学习任务:获取手机照片制作相册

本次课后学习任务是随机选取手机相册中至少 2 张且不多于 10 张的图片,生成一个相册,如果用户不滑动切换,3 秒后自动切换播放下一张,在播放照片的下面用所有图片缩略图作为播放的进度条,请按照上述要求自行设计实现自己的相册。

7.3.1　任务分析

根据上述任务的描述,在页面实现上可以使用 ImageView 和 RecycleView 等控件,而在功能实现上,则需要知道如何访问手机相册,并能做到随机获取相册中多张照片以及实现自动播放等功能,访问手机相册在介绍注册页面设置头像时有讲解过,大家可参考实现,同时可以参考学习以下两个链接。

（1）获取 Android 相册图片的学习资料链接为"https://blog.csdn.net/xiaobfsd/article/details/127854789"。

（2）获取 Android 的拍照和自定义多选相册的学习资料链接为"http://www.taodudu.cc/news/show-5674548.html?action=onClick"。

7.3.2　页面设计

各位读者可以参照任务描述和分析,自行设计出自己相册的页面效果。

7.3.3　功能设计

各位读者可以根据任务描述和分析,自行设计实现相册的相应功能。

7.3.4　页面及功能实现

各位读者可以根据任务的页面和功能设计编写代码实现相册的功能,并按要求在实训报告中展示相应的关键代码,完成配套资源中相应的实训报告。

第8章

广播接收者

CHAPTER *8*

学习目标：

了解 BroadcastReceiver 的工作原理。

了解 BroadcastReceiver 的创建过程。

熟悉广播发送和接收的过程。

职业技能目标：

熟悉 BroadcastReceiver 的工作原理，能够根据项目需求使用广播实现不同应用程序之间的通信过程。

课程思政育人目标：

让学生了解目前主流的广告媒体，增强学生的防骗意识，培养学生的自警能力。

学习导读：

为了更好地掌握本章的内容，请读者按照学习导读进行学习。

首先，在进行课堂学习之前，请先带着 BroadcastReceiver 工作原理、创建和使用步骤是什么等问题完成课前学习任务。

其次，在课堂上通过完成课堂任务，加深理解 BroadcastReceiver 的工作原理，熟练掌握使用和设置 BroadcastReceiver 的操作步骤。

最后，通过课后案例，复习巩固已学习的知识，将知识点应用到企业实际项目中。

🔑 8.1　课前学习任务：了解广播接收者 BroadcastReceiver

广播在现实生活中是一种传递信息的方法,在 Android 中,它也是一种应用程序之间传递信息的机制,广播是通过 Intent 对象将其要发送的信息携带给接收广播的组件。广播的实现需要广播发送者和广播接收者两部分。Android 中广播的类型分为系统广播(System Broadcast)、普通广播(Normal Broadcast)、有序广播(Ordered Broadcast)等八种广播,这些广播分别有什么特点,在什么情况下使用呢? 接下来一一进行讲解。

1. 系统广播(System Broadcast)

Android 系统中实现了多个系统广播,在涉及手机的基本操作时,基本上都会触发相应的系统广播,例如开机启动、网络状态改变、拍照、屏幕关闭与开启、电量不足等操作。每个系统广播都具有特定的意图过滤器(IntentFilter),其中主要包括具体的 Action,系统发出广播后,将被相应的 BroadReceiver 接收。当系统内部特定事件发生时,系统会自动发出相应的系统广播。应用程序也可以通过注册系统广播接收器来接收这些广播,以便做出相应的处理。

2. 普通广播(Normal Broadcast)

普通广播也称为标准广播,这种广播是一种完全异步的广播,不保证所有接收者会同时接收到广播。即使没有任务接收者,发送者也不会收到任务错误信息。这种广播的效率很高,但不适合需要保证所有接收者均接收到广播的情况。

3. 有序广播(Ordered Broadcast)

这种广播是一种同步的广播,保证所有接收者都会按照一定的顺序接收到广播。每个接收者在接收到广播后,可以选择继续传递广播或者中断广播。这种广播适合需要保证所有接收者均接收到广播的情况。

4. 自定义广播(Custom Broadcast)

这种广播是应用程序定义的广播,用于自定义事件的传递和处理。应用程序可以通过发送自定义广播来触发特定的事件,通过注册自定义广播接收器来处理这些事件。自定义广播可以实现应用程序内部的各种功能和交互。

5. 本地广播(Local Broadcast)

这种广播是一种只能在应用程序内部传播的广播,不会被系统其他应用程序接收到。这种广播比其他广播更加安全和高效,适合应用程序内部的通信和数据传递。

6. 黏性广播(Sticky Broadcast)

这种广播是一种可以被持久化的广播,即发送者可以将广播发送给尚未注册的接收者,当这些接收者注册时,它们可以立即接收到最近一次的广播。这种广播适合需要在注册前就接收到广播的情况。

7. 应用程序待机桶广播(App Standby Buckets Broadcast)

这种广播是从 Android 9 开始引入的一种新机制,用于帮助应用程序更好地管理其后台运行行为。当应用程序进入不同的待机桶(Standby Bucket)时,系统会发送一个 App Standby Buckets 广播,通知应用程序当前的待机桶级别。应用程序可以根据待机桶级别来调整自己的后台运行行为,以达到更好的功耗优化和性能优化。这种广播只能由系统发送,应用程序不能发送。

8. 应用程序权限操作广播(App Ops Broadcast)

这种广播是 Android 系统中的一种权限管理机制,用于允许或拒绝应用程序对系统的各种操作。当应用程序请求某个权限时,系统会发送一个 App Ops 广播,通知应用程序对该权限的授权情况。应用程序可以根据授权情况来决定是否执行相应的操作。这种广播只能由系统发送,应用程序不能发送。

广播作为 Android 组件间的通信方式,被应用于多种场合,目前广播一般可以在以下场景中使用。

(1)同一应用程序的同一组件内的消息通信,即单个或多个线程之间。

(2)同一应用程序内部的不同组件之间的信息通信,即单个进程内。

(3)同一应用程序具有多个进程的不同组件之间的消息通信。

(4)不同应用程序之间的组件间的消息通信。

通过以上介绍,相信各位读者对广播的基本情况有了较深刻的认识,接下来一起来揭开广播的神秘面纱。

8.1.1　广播发送者

Android 中的广播使用了设计模式里观察者模式的基于消息的发布/订阅事件模型,该模型中包含了三个角色,分别是消息订阅者(广播接收者)、消息发布者(广播发送者)、消息中心(Activity Manager Service,AMS),其实现原理和过程如图 8-1 所示。

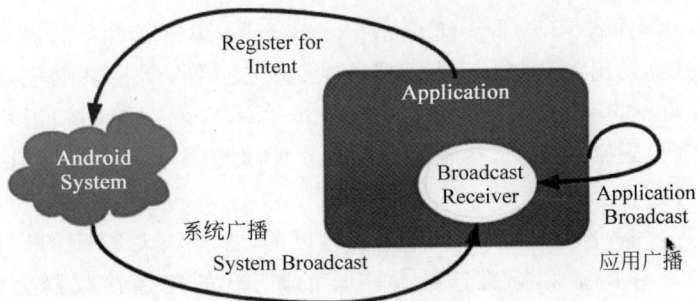

图 8-1　Android 中广播实现的原理和过程

由图 8-1 可知广播接收者(一般是应用程序)通过 Binder 机制在 AMS 中注册,而广播发送者(一般是 Android 系统或应用程序)通过 Binder 机制向 AMS 发送广播,AMS 根据广播发送者的要求,在已注册列表中,寻找合适的广播接收者(寻找依据是 IntentFilter 或 Permission),接着 AMS 将广播发送到适合的广播接收者相应的消息循环队列中,最后广播接收者通过消息循环队列拿到此广播,并回调 onReceive()方法做出相应的处理。

了解完广播的机制,接着我们一起来了解广播发送的实现过程。广播发送的实现过程根据广播不同的类型,其发送过程也有所不同,接下来一起实现不同类型的广播发送过程。

1. 发送标准广播

发送标准广播比较简单,只需要在想要发送广播的地方添加以下代码即可,如需携带数据,可以通过 Intent 的对象添加。

```
Intent intent = new Intent(动作名称);
sendBroadcast(intent);
```

需要注意的是在创建 Intent 对象时,构造方法传入的动作名称应该在注册广播接收器时 IntentFilter 中的 action 标签中进行注册。

2. 发送有序广播

广播是一种可以跨进程的通信方式,应用程序内发送的广播在其他应用程序中也是可以接收到的。有序广播为我们提供了一个更加灵活的广播发送方式。有序广播的接收器可以通过设定优先级来决定哪个广播接收器先接收广播。优先级的数值越大优先级别越高(取值范围为 [-1000,1000]),优先级高的广播接收器在接收到广播并进行相应逻辑处理后可将广播传递给下一个优先级高的接收器或者直接截断广播的传递。若优先级别相同,那么注册时间较早的广播接收器会优先接收到广播。由此可见,相对于标准广播,有序广播的灵活性较高,但效率比较低。Android 手机中较为常见的短信拦截功能就是通过有序广播来实现的,其拦截原理是系统刚收到短信的时候,会发出一个有序广播,然后短信拦截程序可以通过设置其本身短信广播接收器的优先级来优先获取到短信,对内容进行识别,若判定为骚扰短信则截断广播的传递。发送有序广播和发送标准广播的实现代码基本一致,以下是其参考代码。

```
Intent intent = new Intent(动作名称);
sendOrderedBroadcast(intent,权限);
```

需要注意 sendOrderedBroadcast(intent,receiverPermission)方法需要接收两个参数,其中 intent 表示打算发出的广播,与此广播匹配的广播接收器将会响应,即在 IntentFilter 中找到相应的 Action 的名称。receiverPermission 表示权限字符串,可以使用系统值也可以自己定义。设定权限字符串后,接收器也必须声明该权限才可以接收到该广播,若为 null 则不需要权限即可接收。

但只发送有序广播是不能达到广播有序的目的,如果不对相应的广播接收器进行优先级的设定,那么有序广播和标准广播是一样的,所有的广播接收器会同时接收到这条广播。

3. 发送本地广播

标准广播和有序广播都是全局广播,即发出的广播所有的程序都可以接收到,这样很容易导致信息泄露等安全性问题,例如有时候发送的广播携带关键性数据,有可能被别的应用程序拦截。为了解决全局广播的安全性问题,Android 系统引进了本地广播。本地广播发出后只能够在应用程序内部传递,也只有应用程序内部的接收器才能收到本地广播,这样广播的安全性问题就能得到解决,其具有以下特点。

(1) 本地广播只会在程序内发送,不会导致数据泄露等问题。

(2) 本地广播接收器不会收到其他程序发送的广播,不会导致安全性问题。

(3) 本地广播相对于标准广播更加高效。

本地广播和全局广播不同的地方在于本地广播主要使用 LocalBroadcastManager 对广播的发送、注册、注销进行管理,以下是发送本地广播的参考代码。

```
private LocalBroadcastManager local = LocalBroadcastManager.getInstance(上下文对象);
Intent intent = new Intent(动作名称);
local.sendBroadcast(intent);
```

由上述代码可知实现发送本地广播前,需要通过 LocalBroadcastManager 来获取一个实例,然后通过该实例来进行发送广播的操作。

4. 发送系统广播

Android 系统中内置了多个系统广播,涉及手机的基本操作,系统会自动发出相应的广播,无须用户操作,每个系统广播都有特定的 IntentFilter(包括具体的 Action),Android 系统广播 Action 如表 8-1 所示。

如需使用表 8-1 的广播,注册广播接收器时定义相关的 Action 即可接收系统相应的广播,实现相应的功能。

表 8-1　Android 系统广播 Action 说明表

系 统 操 作	Action
监听网络变化	android.net.conn.CONNECTIVITY_CHANGE
飞行模式状态改变	Intent.ACTION_AIRPLANE_MODE_CHANGED
充电时或电量发生变化	Intent.ACTION_BATTERY_CHANGED
电池电量低	Intent.ACTION_BATTERY_LOW
电池电量充足(从电量低变化到充足会发送广播)	Intent.ACTION_BATTERY_OKAY
系统启动完成(只发一次)	Intent.ACTION_BOOT_COMPLETED
按下拍照按钮(手机按键)	Intent.ACTION_CAMERA_BUTTON
屏幕锁屏	Intent.ACTION_CLOSE_SYSTEM_DIALOGS
设备当前设置被改变(界面语言、设备方向等)	Intent.ACTION_CONFIGURATION_CHANGED
插入耳机	Intent.ACTION_HEADSET_PLUG
插入外部存储装置	Intent.ACTION_MEDIA_CHECKING
成功安装 apk	Intent.ACTION_PACKAGE_ADDED
成功删除 apk	Intent.ACTION_PACKAGE_REMOVED
屏幕被关闭	Intent.ACTION_SCREEN_OFF
屏幕被打开	Intent.ACTION_SCREEN_ON
关闭系统	Intent.ACTION_SHUTDOWN
重启设备	Intent.ACTION_REBOOT

8.1.2　发送广播的案例

接下来做一个应用程序用于发送四种广播,在 TestProvider 项目的 layout 目录中创建布局文件并编写四个按钮分别用于发送上述四种广播,其实现步骤如下。

1. 案例界面的实现

本次案例的界面需要有四个按钮,分别用于发送四种广播,因此界面布局需要有四个 Button 控件,以下是该界面的参考代码,图 8-2 为界面的运行效果。

```xml
< LinearLayout
xmlns:android = "http://schemas.android.com/apk/res/android"
    xmlns:tools = "http://schemas.android.com/tools"
    android:layout_width = "match_parent"
    android:layout_height = "match_parent"
    android:orientation = "vertical"
    tools:context = ".MainActivity">
    < Button
        android:id = "@ + id/bt_send_standard"
        android:layout_width = "match_parent"
        android:layout_height = "wrap_content"
        android:text = "发送标准广播"
        android:padding = "20dp"/>
    < Button
        android:id = "@ + id/bt_send_x"
        android:layout_width = "match_parent"
        android:layout_height = "wrap_content"
        android:text = "发送有序广播"
        android:padding = "20dp"/>
    < Button
        android:id = "@ + id/bt_send_native"
        android:layout_width = "match_parent"
        android:layout_height = "wrap_content"
        android:text = "发送本地广播"
        android:padding = "20dp"/>
    < Button
        android:id = "@ + id/bt_send_sys"
        android:layout_width = "match_parent"
        android:layout_height = "wrap_content"
        android:text = "发送系统广播"
        android:padding = "20dp"/>
</LinearLayout >
```

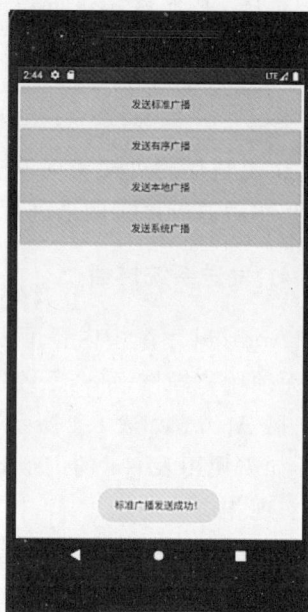

图 8-2　发送广播按钮界面效果

2. 创建界面逻辑控制类

创建发送广播界面的逻辑控制类,让类继承 Activity,并重写该类的 onCreate()方法,绑定布局文件后,让该类实现 OnClickListener 接口,并重写 onClick()方法,以下是其参考代码。

```java
public class SendBroadCastActivity extends Activity implements View.OnClickListener {
    @Override
```

```
protected void onCreate(@Nullable Bundle savedInstanceState) {
    super.onCreate(savedInstanceState);
    setContentView(R.layout.activity_send);
}
@Override
public void onClick(View view) {
}
}
```

3. 定义相关变量

在控制类中定义布局中所需的控件变量和数据变量,以下是其参考代码。

```
Button bts[];
int btids[] = {R.id.bt_send_standard, R.id.bt_send_x, R.id.bt_send_native, R.id.bt_send_sys};
Intent intent;
```

4. 初始化变量

在 onCreate()方法中初始化控件变量,并为其设置监听器,以下是其参考代码。

```
bts = new Button[btids.length];
for(int i = 0; i < btids.length; i++){
    bts[i] = findViewById(btids[i]);
    bts[i].setOnClickListener(this);
}
```

5. 实现单击事件

在 onClick()方法中的 switch 语句中编写发送各种广播的语句,以下是其参考代码。

```
public void onClick(View view) {
    switch (view.getId()){
        case R.id.bt_send_standard:
            intent = new Intent("android.send.standard");
            sendBroadcast(intent);
            Toast.makeText(this,"标准广播发送成功!",Toast.LENGTH_LONG).show();break;
        case R.id.bt_send_x:
            intent = new Intent("android.send.sorded");
            sendOrderedBroadcast(intent,null);
            Toast.makeText(this,"有序广播发送成功!",Toast.LENGTH_LONG).show();break;
        case R.id.bt_send_native:
LocalBroadcastManager localBroadcastManager = LocalBroadcastManager.getInstance(this);
            intent = new Intent("android.send.native");
            localBroadcastManager.sendBroadcast(intent);
            Toast.makeText(this,"本地广播发送成功!",Toast.LENGTH_LONG).show();break;
        case R.id.bt_send_sys:
            intent = new Intent("android.send.system");
            sendBroadcast(intent);
            Toast.makeText(this,"系统广播发送成功!",Toast.LENGTH_LONG).show();break;
    }
}
```

由上述案例可知,发送广播一般在控件的相应事件里实现,除了系统广播外,其他类型的广播一般由用户操作触发,各位读者可以根据系统功能需求选择相应的广播来实现数据的传递。

8.1.3　广播接收者

广播接收者是用于接收用户或者系统广播的意图(Intent),并根据不同广播动作的名称做不同的操作。一个广播 Intent 可以被多个订阅了这个广播 Intent 的广播接收者接收,广播接收者是没有界面的,自定义广播接收者需要继承 BroadcastReceiver 类,且必须重写 onReceive()方法,广播接收者收到相应广播后,会自动调用 onReceive()方法,在该方法中会涉及与其他组件之间的交互,如发送 Notification、启动 service 等。在默认情况下,广播接收者运行在 UI 线程中,因此,onReceive()方法不能执行耗时操作,否则将导致 ANR(Application Not responding,应用程序无响应)异常。

广播接收者会根据广播类型的接收规则来接收广播,普通的广播,广播接收者按照广播发送的先后时间来进行接收;接收有序广播时,则按照广播的 Priority 属性大小来进行接收,Priority 属性越大越先被接收,如果 Priority 属性相等,则先注册的广播先被接收。

了解到广播接收者接收广播的规则后,接下来一起学习创建广播接收者的过程。

首先,要在 TestProvider 项目的主包下创建一个类,类名为 MyBroadcastReceiver,创建广播接收者,让该类继承 BroadcastReceiver 类,并实现 onReceive()方法,以下是其参考代码。

```
public class MyBroadcastReceiver extends BroadcastReceiver {
    @Override
    public void onReceive(Context context, Intent intent) {
    }
}
```

其次,可以在 onReceive()方法中根据接收到 Intent 的数据来做不同的响应操作,例如根据 8.1.1 节的四个广播输出相应广播的动作名称,以下是其参考代码。

```
if(intent.getAction().equals("android.send.standard")){
    Log.i("action:",intent.getAction());
}
```

最后,需要对广播接收者进行注册才能接收到相应的广播信息,注册广播接收者有两种方式,一种是静态注册,即在清单文件的<application>标签里用<receiver>标签进行注册,以下是其参考代码。但从 Android 8.0(API 26)开始,对清单文件 AndroidManifest.xml 中静态注册广播接收者做了限制,因为要对耗电量优化,所以避免 App 滥用广播。目前除了少部分的广播(系统广播)仍支持静态注册外,其余都会出现失效的情况。

```
<receiver android:name=".MyBroadcastReceiver"><intent-filter>
    <action android:name="系统广播名称"/></intent-filter></receiver>
```

对于自定义的广播需要使用动态的注册方式,动态注册首先需要创建一个定义广播接收者的对象和一个 IntentFilter 对象,并设置 IntentFliter 的过滤事件为自定义广播的名称,以下是其参考代码。

```
MyBroadcastReceiver myBroadcastReceiver = new MyBroadcastReceiver();
IntentFilter filter = new IntentFilter("android.send.standard");
registerReceiver(myBroadcastReceiver,filter);
```

　　把上述代码添加到 TestProvider 项目的 SendBroadcastActivity 的 onCreate()方法中，运行项目后，单击"发送标准广播"按钮后在界面上会弹出"我是一个标准广播"的消息框，该消息框消失后会继续弹出"XXX 接收成功"的消息框，其运行效果如图 8-3 和图 8-4 所示。如果是本地广播则需要使用 **LocalBroadcastManager** 实例调用 **registerReceiver**()方法来注册广播接收者。

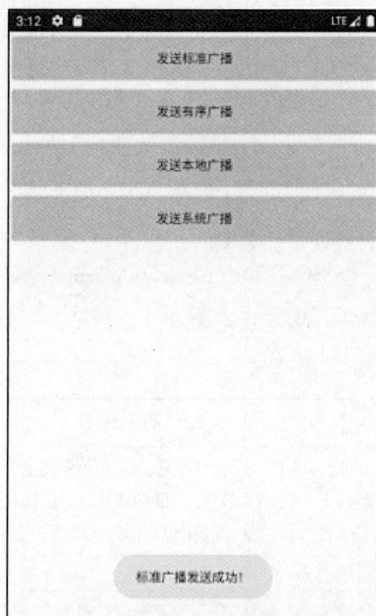

图 8-3　广播发送成功效果图　　　　　　图 8-4　接收广播成功效果图

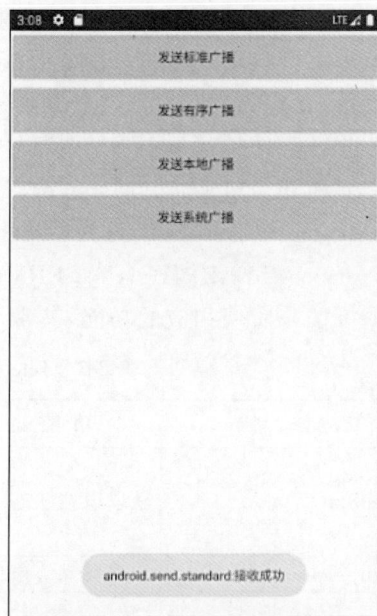

8.2　课堂学习任务：实现拦截陌生电话

　　本次课堂学习任务是使用广播接收者实现拦截陌生电话的功能，即通讯录以外的来电就直接挂断，并跳出提示给用户。

8.2.1　需求分析

　　信息技术的发展是把双刃剑，既给我们生活带来了便利，也给我们带来不必要的麻烦，例如个人信息泄露，导致我们每天都会有很多无聊的电话来推销，打断我们的思路和扰乱我们的正常生活，因此拦截陌生电话是一个很实用的功能。本次课堂学习任务要实现的陌生电话拦截程序主要功能是接收到陌生来电时，直接挂断，并给用户发送提示信息。为了方便用户查看拦截结果，可以为该应用程序设计一个界面用于显示陌生来电的相关信息，如电话号码、时间等。

8.2.2　陌生电话拦截所需知识

　　根据上述需求，首先需要先获取到来电信息，然后在数据库中查询来电的电话号码是否在通讯录中,如果不存在则挂掉电话,给用户发出提示信息,否则什么也不做。接下来在本小节中学习获取来电信息、查询通讯录、挂断来电、发送提示信息等内容。

1. 获取来电信息

Android 平台提供的电话信息系统管理功能主要包括获取电话信息(设备信息、SIM 信息以及网络信息)、侦听电话状态(呼叫状态、服务状态、信息强度状态等)和调用电话拨号器。

实现侦听手机状态,应用程序必须先获得相应的权限,即需要在清单文件中添加读取手机状态的权限,其代码为"< uses-permission android：name＝"android. permission. READ_PHONE_STATE"/>"。

接着需要使用 TelephonyManager 实例来获取手机状态,在页面逻辑控制类中创建 TelephonyManager 实例,其代码为"TelephonyManager tm ＝(TelephonyManager) this. getSystemService(TELEPHONY_SERVICE);"。创建完 TelephonyManager 实例后可以调用相关的方法来实现相应的功能,其常用方法及说明如表 8-2 所示。

表 8-2   **TelephonyManager 常用方法**

序号	方 法 名	功 能 说 明	返回值说明
1	getCallState	获取电话状态	CALL_STATE_IDLE：无任何状态 CALL_STATE_OFFHOOK：接起电话 CALL_STATE_RINGING：电话进来时
2	getCellLocation	获取移动终端的位置	是一个 CellLocation 对象
3	requestLocationUpdate	更新设备位置	接收对象为注册 LISTEN_CELL_LOCATION 的对象,需要的 permission 名称为 ACCESS_COARSE_LOCATION
4	getDataActivity	获取数据活动状态	DATA_ACTIVITY_IN：数据连接状态,活动正在接收数据 DATA_ACTIVITY_OUT：数据连接状态,活动正在发送数据 DATA_ACTIVITY_INOUT：数据连接状态,活动正在接收和发送数据 DATA_ACTIVITY_NONE：数据连接状态,但无数据接收和发送
5	getDeviceId	获取移动终端唯一标识	如果是 GSM 网络返回 IMEI,如果是 CDMA 网络返回 MEID
6	getDeviceSoftwareVersion	获取移动终端的软件版本	返回移动终端的软件版本,GSM 手机的 IMEI/SV 码
7	getLine1Number	获取手机号码	返回手机号码,对于 GSM 网络来说即 MSISDN
8	getNeighboringCellInfo	获取当前移动终端附近的信息	返回的是一个保存 NeighboringCellInfo 对象信息的 List,NeighboringCellInfo 对象常用方法有 getLac()：位置区域码,getNetworkType()：网络类型,getPsc()：UMTS network,getRssi()：获取邻居小区信息强度
9	getNetworkCountryIso	获取 ISO 标准的国家代码	返回的是国际长途号

续表

序号	方　法　名	功　能　说　明	返回值说明
10	getNetworkOperator	获取 MCC＋MNC 代码	SIM 卡运营商国家代码和运营商网络代码（IMSI）
11	getNetworkOperatorName	获取移动网络运营商名称	返回运营商名称
12	getSimCountryIso	获取 SIM 卡提供商的国家代码	返回 SIM 卡提供商的国家代码
13	getSimSerialNumber	获取 SIM 卡的序列号	返回 IMEI
14	getNetworkType	可以获取 2G～5G 和 unknow 网络类型	NETWORK_TYPE_CDMA 网络类型为 CDMA NETWORK_TYPE_EDGE 网络类型为 EDGE NETWORK_TYPE_EVDO_0 网络类型为 EVDO0 NETWORK_TYPE_EVDO_A 网络类型为 EVDOA NETWORK_TYPE_GPRS 网络类型为 GPRS NETWORK_TYPE_HSDPA 网络类型为 HSDPA NETWORK_TYPE_HSPA 网络类型为 HSPA NETWORK_TYPE_HSUPA 网络类型为 HSUPA NETWORK_TYPE_UMTS 网络类型为 UMTS
15	getPhoneType	获取移动终端的类型	PHONE_TYPE_CDMA 手机制式为 CDMA 电信 PHONE_TYPE_GSMA 手机制式为 GSMA 电信 PHONE_TYPE_NONE 手机制式为未知
16	getSimOperator 或 getSimOperatorName	获取运营商国家代码和运营商网络代码	返回 MCC＋MNC 代码
17	getSimState	返回移动终端	返回终端 SIM 卡状态。 SIM_STATE_ABSENT：SIM 卡未找到 SIM_STATE_NETWORK_LOCKED：SIM 卡网络被锁定，需要 Network PIN 解锁 SIM_STATE_PIN_REQUIRED：SIM 卡 PIN 被锁定，需要 User PIN 解锁 SIM_STATE_PUK_REQUIRED：SIM 卡 PUK 被锁定，需要 User PUK 解锁 SIM_STATE_READY：SIM 卡可用 SIM_STATE_UNKNOWN：SIM 卡未知
18	getSubscriberId	获取用户唯一标识	例如 GSM 网络返回网络的 IMSI 编号
19	getVoiceMailAlphaTag	获取语音信箱号码关联的字母标识	返回语言信箱号码关联的字母标识
20	getVoiceMailNumber	获取语音邮件号码	返回语音邮件号码
21	hasIccCard	检查 ICC 卡是否存在	如果存在则返回 true,否则返回 false
22	isNetworkRoaming	获取手机漫游状态	返回手机是否处于漫游状态

　　为了更好地了解 TelephonyManager 常用方法,各位读者可以先了解移动网络相关的专业名词,会更有利于学习后续的内容,常见的专业名词如下。

　　(1) IMSI(International Mobile Subscriber Identity)是国际移动用户识别码的简称,其共有 15 位,其结构为 MCC＋MNC＋MIN。

　　MCC(Mobile Country Code)为移动国家码,共 3 位,中国为 460。

　　MNC(Mobile Network Code)为移动网络码,共 2 位,在中国,移动的代码为 00 和 02,

联通的代码为 01,电信的代码为 03,MCC 和 MNC 合起来就是 Android 手机中 APN 配置文件中的代码,例如中国移动为 46000 或者 46002,中国联通为 46001,中国电信为 46003。

(2) IMEI(International Mobile Equipment Identity)是国际移动设备标识的简称,由 15 位数字组成的"电子串号",它与每台手机一一对应,而且该码是全世界唯一的。其前六位是型号核准号码(TAC),一般代表机型;接着的两位数是最后装配号(FAC),一般是生产地代码;之后的六位数是串号(SNR),一般代表生产顺序号;最后一位数是检验码(SP),通常为 0,目前苹果手机设备的 IMEI 号码如图 8-5 所示。

图 8-5　手机 IMEI 号码

了 解 完 TelephonyManager 类 后,接 下 来 学 习 如 何 创 建 其 实 例,其 代 码 为 "**TelephonyManager 的对象＝(TelephonyManager) getSystemService(Context. TELEPHONY_SERVICE);**",TelephonyManager 实例创建完后,需要实现监听手机的状态,根据手机的状态来进行不同的操作,因此需要为 TelephonyManager 实例添加监听器,以下是其参考代码。

```
TelephonyManager 的对象.listen(new PhoneStateListener(){
        public void onCallStateChanged(int state, String phoneNumber) {
        //根据 state 的值做不同功能的处理,参数 phoneNumber 为来电号码
            super.onCallStateChanged(state,phoneNumber);
        }
    },PhoneStateListener.LISTEN_CALL_STATE);
}
```

但由于 Android 越来越重视用户的隐私安全,TelephonyManager 类很多的方法都不能直接使用,而是被封装到.aidl 文件中,如若正常使用,则需要先将相关的.aidl 文件复制到相应的项目文件夹中,具体目录及文件如图 8-6 所示,需要注意的是.aidl 及其相关的子包需要程序员手动创建后再将.aidl 文件复制到相应的目录中,这样 TelephonyManager 类的相关方法才能正常使用。

在上述的代码中 TelephonyManager 类虽然能够正常使用,但只能在 onCreate()方法执行时检测到手机的状态,不能实时监控手机的状态,请同学们思考如何实现实时监控手机的状态。

2. 查询通讯录

查询通讯录需要使用 ContentProvider,这部分内容在上一章学习过,在此只简述其步骤,不再赘述,以下是实现的参考代码。

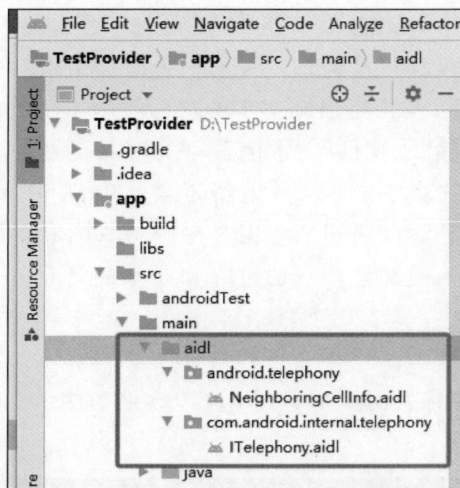

图 8-6　手机管理相关的 aidl 文件及其文件夹结构

```
public boolean isNumberInContacts(ContentResolver contentResolver, String number) {
                                            // 1.查询通讯录 URI 和要查询的列
    Uri uri = ContactsContract.CommonDataKinds.Phone.CONTENT_URI;
String[] projection = new String[]{
ContactsContract.CommonDataKinds.Phone.NUMBER };
    // 2.构建查询条件
    String selection = ContactsContract.CommonDataKinds.Phone.NUMBER + " = ?";
    String[] selectionArgs = new String[]{number};
    Cursor cursor = contentResolver.query(uri, projection, selection, selectionArgs, null);
        // 3.执行查询
boolean isInContacts = cursor != null && cursor.getCount()> 0;        // 是否存在通讯录
    if (cursor != null) {                                        // 关闭游标
        cursor.close(); }
    return isInContacts;}
```

3. 挂断来电

当检测来电不在通讯录则挂掉电话，以下是其实现的参考代码。

```
Method method = Class.forName("android.os.ServiceManager").getMethod("getService", String.class);
// 获取远程 TELEPHONE_SERVICE 的 IBinder 对象的代理
IBinder binder = (IBinder) method.invoke(null,new Object[] { TELEPHONY_SERVICE });
// 将 IBinder 对象的代理转换为 ITelephony
ITelephony telephony = ITelephony.Stub.asInterface(binder);
// 挂断电话
telephony.endCall();
```

4. 发送提示信息

当挂掉电话后，可以通过 Notification 类给手机发送信息，通知用户拦截到的号码信息。但是 Android 中通知功能也随着 Android 系统的更新而发展壮大，接下来详细学习通知功能的实现。

1）通知功能的发展历史

首先，在 Android 4.1 引入了展开式通知模板，又称为通知样式，可以提供较大的通知内容区域来显示信息,用户可以使用单指向上或向下滑动的手势来展开通知;接着,Android 5.0 引入了锁定屏幕和浮动通知,向 API 集添加了通知是否在锁定屏幕上显示的方法(setVisibility()方法),以及指定通知文本的"公开"版本的方法,添加了 setPriority()方法,告知系统该通知应具有的"干扰性";紧接着,Android 7.0 用户可以使用内联回复直接在通知内回复;Android 8.0 将单个通知放入特定渠道中,用户可以按渠道关闭通知,而不是关闭应用的所有通知,包含活动通知的应用会在应用图标上方显示通知标志,用户可以暂停抽屉式通知栏中的通知,为通知设置自动超时和通知的背景颜色。通知功能的实现越来越人性化和个性化。

2)通知的结构

通知信息一般包含小图标、标题、时间等内容,效果如图 8-7 所示。通知信息的内容可以通过不同的方法进行修改。

图 8-7　通知信息内容结构效果

3)创建通知信息步骤

Android 为兼容不同 Android 版本中的通知信息,在 support-compat 包中提供了 NotificationCompat 和 NotificationManagerCompat 来帮助用户更加方便地使用通知。因为是在 Android 10 及以上的版本中使用通知,所以须兼容所有的 Android 版本,因此创建通知的步骤如下。

步骤 1,创建 NotificationManager 对象,其参考代码为"NotificationManager manager = (NotificationManager) getSystemService(NOTIFICATION _ SERVICE);"。接着创建 NotificationChannel 对象,其创建代码为"NotificationChannel channel = new NotificationChannel(channelId,channelName,level);"。然后将通知渠道与通知管理对象绑定在一起,其代码为 **"manager. createNotificationChannel(channel);"**。需要注意的是我们只需要在 Android 8.0 及其以上的版本中创建通知渠道,其他低版本的系统是不用的,因此在创建通知渠道前,需要先判断系统版本,以下是其参考代码。

```
if(Build.VERSION.SDK_INT >= Build.VERSION_CODES.O){  //判断系统版本是否大等于 8
NotificationManager manager = (NotificationManager) getSystemService(NOTIFICATION_SERVICE);
NotificationChannel channel = new NotificationChannel(channelId,channelName,leveel);
manager.createNotificationChannel(channel);
  return channelId;}else{return null;}
```

步骤 2,实现通知信息的单击事件,让用户单击通知信息可以回到应用程序相应的 Activity 页面,其实现过程可以使用 PendingIntent 对象定义的 Intent,并将其传递给 setContentIntent()方法,以下是其实现代码。

```
Intent intent = new Intent(this,InterceptActivity.class);
intent.setFlags(Intent.FLAG_ACTIVITY_NEW_TASK|Intent.FLAG_ACTIVITY_CLEAR_TASK);
PendingIntent pendingIntent = PendingIntent.getActivity(this,0,intent,0);
```

步骤 3,构建 Notification 对象显示通知,以下是其实现代码。

```
//获取创建的通知渠道的渠道 id
String id = createNotificationChannel("拦截:","1111",NotificationManager.IMPORTANCE_HIGH);
//构建通知对象
NotificationCompat.Builder notification = new NotificationCompat.Builder(this,id);
notification.setContentTitle("11111111111");              //设置通知内容
notification.setContentIntent(pendingIntent);             //设置通知信息单击事件
notification.setSmallIcon(R.drawable.ic_launcher_background); //设置通知图标
notification.setPriority(NotificationCompat.PRIORITY_HIGH);   //设置通知的优先级
notification.setAutoCancel(true);                         //设置信息自动取消
notificationManagerCompat managerCompat = NotificationManagerCompat.from(this);
                                                          //创建通知信息管理器
managerCompat.notify(100,notification.build());           //将通知信息显示出来
```

除了上述信息外,还可使用下列方法设置通知信息的相关属性,各个方法的说明如表 8-3 所示。

表 8-3　设置通知信息属性的相关方法及其说明

序号	方 法 名	功 能 说 明
1	addAction(背景, "按钮文字", snoozeIntent)	添加操作按钮,不会打开发送通知的应用程序,而是执行其他操作任务
2	notification.setProgress(PROGRESS_MAX, PROGRESS_CURRENT, false);	添加进度条,第三个参数为 true 进度条会有动画效果
3	setVisibility(NotificationCompat.VISIBILITY_PUBLIC)	设置锁定屏幕公开范围
4	setStyle(new NotificationCompat.BigPictureStyle() .bigPicture(BitmapFactory.decodeResource(getResources(), R.drawable.图片名称)))	可以使用 setStyle()方法添加大图片、加大文本、收件箱样式的通知,其与 setCustomContentView()方法配合可以实现自定义通知信息样式
	setStyle(new NotificationCompat.BigTextStyle().bigText ("内容"))	
	setStyle(new NotificationCompat.InboxStyle() .addLine("文本 1").addLine("文本 2").addLine("文本 3"))	
5	setCustomContentView(RemoteViews)	设置自定义通知内容
6	setCustomBigContentView((RemoteViews)	设置自定义展开通知内容

如果需要单击通知完成其他的任务,addAction()方法中的第三个参数的设置可以参考以下的代码实现。

```
Intent snoozeIntent = new Intent(this, MyBroadcastReceiver.class);
snoozeIntent.setAction(ACTION_SNOOZE);
snoozeIntent.putExtra(EXTRA_NOTIFICATION_ID, 0);
PendingIntent snoozePendingIntent = PendingIntent.getBroadcast(this,0,snoozeIntent,0);
```

如果需要实现自定义通知内容,可以参照以下的代码。

```
String channelId = createNotificationChannel("id","名称", NotificationManager.IMPORTANCE_MAX);
RemoteViews notificationLayout = new RemoteViews(getPackageName(), R.layout.布局名称);
RemoteViews notificationLayoutExpanded = new RemoteViews(getPackageName(), R.layout.布局名称);
NotificationCompat.Builder notification = new NotificationCompat.Builder(this, channelId).
setSmallIcon(R.mipmap.ic_launcher)
.setStyle(new NotificationCompat.DecoratedCustomViewStyle())
.setCustomContentView(notificationLayout)
```

```
.setCustomBigContentView(notificationLayoutExpanded)
.setVisibility(NotificationCompat.VISIBILITY_PUBLIC)
.setAutoCancel(true);
```

如果不想使用系统通知的样式,不要调用 setStyle()方法,直接使用 setCustomBigContentView()方法实现个性化的通知信息。

综上所述,陌生电话拦截所需的知识已基本准备好了,下面来实现该应用程序的功能。

8.2.3　陌生电话拦截的实现

1. 界面的实现

由需求分析可知,本应用程序需要有一个界面用于显示最新拦截的手机号码的信息,其布局只需要一个 TextView 控件即可,以下是其参考代码,其界面效果如图 8-8 所示。

```
<?xml version = "1.0" encoding = "utf-8"?>
<LinearLayout>
    xmlns:android = "http://schemas.android.com/apk/res/
android"
    android:layout_width = "match_parent"
    android:layout_height = "match_parent"
    android:orientation = "vertical">
    <TextView
        android:id = "@+id/tv_intercept_phone"
        android:layout_width = "wrap_content"
        android:layout_height = "wrap_content"
        android:text = "拦截号码:"
        android:textSize = "32sp"/>
</LinearLayout>
```

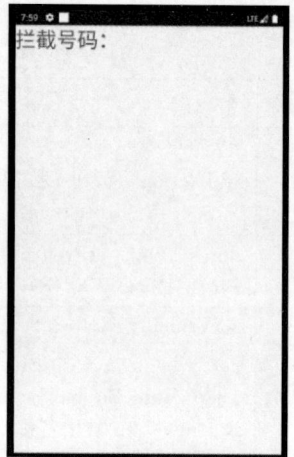

图 8-8　显示拦截号码的信息界面

2. 实现来电监听功能

为了实现实时来电监听功能,可以采用一个广播接收者来实现,当系统接收到来电时,会发送一个来电的广播,这样拦截程序的广播接收者接收到后会做出相应的处理,以下是实现步骤。

步骤 1,在 TestProvider 项目的主包里创建一个广播接收者,以下是其实现代码。

```
public class InComePhoneReceive extends BroadcastReceiver {
    @Override
    public void onReceive(final Context context, Intent intent) {
    }
}
```

步骤 2,在 onReceive()方法中监听电话状态,以下是具体的实现代码。

```
if (intent.getAction().equals(TelephonyManager.ACTION_PHONE_STATE_CHANGED)) {
    String state = intent.getStringExtra(TelephonyManager.EXTRA_STATE);
    if (state.equalsIgnoreCase(TelephonyManager.EXTRA_STATE_RINGING)) {
            final TelephonyManager telephonyManager = (TelephonyManager) context.
getSystemService(Context.TELEPHONY_SERVICE);
        telephonyManager.listen(new PhoneStateListener() {
```

```
@SuppressLint("MissingPermission")
@RequiresApi(api = Build.VERSION_CODES.KITKAT)
@Override
public void onCallStateChanged(int state, String phoneNumber) {
    switch (state) {
        case TelephonyManager.CALL_STATE_RINGING:
            break;
        case TelephonyManager.CALL_STATE_OFFHOOK:
            break;
        case TelephonyManager.CALL_STATE_IDLE:
            break;
    }
}
}, PhoneStateListener.LISTEN_CALL_STATE);
```

步骤 3,在电话响铃时获取来电号码,并查询电话是否在通讯录中,如果不在则直接挂断电话。如果在,则不做处理。首先在响铃时创建一个 ContentResolver 对象,用于查询通讯录,其实现代码为"ContentResolver cr＝context.getContentResolver();"。接着编写一个方法查询来电号码是否在通讯录中,以下是其实现代码。

```
public boolean isNumberInContacts(ContentResolver contentResolver, String number) {
// 1.查询通讯录 URI 和要查询的列
    Uri uri = ContactsContract.CommonDataKinds.Phone.CONTENT_URI;
    String[] projection = new String[]{
            ContactsContract.CommonDataKinds.Phone.NUMBER };
    // 2.构建查询条件
    String selection = ContactsContract.CommonDataKinds.Phone.NUMBER + " = ?";
    String[] selectionArgs = new String[]{number};
    Cursor cursor = contentResolver.query(uri, projection, selection, selectionArgs, null);
// 3.执行查询
    boolean isInContacts = cursor != null && cursor.getCount() > 0;    // 是否存在通讯录
    if (cursor != null) {                                              // 关闭游标
        cursor.close();
    }
    Log.i("isInContacts:", isInContacts + "");
    return isInContacts;
}
```

步骤 4,如在通讯录中查询不到来电,则说明来电为陌生电话,执行挂电话操作,以下是其实现代码。

```
if (isNumberInContacts(cr, phoneNumber) == false) {
    if (Build.VERSION.SDK_INT >= Build.VERSION_CODES.P) {
    @SuppressLint ({ "NewApi", "LocalSuppress"}) TelecomManager telecom =
(TelecomManager) context.getSystemService(Context.TELECOM_SERVICE);
    if (telecom.endCall()) {
        showNotification(context, phoneNumber);
    }} else {
    try {
        Method method = Class.forName ("android.os.ServiceManager").getMethod ("
getService", String.class);
        IBinder binder = (IBinder) method.invoke(null, new Object[]{context.TELEPHONY_
SERVICE});
        ITelephony iTelephony = ITelephony.Stub.asInterface(binder);
```

```
                    if (iTelephony.endCall()) {
                        showNotification(context, phoneNumber);
                    }
                } catch (ClassNotFoundException | NoSuchMethodException e) {
                    e.printStackTrace();
                } catch (IllegalAccessException e) {
                    e.printStackTrace();
                } catch (InvocationTargetException e) {
                    e.printStackTrace();
                } catch (RemoteException e) {
                    e.printStackTrace();
                }
            }
        }
```

在 Android 1.5 版本之前，实现挂断电话是非常容易的事情，只需要直接调用 TelephonyManager 的 endCall() 方法就可以了。但是由于 Android 系统越来越重视用户信息安全，在 1.5 版本之后就把 endCall() 等方法隐藏掉了，因此挂断电话需要通过反射的方法才能执行 endCall() 方法。实现反射前，需要先把 TelephonyManager 相应的 aidl 文件复制到相应的包里，包需要手动创建，建议在 Project 视图模式进行创建包的操作，注意包名称不能修改，包所在项目的结构如图 8-9 所示，相应的 aidl 文件在课程的资料里有提供，也可以网上搜索下载。不同版本间挂断电话的代码有所不同，上述代码提供了 Android 10 及其以上版本和 Android 8 及其以上版本的实现方法。

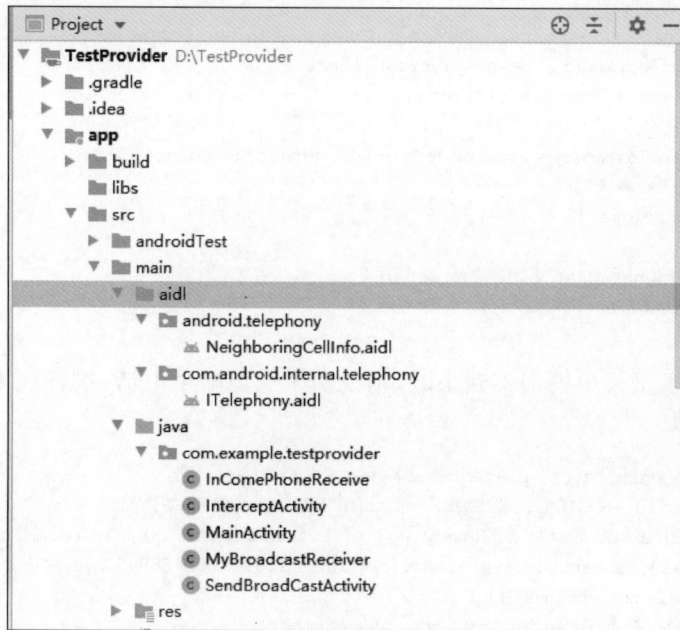

图 8-9　aidl 文件所在项目结构

拦截电话也需要相应的权限才能实现电话的相应操作，获取手机操作权限的步骤如下。首先，需要在清单文件中申请，申请权限的代码如下所示。

```
< uses - permission android:name = "android.permission.READ_PHONE_STATE"/>
< uses - permission android:name = "android.permission.READ_CALL_LOG"/>
```

```
< uses - permission android:name = "android.permission.READ_CONTACTS"/>
< uses - permission android:name = "android.permission.CALL_PHONE"/>
< uses - permission android:name = "android.permission.ANSWER_PHONE_CALLS"/>
```

接着,在页面逻辑控制类中,使用 Java 源代码进行动态申请权限,其实现代码如下所示。

```
//定义一个字符串数据用于保存应用程序所需的访问手机数据的权限
final static String permission[] = {Manifest.permission.READ_PHONE_STATE,
Manifest.permission.ANSWER_PHONE_CALLS, Manifest.permission.READ_PHONE_NUMBERS, Manifest.
permission.READ_CALL_LOG, Manifest.permission.READ_CONTACTS, Manifest.permission.MODIFY_
PHONE_STATE,Manifest.permission.ANSWER_PHONE_CALLS};
private void getPermission(){          //编写一个获取权限的方法
    //判断当前 Android 系统的版本,如果是大于或等于 Android 6.0 的话就动态获取权限
    if( Build.VERSION.SDK_INT > Build.VERSION_CODES.LOLLIPOP_MR1 ){
        //遍历权限数组
        for(String per:permission){
            //判断当前的系统是否获取了权限
            if( ActivityCompat.checkSelfPermission(this,per) !=
                    PackageManager.PERMISSION_GRANTED ){
                //申请权限
                ActivityCompat.requestPermissions(this,permission,1);
            }
        }
    }
}
```

最后,在 Activity 的 onRequestPermissionsResult()方法中处理用户的授权结果,其实现的代码如下所示。

```
public void onRequestPermissionsResult(int requestCode, @NonNull String[] permissions, @
NonNull int[] grantResults) {
    super.onRequestPermissionsResult(requestCode, permissions, grantResults);
    if( requestCode == 1 ){
        Log.i("permissionResult:","权限已获取,可以进行操作!");
    }
}
```

步骤 5,实现挂断电话后弹出通知消息提示框,Android 为了兼容不同版本的通知消息框,需要先创建一个通知渠道,以下是其参考代码。

```
private String createNotificationChannel(Context con, String channelId, String channelName,
int leveel) {
if (Build.VERSION.SDK_INT >= Build.VERSION_CODES.O) {
NotificationManager manager = (NotificationManager)con.getSystemService
                                    (Context.NOTIFICATION_SERVICE);
NotificationChannel channel = new NotificationChannel(channelId, channelName, leveel);
    manager.createNotificationChannel(channel);
    return channelId;
} else { return null; }}
```

接着编写一个方法实现展示通知消息框,以下是实现代码,在 endCall()方法调用成功时再调用 showNotification()方法,完成拦截陌生电话的功能。

```
private void showNotification(Context con, String phone ){
```

```
    Intent intent = new Intent(con, InterceptActivity.class);
    intent.putExtra("incomingNumber",phone + "来电号码");
    intent.setFlags(Intent.FLAG_ACTIVITY_NEW_TASK | Intent.FLAG_ACTIVITY_CLEAR_TASK);
    PendingIntent pendingIntent = PendingIntent.getActivity(con, 0, intent, 0);
    String id = createNotificationChannel(con, "拦截号码:", "111111", NotificationManager.
IMPORTANCE_HIGH);
    NotificationCompat.Builder notification = new NotificationCompat.Builder(con, id);
    notification.setContentTitle("拦截号码");
    notification.setContentTitle(phone);
    notification.setContentIntent(pendingIntent);
    notification.setSmallIcon(R.drawable.ic_launcher_background);
    notification.setPriority(NotificationCompat.PRIORITY_HIGH);
    notification.setAutoCancel(true);
    NotificationManagerCompat managerCompat = NotificationManagerCompat.from(con);
    managerCompat.notify(100, notification.build());
}
```

步骤 6，将应用程序运行到手机模拟器中，并启动一个新的手机模拟器，向运行了 TestProvider 程序的手机拨打电话，会发现电话没有响铃，并接收到了一条通知信息，单击通知信息后，会打开拦截陌生电话程序，在界面上显示了来电号码，其效果如图 8-10 所示。

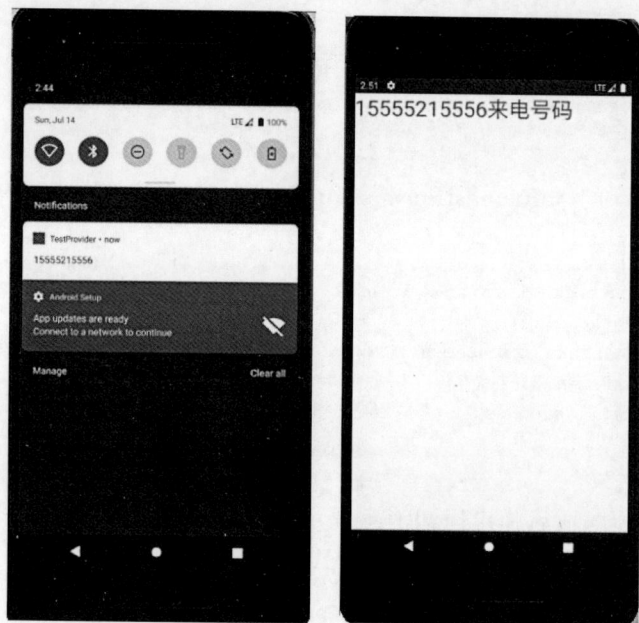

图 8-10　拦截模式电话应用程序运行效果

🔑 8.3　课后任务：短信拦截

由于个人信息的泄露，除了经常接到很多陌生电话外，还会经常收到很多垃圾短信，本次课后任务，希望读者们能够独立实现短信拦截的功能。假设短信拦截应用程序只需要帮用户拦截掉包含"广告"关键词的短信，拦截后需要将拦截到的信息以通知的形式弹框提醒用户，当用户单击通知信息时，拦截信息在应用程序页面中进行展示。

8.3.1　任务分析

本应用程序只需要展示最后一次拦截到的信息,可以适当地显示信息的发送者、发送时间和内容等信息,请读者自行设计应用程序的界面。

8.3.2　页面设计

各位读者可以参照任务描述和分析自行设计出短信拦截应用程序的页面效果。

8.3.3　数据设计

各位读者可以根据任务描述和分析自行设计实现短信拦截程序的数据库。

8.3.4　功能设计

各位读者可以根据任务描述和分析自行设计实现短信拦截程序的相应功能。

8.3.5　页面及功能实现

各位读者可以根据任务的页面和功能设计编写代码,实现短信拦截程序的功能,并按要求在实训报告中展示相应的关键代码,并完成配套资源的实训报告。

第**9**章

服　务

CHAPTER **9**

学习目标：

熟悉 Service 的生命周期、各个阶段的作用和工作原理。

掌握 Service 的创建过程。

掌握 SeekBar、SurfaceView 的使用。

职业技能目标：

熟悉 Service 的工作原理，能够根据项目需求使用服务实现不同应用程序之间的通信过程。

课程思政育人目标：

熟悉 Service 的工作原理，鼓励学生相互学习，共同进步，培养学生自励能力。

学习导读：

本章通过实现音乐播放器来重点讲解 Service 组件的使用，为了更好地掌握本章的内容，请读者按照学习导读进行学习。

首先，在进行课堂学习之前，请先带着 Service 的工作原理、创建步骤等问题完成课前学习任务。

其次，在课堂上通过完成课堂任务，加深理解 Service 的工作原理，熟练掌握 Service 的生命周期及实现相应的功能。

最后，通过课后案例，复习巩固已学习的知识，将知识点应用到企业实际项目中。

9.1　课前学习任务：服务 Service

Service 是 Android 四大组件之一,是实现程序后台运行的解决方案,适用于执行那些不需要和用户交互而且还要求长期运行的任务。Service 没有用户界面,无法直接与用户进行交互,必须由用户或者其他程序显式地启动,它的优先级比较高,比处于前台的应用优先级低,但比后台的其他应用优先级高,因此当系统缺少内存而销毁某些没被利用的资源时,它被销毁的概率是很低的。即使应用程序退出,服务也不会停止。一般可以在 Service 里访问网络、播放音乐、进行文件 IO 操作和大数据量的数据库操作等,这些操作都可以在后台运行,不需要用户的关注。在默认情况下,Service 运行在应用程序进程的主线程(UI 线程)中,如果需要在 Service 中处理一些网络连接等耗时的操作,就需要在 Service 中创建子线程来处理,避免阻塞用户界面。

9.1.1　Service

根据是否与应用在同一个进程,可以将 Service 分为本地 Service 和远程 Service。本地 Service 即 Service 与当前应用在同一个进程中,彼此之间拥有共同的内存区域,对于某些数据的共享特别简单方便。远程 Service 即不同进程间的 Service 访问,Android 的系统安全导致在不同的进程间无法使用一般的方式共享数据,Android 提供了一个 AIDL(Android Interface Description Language)工具,即 Android 接口描述语言。

Service 还可以根据启动方式来进行分类,分为 Started Service 和 Bound Service。Started Service 就是组件通过调用 startService()方法启动的 Service。使用 startService()方法启动的服务,会处于启动状态,可以在后台无限期地运行,只有自身调用 stopSelf()方法或者其他组件调用 stopService()方法才会停止。Bound Service 就是组件通过调用 bindService()方法绑定的 Service。Service 被组件绑定后,其处于绑定状态,多个组件可以绑定在一个 Service 上,当绑定 Service 的所有组件解绑之后,该 Service 被销毁。

1. 服务的生命周期

Service 的生命周期与其启动的方式相关,两种不同启动方式的 Service 的生命周期如图 9-1 所示,为了更好地掌握 Service 的使用,先来熟悉两种启动 Service 的生命周期及其回调方法的调用时期和作用。

startService()方法是启动 Service,手动调用,不受调用组件的控制,可以在后台无限期地运行。

bindService()方法是绑定服务,手动调用,将多个组件与服务绑定在一块,随着组件的消亡而消亡。

onCreate()方法是创建服务,自动调用,无论是开启服务还是绑定服务,最开始的回调方法肯定是 onCreate()方法,当第一次创建 Service 的时候调用该方法,多次调用 startService()方法不会重复调用 onCreate()方法,适合做一些初始化操作。

onStartCommand()方法是重复开始服务,自动调用,当多次执行 startService()方法的时候,onStartCommand()方法都会执行。

　　onBind()方法是绑定服务,自动调用,当一个组件想要通过 bindService()方法绑定 Service 时,系统会回调方法。该方法需要实现一个接口,通过返回 IBinder 对象实现用户通信。若不需要绑定 Service,则返回 null,否则必须实现。

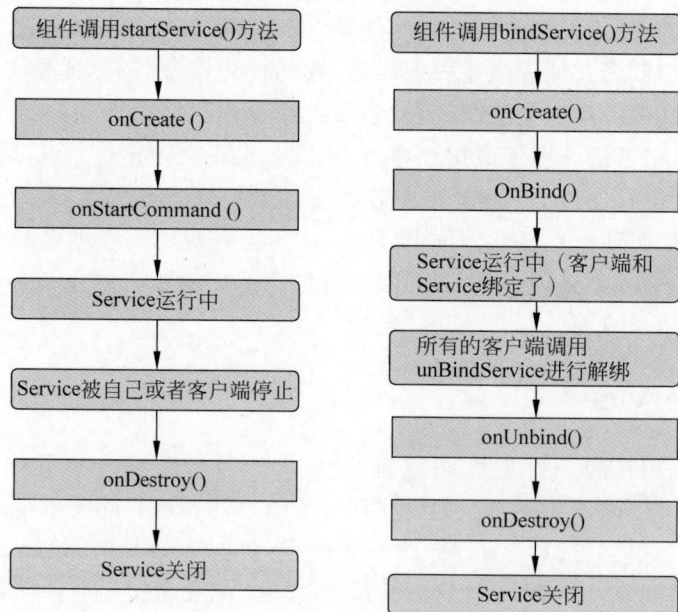

```
组件调用startService()方法          组件调用bindService()方法
        │                                  │
        ▼                                  ▼
   onCreate ()                        onCreate()
        │                                  │
        ▼                                  ▼
  onStartCommand ()                    OnBind()
        │                                  │
        ▼                                  ▼
   Service运行中                    Service运行中（客户端和
        │                           Service绑定了）
        ▼                                  │
Service被自己或者客户端停止              ▼
        │                          所有的客户端调用
        ▼                        unBindService进行解绑
   onDestroy()                            │
        │                                 ▼
        ▼                            onUnbind()
   Service关闭                            │
                                          ▼
                                     onDestroy()
                                          │
                                          ▼
                                     Service关闭
```

图 9-1　两种 Service 的生命周期

　　unBindService()方法用于解绑服务,手动调用,当组件想要与该服务解绑时调用,只有在所有组件解绑之后才会调用 onUnbind()方法。

　　onUnbind()方法用于解绑服务,自动调用,当所有捆绑服务的组件解绑之后,系统自动调用 onUnbind()方法,将服务解绑。

　　onDestroy()方法用于销毁服务,自动调用,当 Service 调用这个方法的时候,这个服务就销毁了,下次再用的时候只能执行 onCreate()方法进行创建。

　　stopService()方法用于结束服务,手动调用,其他组件通过调用该方法,将以 startService()方法启动的 Service 停止。

　　stopSelf()方法用于结束服务,手动调用,当前 Service 调用此方法来终结自己。

2. Service 创建和使用

　　在本小节中将通过一个简单的案例来讲解 Service 创建和使用的过程,该案例中提供四个按钮,分别对服务进行启动、绑定、解绑和结束四个操作,接下来一起来实现该案例。

　　首先,在 TestProvider 项目的 layout 目录中创建布局文件,以下是其参考代码。

```
< RelativeLayout
xmlns:android = "http://schemas.android.com/apk/res/android"
    android:layout_width = "match_parent"
    android:layout_height = "match_parent"><LinearLayout
        android:id = "@ + id/ll"
        android:layout_width = "wrap_content"
```

```
        android:layout_height = "wrap_content"
        android:orientation = "horizontal"> < Button
        android:id = "@ + id/bt_start"
        android:layout_width = "wrap_content"
        android:layout_height = "wrap_content"
        android:text = "启动服务"/> < Button
        android:id = "@ + id/bt_bind"
        android:layout_width = "wrap_content"
        android:layout_height = "wrap_content"
        android:text = "绑定服务"/> < Button
        android:id = "@ + id/bt_unbind"
        android:layout_width = "wrap_content"
        android:layout_height = "wrap_content"
        android:text = "解绑服务"/> < Button
        android:id = "@ + id/bt_stop"
        android:layout_width = "wrap_content"
        android:layout_height = "wrap_content"
        android:text = "结束服务"/> </LinearLayout > < TextView
        android:id = "@ + id/tv_tips"
        android:layout_width = "wrap_content"
        android:layout_height = "wrap_content"
        android:text = "提示"
        android:textSize = "32sp"
        android:layout_below = "@ id/ll"/>
```

其次,在 TestProvider 项目的 java 目录中创建页面逻辑控制类 ServiceActivity,让其继承 Activity,重写 onCreate()方法,在该方法中绑定布局文件,并将该页面设置为项目的启动页面,以下是其参考代码,其运行效果如图 9-2 所示。

```
public class ServiceActivity extends Activity {
    @Override
    protected void onCreate(@Nullable Bundle savedInstanceState) {
        super.onCreate(savedInstanceState);
        setContentView(R.layout.service_activity);
    }
}
```

再次,在 java 目录的主包中创建 MyService 类,让其继承 Service,系统要求必须重写 onBind()方法,为了让读者体验 Service 的生命周期,在 Service 中重写 Service 生命周期相应的方法,并在方法中使用 Log 输出相应的信息,以下是其参考代码。

图 9-2　Service 案例界面效果

```
public class MyService extends Service {
    public IBinder onBind(Intent intent) {
        Log.i("MyService:","onBind()");
        return null;
    }
    public void onCreate() {
        super.onCreate();
        Log.i("MyService:","onCreate()");
    }
    public int onStartCommand(Intent intent, int flags, int startId) {
```

```
            Log.i("MyService:","onStartCommand()");
            return super.onStartCommand(intent, flags, startId);
        }
        public void onDestroy() {
            Log.i("MyService:","onDestroy()");
            super.onDestroy();
        }
        public boolean onUnbind(Intent intent) {
            Log.i("MyService:","onUnbind()");
            return super.onUnbind(intent);
        }
    }
```

编完 Service 的代码后,还需要在清单文件中注册 Service,注册时需要将 name 属性设置为新创建的 Service 的原类名,以下是其参考代码。

```
< service android:name = ".MyService"/>
```

紧接着,在 ServiceActivity 类中实现四个按钮的逻辑功能,先定义页面中相应控件的变量和 Intent、ServiceConnection 变量,并在 onCreate( ) 方法中进行初始化,然后让 ServiceActivity 实现 onClickListener 接口,重写 onClick()方法,并实现每个按钮的功能,以下是其参考代码。

```
public class ServiceActivity extends Activity implements View.OnClickListener {
    Button bts[];
    int ids[] = {R.id.bt_start,R.id.bt_bind,R.id.bt_unbind,R.id.bt_stop};
    Intent intent;
    TextView tv_tips;
    ServiceConnection sc;
    protected void onCreate(@Nullable Bundle savedInstanceState) {
        super.onCreate(savedInstanceState);
        setContentView(R.layout.service_activity);
        tv_tips = findViewById(R.id.tv_tips);
        bts = new Button[ids.length];
        for(int i = 0;i < ids.length;i++){
            bts[i] = findViewById(ids[i]);
            bts[i].setOnClickListener(this);
        }
        intent = new Intent(ServiceActivity.this,MyService.class);
        sc = new ServiceConnection() {
            public void onServiceConnected (ComponentName componentName, IBinder iBinder)
{Log.i("ServiceActivity:","onServiceConnected");
            }
            public void onServiceDisconnected(ComponentName componentName) {
                Log.i("ServiceActivity:","onServiceDisconnected");
            }
        };
    }
    public void onClick(View view) {
        switch (view.getId()){
            case R.id.bt_start:
                startService(intent);
```

```
            tv_tips.setText("服务已启动!");
            break;
        case R.id.bt_bind:
            bindService(intent,sc,BIND_AUTO_CREATE);
            tv_tips.setText("服务已经绑定!");
            break;
        case R.id.bt_unbind:
            unbindService(sc);
            tv_tips.setText("服务已解绑!");
            break;
        case R.id.bt_stop:
            stopService(intent);
            tv_tips.setText("服务已结束!");
            break;
        }
    }
}
```

最后,将程序运行在手机模拟器中,单击相应按钮可以在 Logcat 或者 run 选项卡中观察 Service 运行时生命周期的过程。运行到手机模拟器上,依次单击启动服务等四个按钮,在 Logcat 中会打印出 Service 的生命周期方法名称,其效果如图 9-3 所示。

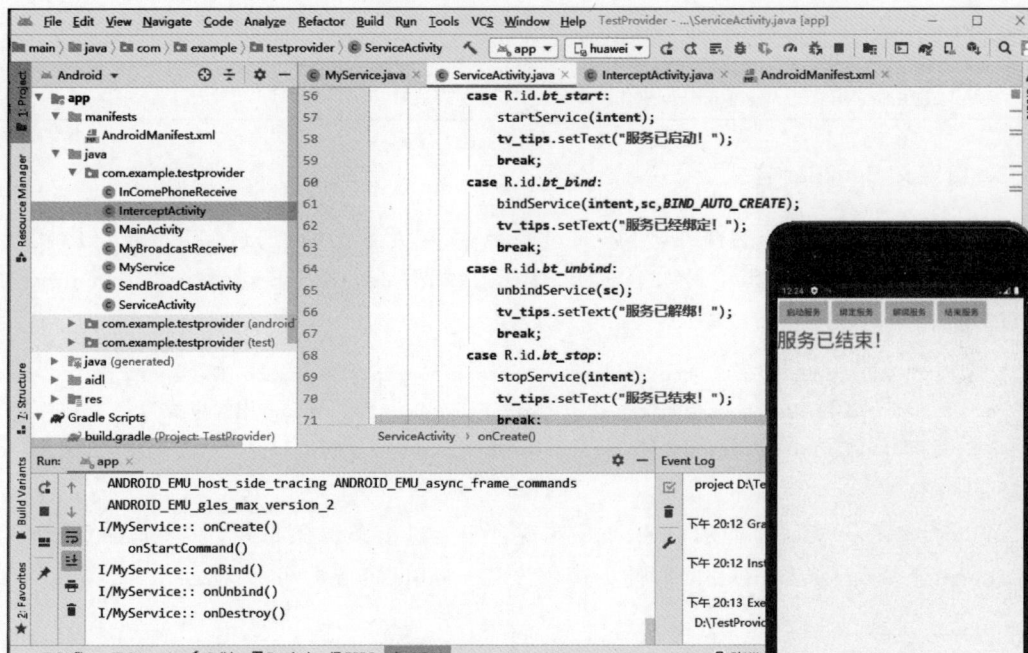

图 9-3 服务生命周期运行效果

9.1.2 SeekBar

SeekBar 即拖动条,是 Android 中的基本控件之一,是 ProgressBar 的子类,常用于实现音乐播放器或者视频播放器的音量或者播放进度的控制。

1. SeekBar 在布局中常用属性（表 9-1）

表 9-1　SeekBar 常用属性

序号	属　　　性	属性值说明	属 性 作 用
1	android:max	整数值	设置进度条范围最大值
2	android:min	整数值	设置进度条范围最小值
3	android:progress	整数值	设置进度条当前进度值
4	android:secondaryProgress	整数值	设置第二进度值
5	android:progressDrawable	图片资源	设置进度条的图片
6	android:thumb	图片资源	设置进度条的滑块图片

2. SeekBar 的常用方法（表 9-2）

表 9-2　SeekBar 常用方法

序号	方 法 名	参 数 说 明	方 法 作 用
1	setMax(int)	整数值	设置进度条范围最大值
2	setMin(int)	整数值	设置进度条范围最小值
3	setProgress(int)	整数值	设置进度条当前进度值
4	setOnSeekBarChangeListener (OnSeekBarChangeListener)	进度条监听器	设置进度条监听器

3. 自定义 SeekBar 样式

如果要自定义进度条的样式,可以通过 drawable 资源实现,通过 selector 资源实现自定义进度条的滑块效果,其代码如下所示,然后在 android:thumb 属性中使用该 drawable 资源即可。

```
< selector xmlns:android = "http://schemas.android.com/apk/res/android">
 < item android:state_pressed = "true" android:drawable = "@mipmap/图片资源"/>
 < item android:state_pressed = "false" android:drawable = "@mipmap/图片资源"/>
</selector>
```

可以通过 drawable 资源的 layer-list 实现自定义进度条的条形栏,其代码如下所示,然后在 android:progressDrawable 属性中使用该 drawable 资源即可。

```
< layer - list
    xmlns:android = "http://schemas.android.com/apk/res/android">
    < item android:id = "@android:id/background">
        < shape > < solid android:color = "#FFFFD042" /></shape ></item >
    < item android:id = "@android:id/secondaryProgress">
        < clip > < shape > < solid android:color = "#FFFFFFFF" /></shape ></clip ></item >
    < item android:id = "@android:id/progress">
        < clip > < shape > < solid android:color = "#FF96E85D" /></shape ></clip ></item >
</layer - list >
```

在后续的内容里会使用该控件作为播放器的进度条,各位读者可以根据上述内容自行设计自己的进度条。

9.1.3　MediaPlayer

Android 多媒体框架支持播放各种常见媒体类型,让用户能够将音频、视频和图片集成到应用中,可以通过 MediaPlayer 控件播放存储在应用资源中的媒体文件(原始资源)、文件系统中的独立文件或者通过网络连接收到的数据流中的音频和视频,本小节将与读者一起学习 MediaPlayer 控件。

1. MediaPlayer 控件概述

MediaPlayer 控件是 Android 媒体框架最重要的控件之一,该对象只需要极少的设置即可提取、解码播放音频和视频。它支持多种不同的媒体来源,例如本地资源、内部 URI(内容解释器获取的 URI)、外部网址(流式传输),同时也支持 MP3、MP4、3GP、AVI、MKV、FLV 等多种不同音视频格式。

2. MediaPlayer 控件的状态

MediaPlayer 控件的工作流程是根据状态机来设计的,其状态机的状态流转过程如图 9-4 所示。如果想开发出一款流畅的音乐播放器,需要先熟悉 MediaPlayer 控件的状态及其作用。

Idle 是空闲态,刚创建或者调用了 reset()方法之后的状态,此时不能进行播放。

Initialized 是初始化态,仅设置了媒体资源,但还未进行任何网络资源的拉取或者媒体流的解析,此时仍不能播放。

Preparing 是准备中,触发了媒体流的下载以及媒体流的解释,但均未完成,处于准备中,尚不能进行播放。

Prepared 是准备好,已经将媒体资源拉取并解释完成,随时可以开始播放。

Started 是播放态,在媒体资源准备好之后,调用了 start()方法触发了媒体的播放,则进入音视频的播放。

Paused 是暂停态,调用了 pause()方法后,音视频的播放被暂停,此时可以随时调用 start()方法继续播放,回到 Started。

PlaybackCompleted 是播放结束态,音视频播放到结尾,自然结束。

Stoped 是停止态,在播放或者暂停过程中主动调用 stop()方法停止播放,注意它和 Paused 不同,Stoped 不能直接回到 Started,它和 PlaybackCompleted 也不同,Stoped 一定是由开发者主动触发的。

End 是释放态,播放器调用 release()方法触发播放器资源的释放,此时播放器资源被回收,将不能使用。

Error 是错误态,如果由于某种原因 MediaPlayer 控件出现了错误,会触发 OnErrorListener. onError 方法事件,此时 MediaPlayer 控件进入 Error,及时捕捉并妥善处理这些错误很重要,可

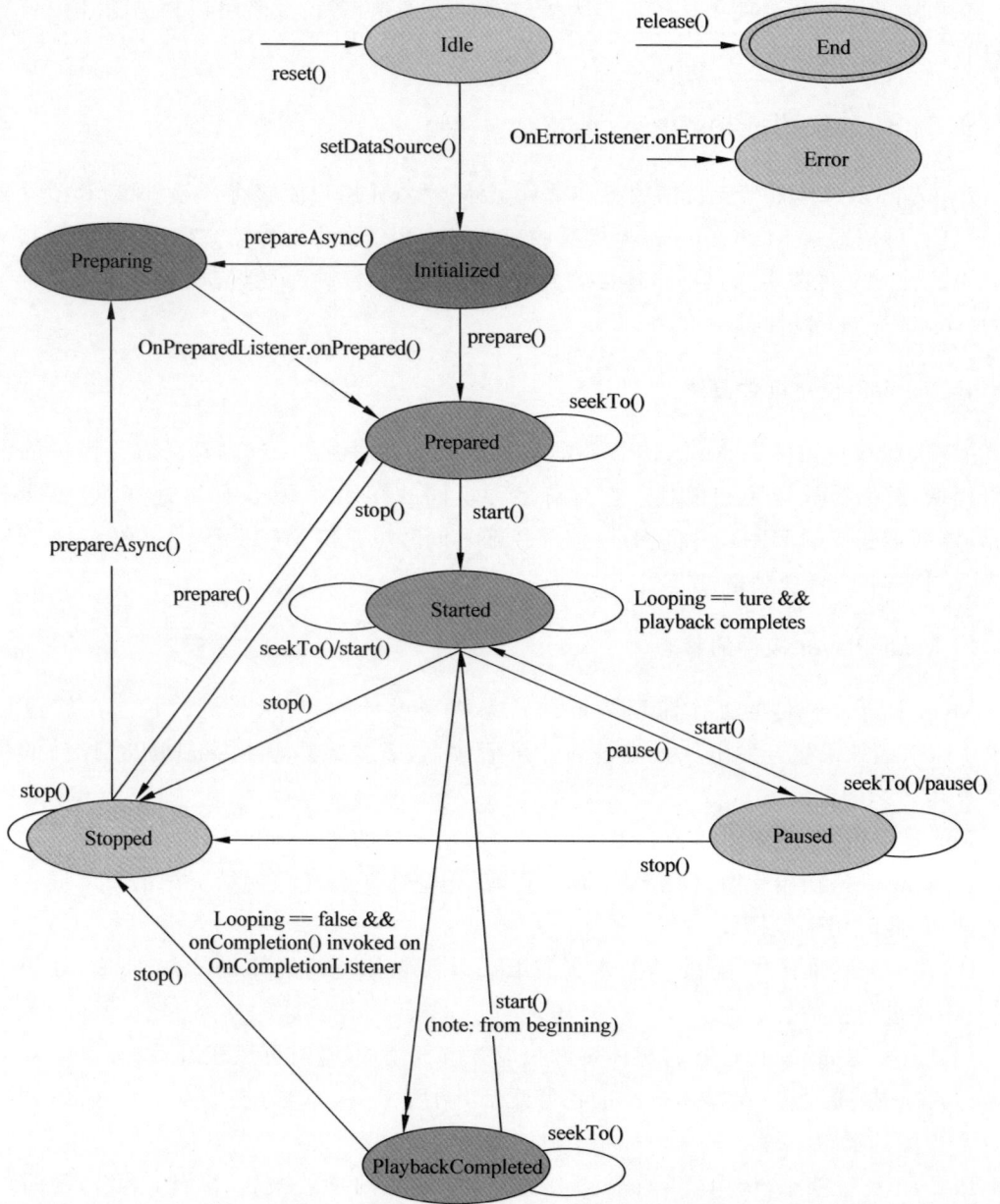

图 9-4　官方 MediaPlayer 控件的状态流转图

以及时释放相关的软硬件资源,也可以改善用户体验。通过 setOnErrorListener()方法可以设置监听器。如果 MediaPlayer 控件进入了 Error,可以通过调用 reset()方法来恢复,使得 MediaPlayer 控件重新返回到 Idle。

3. MediaPlayer 控件常用方法

刚刚已经熟悉了 MediaPlayer 控件的状态,下面一起学习 MediaPlayer 控件的常用方法,这些方法的使用介绍如表 9-3 所示。

表 9-3 MediaPlayer 控件常用方法

序号	方 法 名	参 数 说 明	方 法 作 用
1	setDataSource(FileDescriptor fd) setDataSource(FileDescriptor fd, long offset,long pos)	如需实现上下音视频切换则需要使用三个参数的方法	设置音视频资源地址,可以把音视频存放在 assets 目录中
2	isPlaying()	无	判断 MediaPlayer 对象是否正在播放
3	seekTo(position)	音视频的某个时间点	直接跳转到音视频的某个时间点
4	getCurrentPosition()	无	获取当前的播放进度
5	getDuration()	无	获取媒体文件的总时长
6	reset()	无	重置 MediaPlayer 控件,此后会进入 Idle
7	release()	无	释放播放器,在不使用的时候调用,节省系统资源
8	setVolume(float leftVolume, float rightVolume)	左右音道的音量值	设置媒体音量
9	selectTrack(int index)	媒体轨道	设置媒体轨道
10	getTrackInfo()	无	返回一个数组,包含所有的轨道信息

4. MediaPlayer 控件的使用

Android 系统为 MediaPlayer 控件适配了多种场景,也为不同场景提供了不同的使用方法,但是其使用的步骤大致相同,其具体步骤如下。

步骤 1,创建播放器,创建播放器通常有两种方法,第一种方式是创建一个 Idle 的闲置播放器对象,其代码为"**MediaPlayer mp＝new MediaPlayer();**"。第二种方式是创建一个带媒体流地址的播放器对象,其创建代码为"**MediaPlayer mp＝MediaPlayer. create(上下文,R. raw. 资源名);**"。这种方式需要在 res 目录下创建一个 raw 资源目录,并将音视频保存在该目录中,需要注意的是 raw 资源目录的名称不能修改。

步骤 2,设置媒体源,播放器的数据源可以是本地的资源,也可以是网络上的资源。本地资源可以存放在项目内的 assets 目录,以下是其设置资源的代码。

```
AssetFileDescriptor afd = getAssets().openFd("目录/资源名称");
mp.setDataSource(fileDescriptor.getFileDescriptor(),    //设置播放音视频
fileDescriptor.getStartOffset(),                         //设置播放的偏移量
fileDescriptor.getLength());                             //设置播放器的播放时长
```

如果播放的音视频存放在手机的 SD card 里,则其设置资源的代码如下:

```
mp.setDataSource("/mnt/sdcard/文件名称");
```

如果要播放的是网络上的音视频文件,则需要通过 URI 来实现,以下是其设置资源的代码。

```
Uri uri = Uri.parse("网络路径名");
mp.setDataSource(上下文, uri);
```

播放网络资源时,也可以通过 MediaPlayer 控件的静态构造方法来直接创建一个 MediaPlayer 对象,其代码格式如下:

```
mp = MediaPlayer.create(上下文,uri);
```

步骤 3,播放资源,如果通过静态构造方法直接创建播放器对象,直接调用 start()方法

即可播放资源,如果是通过 new 来创建播放器的,则需要在调用 start()方法前先调用 prepare()方法,来加载播放资源。

5. MediaPlayer 控件实现播放音频例子

接下来实现一个音乐播放器的程序,其功能包括音乐播放、暂停、停止、切换下一首、上一首、显示音乐播放进度和总时长等功能,其界面如图 9-5 所示。

首先设计实现播放器的界面,由图 9-5 所示,界面上一共有 5 个按钮,分别实现播放器的播放、暂停、停止和切换上一首、下一首等功能,以下是其布局界面的参考代码。

图 9-5 音乐播放器的界面效果

```
< LinearLayout
xmlns:android = "http://schemas.android.com/apk/res/android"
    android:layout_width = "match_parent"
    android:layout_height = "match_parent"
    android:orientation = "vertical">
    < ImageView
        android:id = "@ + id/iv_icon"
        android:layout_width = "wrap_content"
        android:layout_height = "wrap_content"
        android:src = "@drawable/icon"
        android:layout_gravity = "center"
        android:layout_marginTop = "100dp"/>
    < TextView
        android:id = "@ + id/tv_music_name"
        android:layout_width = "wrap_content"
        android:layout_height = "wrap_content"
        android:text = "music_naem"
        android:textSize = "24sp"
        android:layout_gravity = "center"/>
    < SeekBar
        android:id = "@ + id/sb_music_process"
        android:layout_width = "match_parent"
        android:layout_height = "20dp"
        android:layout_marginTop = "150dp"
        android:layout_marginLeft = "20dp"
        android:layout_marginRight = "20dp"/>
    < LinearLayout
        android:layout_width = "match_parent"
        android:layout_height = "wrap_content"
        android:orientation = "horizontal"
        android:layout_marginLeft = "20dp">
        < TextView
            android:id = "@ + id/tv_music_playtiem"
            android:layout_width = "wrap_content"
            android:layout_height = "wrap_content"
            android:text = "播放时间"
            android:layout_gravity = "center"/>
        < TextView
```

```
                    android:id = "@ + id/tv_music_totaltiem"
                    android:layout_width = "wrap_content"
                    android:layout_height = "wrap_content"
           android:text = "总时间"
                    android:layout_marginLeft = "250dp"
                    android:layout_gravity = "left"/>
        </LinearLayout >
    < LinearLayout
            android:layout_width = "match_parent"
            android:layout_height = "50dp"
            android:orientation = "horizontal"
            android:layout_marginTop = "50dp">
        < ImageView
            android:id = "@ + id/iv_pre"
            android:layout_width = "0dp"
            android:layout_weight = "1"
            android:layout_height = "wrap_content"
            android:src = "@drawable/bt_pre"/>
        < ImageView
            android:id = "@ + id/iv_play"
            android:layout_width = "0dp"
            android:layout_weight = "1"
            android:layout_height = "wrap_content"
            android:src = "@drawable/bt_play"/>
        < ImageView
            android:id = "@ + id/iv_next"
            android:layout_width = "0dp"
            android:layout_weight = "1"
            android:layout_height = "wrap_content"
            android:src = "@drawable/bt_next"/>
        < ImageView
            android:id = "@ + id/iv_pause"
            android:layout_width = "0dp"
            android:layout_weight = "1"
            android:layout_height = "wrap_content"
            android:src = "@drawable/bt_pause"/>
        < ImageView
            android:id = "@ + id/iv_stop"
            android:layout_width = "0dp"
            android:layout_weight = "1"
            android:layout_height = "wrap_content"
            android:src = "@drawable/bt_stop"/>
    </LinearLayout >
</LinearLayout >
```

接着实现界面逻辑，创建一个类，让其继承 Activity 和实现 OnClickListener 接口，重写 onCreate()方法和 onClick()方法，绑定布局，初始化布局中的各个控件并设置相应的事件，以下是其实现代码。

```
public class MediaPlayerDemoAcitivy extends Activity implements View.OnClickListener {
ImageView ivs[];
int ids[] = {R.id.iv_next,R.id.iv_pause,R.id.iv_play,R.id.iv_pre,R.id.iv_stop};
MediaPlayer mp;
String[]musics = new String[]{"music01.mp3","music02.mp3","music03.mp3", "music04.mp3",
```

```
"music05.mp3","music06.mp3","music07.mp3","music08.mp3","music09.mp3"};
static int index = 0;
boolean isStop = false;
SeekBar sb;
TextView tv_pt,tv_tt,tv_name;
 protected void onCreate(@Nullable Bundle savedInstanceState) {
     super.onCreate(savedInstanceState);
     setContentView(R.layout.music_play_activity);
     ivs = new ImageView[ids.length];
     tv_tt = findViewById(R.id.tv_music_totaltiem);
     tv_pt = findViewById(R.id.tv_music_playtiem);
     tv_name = findViewById(R.id.tv_music_name);
     sb = findViewById(R.id.sb_music_process);
     for(int i = 0;i < ids.length;i++){
         ivs[i] = findViewById(ids[i]);
         ivs[i].setOnClickListener(this);}
         mp = new MediaPlayer();}
public void onClick(View view) {
     switch (view.getId()){
         case R.id.iv_play:break;
         case R.id.iv_next:break;
         case R.id.iv_pause:break;
         case R.id.iv_pre:break
         case R.id.iv_stop:break;}
     }
}
```

请各位读者注意将音乐资源存放在 assets 目录中,并将音乐文件的名称保存在字符串数组 musics 里。

接着实现音乐播放功能,根据播放器的使用步骤,MediaPlayer 对象创建完成后,需要为对象设置音乐播放资源,为了方便后续切换功能,将设置播放器音乐资源的代码封装为一个方法,以下是其参考代码。

```
private void playMusic(int pos){
try {
AssetFileDescriptor af = getAssets().openFd("music/" + musics[pos]);
mp.setDataSource(afd.getFileDescriptor(),af.getStartOffset()),af.getLength());
mp.prepare();
mp.setOnPreparedListener(new MediaPlayer.OnPreparedListener() {
     public void onPrepared(MediaPlayer mediaPlayer) {
     tv_name.setText(musics[index]);
     sb.setMax(mp.getDuration());
     int sec = mp.getDuration()/1000;                    //将毫秒转为秒
     int min = sec/60;                                   //将秒转为分
     sec -= min * 60;                                    //得到剩下的分
     String musicTime = String.format("%02d:%02d",min,sec);   //转为时间格式
      tv_tt.setText(musicTime);                          //显示整首歌的时长
      tv_pt.setText("00:00");                            //设置当前播放进度
     mediaPlayer.start();}});
     mp.setOnCompletionListener(new MediaPlayer.OnCompletionListener(){
         public void onCompletion(MediaPlayer mp) {
             index++;                                    //序号自动加 1
             sb.setProgress(0);                   //重置进度条进度
```

```
                    mp.reset();                          //重置播放器
                    playMusic(index++);                  //重新加载音乐资源
                }});
            } catch (IOException e) {
                e.printStackTrace();}}
```

　　需要注意的是一定要加载完音乐资源才能进行播放，否则会出错，因此为 MediaPlayer 对象设置了 setOnPreparedListener 监听器，监听播放器资源加载的情况。播放器对象设置了 setOnCompletionListener 监听器，监听音乐播放器当前音乐是否播放完成，播放完成后自动切换下一首音乐，以下是在 onCreate() 方法中调用该方法和设置监听播放器出错的参考代码。

```
playMusic(index);
 mp.setOnErrorListener(new MediaPlayer.OnErrorListener() {
     @Override
     public boolean onError(MediaPlayer mediaPlayer, int i, int i1) {
         return true;
     }
 });
```

　　再接着可以在 onClick() 方法中实现音乐播放、暂停、停止、切换等功能，以下是其参考代码。

```
public void onClick(View view) {
    switch (view.getId()){
        case R.id.iv_play:
          if(mp.isPlaying() == false){
            mp.start();}
          if(isStop == true){       //当播放器为停止状态时,单击"播放"按钮时,重新播放停止时
                                     //的歌曲
            mp.reset();playMusic(index);isStop = false;}break;
        case R.id.iv_next:
            index++;mp.reset();playMusic(index);isStop = false;}break;
        case R.id.iv_pause:
          if( mp.isPlaying() == true ) {
            mp.pause();}
            isStop = false;break;
        case R.id.iv_pre:
            index-- ;mp.reset();playMusic(index);isStop = false;break;
          case R.id.iv_stop:
            mp.stop();
            isStop = true;                //修改播放器状态为停止状态
            sb.setProgress(0);            //重置进度条
            break;
        }
    }
```

　　需要注意的是每次通过 setDataSource() 方法设置音乐资源前，都需要通过音乐播放器对象调用 reset() 方法重置播放器。由于音乐资源存放在 assets 目录中，其资源有一个偏移量，因此需要使用 setDataSource(tFileDescriptor,offset,length) 带三个参数的方法，其中第二个参数就是 assets 目录中资源的偏移量，第三个参数是音乐资源的总时长。为了防止播放器出错时自动切换下一首歌，播放器设置了 setOnErrorListener 监听器，将 onError() 方

法中 return false 改为 return true。

最后在 onCreate()方法中通过线程更新音乐器播放进度,注意在单击"停止"按钮和音乐播放结束时需要将进度条进度重置为 0,在加载资源时将音乐的总时长设置为进度条的最大值,在线程中将播放器播放的进度设置为进度条当前的进度,在进度条的setOnSeekBarChangeListener()监听器中更新播放器播放的进度值,以下是其参考代码。

```
sb.setOnSeekBarChangeListener(new SeekBar.OnSeekBarChangeListener() {
    public void onProgressChanged(SeekBar seekBar, int progress, boolean fromUser){
        int sec = progress/1000;
        int min = sec/60;
        sec -= min * 60;
        String musicTime = String.format("%02d:%02d",min,sec);
        tv_pt.setText(musicTime);}
    public void onStartTrackingTouch(SeekBar seekBar) {    }
    public void onStopTrackingTouch(SeekBar seekBar) {    }  });
    new Thread(){
    @RequiresApi(api = Build.VERSION_CODES.N)
    @Override
        public void run() {
            while(mp.getCurrentPosition()!= mp.getDuration()){
                sb.setProgress(mp.getCurrentPosition(),true);
                try {
                    Thread.sleep(1000);
                        } catch (InterruptedException e) {
                            throw new RuntimeException(e);
                        }
                    }
                }
            }.start();
```

运行在手机模拟器中,即可播放音乐。需要注意的是 MediaPlayer 控件比较消耗内存资源,请确保开发计算机的内存在 8GB 以上,否则会经常报错,音乐播放也不流畅,经常卡顿,甚至会闪退。

9.1.4　SurfaceView

Android 中提供了 View 控件进行绘图处理,可以满足大部分的绘图需求,但是对于一些游戏画面、摄像预览、视频播放等需要及时响应用户输入等高性能、高帧率、高画质的应用场景 View 控件会显得力不从心,如果使用 View 控件来实现这些功能,可能会遇到以下的问题。

View 控件是在主线程中进行绘制的,如果绘制过程耗时或者频繁刷新,可能会导致主线程阻塞,影响用户交互和界面响应。

View 控件在绘制时没有使用双缓冲机制,也就是说每次绘制都是直接在屏幕上进行的,这可能会导致绘制过程中出现闪烁或者撕裂的现象。

View 控件是基于 View 层次结构的,也就是说每个 View 都是一个矩形区域,如果想要实现一些不规则形状或者透明度变化的效果,可能比较困难。

为了解决以上问题,Android 提供了 SurfaceView 这个特殊的控件。SurfaceView 控件拥有自己独立的 Surface，也就是一个可以在其上直接绘制内容的图形缓冲区。SurfaceView 控件的内容是透明的，可以嵌入 View 层次结构中，并且可以和其他 View 控件进行重叠或者裁剪。SurfaceView 控件适用于需要频繁刷新或处理逻辑复杂的绘图场景，如视频播放、游戏等。

1. SurfaceView 控件和 View 控件的区别

从上述介绍中，初步了解了 SurfaceView 控件和普通 View 控件在显示效果上的区别，它们在实现原理和使用方式上也有区别，如表 9-4 所示。

表 9-4　SurfaceView 控件和 View 控件的区别

特点	普通 View 控件	SurfaceView 控件
更新方式	主动更新，可以在任何时候调用 invalidate() 方法来触发重绘，在 onDraw() 方法中使用 canvas 进行绘制	被动更新，不能直接控制重绘，需要通过一个子线程来进行页面的刷新，在子线程中直接操作 Surface 进行绘制
刷新线程	主线程刷新，可以保证界面的一致性和同步性，但是可能导致主线程阻塞或者掉帧	子线程刷新，可以避免主线程阻塞，并且可以提高刷新频率和效率，但是需要注意线程间的通信和同步问题
缓冲机制	无双缓冲机制，每次绘制都是直接在屏幕上进行，可以节省内存空间，但是可能导致闪烁或者撕裂的现象	有双缓冲机制，每次绘制都是先在一个缓冲区中进行，然后再将缓冲区中的内容复制到屏幕上，可以避免闪烁或者撕裂的现象，并且可以提高绘制质量，但是需要消耗更多的内存空间

2. SurfaceView 控件的创建和使用

了解完 SurfaceView 控件和 View 控件的区别后，可以开始创建和使用 SurfaceView 控件了，创建自定义的 SurfaceView 控件需要以下几个步骤。

第一步，继承 SurfaceView，先定义一个 SurfaceView 的子类，并实现 callback 和 runnable 接口，前者用于监听 SurfaceView 控件的状态变化，后者用于实现子线程的逻辑。

第二步，初始化 SurfaceHolder，需要在构造方法中初始化 SurfaceHolder 对象，并注册 SurfaceHolder 的回调方法。SurfaceHolder 是一个用于管理 Surface 的类，它提供了一些方法来获取和操作 Surface。

第三步，处理回调方法，需要在回调方法中处理 Surface 的创建、改变和销毁事件。当 Surface 被创建时，需要启动子线程，并根据需要调整 View 的大小或位置；当 Surface 被改变时，需要重新获取 Surface 的宽高，并根据需要调整 View 的大小或位置；当 Surface 被销毁时需要停止子线程，并释放相关资源。

第四步，需要在 run() 方法中实现子线程的绘图逻辑，可以使用一个循环来不断地刷新页面，并且根据不同的条件来控制循环的退出。

第五步，获取 Canvas 对象，需要在 draw() 方法中获取 Canvas 对象，并通过 lockCanvas() 方法和 unlockCanvasAndPost() 方法进行绘图操作。lockCanvas() 方法会返回一个 Canvas 对象，可以使用它来对 Surface 进行绘制，unlockCanvasAndPost() 方法会将绘制好的内容显示到屏幕上，并释放 Canvas 对象。

接下来通过手写板的例子来巩固 SurfaceView 的创建和使用。

第一步,定义一个类继承 SurfaceView,实现 Callback、Runnable、OnTouchListener 接口,并重写相应的方法,以下是其参考代码。

```
public class HandWriteSurface extends SurfaceView implements KeyEvent.Callback,Runnable {
    public HandWriteSurface(Context context) {
        super(context);
    }
    public HandWriteSurface(Context context, AttributeSet attrs) {
        super(context, attrs);
    }
    public HandWriteSurface(Context context, AttributeSet attrs, int defStyleAttr) {
        super(context, attrs, defStyleAttr);
    }
    public void run() {
    }
}
```

第二步,在 HandWriteSurface 类中定义好相应的属性,方便后续功能的实现,以下是其参考代码。

```
SurfaceHolder msfh;
Canvas canvas;                      //绘图的 Canvas
boolean isDraw;                     //子线程标志位
Paint paint;                        //画笔
Path path;                          //画笔路径
static final String TAG = "hws";
```

第三步,在 HandWriteSurface 类的构造方法中初始化属性,以下是其参考代码。

```
public HandWriteSurface(Context context) {
        this(context,null);
    }
    public HandWriteSurface(Context context, AttributeSet attrs) {
        this(context, attrs,0);
    }
    public HandWriteSurface(Context context, AttributeSet attrs, int defStyleAttr) {
        super(context, attrs, defStyleAttr);
        paint = new Paint();                        //创建画笔
        paint.setColor(Color.BLACK);                //设置画笔颜色
        paint.setStyle(Paint.Style.STROKE);         //设置画笔边框
        paint.setStrokeWidth(5);                    //设置边框的粗细
        paint.setAntiAlias(true);                   //设置画笔锯齿效果
        path = new Path();                          //创建路径对象
        path.moveTo(0,100);                         //设置路径起始点
        msfh = getHolder();                         //获得 SurfaceHolder 对象
        msfh.addCallback(this);                     //设置回调函数
        setFocusable(true);                         //设置焦点
        setKeepScreenOn(true);                      //设置屏幕保持常亮状态
        setFocusableInTouchMode(true);              //设置触摸方式获取焦点
setOnTouchListener(this);                           //设置触摸监听器
    }
```

第四步,编写画板画图逻辑,以下是其参考代码。

```
private void drawThing(){
    try {
        canvas = msfh.lockCanvas();                    //锁定画布
        canvas.drawColor(Color.WHITE);                 //设置画布颜色
        canvas.drawPath(path,paint);                   //根据路径在画布上进行画图
    }catch (Exception e) {
        e.printStackTrace();
    } finally {
        if (canvas!= null){
            msfh.unlockCanvasAndPost(canvas);          //画完解锁画布
        }
    }
}
```

第五步，在 run()方法中实现循环绘图功能，以下是其参考代码。

```
public void run() {
    while( isDraw ){
        long start = System.currentTimeMillis();       //获取当前时间
        drawThing(); //
        long end = System.currentTimeMillis();          //获取当前时间
        if( end - start < 100){          //计算绘图时间,判断绘图时间是否小于100毫秒
        try {
         Thread.sleep(100 - (end - start));             //如果小于100毫秒则睡眠相应的时间
         } catch (InterruptedException e) {
             e.printStackTrace();
             }
         }
     }
 }
```

第六步，在 HandWriteSurface 类中实现 OnTouchListener 接口，并在 onTouch()方法中实现划线绘图功能，以下是其参考代码。

```
public boolean onTouch(View view, MotionEvent motionEvent) {
        int x = (int) motionEvent.getX();
        int y = (int) motionEvent.getY();
        switch (motionEvent.getAction()){
            case MotionEvent.ACTION_DOWN:
                path.moveTo(x,y);
                break;
            case MotionEvent.ACTION_MOVE:
                path.lineTo(x,y);
                break;
            case MotionEvent.ACTION_UP:
                break;
        }
        return true;
    }
```

第七步，在 surfaceCreated()方法中修改 isDraw 为 true，并启动线程，在 surfaceDestroyed()方法中修改 isDraw 为 false，以下是其参考代码。

```
public void surfaceCreated(@NonNull SurfaceHolder surfaceHolder) {
        isDraw = true;
```

```
        new Thread(this).start();}
    public void surfaceChanged(@NonNull SurfaceHolder surfaceHolder, int i, int i1, int i2) {}
    public void surfaceDestroyed(@NonNull SurfaceHolder surfaceHolder) {
        isDraw = false;}
```

第八步,编写一个布局文件,在布局文件中使用画板自定义控件,以下是其参考代码。

```
< LinearLayout xmlns:android = "http://schemas.android.com/apk/res/android"
    android:layout_width = "match_parent"
    android:layout_height = "match_parent"
    android:orientation = "vertical">
    < com.example.testprovider.HandWriteSurface
        android:layout_width = "match_parent"
        android:layout_height = "match_parent"/></LinearLayout >
```

接着为该布局编写逻辑控制类 Activity,以下是其参考代码。

```
public class HandActivity extends Activity {
    protected void onCreate(@Nullable Bundle savedInstanceState) {
        super.onCreate(savedInstanceState);
        setContentView(R.layout.draw_activity);}}
```

最后在清单文件中将其设置为启动页面,以下是其参考代码,运行效果如图 9-6 所示。

```
< activity android:name = ".HandActivity">< intent - filter >
    < action android:name = "android.intent.action.MAIN" />
    < category android: name = " android. intent. category.
LAUNCHER" />
</ intent - filter ></activity >
```

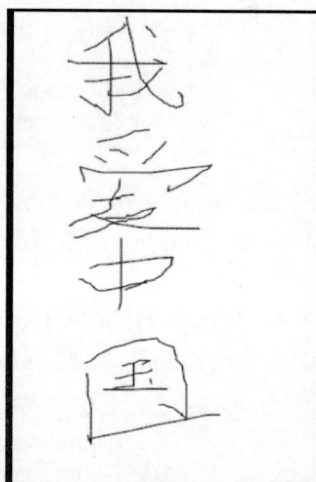

图 9-6　简易手写板运行效果

3. 自定义属性的设置

如果自定义控件需要在布局文件设置属性,那么可以为自定义控件设置自定义属性。自定义属性的作用是方便用户在布局文件中设置控件不同的属性。Android 提供 attrs.xml 文件用于保存自定义属性,以下是自定义属性的定义格式。

```
< declare - styleable name = "名称">
    < attr name = "属性名" format = "数据类型" />
</declare - styleable >
```

如上述代码所示,declare-styleable 标签中的 name 属性的名称用于标志自定义控件的属性文件资源,一般直接使用自定义控件的类名,attr 标签的 name 属性用于标志自定义控件中具体的属性,format 属性用于声明自定义属性值的数据类型,Android 为自定义属性提供 10 种数据类型,具体数据类型及说明如表 9-5 所示。

表 9-5　自定义属性支持的数据类型

序号	数 据 类 型	类 型 说 明	备　注
1	reference	参考某一资源 id	使用应用程序中已定义的资源
2	color	颜色值	必须是十六进制的颜色值格式

续表

序号	数 据 类 型	类 型 说 明	备　　注
3	boolean	布尔值	
4	dimension	尺寸值	带单位
5	float	浮点值	
6	integer	整型值	
7	string	字符串	
8	fraction	百分数	
9	enum	枚举值	
10	flag	位或运算	

4. 实现自定义画板的自定义属性案例

首先要构思控件的组成元素,思考所需自定义的属性,例如上述的简易画板,如果要实现画板的背景和画笔的颜色,可以在布局文件中进行定义。首先需要在 res/values 目录中新建一个 attrs. xml 文件,然后在该文件中定义画板的自定义属性,包括画板背景和画笔颜色,画板背景可以是颜色值也可以使用已定义的资源,画笔颜色只能是颜色值,以下是其参考代码。

```
< resources >< declare - styleable name = "HandWriteSurface">
        < attr name = "canbg" format = "color|reference"/>
        < attr name = "penColor" format = "color"/>
    </declare - styleable ></resources >
```

接着,需要在自定义类中定义相应的属性变量,并在构造方法中将属性变量与自定义属性文件的属性进行绑定,以下是绑定的参考代码。

```
TypedArray ta = context.obtainStyledAttributes(attrs, R.styleable.自定义资源名称);
属性变量名 = ta.get 类型(R.styleable.资源名称_属性名称, 默认值);
```

例如要实现画板中的画布背景和画笔颜色属性的自定义功能,需要在自定义控件类中先定义画板背景和画笔颜色两个变量,然后在构造方法中将这两个变量与自定义属性资源文件中的属性进行绑定,以下是其参考代码。

```
//在 HandWriteSurface 类中定义相应的属性变量
int penColor,canColor;
Drawable canbg;
//在 HandWriteSurface 类带三个参数的构造方法中绑定属性变量和自定义属性的值
TypedArray tarr = context.obtainStyledAttributes(attrs, R.styleable.HandWriteSurface);
canColor = tarr.getColor(R.styleable.HandWriteSurface_canbg,Color.GRAY);
canbg = tarr.getDrawable(R.styleable.HandWriteSurface_canbg);
penColor = tarr.getColor(R.styleable.HandWriteSurface_penColor,Color.BLACK);
paint = new Paint();
paint.setColor(penColor);
```

最后在布局文件中设置自定义属性,首先在布局文件根标签中定义自定义属性的命名空间,以下是其参考代码。

```
xmlns:命名空间 = "http://schemas.android.com/apk/res - auto"
```

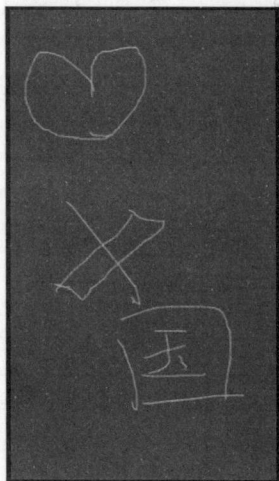

图 9-7　自定义属性画板的运行效果

然后通过命名空间使用自定义属性名,其代码格式为"命名空间:属性名="属性值""。例如通过布局文件设置画板的背景和画笔颜色,以下是其参考代码,运行效果如图 9-7 所示。

```
< LinearLayout xmlns: android = "http://schemas. android.
com/apk/res/android"
xmlns:may = "http://schemas.android.com/apk/res-auto"
    android:layout_width = "match_parent"
    android:layout_height = "match_parent"
    android:orientation = " vertical " > < com. example.
testprovider. HandWriteSurface
        android:layout_width = "match_parent"
        android:layout_height = "match_parent"
        may:canbg = "#F44336"
        may:penColor = "#FFEB3B" />
</LinearLayout >
```

9.2　课堂学习任务:实现视频播放器

本次课堂任务是实现简易视频播放器,首先使用 MediaPlayer、SurfaceView 和 Controller 三个控件实现一个简易的视频播放器,该播放器具有播放、暂停、快进和快退功能,其实现效果如图 9-8 所示。

9.2.1　MediaController

MediaController 是 Android 中与 MediaPlayer 相匹配的媒体控件,它可以方便地控制媒体播放器的播放、暂停、快进、快退等操作,其效果如图 9-8 下面的播放控制条所示。MediaController 默认的效果对播放器的控制已经够用了,实现 MediaController 的默认效果比较简单,直接调用相应的方法就可以了,其常用的方法如表 9-6 所示。

图 9-8　视频播放器效果

表 9-6　MediaController 常用方法详解

序号	方 法 原 型	方 法 作 用	参 数 说 明
1	boolean dispatchKeyEvent (KeyEvent)	在焦点路径上分发按钮事件到下一个视图	参数:被分发的事件 返回值:如果这个事件被处理了返回 true,否则返回 false
2	void hide()	从屏幕中移除控制器	
3	boolean isShowing()	判断媒体控制器是否处于可见状态	
4	void onFinishInflate()	XML 文件加载视图完成时调用,子类重写了 onFinishInflate() 方法,也应该始终确保调用父类方法	

续表

序号	方　法　原　型	方　法　作　用	参　数　说　明
5	boolean onTouchEvent（MotionEvent）	实现这个方法处理触摸屏幕引发的事件	参数：动作事件 返回值：如果这个事件被处理了返回 true，否则返回 false
6	boolean onTrackballEvent（MotionEvent）	实现这个方法处理轨迹球的动作事件，轨迹球相对运动的最后一个事件能用 MotionEvent.getX（）和 MotionEvent.getY（）方法获取	参数与返回值说明与 onTouchEvent（）方法相同。 DPAD 按键事件：KeyEvent.KEYCODE_DPAD_CENTER（居中）、KeyEvent.KEYCODE_DPAD_DOWN（向下）、KeyEvent.KEYCODE_DPAD_LEFT（向左）、KeyEvent.KEYCODE_DPAD_RIGHT（向右）、KeyEvent.KEYCODE_DPAD_UP（向上）
7	void setAnchorView（View）	设置这个控制器绑定（anchor/锚）到一个视图上，例如可以是一个 VideoView 对象，或者是 Activity 的主视图	参数：将视图绑定控制器时可见
8	void setEnabled（boolean）	设置视图对象的有效状态	参数：如果要让这个视图对象可用就设置为 true，否则设置为 false
9	void setMediaPlayer（MediaPlayer）	把这个媒体控制器设置到 VideoView 对象上	参数：媒体对象
10	void setPrevNextListeners（OnClickListener next，OnClickListener pre）	设置"previous"和"next"按钮的监听器方法	参数：单击监听器
11	void show（int）	在屏幕上显示这个控制器。它将在闲置"超时（timeout）"毫秒后自动消失	参数：这个参数以毫秒为单位。如果设置为 0 将一直显示到调用 hide（）方法为止
12	void show（）	在屏幕上显示这个控制器。它将在 3 秒后自动消失	

MediaController 的使用过程是，首先创建一个 MediaController 对象，接着设置 MediaController 对象的相关属性，最后要调用 show（）方法将媒体控制控件显示在屏幕上。

9.2.2　实现简易视频播放器

由图 9-8 所示，简易视频播放器由展示视频内容和视频控制器组成，功能有播放、暂停、快进、快退和显示播放进度等功能。

1. 界面设计与实现

由上述功能描述可以知道，简易视频播放器的界面由两个控件组成，一个是用于展示视频的 SurfaceView，另一个是 MediaController，这两个控件是上下结构，MediaController 可以动态加入到布局中，以下是其布局文件的参考代码。

```
< LinearLayout
    xmlns:android = "http://schemas.android.com/apk/res/android"
    android:layout_width = "match_parent"
    android:layout_height = "match_parent"
    android:orientation = "vertical"
    android:id = "@ + id/ll">
    < SurfaceView
        android:id = "@ + id/sfv"
        android:layout_width = "match_parent"
        android:layout_height = "wrap_content"/>
</LinearLayout >
```

2. 逻辑功能设计与实现

简易播放器的功能比较简单,首先,需要创建一个类继承 Activity,根据功能需要实现 MediaPlayerControl、OnBufferingUpdateListener、Callback 等接口,实现相应的方法,在 onCreate()方法中绑定布局。接着在该逻辑控制类中定义相应的属性,实现视频播放器的功能需要一个 MediaPlayer 对象、MediaController 对象、SurfaceView 对象和整数用于记录视频完成缓存的百分比,并在 onCreate()方法中进行初始化,以下是其参考代码。

```
public class VideoPlayActivity extends Activity implements MediaController.MediaPlayerControl,
MediaPlayer.OnBufferingUpdateListener, SurfaceHolder.Callback {
    MediaPlayer mp;MediaController mc;
    int bufferPercentage = 0;SurfaceView sv;
    protected void onCreate(@Nullable Bundle savedInstanceState) {
        super.onCreate(savedInstanceState);
        setContentView(R.layout.video_play_activity);
        mp = new MediaPlayer();                //创建 MediaPlayer 对象
        mc = new MediaController(this);         //创建视频控制器对象
        mc.setAnchorView(findViewById(R.id.ll)); //将视频控制器对象添加到当前视图中
        sv = findViewById(R.id.sfv);            //初始化 SurfaceView 对象
        sv.setZOrderOnTop(false);               //设置 SurfaceView 的位置
        //设置 Surface 的类型
        sv.getHolder().setType(SurfaceHolder.SURFACE_TYPE_PUSH_BUFFERS);
        sv.getHolder().addCallback(this);       //设置回调函数事件
        }
    protected void onResume() {                 //Activity 的生命周期方法
        super.onResume();
        try {                                   //获取视频文件
    AssetFileDescriptor afd = getAssets().openFd("video/RenMinShiPinBianJiZu.mp4");
    mp.setDataSource(afd);                      //将视频文件设置到 MediaPlayer 对象中
    mp.setOnBufferingUpdateListener(this);      //为 MediaPlayer 对象设置缓存更新监听器
    mc.setMediaPlayer(this);                    //将视频控制器与当前对象进行绑定
    mc.setEnabled(true);                        //将视频控制器设置为可用状态
    Log.v("mc",mc.getAlpha() + "");} catch (IOException e) {
    e.printStackTrace(); }}
    protected void onPause() {                  //Activity 的生命周期方法
        super.onPause();
        if(mp.isPlaying()){                     //暂停视频
            mp.stop(); } }
    protected void onDestroy() {                //Activity 的生命周期方法
        super.onDestroy();
```

```
        if(mp!= null){                              //释放视频
            mp.release();
            mp = null; }}
    public boolean onTouchEvent(MotionEvent event) {      //当触摸屏幕时显示视频控制器
        mc.show(); return true; }
    public void start() {//MediaPlayerController 的方法
        if(mp!= null){                              //开始播放视频
            mp.start(); }}
    public void pause() {//MediaPlayerController 的方法
            if(mp!= null){                          //视频暂停
                mp.pause(); } }
    public int getDuration() {
            return mp.getDuration();                //获取视频长度
        }
public int getCurrentPosition() {                   //获取当前播放进度
    return mp.getCurrentPosition(); }
public void seekTo( int i) {        //当拖动进度条,视频跳到相应的时间进行播放
    mp.seekTo(i); }
public boolean isPlaying() {                        //设置 MediaPlayer 对象的状态
    if(mp.isPlaying()){return true; }
        return false;}
public int getBufferPercentage() {                  //获取缓存数据的数量
    return bufferPercentage;}
public boolean canPause() {                         //修改画布状态
    return true; }
public boolean canSeekBackward() {                  //修改进度条后台状态
    return true;}
public boolean canSeekForward() {                   //修改进度条前台状态
    return true;}
public int getAudioSessionId() {                    //获取视频的 sessionId
    return 0; }
public void onBufferingUpdate(MediaPlayer mediaPlayer, int i) {      //修改缓存数据量
    bufferPercentage = i; }
public void surfaceCreated(@NonNull SurfaceHolder surfaceHolder) {
    mp.setDisplay(surfaceHolder);       //将 MediaPlayer 对象的内容放到 SurfaceView 里播放
    mp.prepareAsync(); }
public void surfaceChanged(@NonNull SurfaceHolder surfaceHolder, int i, int i1, int i2) { }
    public void surfaceDestroyed(@NonNull SurfaceHolder surfaceHolder) { }
}
```

再接着重写 onResume()方法,在该方法中加载播放器的视频资源,其代码如上述代码段的 onResume()方法所示。

再接着重写 Activity 的 onPause()、onDestroy()、onTouchEvent()方法,分别实现视频的暂停和释放 MediaPlayer 资源的功能,其代码如上述代码段的 onPause()、onDestroy()方法所示。在 onTouchEvent()方法中显示视频控制器,其代码如上述代码段的 onTouchEvent()方法所示。

然后在 MediaPlayerControl 的 start()方法中实现视频播放功能,在 pause()方法中暂停视频,在 getDuration()方法中获得视频的总时长,在 getCurrentPosition()方法中获得视频播放的当前进度,在 seekTo()方法中实现拖动进度条跳转至播放视频的指定位置的功能,在 isPlaying()方法中设置视频播放器的状态,在 getBufferPercentage()方法中获取缓存

中存储数据的比例,在 canPause()方法中修改画布状态为 true,在 canSeekBackward()方法中修改进度条在后台状态为 true,在 canSeekForward()方法中修改进度条前台状态为 true,在 getAudioSessionId()方法中获取视频的 sessionId,各方法的具体实现如上述代码段所示。最后在 OnBufferingUpdateListener 的 onBufferingUpdate()方法中修改缓存中数据存储的占比,在 Callback 的 surfaceCreated()方法中将 MediaPlayer 对象的内容放到 SurfaceView 里播放,其具体代码如上述代码段所示。代码编写完成后,将应用程序运行到手机模拟器中,单击视频播放器的控制控件的播放按钮,其效果如图 9-8 所示。但是当返回到主页时视频会自动停止,在返回应用程序时,视频又重新开始播放,如何实现当返回主页时视频继续在后台播放,返回应用程序时视频继续接着播放呢?

9.2.3　实现视频继续播放

如果我们需要实现按 Home 键返回主页后,打开应用程序继续播放视频的功能,需要使用 Service 来实现视频播放的逻辑功能,其他功能与 9.2.2 节的案例一致,下面讲述使用 Service 来实现这个应用程序的过程。

1. 界面设计与实现

该应用程序使用简易视频播放器的布局文件。

2. Service 实现视频播放逻辑

实现视频后台播放功能需要先创建一个服务,实现 OnPreparedListener、OnErrorListener、OnBufferingUpdateListener、Callback 等接口,并重写相应的接口方法,在服务中实现视频播放的相应逻辑。首先,在 Service 的生命周期方法 onCreate()中初始化 MediaPlayer 对象和加载视频资源,在 onDestroy()方法中停止视频播放,并释放视频资源。接着,重写 OnBufferingUpdateListener 接口中的 onBufferingUpdate()方法,更新缓存中存储数据的比例。再接着,在 Callback 接口的 surfaceCreated()方法中将 MediaPlayer 对象放入 SurfaceView 中进行播放。紧接着实现 OnPreparedListener 接口,监听是否加载完视频资源,加载完后在 onPrepared()方法中调用 MediaPlayer 的 start()方法,以下是其参考代码。

```
public class VideoService extends Service implements MediaPlayer.OnPreparedListener,
MediaPlayer.OnErrorListener, MediaPlayer.OnBufferingUpdateListener, SurfaceHolder.Callback{
    public static MediaPlayer mp;
    int bufferPercentage = 0;
    public int onStartCommand(Intent intent, int flags, int startId) {
        return super.onStartCommand(intent,flags,startId);}
    public IBinder onBind(Intent intent) {
        return null;}
    public boolean onError(MediaPlayer mediaPlayer, int i, int i1) {
        return true;}
public void onPrepared(MediaPlayer mediaPlayer) {
    mediaPlayer.start();}
public SurfaceHolder getSfh() {
    return VideoServiceActivity.sv.getHolder();}
public void onCreate() {
    if(mp == null) {
```

```
        try {
            mp = new MediaPlayer();
            VideoServiceActivity.sv.getHolder().addCallback(this);
            mp.setOnPreparedListener(this);
            mp.setOnErrorListener(this);
            AssetFileDescriptor afd = getAPPlicationContext().getAssets().openFd(
                        "video/RenMinShiPinBianJiZu.mp4");
            mp.setDataSource(afd.getFileDescriptor(),afd.getStartOffset(),afd.getLength());
            mp.setOnBufferingUpdateListener(this);
            super.onCreate();} catch (IOException e) {
                    e.printStackTrace();}}}
    public void onDestroy() {
        if(mp!= null){
            mp.stop();
            mp.release();
            mp = null; }
        VideoServiceActivity.mc.hide();
        super.onDestroy();}
    public void onBufferingUpdate(MediaPlayer mediaPlayer, int i) {
        bufferPercentage = i;}
    public void surfaceCreated(@NonNull SurfaceHolder surfaceHolder) {
        mp.setDisplay(VideoServiceActivity.sv.getHolder());
        mp.prepareAsync();}
    public void surfaceChanged(@NonNull SurfaceHolder surfaceHolder, int i, int i1, int i2) {}
    public void surfaceDestroyed(@NonNull SurfaceHolder surfaceHolder) { } }
```

最后在清单文件中注册服务,其代码为< service android:name＝".VideoService"/>,
接着实现视频播放器的页面逻辑控制类即可完成视频播放器应用程序。

3. 视频播放器逻辑控制

在视频播放器逻控制类中,先实现 OnTouchListener、MediaPlayerControl 等接口,接
着在逻辑控制类中定义 MediaController 和 SurfaceView 对象,并在 onCreate()方法中初始
化两个对象和设置相应的属性及事件,在 onResume()方法中启动 VideoService 服务和设
置 MediaController 的属性。接着在 MediaPlayerControl 的 start()方法中播放视频,在
pause()方法中暂停视频,在 getDuration()方法中获取视频总时长,在 getCurrentPosition()
方法中获取当前视频播放的时间,在 seekTo()方法中指定视频播放器播放时间,在
isPlaying()方法中设置视频播放状态,在 getBufferPercentage()中获取缓存中存储数据的
占比,在 canPause()方法中修改画布状态,在 canSeekBackward()方法中修改进度条在后台
的状态,在 canSeekForward()方法中修改进度条在前台的状态。最后在 OnTouchListener
接口的 onTouch()方法中设置控制器在屏幕显示出来,以下是其参考代码。

```
public class VideoServiceActivity extends Activity implements View.OnTouchListener, MediaController.
MediaPlayerControl{
    public static MediaController mc;
    public static SurfaceView sv;
    int bufferPercentage = 0;
    protected void onCreate(@Nullable Bundle savedInstanceState) {
        super.onCreate(savedInstanceState);
        setContentView(R.layout.video_play_activity);
        mc = new MediaController(this);                    //创建视频控制器对象
```

```
        mc.setAnchorView(findViewById(R.id.ll));              //将视频控制器对象添加到当前视图中
        sv = findViewById(R.id.sfv);                          //初始化 SurfaceView 对象
        sv.setOnTouchListener(this);
        sv.setZOrderOnTop(false);                             //设置 SurfaceView 的位置
        //设置 Surface 的类型
        sv.getHolder().setType(SurfaceHolder.SURFACE_TYPE_PUSH_BUFFERS); }
    protected void onResume() {
        super.onResume();
        Intent intent = new Intent(this,VideoService.class);
        startService(intent);
        mc.setMediaPlayer(this);
        mc.setEnabled(true); }
    public boolean onTouch(View view, MotionEvent motionEvent) {
        Log.v("onTouch","onTouch");
        mc.show();
        return true; }
    public void start() {
        if(VideoService.mp!= null){
            VideoService.mp.start(); }}
    public void pause() {
        if(VideoService.mp!= null){
            VideoService.mp.pause(); } }
    public int getDuration() {
        if(VideoService.mp!= null) {
            return VideoService.mp.getDuration(); }
            return 0; }
    public int getCurrentPosition() {
        if(VideoService.mp!= null) {
            return VideoService.mp.getCurrentPosition(); }
            return 0; }
    public void seekTo(int i) {
        if(VideoService.mp!= null) {
            VideoService.mp.seekTo(i); }}
    public boolean isPlaying() {
        if( VideoService.mp!= null && VideoService.mp.isPlaying()){
            return true; }
            return false; }
    public int getBufferPercentage() {
        return bufferPercentage; }
    public boolean canPause() {
            return true; }
    public boolean canSeekBackward() {
            return true; }
    public boolean canSeekForward() {
            return true; }
    public int getAudioSessionId() {
            return 0; } }
```

　　将应用程序运行到手机模拟器中,按苹果机 Home 键视频仍然会在后台继续播放,且重新打开应用程序时,视频会接着继续播放,同理也可以实现音乐播放器在后台播放的功能,希望读者自行实现音乐在后台播放的功能。

🔑 9.3　课后任务：设计实现一款音乐/视频播放器

请使用本章所学内容实现一款应用程序,可以但不限于音乐、视频播放器或者画板等功能,要求界面美观、符合大众审美、内容积极向上、性能流畅不卡顿,能够在用户反应时间内处理完相应功能。

9.3.1　应用程序需求

请根据自己应用程序的功能需求进行相应的描述,并完成实训报告的应用程序简介部分的内容,应用程序需求需要从用户角度出发,描述清楚用户可以在应用程序中进行的交互及能完成的功能。

9.3.2　页面设计

请根据自己应用程序的功能需求描述,为应用程序设计至少三个页面,可以使用Axure、XD 等原型工具绘制出页面的简图。

9.3.3　数据设计

请根据自己应用程序的功能需求,根据数据库设计的步骤设计实现数据库,选择恰当的方式来实现应用程序的保存。

9.3.4　功能设计

请根据应用程序的需求进行功能设计,可以使用流程图、类图、时序图等工具理清应用程序中各个类、对象、模块之间的关系,为实现应用程序打下良好的基础。

9.3.5　页面及功能实现

根据页面设计及功能设计实现应用程序,在实现过程中请注意应用程序应该满足MVC 框架,注意使用以下面向对象设计的六大原则。

1. 单一职责

单一职责即有且只有一个原因引起类的变化,一个接口或类只有一个职责,其好处是降低类的复杂性,对类或接口的职责有清晰明确定义,提高可读性,提高可维护性,降低变更引起的风险,接口改变只影响相应的实现类,不影响其他类。单一职责同时适用于接口、类和方法,接口一定要做到单一职责,类的单一职责比较难以实现,尽量做到只有一个原因引起变化,一个方法尽可能只做一件事,能分解就分解,分解到原子级别。

2. 里氏替换

里氏替换即所有使用基类的地方必须能透明地使用其子类的对象,子类替换父类,只要父类出现的地方子类就可以出现,替换为子类也不会产生任何错误,使用者不需要知道父类还是子类。可以定义一个接口或抽象类,编码实现一个子类实现或者继承该接口或抽象类,调用类直接传入接口或者类。其优点有:共享代码,子类都拥有父类的方法和属性,将父类的代码共享给了子类能提高代码的重用性,子类重用父类的代码;子类形似父类,异于父类,父子都不同;提高代码的可扩展性,子类可以随意扩展父类;提高产品或项目的开放性,父类随意扩展,开放性随之增加。其缺点有:集成是侵入性的,子类强制继承父类的方法和属性;降低代码的灵活性,子类必须拥有父类的属性和方法,子类受到了父类的约束;增强了耦合性,父类的属性和方法被修改时,还要顾及其子类,可能会带来大量的重构。

3. 依赖倒置原则

依赖倒置原则涉及四个概念,这四个概念分别是底层模块即不可分割的原子逻辑,高层模块即原子逻辑组合成高层模块,抽象即接口或抽象类不被实例化,细节即实现类,实现接口或者继承抽象类,是可以被实例化的。依赖倒置就是在模块依赖上高层模块不应该依赖底层模块,两者都依赖其抽象,实现类之间不发生依赖关系,依赖关系通过接口或抽象类产生,抽象不依赖细节,接口或抽象类不依赖于实现类,细节依赖抽象,实现类依赖接口或抽象类。依赖倒置的优点有减少类之间的耦合,提高系统稳定性,降低并发风险,提高代码可读性和可维护性。依赖倒置实现方式包括:构造方法依赖对象通过构造方法参数声明依赖对象;Setter 方法依赖对象,通过 Setter 方法参数声明依赖对象;接口注入依赖对象,在接口方法的参数中声明依赖对象。依赖倒置遵循规则:类有抽象,尽量做到每个类都有接口或者抽象类;变量类型抽象,变量的表面类型尽量都定义成抽象类;派生类控制,任何类不能从具体类派生;不要覆盖方法,尽量不要覆盖方法,如果方法在抽象类中已经实现,子类不要覆盖;结合里氏替换,父类出现的地方子类就能出现。

4. 接口隔离原则

接口分为实例接口和类接口,实例接口即能实例化对象的类,类接口即 Java 中的 Interface 接口,接口隔离原则中关注的接口。接口隔离即建立单一的接口,功能尽量细化,不要建立臃肿的接口,客户端尽量不依赖其不需要的接口,客户端需要什么接口就提供什么接口,剔除不需要的接口,对接口进行细化,保持接口方法最少,类间的依赖关系应该建立在最小接口上,细化接口。其实现方式有接口尽量小,拆分接口,接口小有限度,不能违反单一职责原则,不要将一个业务逻辑拆分成两个接口,拆分接口时必须满足单一职责原则;接口高内聚,提高接口、类、模块的处理能力,减少对外界交互,即接口中尽量少公布 public 方法,对外公布的 public 方法越少,变更的风险就越小,有利于后期的维护;定制服务,系统模块间的耦合需要有相互访问的接口,这里需要为各个客户端的访问提供定制的服务接口,只提供访问者需要的方法,不需要的就不提供;接口隔离限度,接口粒度越小,系统越灵活,但是同时系统结构复杂,开发难度增加,降低了系统的可维护性,接口粒度越大,灵活性降低,无法提供定制服务,增加项目风险。原子接口划分原则有接口模块一一对应,即一个接口只服务于一个子模块或业务逻辑;压缩方法,通过业务逻辑,压缩接口中的 public 方法,减少接口的方法数量;接口修改,尽量修改已经污染的接口,如果变更风险较大,采用适配器模式进行转化处理。

5. 迪米特法则

迪米特法则是最少知识原则,一个对象应该对其他对象有最少的了解,即一个类对自己需要耦合或者调用的类知道的最少。低耦合的要求:只和朋友交流,一个对象与其他对象有耦合关系,两个对象间的耦合使两个对象成为朋友关系;朋友关系出现在类成员变量、方法参数返回值中,其他位置的不是朋友,在方法体内出现的其他类不是朋友;朋友间必须保持距离,保持距离的方法是将类 B 暴露给类 A 的方法封装,暴露的方法越少越好,类 B 高内聚,与类 A 低耦合;设计实现方法是一个类的 public 方法越多,修改时涉及的范围越大,变更引起的风险也就越大,在系统设计时需要注意,能用 private 就用 private,能用 protected 就用 protected,能少用 public 就少用 public,能加上 final 就加上 final;类方法位置确定,如果一个方法放在本类,不增加类间关系,不对类产生负面影响,就放在本类中。综上所述,迪米特核心原则是类间解耦合、弱耦合、耦合降低、复用率提高,但是类间耦合性太低,会产生大量的中转或者跳转类,会导致系统的复杂性提高,加大维护难度。

6. 开闭原则

开闭原则是软件的实体,如类、模块、方法等应该对扩展开放,对修改关闭,即软件实体应该通过扩展实现变化,不是通过修改已有的代码实现变化。软件实体包括软件产品中的逻辑划分模块、抽象和类、方法等。变化包括逻辑变化和子模块变化,逻辑变化即变化一个逻辑模块,其他模块不改变所有的依赖或关联关系都按照相同的逻辑处理,子模块变化是一个逻辑模块变化,会影响其他模块,低层次模块变化会引起高层次模块的变化,通过扩展完成变化时,高层次模块需要修改。其好处是有利于测试,如果改变软件内容,需要将所有的测试流程都执行一遍,如:单元测试、功能测试、集成测试等,如果只是扩展,只单独测试扩展部分即可;提高复用性,所有逻辑都由原子逻辑组合,原子逻辑粒度越小,复用性越大,这样避免相同逻辑存在,修改时需要修改多个相同逻辑的问题;提高可维护性,维护好一个类最好的方式是扩展一个类,而不是修改一个类,如果需要修改需要读懂源代码才能修改,扩展的话只需要了解即可,直接继承扩展。

各位读者在设计实现应用程序前,可以依据以上 6 个设计原则来设计应用程序代码的结构,使应用程序的性能更好。

附　　录

　　本书每章的课后学习内容为一个知识实践案例,学习第 1 章后需要完成本门课程的最终学习成果,即设计一个能解决问题的应用程序,可以使用附件 1 期末作品设计说明书来记录应用程序的设计过程。附件 2 为色相环,各位读者在设计页面,确定页面的配色方案时可以参考选择恰当的页面颜色。学习完第 2～4 章需要读者根据课后学习给出的需求设计实现相应的页面效果,可使用附件 3 页面实现报告来完成报告记录页面的设计过程。学习完第 5～9 章后需要读者根据课后学习给出的需求完成相应页面的效果及其功能,可使用附件 4 页面逻辑功能实现报告来记录页面效果及功能的设计和实现过程。

　　需要注意的是,由于篇幅的限制,本书部分代码一行中有多个代码语句,建议各位读者在真实开发中尽量做到一行一个代码语句,便于开发组的同事阅读和理解。

　　本书的附件可以扫描以下二维码获取。

参 考 文 献

[1] 探索 Android Studio[EBOL]. 2024-12-21. https://developer. android. google. cn/studio/intro? hl＝zh-cn.

[2] Google Developers 培训团队. 项目：创建名片应用[EBOL]. 2023-9-22. https://developer. android. google. cn/codelabs/basic-android-kotlin-compose-business-card? hl＝zh_cn♯0.

[3] Android 之 Compose 开发基础[EBOL]. 2025. https://developer. android. google. cn/courses/android-basics-compose/course? hl＝zh-cn.

[4] 黑马程序员. Android 移动开发基础案例教程[M]. 2 版. 北京：人民邮电出版社，2019.

[5] 小猪. Android 基础入门教程[EBOL]. 2018. https://www. runoob. com/w3cnote/android-tutorial-intro. html.

[6] Roy_chen7. Android 广播机制原理[EBOL]. 2020-06-10. https://blog. csdn. net/qq_39790633/article/details/106576050.

[7] 诗情碧霄. TelePhonyManager 中的常用方法和状态获取[EBOL]. 2016-10-18. https://blog. 51cto. com/wang963825/1862914.

[8] mashanshui. Android 10. 0 通知 Notification 的使用这一篇就够了[EBOL]. 2020-04-24. https://blog. csdn. net/shanshui911587154/article/details/105683683.

[9] CrazyCodeBoy. Android 开发之基于 Service 的音乐播放器[EBOL]. 2014-08-07. https://blog. csdn. net/fengyuzhengfan/article/details/38419091.

[10] 克瑞所呈. MediaPlayer＋SurfaceView 基本实现＋Service＋分段式无缝播放[EBOL]. 2017-08-01. https://blog. csdn. net/lcnlouis/article/details/76512455.

图书资源支持

感谢您一直以来对清华版图书的支持和爱护。为了配合本书的使用，本书提供配套的资源，有需求的读者请扫描下方的"书圈"微信公众号二维码，在图书专区下载，也可以拨打电话或发送电子邮件咨询。

如果您在使用本书的过程中遇到了什么问题，或者有相关图书出版计划，也请您发邮件告诉我们，以便我们更好地为您服务。

我们的联系方式：

清华大学出版社计算机与信息分社网站：https://www.shuimushuhui.com/

地　　址：北京市海淀区双清路学研大厦 A 座 714

邮　　编：100084

电　　话：010-83470236　010-83470237

客服邮箱：2301891038@qq.com

QQ：2301891038（请写明您的单位和姓名）

资源下载：关注公众号"书圈"下载配套资源。

资源下载、样书申请	图书案例	
书圈	清华计算机学堂	观看课程直播